普通高等教育“十三五”规划教材

地貌地质教学野外实习指南

赵文廷　丛沛桐　主编

中国农业出版社
北　京

内 容 简 介

基于我国高等教育“双一流”建设与发展理念、“金课”建设理念及“新工科”“新农科”等教育教学改革思想，本书针对资源与环境、土地科学与工程、土木工程等学科领域非地质类专业的建设和发展，特别是土地资源管理、土地整治工程、环境科学、农业资源与环境等非地质类专业的高级技术人才培养之需要，研究构建了地貌地质教学野外实习指南的 TBG+模式。其中，TBG 即地质调查与测绘的技能基础（technical basis of geological survey and mapping）部分，系统论述了地貌地质教学野外实习基础与技能原理，重点介绍了地貌地质教学野外实习方案设计，地形地貌、地质构造、地层、岩体（岩石）、第四纪堆积物、水文地质现象等的野外观察与描述，野外地质调查与测绘记录内容及要求，野外地质调查与测绘技术方法，野外实习报告编制及其要求等方面的基础知识；“+”是指相关高等学校可以现有地质实习基地为基础，扩充地貌地质教学野外实习的经典路线和观察点。本教材以北京周口店、秦皇岛石门寨为例，详细介绍了典型实习路线和观察点的地貌地质情况，目的在于满足京津冀高等学校非地质类专业本科生地质调查与测绘技能训练的需要。

本书可作为高等学校土地资源管理、土地整治工程、环境科学、农业资源与环境等非地质类专业本科人才培养的地质课程教学野外实习教材，也可作为岩土工程、地质工程、勘查技术与工程、土木工程、环境工程、自然地理与资源环境、水土保持等本科专业教学实习的参考教材，还可作为其他地球科学领域科学技术人员的参考书。

编写人员名单

主　编　赵文廷　丛沛桐

副主编　齐新国　陈亚恒　刘荣坊

编　者　（按姓名笔画排序）

付　鑫（河北农业大学）

丛沛桐（华南农业大学）

冯万忠（河北科技大学）

刘荣坊（河北地质大学）

齐新国（中国建筑材料工业地质勘查中心）

闫　丰（河北农业大学）

张　利（河北农业大学）

陈艺南（东南大学）

陈亚恒（河北农业大学）

陈　忠（河北省保定地质工程勘查院）

陈　影（河北农业大学）

周亚鹏（河北农业大学）

赵文廷（河北农业大学）

赵兰霞（河北农业大学）

审　稿　许　皞（河北农业大学）

张蓬涛（河北农业大学）

前言

FOREWORD

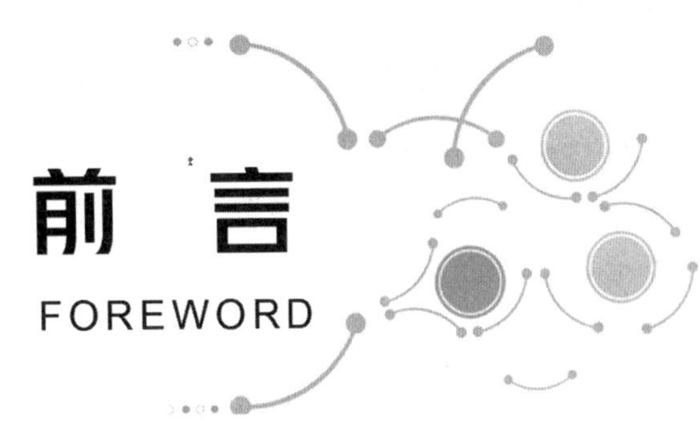

地貌地质教学野外实习是资源与环境、土地科学与工程、土木工程等学科领域专业人才培养的重要实践教学环节之一，既是理论教学的拓展和延伸，也是对掌握了基础地貌地质学理论知识的大学生进行的完整性、系统性野外锻炼，旨在培养现代复合型人才，磨炼意志品质，锻炼野外调查和研究实践的综合能力，提升职业素养及创新创业能力。

为了实现地貌地质教学野外实习线上线下混合式教学，本实习指南将其划分为野外实习基础和野外实践训练两部分，前者主要以线上教学为主，后者则以野外现场实践操作为主。野外现场实践操作部分宜结合野外实习基地情况进行教学设计，本实习指南以周口店和石门寨为例，各选择了 10 条经典地质调查路线，供野外实践训练选用。周口店和石门寨作为我国地学研究、教学和科普的基地，均具有较悠久和辉煌的历史，因地球科学研究涉面之广、程度之深、成果之丰，以及教学成果之硕，都被称为地质工程师和地球科学家的摇篮。尽管两处实习基地的地质类专业教学实习教材较多，但与我校地貌地质野外实践教学相适应方面尚存在一些问题和不足。此外，近年来，根据我校地貌地质野外实践教学的需要，对地貌地质教学实习路线进行了优化，弥补了教学资源不足。基于上述原因，我们编写了本野外实习指南。

本实习指南充分考虑了非地质类专业本科野外实践教学的特点及现代复合型人才和实践能力培养之需要，以地质类专业周口店和石门寨地区野外教学实习实践和研究成果为基础，结合我校地貌地质野外教学实习的研究与实践成果，有机地整合了三地的地学教学资源。此外，在教材编写过程中，融入了高等教育发展的一些新思想、新理念、新技术和新方法。因此，本实习指南除了具备其他野外地质教学实习指导书的科学性、系统性、典型性、专业性等特点外，特别关注了大学生创新创业思想的培育和指导，强调高等教育传统教学与现代教学技术相结合，突出线上线下教学；与区域地质调查和测绘工作实践密切相结合，通过野外教学实习，突出了大学生职业性和创造性思维的培育和训练。

本实习指南由赵文廷、丛沛桐担任主编，齐新国、陈亚恒、刘荣坊任副主编。全书内容共3篇16章。赵文廷和丛沛桐负责第一至第十章及第十三章、第十六章的编写，齐新国负责附录部分的编写与绘图，陈亚恒负责第十一章和第十四章的编写，刘荣坊负责第十二章和第十五章的编写；陈忠参加了第十一至第十三章的编写，陈艺南参加了第四章、第五章和第十章的编写，付鑫参加了第三章和第六章的写作，张利和陈影参加了第九章的编写，周亚鹏参加了第十一章和第十四章的编写，赵兰霞参加了第十二章和第十五章的编写，闫丰参加了第七章的编写，冯万忠参加了第八章的编写。全书由赵文廷负责最终统稿，许皞、张蓬涛负责审阅。

本实习指南的编写得到了河北省高等教育教学改革研究与实践项目基金、河北省“双一流”学科建设项目基金、河北省重点实验室和重点学科建设基金，以及河北农业大学线上线下教学建设、精品课程建设等基金的共同资助。本实习指南是在河北农业大学资源与环境科学学院、国土资源学院各级领导的直接领导下完成的，同时得到了河北农业大学教务处、学科规划处等的鼎力相助。在编写过程中，大量参考或引用了一些内部资料及公开出版或网络发布的专著、教材、论文等文献，在此不再一一列举，一并表示真诚感谢！本实习指南初稿完成后，资源与环境科学院、国土资源学院张毅功、刘文菊、彭正萍、张丽娟、刘建岭、高志岭、孙志梅、张俊梅、王树涛等老师也进行了指导，提出了很多修改意见和宝贵建议，衷心感谢给予热情帮助和无私奉献的单位、领导、个人。研究生高家通、马艳有、吴丽品、任立皇、许晓松等参与大量工作，在此表示感谢！

《地貌地质教学野外实习指南》是一部综合性较强的“多媒体”教材，涉及范围较广，内容较多，由于编写人员水平有限，编写时间较仓促，有关内容和编排等难免有不妥之处，敬请广大读者谅解，同时予以批评指正。

编　者

2019年12月于保定

目 录

CONTENTS

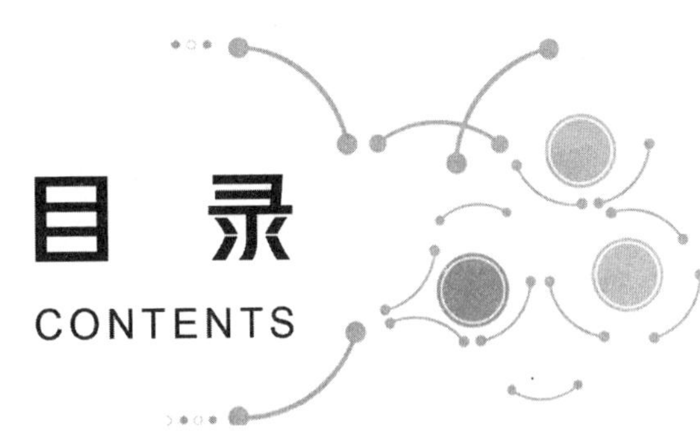

附录

第一篇 Part 1

地貌地质教学野外实习基础

Chapter 1 第一章 野外实习策划

第一节 野外实习目的与意义

一、野外实习目的

地貌地质教学野外实习是资源与环境、土地科学与工程、土木工程等学科领域专业人才培养的重要实践教学环节之一，既是理论教学的拓展和延伸，也是对掌握了基础地貌地质学理论知识的大学生进行的完整性、系统性野外锻炼，旨在培养现代复合型人才，磨炼意志品质，锻炼野外调查和研究实践的综合能力，提升职业素养及创新创业能力。

二、野外实习性质与实质

教学实习是指高等学校结合专业课程教学而进行的一种实践性教学，一般按实习目的、任务和方式不同，有参观和认识性实习、结合单门学科的教学实习、结合专业基本工种的教学实习、轮换工种的教学实习和综合性教学实习等形式。

从教学视角，地貌地质教学野外实习实质是结合单门学科的教学实习，是非地质类专业完成普通地质学或地质学与地貌学课程后而进行的一种野外实践性教学。而从地质工作视角，地貌地质教学野外实习实质是通过选择适宜的实习区而进行的野外地质调查工作能力的一种培养和训练，可谓高等学校为专业人才培养提供的一次理论与实践相结合的机会。但由于实习时间较短，因此实习内容仅限于课程要求，重点在于基本功和技能的训练，以及巩固和加深对所学地学理论知识的认识或理解，不强调某项地质调查任务的完成程度，而强调对地质调查能力的综合训练和培养，强调通过地质调查工作的感性认识获得劳动纪律、安全防护、文明生产等道德修养教育。

三、野外实习意义

学科属性决定基础地质是实现资源与环境、国土工程、土木工程等专业人才培养所必需的专业基础课，一般划分为理论教学和野外实践教学两个重要环节。又因为地质学是实践性很强的一门科学，地质作用、地质现象及原理是地质学主要研究任务，然而，许多地质作用或地质现象的形成过程和原理，往往不可能在实验室简单地模拟再现，需要到自然界中，通过野外地质调查研究予以揭示和阐明，因此，野外实践教学又是使学生对地球获得感性认识、强化室内理论知识理解和掌握实际野外工作技能的必修课之一。野外实践教学为相应专业人才培养提供了一个理论联系实际的有效载体及一次实现基本技能有效培训的良好机会，既有利于学生巩固、深化和拓展地学理论知识，又有利于学生野外调查和研究实践综合能力的培养和锻炼；既能磨炼意志品质，又可提升职业素养及创新创业能力，获得专业和职业发展。

1. 巩固、深化和拓展地学理论知识

（1）通过教学野外实习可以巩固、理解所学理论知识。地质学教科书中的许多基本概念和理论或原理是地学前辈们通过大量地野外调查研究，或归纳或概括而抽提出来，对于初学者来说，常常感到抽象、复杂而难于理解。如果在野外地质调查过程中，发现了这些概念或原理的原型，通过认真观察研究，便可恍然大悟。这种“顿悟”有助于对理论知识的巩固和理解，有助于提升学习和科学研究的兴趣，增强自信心。

（2）通过教学野外实习可以深化、拓展所学理论知识。随着世界人口的迅速增加和社会经济的高速发展，各种地球资源逐渐变得短缺，地球生态环境逐渐引人注目，科学规划和合理开发利用地球空间便显得格外重要，为此，需要人们广泛、深入地了解和掌握被开发地区或国家的基本自然情况，在互联网信息科学技术广泛应用的今天，可以通过各种搜索引擎、数字地图、3S技术、查阅文献等方式方法迅速地完成，但依赖这些方式所获取的资料和数据往往具有粗略性、刻板性、局限性、静态性，甚至伪劣或缺乏真实性。此外，目前的地质学仍然存在许多假说和学说，需要通过野外观察研究，进一步“纯化，取消一些，修正一些，直到最后纯粹地构造定律”（恩格斯《自然辩证法》，中译本，1971年），即所谓的“科学相对论”。通过野外地质调查，可以验证和判别所学地学理论知识的可靠性或真伪，同时达到深化理解和拓展理论知识及培养和建立“科学相对论”思想的目标，有助于创新思想和意识的训练。

2. 锻炼和提升实践工作的综合能力

实践工作能力培养与训练是高等教育专业人才培养的重要目标之一。地质调查实践工作能力是资源与环境、国土工程、土木工程等专业人才必须具备的一种综合性能力，包括地质调查路线设计、实地观察与量测、研究与分析、陈述与表达、安全保障、沟通与交流、管理与决策等各方面的职业能力。地貌地质教学野外实习虽然还不是真正意义上的区域地质调查工作或项目，但能够给参与者提供一次贴近实践和实际的锻炼机会，有助于锻炼和提升地质调查实践工作的综合能力，有助于地球空间信息获取、分析和研究能力及空间想象力的培养和锻炼。

在进行野外地质调查之前，首先应做好各项前期准备工作，其中策划、规划或设计野外地质调查程序最重要。工作或项目策划、规划或设计，主要是明确野外地质调查的目的和任务，规划设计好地质调查路线、内容和方法，以及工期、经费等，较准确地预测风险，同时做好保障与防范预案。策划、规划或设计质量关系着能否保障项目或工作的顺利和高效进行，因此，这种能力的培养和锻炼对专业人才具有较重要的意义，教学野外实习为参考者提供了相应的机会。

在野外地质调查过程中，为获取和研究各种地学信息，需要地质工作者一般应具有熟练使用和维护各类地质仪器设备的技能和能力，对各种地质现象的野外观察和必要的描述、照相与摄影、素描、量测和测试、标本或样品采集等技能和能力，以及资料整理和数据分析能力，包括地质图、地貌图、地层剖面图、地层柱状图的编绘能力和地质调查报告的编写能力等。地貌地质教学野外实习是在教师指导下完成的一种区域地质调查工作，有助于参与者上述地质调查能力的培养和训练。

值得一提的是，随着科学进步和发展，新技术、新方法不断涌现，因此，教学野外实习应鼓励新技术、新方法的应用，有助于创新思想的建立和创新能力的培养。

3. 磨炼意志品质和提高综合素质

地质工作是一种光荣而艰苦的伟大事业。首先，地质人员肩负着科学开发地球资源、保护人类生存环境的重要使命。其次，在长期的野外地质工作中，不仅可以获得成功的喜悦，同时能够获得游历和欣赏自然之美、壮、奇、险等而形成的身心愉悦。但地球科学是复杂的、深奥的、广阔的和不断发展的，而且地质科学研究往往要到无人进入过或无人敢进的“处女地”，因此，地质科学研究的道路充满荆棘、坎坷和艰难险阻，需要地质人员具有“一不怕苦，二不怕死”的奉献精神。通过教学野外实习，能够使参与者充分认识和体会这些，除增加对历史上那些在地质科学上为人类建树功勋的人们的钦佩之心外，还有利于帮助提升一种精神境界的高度，有利于为新时代实现中华民族复兴的“中国梦”而培养合格、优秀的复合型人才。

教学野外实习过程突出了学生的主体地位，同时鼓励个人参与和团队合作。在野外考察、观测及发现问题→获取数据或信息→分析问题→解决问题→迁移运用等实践过程中，不但需要学生能够独立操作、思考、分析和写作，而且更需要有团队意识和奉献精神。受学科特性和教学资源等因素的影响和制约，许多任务都是要靠集体力量完成的，因此，教学野外实习通常按小组（每组 4～6 个人）进行，这种教学实习方式有利于团队意识、团结协作、成果共享、互助友爱、无私奉献等精神的培养，以及道德修养的提升、责任心和使命感的增强、自然审美情趣的提高，等等。

教学野外实习往往需要翻山越岭，蹚水过河，穿越丛林和田野，每天要步行几十千米的山路，而且需要经受风吹日晒、雨淋雹打、蚊虫叮咬、地质灾害等的考验。因此，教学野外实习是吃苦耐劳精神培养和训练的过程，同时起到身体机能和体能检验与锻炼作用，有利于磨炼意志品质。

4. 促进人才专业化和职业化发展

教学野外实习过程促进教与学相长，不仅体现在理论知识的理解和掌握、能力和技能的获取和提高等方面，在专业化和职业化方面同样具有双重性。

（1）对于学生来说，通过教学野外实习，不仅能获得相关理论知识的深化理解和拓展，弥补课堂学习之不足，更多地涉猎新知识、新理论和新方法，还能够获取区域地质调查工作的实践能力和技能，以及综合素质的提高。实质是为人才专业化和职业化而奠定的一种基础，地学职业和工作有许多种，学生在实习过程中对此有所了解和认识，有利于专业化和职业化的培养和训练，换言之，有利于就业和创业方向的选择与确定。

（2）对于教师来说，由于参与区域地质调查工作或项目的机会较少，因此，野外地质调查能力往往成为制约他们教好地质课的短板。通过教学野外实习，能够逐渐弥补不足，有助于促进教师教育专业化发展，持续提高教学水平。

第二节　野外实习目标与要求

一、野外实习目标

地貌地质教学野外实习与具体的区域地质调查工作或项目不同，它的任务往往是不确定的，随实习地区和路线不同而有所不同。此外，根据“以学生为关注焦点”的原则，为充分发挥学生的主观能动性，实施“自主学习”与“探究学习”，突出学生在教学野外实习中的主体地位，在制订教学野外实习计划时，不宜确定具体的实习任务。另外，与任务不同，组织（含个人）一定时期的一定活动的目标往往具有确定性。因此，制订教学野外实习目标，对教学野外实习实施目标管理，对保障实习成效和质量具有十分重要的意义。教学野外实习目标主要包括实践能力培训目标与实习安全目标，两者同等重要。

1. 野外实践能力培训目标

地貌地质教学野外实习以地层、岩石、矿物、构造地质、地质作用、地貌、生态环境地质为基础理论知识，在保障安全的前提下，通过地貌地质踏勘、实测地貌和地质剖面、地质填图等实践完成区域地质调查工作能力的基本训练，具体包括：

（1）区域地质调查工作或项目的策划、规划或设计能力。

（2）区域地质调查工作或项目实施管理的能力。

（3）地质现象或地质体野外观察、描述和记录的基本技能。

（4）地质标本或样品采集和保管的基本技能。

（5）地质信息、数据整理和资料综合的能力。

（6）地质现象和地质问题研究与分析的能力。

（7）地形图、地质图、3S 技术的应用能力。

（8）传统与现代地质调查技术装备的使用与维护能力。

（9）地质图、地貌图、剖面图、柱状图、实际材料图的编绘技能和地质调查报告的写作能力。

2. 野外实习安全目标

地貌地质教学野外实习安全目标制订与管理，应符合学校、学院两级管理的相关规定，以及依据“安全第一，预防为主”的原则，坚持“安全无小事”的理念，制订安全管理责任制，加强教学野外实习安全管理，避免自然事故，杜绝人为事故。

二、野外实践能力培训要求

1. 野外实践能力培训要求

根据实践教学的目的和实践能力培训目标的不同，实践教学实习一般有参观和认识实习、结合单门学科的教学实习、专业基本工种的教学实习、轮换工种的教学实习、综合性教学实习五种基本形式。野外地质实习具有特殊性，对于地质专业类本科生一般需要通过野外地质认识、教学、生产和毕业论文（设计）四个阶段的实践能力培训，分别安排在大学一年级、二年级、三年级和四年级的第二个学期。非地质类专业本科生的地质教学野外实习，类似于地质类专业本科一年级的野外地质认识实习，但由于地质课程教学的总目标和要求不同，其教学野外实习的目标亦有所不同，目标实现程度的具体要求也不同：

（1）初步了解和掌握区域地质调查路线、调查点的布置原则，以及区域地质调查工作纲要的写作格式和要求。学会编制实际材料图，且要求规范和美观。

（2）熟练掌握新老地质三大件及有关工器具，包括地质罗盘、地质锤、放大镜、条痕板、相对硬度计、简单化学药剂、硬度计、地形图、地质图（或地形地质图）、照相机和摄像机、计算机、手持 GPS、野外记录簿等的使用，初步了解和学习航片和卫片、奥维地图、地质素描的使用技能。

（3）掌握地层划分的基本原理和方法，掌握各时代地层单位（界、系、统、组）的名称和划分地层的主要依据，熟练掌握地层产状、厚度测量与记录方式方法，初步掌握地层的岩性特征、岩石组分、生物化石、接触关系等的观察与描述方式方法，学习和了解地层对比与沉积相分析的基本原理和方法。

（4）了解岩浆岩、变质岩区的区域地质调查工作方法特点，基本掌握各岩类的岩性特征、矿物组成、岩相变化、与围岩的接触关系，以及变质岩的原岩和变质程度等的鉴别过程、内容、方法和描述记录内容。

（5）掌握主要地质构造，包括断裂、褶皱的观察、鉴别与记录描述方式方法；初步学习节理统计分析的基本方法和原理，学习节理玫瑰图的绘制方法。

（6）熟练掌握地貌类型划分及地貌观察、描述记录的方式方法，初步掌握地貌图、地貌剖面图的编绘技法，了解分析地貌问题的方法。

（7）了解和掌握生态环境地质的主要条件及其识别、描述和记录方式方法，初步具备生态环境地质分析的能力。

（8）每个学生应独立完成并提交教学野外实习文件：野外记录簿、实习日记、实习报告（含实习总结），且应规范、翔实、具体。

2. 野外实践指导教师职责要求

教学野外实践指导教师指的是专业指导教师。专业指导教师应由地质学及相关专业理论知识基础的大学教师担任，负责组织教学实习的策划、实施、管理和考核工作，除应符合高等学校教师的普遍要求外，还应符合下列要求：

（1）牢固树立“以学生为关注焦点，安全第一”的基本原则，认真组织和指导教学野外实习，对教学野外实践能力培训目标的实现承担保障责任。

（2）根据教学野外实习大纲要求，提前认真备课，研究和制订教学野外实习计划，选定实习地区和实习路线，规范教学野外实习过程，并组织实施和落实。

（3）野外实习之前，应组织学生做好实习准备。主要应对学生进行思想、文明和安全教育；应认真指导学生进行预复习准备，帮助学生选择教材和线上教学内容，同时负责有督促职责。

（4）实习期间，根据学生实际情况，有针对性地采取有效的指导方法和手段，督促学生完成实习任务和实现实习目标，同时关注其反应和信息反馈，并依据反应和反馈，积极、适时调整指导。

（5）坚持“目标管理”和“全过程管理”的基本原则，对参与实习的学生进行“公正、公平、公开、科学”的考核。

（6）应有“持续改进和提高教学野外实习指导水平”的需求和愿望，实习结束后应认真总结与反思，找出问题与不足，提出改进措施，并予以改进。

3. 野外实践学生学习职责要求

学生是教学野外实践的主体，既是野外实践活动的参与者，也是野外实践能力培训活动的直接受益者，因此，应在明确被管理者地位的同时明确自身的主体责任，同时满足双重身份要求，除了遵守大学生的基本守则外，还应符合下列要求：

（1）明确教学野外实习的目的和意义，懂得和珍惜教学野外实习机会。实习过程中要严格要求自己，始终保持团结紧张、严肃活泼、刻苦努力的精神状态及精益求精、实事求是的科学态度。

(2) 实习及每天出野外之前，应明确实习目的、内容、目标或任务及要求等，做好准备，包括预复习、制订调查方案或路线方案、准备技术装备等几个方面。

(3) 遵守法律法规和相关规章制度，服从实习管理，令行禁止。严格遵守野外实习考勤制度，自觉遵守野外实习作息时间。

(4) 依据“安全第一”原则，学习安全知识，做好安全工作，既要保证自身生命和财产安全，同时不做有损于他人生命和财产安全的事情。当他人生命财产安全受到威胁时，应勇于承担抢险救灾义务。

(5) 参加规定路线的教学实习时，还应做到多学、多看、多记、多画、多问等“五多”，以及腿勤、手勤、眼勤、耳勤、脑勤、口勤等“六勤”。

(6) 对于自选路线，除应做到“五多”和“六勤”外，还应做到精心、专心、细心和耐心。

4. 安全文明要求及注意事项

地貌地质教学野外实习的“课堂”一般不在校内而在外地，且主要教学活动在室外进行，往往以荒野或田野、山地、林地、河流、湖泊、海岸等为教学场所，地貌地质教学野外实习除了具有流动性大、路途较长、条件艰苦等特点外，受自然地理、交通等不确定因素的影响较大，可能会遭遇安全威胁和灾害。因此，安全文明是教学野外实习管理的重中之重。

(1) 野外实习过程中，必须坚持“安全第一”的宗旨，为避免发生安全问题与事故发生，实习人员应遵守安全法律及相关规定，同时注意并做到以下几点：

A. 思想上应高度重视，提高安全和安全防范意识，注重安全教育及相关法律、技能知识常识的学习，增强安全防范和保护的能力。

B. 注意着装应恰当。教学野外活动时，应穿登山鞋或耐磨、抗扎、防滑的运动鞋，不得穿高跟鞋、凉鞋、拖鞋；应穿长裤和长袖上衣，不得穿短裤、背心、裙子；可以戴草帽或太阳帽，必要时应戴安全帽和护眼镜。

C. 地质包及其配置。每个人应配置专用地质包，若无地质包可用适宜的双肩包替代，不得使用其他类型的包具。在地质包中，除装备罗盘、放大镜、地质锤、条痕板、盒尺、记录本和小瓶稀盐酸外，一般还应配备雨衣（雨伞不宜）、防蚊虫叮咬及其他必要的药品、防晒霜、饮用水和必要的食物。

提示：当按实习小组出行时，每个小组可配置一个地质包，且一般需要装备罗盘、放大镜、地质锤、条痕板、测绳（或卷尺）和小瓶稀盐酸，其他配置应每人一套。

D. 注意卫生，包括饮食和个人卫生。应在实习队要求的合格食堂就餐，不得到无证经营的摊点和卫生不达标的餐馆就餐；不吃过期食品，不乱吃野果、野菜；不喝生水（包括山泉水、河水、湖水等）和不卫生的水（包括受污染的水）。

E. 注意安全用火。野外路线考察过程中，严禁带火种进入防火区，更不得用火或生火。必须用火或生火时，应注意远离防火区，且应符合用火安全规范。

F. 注意防范暴雨、雷电、洪水、地质灾害（崩塌、滑坡、泥石流等）。

(2) 教学野外实习期间，做合格公民，应遵守文明和道德公约，遵纪守法，与实习基地及周边社会环境保持和谐，不滋事，也不闹事，更不要怕事。此外，还应注意以下事项：

A. 言谈举止要得体、文明，不辱没个人、集体和公众形象。

B. 爱护庄稼，爱护公物，爱护文物和景点，不乱涂乱画，不乱敲乱打。

C. 爱护环境，保持清洁，不随意丢弃垃圾或物品。

D. 团结互助，友善谦让。

E. 相互尊重，和谐相处。

F. 遵守和维护公共秩序。

三、野外实习考核

教学野外实习考核主要是指导教师通过对学生实习效果的综合评定，确定学生实习成绩的一种活动，也称教学野外实习成绩考核。考核的目的在于督促学生努力完成实习任务，保证达到教学大纲的基本要求，同时，有效地激发学生的主动性、积极性和创造性，鼓励学生对地球科学技术的新思想、新理论、新方法、新技术有一定的认识或接受。因此，对学生实习效果的考核，不仅仅是实习成果的考核，重要的是实习过程的考核。指导教师应根据实习过程中学生的学习态度，参与实习的积极性、主动性，理论知识和技术的应用情况，获取信息及处理信息的能力，发现问题、分析问题和解决问题的能力，以及回答问题、思考与讨论、安全文明、小组分工协作情况等的综合评价确定学生的实习成绩。

教学野外实习成绩按百分制计算，可划分为实习操作、记录、日记、报告四个部分，并依据每个部分的重要性确定其重要性系数或权重，一般情况下实习操作的权重可取 0.4，其他三个部分的权重都可以取 0.2。确定学生野外实习成绩时，首先分别对四个部分进行评定打分，然后再依据各部分权重，通过加权平均确定每个学生的实习总成绩。

（1）实习操作成绩满分为 100 分。实习操作主要包括工器具、地形图、地质图、奥维地图等使用的熟练程度，以及参与操作的积极程度。实习过程中，指导教师不仅要时刻注意和观察每个学生的实际操作过程，发现优点和缺点（或问题），而且要及时对出现问题的学生予以提问和纠正，并保留记录。依据记录，每个缺点（或问题），视其严重程度给予 5～10 分的扣分，扣完为止；每个优点，视其优秀程度予以 5～10 分的加分，加满为止。

（2）实习记录成绩满分为 100 分。实习记录考核项目主要包括野外记录簿的使用方法和格式，以及每条观察路线或观察点的记录内容、记录格式等方面。如果格式（含野外记录簿、观察记录）有误，每出错一处扣 5 分；如果观察路线或观察点的记录内容缺项或错误，每出现一处扣 2 分；如果缺少整条观察路线或观察记录，或者虽然有但极不完整者，每缺或极不完整一项扣 10 分。如果有创新或新发现，每一项予以 5 分的加分。扣分扣完为止，加分加满为止。

（3）实习日记成绩满分为 100 分。每天应有 1 篇日记，每缺 1 篇，予以 10 分的扣分。对于每篇日记的质量，用表达方式、语言真实程度来衡量：较好者，不扣分；一般者，扣 1～3 分；较差者，扣 3～5 分。扣完为止。对于新思想、新发现的情况，每一项予以 5 分的加分，加满为止。

（4）实习报告成绩满分为 100 分。其中，基本分为 60 分（满足格式要求、内容基本全面者，即可给 60 分）。以绘制的地质图、地貌图、剖面图、柱状图、实际材料图等作为加分项，每幅图给予 5～10 分的加分（视图的难度而定），加满为止。

值得注意的是，由于野外实习教学环节多，影响学生实习成绩的因素也很多，因此，较难确定统一标准，指导教师可根据具体情况确定学生实习成绩考核方法和标准，以上所述评分方法仅供指导老师参考。

第三节　野外实习过程与安排

一、野外实习方式

国内外许多学者或教育家一致认为学生是实践教学的主体，教学实习效果的好与坏，能否顺利地完成实践教学任务，能否达到预期目标，关键在于能否调动和充分发挥学生的主观能动性和创造性及能否激发学生的学习与科学研究兴趣两个方面。地貌地质教学野外实习属于实践教学的一种类型，选择适宜的教学实习方式，有助于突出学生的主体地位，有助于提高实习效率，有助于保证实习效果和质量，有助于学生的创新思维和创新意识的培养和训练。

课堂教学的方式有很多，除了传统的3P教学模式外，常用的还有任务型教学、基于问题的探究式教学。3P教学模式是将教学划分为呈现或演示（presentation）→练习或操练（practice）→输出或成果（production）三个阶段的一种教学方式。在3P教学过程中，教师通过对语言知识的呈现和操练，让学生接受和掌握，然后，再让学生在控制或半控制之下进行假设交际，从而达到语言知识的输出，形成学习成果。任务型教学模式（task-based learning）是以具体任务为学习动力或动机，以完成任务的过程为学习过程，以展示任务成果的方式来体现教学成就的一种教学方式。任务型教学过程中，学生通过教师的引导或指导，以感知、体验、实践、参与、合作和拓展创新等方式实现任务的目标，感受成功的快乐。在学习过程中，学生同时进行情感和策略调整，易于形成积极的学习态度，促进理论知识实际运用能力的提高，以获得“学以致用”的技能。探究式教学模式是在教师的引领或引导（guidance）下，学生通过自主探索（inquiry）、发现（discovery）、归纳（induction）的实践或调查过程，将理论知识内化、吸收，且能够自主地发现问题、分析问题、解决问题的一种教学方式。由此可见，探究式教学过程中，学生不仅有效地获取了理论知识，更重要的是获得了知识迁移和独立解决问题的能力，同时锻炼了逻辑思维、创新思维、可拓思维。显然，从学生学习效果视角看，后两种教学方式要优于第一种方式，但如果从教学效率视角看，后两种的教学效率远不如第一种，往往费时、费工。

随着互联网技术及应用的进步与发展，在高等教育领域，通过积极探索和研究，目前国内外推出了各种形式的“互联网＋高等教育教学现代技术”模式，如MOOC、SPOC、云课堂等线上教学方式，与课堂教学的根本不同在于通过视频和音频软件实现教师与学习者之间的联系与沟通，但其实质仍然是传统教学3P模式的翻版。与课堂传统教学相比，虽然具有灵活性、开放性等优势，但由于目前互联网技术的人工智能程度不高，导致线上教学程式化现象较严重，在教与学的互动和沟通方面仍然存在严重缺陷，不利于创新思维的培养和训练。

无论哪种教学方式，都有优点，也都有缺点，正所谓“尺有所短，寸有所长”。与室内课堂教学相比，地貌地质教学野外实习的多变性和复杂性更加明显，指导教师应根据具体情况，选用适宜的教学方法，较为理想的是采用“线上线下”联合教学（O2O）。在O2O教学模式下，通过建立网上教学空间，打通教学空间，实现教育资源的共享。这种教学模式既能充分发挥线上教学和线下课堂教学各自的优势，克服各自不足，同时能够解决教学内容多与实习时间不足的矛盾。

二、野外实习过程

地貌地质教学野外实习是一项包括许多工序和工作内容的复杂工程，但其实施过程的阶段性往往很明显。根据多年来的经验，地貌地质教学野外实习大致可划分为实习准备、野外区域地质调查实践训练、实习报告编写、实习总结和资料提交四个阶段，虽然每个阶段的教学工作核心或重点任务不同，但彼此相互关联。明确教学野外实习过程、阶段划分及各阶段的教学工作任务核心或重点、各阶段的相衔接关系，是保证教学实习工作顺利实施和完成的重要基础。

（一）实习准备阶段

每次教学野外实习的队长（实习组织和领导者）、指导教师、辅导员、实习生，在实习准备阶段的教学工作任务是不同的。

1. 实习队长的职责和工作内容

实习队长是每次地貌地质教学野外实习的带队教师或组织者，实习准备阶段的职责和工作内容或活动项目主要有收集资料、现场踏勘、编制实习计划及按实习计划做好人员组织、实习计划技术与安排交底、召开实习动员会。

（1）收集资料。在教学野外实习指导书的基础上，广泛收集实习地区所在地的地质、地貌、气象气候、水文、土壤、植被，以及社会经济等相关资料，并进行整理与分析，以确保资料的真实可靠性、正确性、典型性和时效性。

注意：①当对实习地区很熟悉时，主要注重资料的变化或更新，以确保所用资料为最新版或最新研究成果。②收集资料是所有指导教师和实习生共同的工作任务，教师应指导学生学习收集与整理资料的方式和方法，并鼓励学生积极参与收集和整理资料工作。

（2）现场踏勘（含现场备课）。根据教学大纲和教学野外实习目的、目标要求，实习队长应（或组织本次实习的指导教师）对实习地区的实习路线进行全面调研。通过现场调研选定本次实习的教学路线，并进行备课，做好实习指导的教学准备工作。

注意：现场踏勘（含现场备课）是每次教学野外实习必须做好的准备工作，根据指导教师对实习地区和实习路线的熟悉和了解程度，考虑踏勘的时长安排，确保指导教师的备课质量和效果。

（3）组织编制实习计划。实习计划由实习队长组织全体指导教师共同完成，应根据教学大纲要求和教学野外实习指导书，结合收集整理的资料、现场踏勘情况进行编制，一般应包括实习目的、任务与要求、程序与安排、组织与安排、保障体系与措施、教学实习总结与评价要求和标准、经费预算等主要内容。

（4）实习计划技术与安排交底。实习队长组织召开实习计划技术与安排交底会议，并向本次实习的指导教师讲述或汇报本次实习计划的技术与安排情况，保证本次实习的每位指导教师都明确本次实习的目的、任务、安排及职责等。

（5）召开实习动员会。召开实习动员会的目的在于使参加本次实习的人员，明确本次实习的地区和路线安排，以及实习计划与布置，强调和提醒组织纪律的重要性和相关条款，同时对实习生进行思想和安全文明的指导和教育。参加实习动员会的人员一般有主管教学院长、教研组织长、全体指导教师和辅助员、实习学生及其他教辅人员。

2. 实习指导教师的职责和工作内容

实习指导教师带领并指导一班或一组学生进行野外实习，一般由课堂课程的主讲教师担任，也可由专职的教学野外实习指导教师担任。为保证指导学生高效、高质量地完成教学野外实习任务，达到实习目标，在实习准备阶段，指导教师应做好下列工作：

（1）积极参加收集与整理资料、现场踏勘、编制实习计划工作，服从实习队长的领导和安排。

（2）认真备课，包括现场备课和室内备课。

（3）认真学习和研究教学大纲、实习指导书、实习计划等重要文件，明确本次实习的目的、任务和要求，以及各阶段的主要教学活动任务和安排、考核内容与标准。

（4）研究制订实习学生的编组，一般每组学生4～6人。进行学生编组时，应综合考虑他们的学习和体能状况及协调组织和管理能力，指定组长和副组长（也可由该组学生推荐产生，但应经过指导教师的确认和批准）。

（5）对学生进行实习前指导，包括学术、思想、组织纪律等方面。学术方面主要指导学生资料的收集和整理、文献查阅、主要工器具的使用和注意事项等，指导学生明确实习地区的基本情况。在思想和组织纪律方面，应特别强调实习规章制度（包括学习、安全、保密等）和注意事项。

（6）明确实习期间的评优标准、评委会组成，以及优秀个人、优秀集体的名额和指标，并向学生做必要的介绍，使学生明确实习期间的评优过程，鼓励学生争取优秀。

（7）组织并检查学生做好实习准备，包括实习技术装备、技术资料和个人用品的准备。指导教学应严格逐人、逐组地检查落实情况，发现缺项或不完备及其他可能影响实习任务和质量的问题，应及时采取措施予以解决，否则不得进行野外作业。

注意：①实习技术装备主要包括地质锤、罗盘、放大镜、条痕板、笔记本或平板计算机、教学野外实习指导书、野外记录簿、图夹、铅笔、小刀、橡皮、对讲机、盒尺、量角器、直尺、眼药水瓶（装稀盐酸用）等，每个学生1套。此外，照相机或摄影机、手持GPS、测绳或卷尺、稀盐酸、地质包、样品袋或盒子、记号笔、样品标签等，一般每组配置1套。②实习技术资料主要有地形图和地质图，一般每组1套。③每个学生应配置必要的工作服、登山鞋、草帽、水壶、饭盒、雨衣、防晒霜、急救药品等用品，每组应配置适量的药布、纱布或止血带等。

（8）应注意提醒学生带好身份证、学生证、银行卡和少量现金。

3. 实习辅导员的职责和工作内容

每次教学野外实习，应至少配置1名辅导员参加教学野外实习。在实习前，应重点对学生进行思想指导和心理疏导，进行纪律、安全和文明教育。

4. 实习生的职责和工作内容

实习生是教学野外实习的主体，应在指导教师的引领及辅导员的教导之下，积极认真做好思想、业务、物质等方面的准备。

（1）明确教学野外实习的目的、意义、目标、过程、安排、要求；正确认识和理解野外实习的艰苦性和愉悦性，充分做好吃苦耐劳的思想准备。

（2）明确教学野外实习的纪律、安全与文明的要求，以及优秀实习生的评定名额和指标，做好“争取优秀，拒绝不合格”的心理准备。

(3) 在指导教师的指导下，自觉地复习好课堂教学理论知识，同时认真阅读和研究教学野外实习指导书，查阅相关文献，详细地了解实习地区的地质及其他相关信息。

(4) 明确教学野外实习计划的制订。预习区域地质调查工作基础知识；了解区域地质调查工作程序，学习编制教学野外实习计划的原则和方法；明确野外实习路线布置及位置，以及需要观察和学习的内容；了解野外调查路线设置的原则、方法和技巧，做好自选野外实习路线的准备。

(5) 明确教学野外实习报告的编制规则、格式、组成部分和语言表达技巧，学习野外实习报告的写作过程和技巧；明确野外实习报告编制需要的资料和数据构成，做好获取资料和数据的准备。

(6) 明确教学野外实习成绩考核的方法、内容和标准，避免不合格，争取好成绩。

(7) 了解和学习野外生活及应对地质灾害、暴雨等突发事件的方法和程序。

(二) 野外区域地质调查实践训练阶段

野外区域地质调查实践训练阶段是教学野外实习的核心环节，按着教学任务、目标及学生对区域地质调查掌握的程度，一般包括野外地质调查的基本技能培训、半独立实践教学、地质填图实践及第二课堂教学活动等实践训练活动过程。

1. 基本技能培训过程

基本技能的认识与训练是指学生在指导教师的带领和指导下，通过对规定的野外地质考察路线和观察点上的典型地质体和地质现象的观察与研究学习，完成野外地质调查基本技能的教学和实践训练的活动过程，重点训练内容主要有：

(1) 区域地质调查方案设计技能培训，重点包括地质路线的布置原则和方法，以及地质观察点的观察、描述和记录内容两个方面。

(2) 地质调查工器具的使用技能培训，主要包括罗盘、地质锤、放大镜、手持 GPS、照相机、便携式计算机和计算机软件、地形图和地质图等的使用技能与技巧。

(3) 岩石或矿物的鉴定、描述和记录技能，以及标本或样品的采集规格、方法及处理、包装和运输要求和技能。

(4) 地层或岩体的时代、特征等的观察、描述和记录方式方法。

(5) 地质构造的类型、特征、时代的识别、描述和记录方式方法。

(6) 地层接触关系的类型、特征、时代的识别、描述和记录方式方法。

(7) 典型地质现象（包括地貌、地质作用、地质灾害、地质体等）素描图及信手剖面图、实践材料图的绘制。

(8) 地层、地貌实测剖面位置的选择及测量和制图，地层划分方法及地质年代或地层时代的代号和符号的规范用法。

(9) 井或泉的调查内容、方法、描述与记录规范。

(10) 第四纪堆积物的类型、特征等的识别及观察、描述与记录方式方法。

(11) 区域地形、地貌、地质、资源与环境等研究与分析的过程和方法。

注意：①本阶段的教学以认知教学为主，指导教师应对地质现象客观介绍，对成因简单介绍，同时视学生的实际接受能力，适度地对抽象或外延内容进行讲授；②各项操作教学应以区域地质调查现行规范的要求为准，注意规范性和严肃性。

2. 半独立实践教学——基本技能考核

半独立实践教学是指以学生自己动手为主、指导教师辅导为辅的路线地质调查实训过程，学生自主选择地质调查路线，自主选择地质观察点进行实地观察、描述和记录，同时通过自主研究和总结获得地质调查成果。该阶段的实践教学同时具有考核性质，主要是对学生前阶段的教学内容的掌握程度的检验，同时根据检验结果判别是否可进入下阶段的实习。指导教师应重点观察和检查学生独立观察识别各种地质现象、采集标本或样品、获取各种图形数据和属性数据等地质资料、正确描述记录，以及规范绘制素描图、信手地质剖面图或地貌图，勾绘路线地质图或实际材料草图等方面。

注意：①应强调独立完成任务及思考和判断能力的提升，拒绝相互抄袭。②个人和小组同时考核，对于小组的考核，除个人考核项目外，还应考核每个实习小组对各种现代技术装备的运用情况和掌握的熟练程度，以及组员间配合协调和团结协作情况等。③考核前，指导教师应向学生说明考察路线位置、考察时间和要点，但不得解答具体地质问题。鼓励学生选择未知路线进行地质调查。

3. 地质填图实践教学

地质填图实践教学是指学生按组完成某一区段的地质填图的实践过程。该阶段实习中，学生依据所选定的某一区段的地质件复杂程度，设计和布置地质调查路线和地质观察点、确定地质填图单位和精度、制订地质填图方案和计划，并完成所选区段的地质填图工作，因此也称独立地质填图实践教学。该阶段实践教学是决定整个教学野外实习质量的关键环节，既是对学生进行的综合性区域地质调查基本技能的全面训练，同时还是对前期教学效果的检验过程。

注意：①独立地质填图以组为单位形成作业小分队，可沿用原来的分组，也可进行重组，每组人数一般 4～6 人。②独立地质填图区段一般由指导教师划定，可根据地质特色和地质构造的复杂程度划分出 5 个独立的实践区段，供实习小组自由选择。每个独立实习区段的面积为 $2km^2$ 左右。③指导教师应控制实践进程和质量，对学生完成的各工序成果进行审核和考核，其中应特别注意对学生所编制的地质填图方案和计划进行审批。此外，指导教师应及时解答学生提出的疑难问题，通过与学生的互动与讨论，激发和鼓励学生的积极性。④组与组之间应保持独立，可以相互交换意见，但不得相互抄袭成果（含记录）。

4. 第二课堂教学活动

第二课堂教学活动是指学生根据野外实践教学中发现的问题，有针对性选择并开展专题研究或二次开发等的活动过程，活动内容一般侧重以下两个方面：

（1）野外专题研究，包括基础地质及农业、灾害、工程、环境、旅游等地质方面。

（2）利用基地教学设施对前期各阶段野外第一手资料进行二次开发。

注意：①开展第二课堂教学活动旨在提高学生的学习兴趣，培养科研意识和创新能力，不要求每个学生都参与，仅限于有余力的学生，可自由组合，也可一个人。其余学生可用该学时进行复习或补课。②在选题方面指导教师应尊重学生的选择，并予以适当的指导，选题要切合实际，要综合考虑时间、经费和学生本人对基础理论知识的掌握程度。③该项活动一般在实习的中、后期开展，亦可以延续到实习结束返校，在学校继续进行，直到完成。该项活动的成果可以体现在教学野外实习报告中，也可以单独成文或形成专利等。④研究过程中还可组织一些不同形式的小型学术研讨会进行学术交流。⑤第二课堂教学活动不受教学大纲限制，可视为创新，作为实习成绩的加分项，只强调创新或新意，不强调研究的深度和解决问题的程度。

（三）实习报告编写阶段

地质调查报告是区域地质调查工作的最终成果，是重要的地质文件。该阶段教学实习目标的重点是培养学生编制地质调查报告的能力，包括对野外采集的各种地质数据和信息进行整理、归纳和处理，对各种标本或样品等实物进行化验鉴定，对各种基本地质图进行修饰、清绘、计算机辅助制图，运用基础理论知识进行分析和研究得出结论，以及地质报告文字说明书写作等综合能力的培养和训练过程。

注意：①实习报告每人一套，不得以论文形式编写，应按区域地质调查技术要求，或规范要求的形式或指导教师指定的形式进行编写。②实习报告一般由图件、文字说明书、附件三大部分组成。图件包括附图和插图，均应由学生独立完成，并提交指导教师进行审核，经审核合格并签字后方可定稿，否则应进行修改、完善或重新编制。附件主要包括实验报告、鉴定书、批文、审核意见等。③该阶段指导教师的工作主要是指导学生完成实习报告，并进行审核和成绩评定。实习报告成绩作为实习总成绩的一部分，不可以仅凭实习报告确定学生的实习成绩。

（四）实习总结和资料提交阶段

每次教学野外实习完成之后，应及时对学生实习成绩进行综合评定，对实习效果进行总结（包括学生对自身的实习总结和实习队长对本次教学野外实习的总结），同时对资料进行汇总和提交、归档等工作，必要时可召开实习总结大会。

注意：①学生应提交教学野外实习报告（含电子版）实习记录簿、实习日记和实习总结。各班的学委按实习小组将教学野外实习报告（含电子版）汇总齐全后一并提交给各自的指导教师，指导教师完成成绩评定后，汇总成绩表、教学野外实习总结报告，上交给实习队长或教务办。②实习队长应提交教学野外实习总结。教学野外实习总结的写作形式应符合教学大纲要求。学生的实习总结可纳入实习报告。

三、教学野外实习安排

教学野外实习时间一般 5～9 周，各阶段的时间安排如下：

（1）实习前的准备阶段 1～2 周，学生在校内完成，教师根据情况可在实习基地完成，也可部分在实习基地、部分在校内完成。

（2）区域地质调查实践训练阶段 2～3 周，其中，进驻实习基地后的准备用 1d，野外地质调查基本技能实践训练 4d，半独立实践训练 2d，地质填图实践教学 6～15d，收队及返校 1d。

（3）实习报告的编写阶段 1 周，在校内完成。

（4）实习总结和资料提交阶段 1 周，在校内完成。

注意：第二课堂教学活动时间应在第二阶段中后期及以后的业余时间穿插完成，一般不再另行安排固定时间。

第四节　野外实习方案设计与要求

申请区域地质调查项目时，需要申请单位编制项目的区域地质调查方案（或纲要），而教学野外实习实质是区域地质调查工作基本技能的实践教学，两者在原理和方法方面有相通之处。因此，通过地貌地质教学野外实习方案编制的学习与训练，可以了解区域地质调查方案设计原则、过程和方法，学习区域地质调查纲要的写作。

一、野外实习方案设计原则

方案是一种操作性很强的计划，一般从目的、要求、方式、方法、组织（包括人员、仪器和机械装备等）与安排、进度计划与控制、经费与成本控制、质量与安全控制等方面，对某项目或工作所作的具体和周密的部署。教学野外实习方案根据教学大纲要求对某次野外实践教学所作的具体方案，是实现实习目标、保障野外实践教学质量的重要文件，因此，在策划或设计教学野外实习方案时，一般应遵守下列原则：

1. 与实践相结合的原则

使学生了解和掌握区域地质调查方案策划、设计的方法和原理，对学生进行区域地质研究能力的初步训练，都是地貌地质教学野外实习对学生进行基本技能训练的主要内容，因此，在策划和设计地貌地质教学野外实习方案时，应结合区域地质调查实践，将选定的“实习地区”视为“区域地质调查项目区”，研究部署教学野外实习路线、观察点及地质填图区段，实习路线和观察点的布置密度尽可能以区域地质调查现行规范为基准，便于学生对实习地区进行较全面的区域地质研究。

2. 典型性与安全性相结合的原则

选择和确定教学野外实习地区、路线和观察点是教学野外实习方案策划的核心内容，教学野外实习地区、路线和观察点是否具有科学性、典型性、代表性、安全性，直接影响和决定教学野外实习能否保证满足教学大纲要求、实现教学野外实习的目标、达到培养和磨炼学生意志品质的目的，对保障教学野外实习质量具有十分重要的意义。

（1）在选择教学野外实习地区时，应综合考虑该地区的地层及其岩性组成、地貌类型、地质构造类型及其他地质现象或地质体，能否成为满足课程对学生区域地质调查基本技能实践训练的自然资源，具体就是能不能选择和布设出可供地貌地质野外实践教学需求的实习路线。地貌地质教学野外实习要求每条实习路线能够承担一定地貌地质实践教学任务，如地层剖面或地貌剖面测量、岩石和矿物的观察描述、断层或褶皱观测描述等。

（2）策划和设计教学野外实习路线和观察点时，应充分考虑实习路线长度、抵达方式和路途的遥远程度及实习路线上观察点场地的通达度、安全度等因素。实习路线应尽可能选择在离驻地较近、步行能安全抵达的地段，这种情况下，实习路线长度与抵达路途长度之和不能超越学生当日 8h 步行的平均能力，往返路程一般不超过 35km。当有适宜的交通工具能够接送实习人员往返实习路线时，实习路线可适当长些，但应保证当天日落之前能够安全返回驻地，抵达路途也应控制在一定车程以内，一般不应超过 2h。观察点的通达度和安全程度是指学生平均能力可以安全到达地点，不得选择荆棘茂密、陡峭的山路，应选择常人易于穿行的路线；当选择公路时，不得选择高速公路或车辆较多、易发生交通事故的路段；应远离地质灾害危险点，当实习必须对地质灾害点进行观察和研究时，应特别注意观察其动态。

总之，野外实习路线的长度及其任务量应适宜，安全性应可靠，应尽量选择那些交通便利、路途较短，适宜常人徒步穿行，能够方便抵达和相对僻静的安全路线和观察点场地。

注意：①教学野外实习路线和观察点应是精心策划和组织，且经过指导教师实地考察的、较为成熟的路线或地点；②除平时做好学生的安全教育外，实习过程中应安排专门的安全管理员；③即使百分之百地符合安全管理规定，意外在所难免，也有可能发生，因此，应为参加实习的师生及其他工作人员购买人身意外伤害保险。

二、野外地质填图实践教学的精度设计

地质填图是区域地质调查的基本任务，目的在于通过系统地研究工作区或项目区的地层、地质构造、岩浆岩和变质岩等地质年代、特征、分布和发展历史，为地质普查找矿及水文地质及工程地质、环境地质、地震地质等研究提供基础地质资料，主要包括区域地质图、区域地质构造图及区域地质说明书。

1. 地质填图的比例尺

区域地质图和区域地质构造图都是按一定比例尺绘制的平面图，比例尺大小应满足科学研究或生产建设的需要，即区域地质图或区域构造地质图的精度一般用比例尺表达。因此，地质填图的精度，即比例尺设计，是区域地质调查方案设计的首要内容。选择适宜的地质填图精度，一方面有利于保证满足研究或生产需要，另一方面有利于节省工作量，避免不必要的浪费。

2. 地质填图的地层单位

在地质填图的填图比例尺确定之后，尚应确定填图单位。填图单位是指地质填图时地层划分对比的最小地层单位，即界、系、统、阶、时间带或群、组、段、层等的划分，应根据填图比例尺精度要求，并考虑测区地层的发育情况综合确定。如按1：5万比例尺精度要求，一般填图单位必须划分到组，但如果一个组的厚度较大，应根据岩性组合特征将其划分为一些岩性段，如砾岩段、砂岩段、灰岩段或页岩段等。

3. 地质填图的底图

地形图是地质填图必需的底图，可根据地质填图的精度要求、野外地质填图地区的具体情况选择地形图的比例尺，一般应比地质填图要求的成果图比例尺高1～2个级别，如地质填图要求的成果图比例尺为1：100 000，则所选底图可选用比例尺1：25 000或1：50 000的地形图。

注意：①地形图图幅数量应满足地质填图范围的需要。②在区域地质调查方案设计之前，收集资料时，尽量搜集并分析研究填图区及毗邻地区的各种类型的地质图，包括普通地质图、矿产地质图、水文地质图、工程地质图、地貌图、环境地质图、第四纪地质图、岩相古地理图等。③野外实践教学可参照区域地质调查来确定地质填图精度。

三、野外实习路线布设与要求

地质观察路线的布设是地质填图方案设计的关键环节，布线方法有穿越法和追索法两种。实际进行地质填图时，一般采用以穿越法为主、追索法为辅的方式进行联合布线，且路线经过位置尽量控制地质体间的一些重要接触关系或重要构造部位，以便能够更丰富地获取有用数据或信息。穿越法的地质观察路线宜与地层或主要区域地质构造线的走向方向垂直或大角度相交，但对于某些标志层、含矿层或矿体、蚀变带，以及主要的断层、构造转折端、岩体接触界线等，常常采用沿地质界线走向的追索法布置观察路线。此外，为了解地质体的横向变化及上下岩层的接触关系，经常需要在追索路线上布设一些穿越走向的观测短剖面（路线）；

同时追索两条或两条以上地质界线时，观察路线常沿地质界线方向呈S形布设（图1-1）；受某些特定条件限制，垂直构造线方向难以逾越时，也可采用追索法。

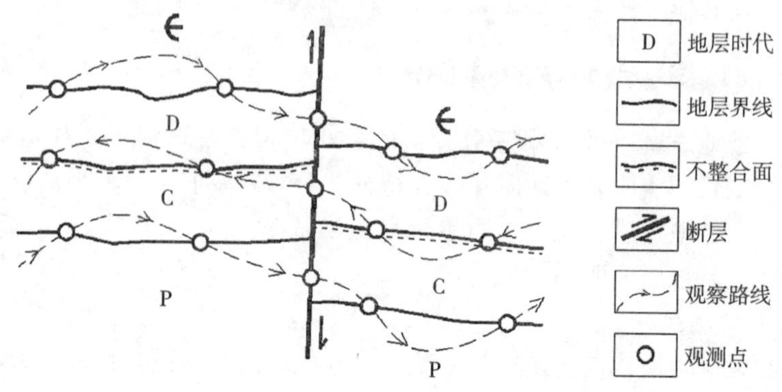

图1-1　追索法填图示意

实际地质调查时，往往用地质观察路线密度或间距反映不同比例尺地质调查的精度和要求。地质观察路线间距主要取决于地质填图的比例尺。同时，还要考虑项目区或工作区的地质构造和地层岩性等地质条件的复杂程度、航空影像图的解译程度、基岩出露情况、逾越通行条件的好坏等因素的影响，视地质条件复杂程度综合确定观察路线的密度，地质条件复杂时应取较大的控制密度，反之则取较小的控制密度。如1∶5万区域地质调查要求单幅地质填图的有效观测路线总长度一般控制在600km以上，但基岩出露良好地区的观察路线间距一般为500～600m，而第四系大面积覆盖地区的线路可适当放宽到1 000～1 500m。

四、野外实习观察点布设与要求

在野外地质调查路线观察中，对于地层分界、断层、矿层、标志层或其他重要地质现象，需要重点进行观察和描述，称这种地质点为地质观察点。地质观察点应能准确地控制地质界线或重要地质要素的空间位置，并要求工作人员对地质现象进行详细的观察和系统的描述，必要时应进行地质素描或拍摄照片和视频。

在野外地质路线观察中，地质观察点的布置应依据地质填图比例尺要求，以能够控制各种地质要素为原则，一般应布置在填图单位界线、标志层、主要的化石层和点、岩相和岩性发生明显变化的地点，三大岩接触点、矿化点、矿体、断层及节理劈理的测定点，代表性岩层产状测定点、标本样品采集点、山地工程和钻孔位置，以及有意义的地质现象观测点（如水文地质、地貌等），布设密度和数量应根据地质填图比例尺、地层和地质构造复杂程度、基岩出露情况、地形地貌条件及地质调查类型和需求等因素综合确定，一般应符合表1-1的要求。具体工作中，可视具体情况考虑适当加密或放稀，在含矿岩层或矿层顶板和地质构造复杂地段（褶皱、断层等）附近应密集些，其他非矿层附近或地质构造简单地段则可放稀疏些。

表1-1　地质填图观察点间距和密度要求

地质填图的比例尺	观察点间距（m）		地质观测点数量（个/km^2）			
	地层界线点	地质构造点	简单	中等	复杂	极复杂
1∶50 000	1 000～500	2 000～1 000	1.2～1.6	1.6～2.5	2.5～4.0	4.0

（续）

地质填图的比例尺	观察点间距（m）		地质观测点数量（个/km^2）			
	地层界线点	地质构造点	简单	中等	复杂	极复杂
1∶25 000	500～250	1 000～500	4～6	6～9	9～12	12
1∶10 000	200～100	400～200	20～30	30～45	45～60	60
1∶5 000	100～50	200～100	60～90	90～120	120～150	150

五、野外实习纲要与编制要求

区域地质调查一般应编制设计书（也称纲要）。地质调查设计书主要包括目的、任务与要求，调查工作依据，自然与经济地理概况，以往地质工作研究程度，工作区的地质和矿产概况，调查工作程序与方法，技术装备和人员组织，工期与进度控制，质量与安全控制，经费与成本控制等，以及必要的附图、附表和技术委托书。

地质调查设计书应简明扼要，重点突出，作为本次开展地质调查工作的依据，一经上级有关部门批准，即可遵照实施。实施过程中，如果需要变更或修改，应经上级有关部门审核批准。

教学野外实习纲要可参照区域地质调查设计的编写内容和要求进行编写。

思考与讨论

1. 地貌地质教学野外实习的实质是什么？
2. 地貌地质教学野外实习的意义有哪些？
3. 区域地质调查实践技能有哪些？如何学习与训练？
4. 教学野外实习目标与任务有什么关系？
5. 为什么要进行教学野外实习考核？如何科学评价教学野外实习效果？
6. 教学野外实习的目标管理与过程管理两者之间有什么联系？
7. 教学野外实习的主要环节有哪些？如何控制教学野外实习质量？
8. 如何应用O2O教学模式提高野外实践教学的效率和质量？
9. 在教学野外实习方案编制时，为什么应与区域地质调查工作实践相结合？有哪些益处？
10. 如何布设教学野外实习路线和观察点？

预（复）习内容与要求

1. 预（复）习内容：①区域地质调查工作目的、任务、类型划分、技术与方法、成果类型与表达形式或格式、工作过程与阶段；②地质学的学科特点、专业和行业特点。

2. 要求：线上学习《区域地质调查技术要求》《环境地质调查技术要求》《工程地质调查技术要求》等行业技术标准。

3. 地质填图的基础知识，包括地质填图的概念、地质填图的技术手段、地质填图精度要求，以及观察路线、观察点的布设原则和要求。

Chapter 2 **第二章**

地层野外观察与描述

地层，也称地层地质体，是地质历史上某一年代内形成的各种层状岩石和堆积物的总称。该概念含义包含着两层意思：一是地层地质体是由有机界和无机界综合而成的层状地质体，是复杂地质作用形成的自然综合体，包括沉积作用形成的层状岩石，以及火山喷发作用形成的层状岩石、沉积岩经浅变质作用形成的变质岩；二是地层地质体具有一定的时间和空间含义，也就是地层是经历漫长时间的复杂地质作用而形成，且占有一定的三度空间，具一定厚度和展布面积。地层是地质工作研究的主要对象，地质调查一般应详细观察和描述地层年代与层序、地层岩性与构造、地层类型与结构、地层古生物化石、地层接触关系、地层沉积相等地层要素。

第一节　地层年代与层序

地层年代即地层的地质年代，其描述与记录方式通常是“地质年代＋地层”或“地质年代名＋地层单位名”，如古生代地层或古生界、第四纪地层或第四系等。确定地层年代的方法主要有同位素年龄测定法、生物地层学法（包括标准化石法、古生物群落组合分析法、孢子分析法等）、岩石地层学法（包括岩性法、标志层法、沉积旋回法等）、地层层序律法、地层接触关系、标准剖面法、切割律法等。其中，因标准化石法、古生物群落组合分析法、岩性法、标志层法、地层层序律法等方法简单方便、易于掌握，而常常在野外地质调查工作中被采用。

一、层序正常与否的判定

构成固体地球的地层是在漫长的地质时期中逐渐形成的，不同时代形成的地层都是按一定叠置顺序存在于岩石圈中，一般自上而下由新到老，先形成的老地层位于下面，后形成的新地层依次一层一层地叠覆在老地层之上。当地层受到强烈构造运动作用而发生倒转或产生推覆构造时，地层可能会改变“上新下老”的正常顺序。此时，可利用沉积岩的层面构造（图 2-1）及沉积韵律（如交错层理、递变层理等）（图 2-2）来判定岩层的顶面和底面，以恢复其原始的层序关系。可指示地层层序的层面构造有波痕、泥裂、雨痕、流痕、缝合线等。对称波痕尖峰指向层顶；水成不对称波痕的波峰粒度小于波谷；风成不对称波痕的波峰粒度大于波谷，泥裂的开口指向层顶，雨痕凹坑的凹向指层顶、凸向指层底。根据沉积韵律也可以判断层序，一般情况下侵蚀面上沉积粗碎屑，往上粒度变细。根据斜层理确定层顶和层底时，斜层理的细层凹向层顶，倾向水流方向。

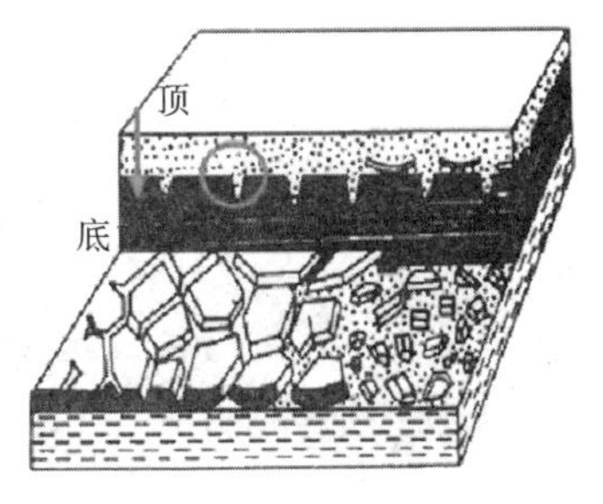

（a）正常层序

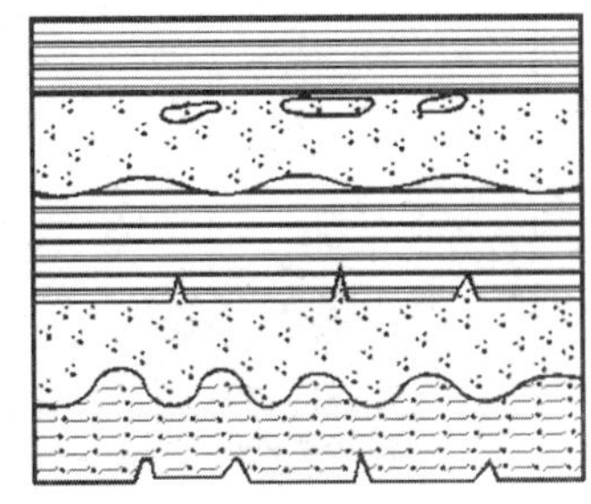

（b）倒转层序

图 2-1　根据层面构造判定地层层序

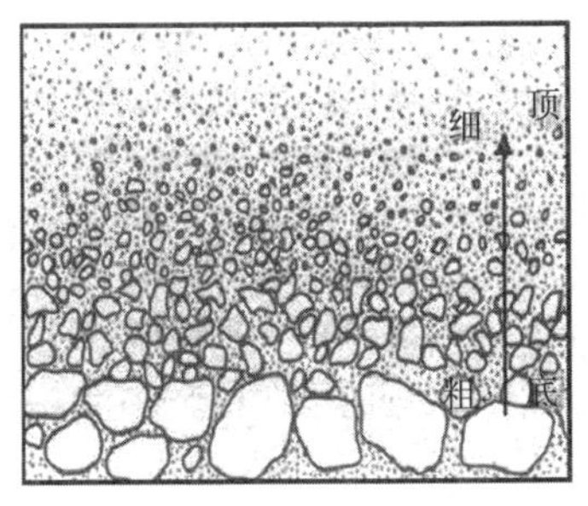

（a）递变层理（正常层序）

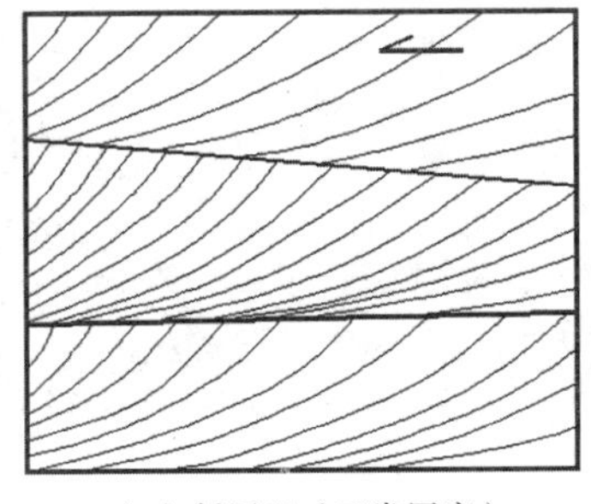

（b）斜层理（正常层序）

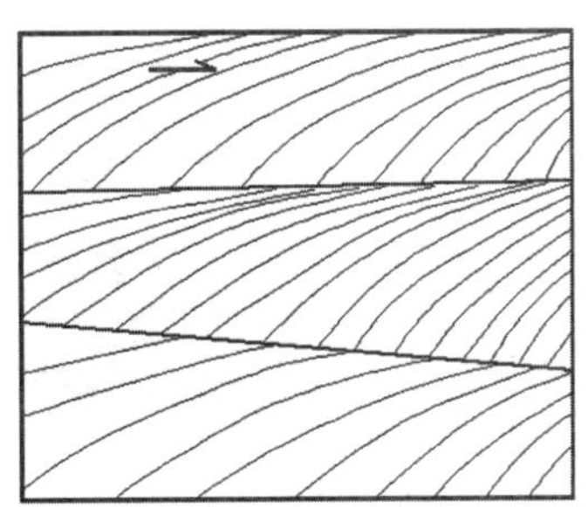

（c）斜层理（倒转层序）

图 2-2　根据层理判断地层层序

二、标准化石法和古生物群落组合分析法——生物地层学法

标准化石是指生存延续时间短、演化快、地理分布广、数量多的化石。这种方法简单易行，只需要掌握有限数量的标准化石的属种特征及分布，便可进行地层的划分和对比。此外，对地层中的古生物化石进行系统研究和综合分析，建立不同地质年代的古生物门类、各属种共生组合及变化规律，以此可以对区域地层进行划分和对比，称这种方法为古生物群落组合分析法。

叠层石广泛分布于前寒武纪，寒武纪仍然较繁盛，奥陶纪开始衰退，现代叠层石比较少，局限于潮间带。但是，对具有丰富化石的寒武纪及以后地层中的叠层石研究不多，而对晚前寒武纪地层则极为重视，研究较多，视为地层划分对比的重要依据，主要根据叠层石数量和形态判断地层的时代，其中柱叠层石是划分确定震旦系的重要标志。

除叠层石外，可用于地层划分与对比的主要标准化石有三叶虫、笔石、牙形石、石燕、有孔虫等（图 2-3），地质学中，常用三叶虫化石划分对比早古生代地层（寒武系和奥陶系），常用牙形石与笔石的组合划分对比奥陶系，用单笔石划分对比志留系-早泥盆统，用牙形石划分对比石炭系，用牙形石与菊石的组合划分对比三叠系，用牙形石划分对比侏罗系，常用有孔虫、菊石、双壳类化石组合划分对比白垩系。

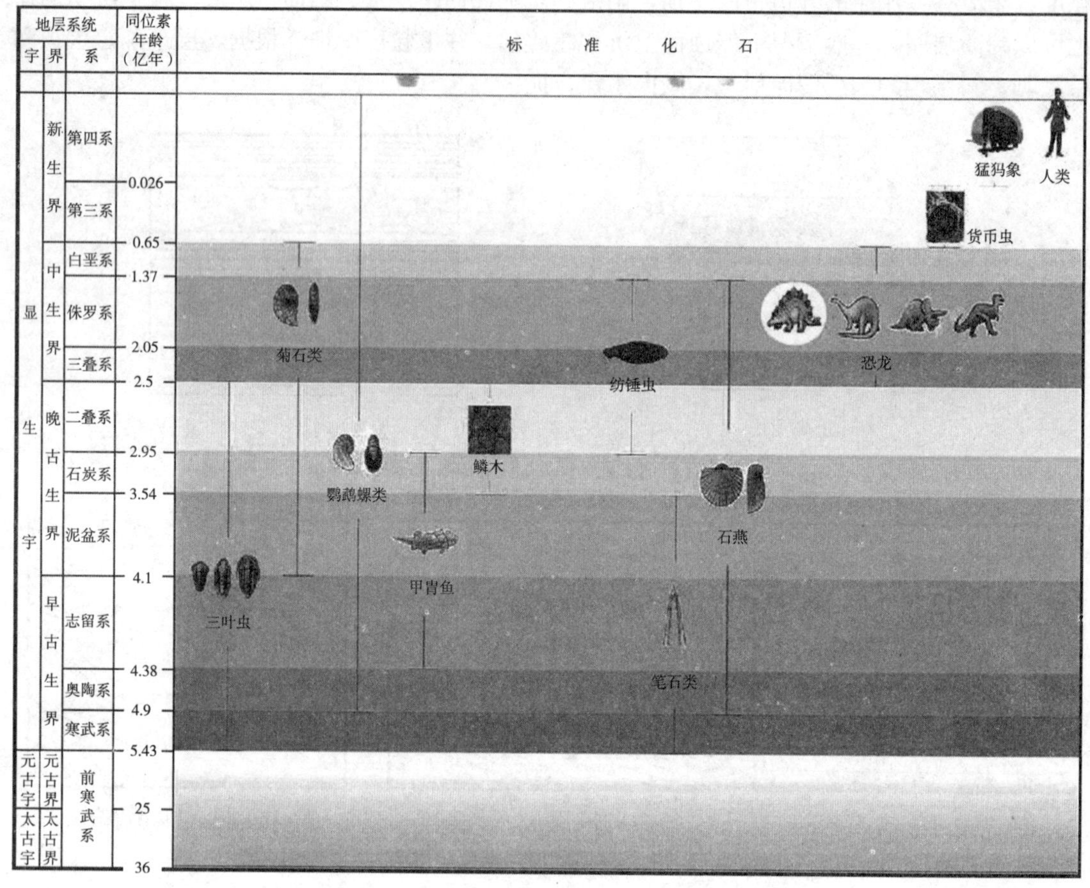

图 2-3　标准化石分布范围

三、岩性法和标志层法——岩石地层学法

岩石地层学法主要根据岩层的特征和属性及岩石组合（或地层结构）划分对比地层。实际操作过程中，首先根据岩石的岩性、岩相等特征，将研究区的地层按其原始顺序划分为能够反映岩性特征及其变化的不同级别的若干岩石地层单位（群、组、段、层）。然后根据所建立的岩石地层单位与岩性、岩相和层序特征之间的规律，对某一地区范围不同地点的岩石地层进行划分对比，最终确定该地区地层年代。尽管岩石地层的划分有时与地质年代并不完全一致，但应用该法划分对比地层极为方便，因此成为地质调查过程中划分对比地层的常用方法之一。

野外地质填图时，用古生物来划分地层单位是最理想的，但很多情况下，受时间及标准化石采集和鉴别因素等的限制，往往不容易做到。此时，标志层法则成了首选方法。标志层即一层或一组具有明显特征的可作为地层划分对比标志的岩层。标志层一般为沉积岩，应当具有所含化石和岩性特征明显、层位稳定、分布范围广、易于鉴别等特点。当标志层较少时，它可作为辅助标准来划分、对比地层。如石门寨地区，寒武系府君山组常以其顶部的暗灰色含核形石的白云质灰岩或以馒头组底部的红色碎屑岩和泥岩作为划界标志；馒头组则以其顶部的鲜红色泥岩作为与毛庄组划界的标志；徐庄组与其下伏毛庄组以黄绿色粉砂岩和暗紫色粉砂岩互层为划界标志，与上覆张夏组以鲕状灰岩夹黄绿色页岩为划界标志。在华北地区，本溪组以其底部铁质砂岩或褐铁矿（称之为山西式铁矿）或黏土岩（G层耐火黏土）与下伏马家沟组明显分界。在北京周口店太平山北坡大砾岩和小砾岩山一带，本溪组与马家沟组以明显的“三好砾岩”为界。

第二节　地层与岩层的厚度

对测区在一定地质历史时期内形成的地层厚度变化进行分析，有助于对测区的构造运动的升降变化做出定量结论。因此，测量岩层或地层厚度是野外地质调查工作的一项重要内容。确定地层厚度的方法比较多，包括计算方法和实测方法。野外地质填图时，往往采用实测方法。实测地层厚度时，如果地层厚度较小，可以直接测量；如果地层厚度较大，可以先分段或分岩层测量，然后将各段或各层的厚度进行累加，即得地层的厚度。

岩层根据其厚度可划分为巨厚层、厚层、中厚层、薄层等级别（表2-1）。地层中不同厚度等级岩层的组合，称为地层结构。依据地层结构，地层有等厚和不等厚之分，当地层中各岩层厚度悬殊且相间出现时，常用夹层、互层等语言予以描述和记录。当薄层与厚层的厚度之比大于1/3时，宜定为“互层”；厚度之比为1/3～1/10时，宜定为“夹层”；厚度之比小于1/10，且多次出现时，宜定为“夹薄层”。

表2-1　岩层厚度分级表

岩层厚度分级	单层厚度 h（cm）
块状	$h>300$
巨厚层	$100<h\leqslant300$
厚层	$50<h\leqslant100$
中厚层	$10<h\leqslant50$
薄层	$1<h\leqslant10$
极薄层	$h\leqslant1$

注意：①野外实测岩层厚度时，应沿垂直层面方向量测。②当不能沿垂直层面方向量测时，所测厚度为岩层的视厚度，应根据岩层的产状与测线方向的相互关系，予以换算成真厚度。

第三节　地层岩性与构造

地层岩性与构造是地层划分对比分析的重要依据之一。地层岩性与构造即地层的岩石类型和不同类型岩石的组合特征。野外地质调查时，可根据岩性变化、岩性组合差异、沉积旋律、沉积间断将测区地层划分成能够反映岩性特征及其变化的、不同级别的若干岩石地层单位。岩石地层单位有正式和非正式之分别，正式岩石地层单位包括群、组、段、层；非正式的包括矿层、有煤层、含水层、油砂层或其他有经济价值的地层单位。岩性即岩石类型，可根据岩石的颜色、成分、结构、构造等特征进行确定。区域地层的岩性组合特征亦可说明该区域的地质发展过程，如利用沉积物或岩石颗粒组成在垂直剖面上有规律交替出现粗细的变化，可判断海进和海退的变化过程。

地层构造，也称沉积构造，是指地层的分层组合关系和沉积间断关系，包括地层的原生构造和次生构造。依据成因类型，沉积构造又有物理构造、生物构造、化学构造之分（表 2-2）。通常需要观察、描述和记录下列内容：岩性岩层及其厚度变化、不同岩层的排列顺序（沉积旋回）、地层产态、地层变形、地层岩体的破碎程度或完整程度、层内构造和层间构造（含接触关系）等内容。

表 2-2　沉积构造分类

<table>
<tr><th rowspan="2">构造类型</th><th colspan="4">物理（机械）构造</th><th colspan="2" rowspan="2">生物构造</th><th rowspan="2">化学构造</th></tr>
<tr><th colspan="2">流动构造</th><th>变形构造</th><th>其他</th></tr>
<tr><td rowspan="4">原生构造</td><td rowspan="2">层理</td><td rowspan="2">交错层理
波状层理
水平和平行层理
递变层理
均匀层理和复合层理</td><td rowspan="4">负载
球和枕状
旋卷
滑塌
砂岩脉和墙
碟状构造</td><td rowspan="4">干裂或泥裂
雨痕
雹痕</td><td>遗迹化石</td><td>足迹
爬痕
潜穴
钻孔</td><td rowspan="4">鸟眼构造
同生晶痕
同生结核</td></tr>
<tr><td colspan="2">生物振动构造</td></tr>
<tr><td rowspan="2">层面
层底</td><td rowspan="2">印痕、波痕
冲刷和刻压痕</td><td colspan="2">植物根痕</td></tr>
<tr><td colspan="2">生物生长构造</td></tr>
<tr><td>次生构造</td><td colspan="2"></td><td></td><td></td><td colspan="2"></td><td>后生结核
迭锥
缝合线</td></tr>
</table>

第四节　地层古生物化石

化石是指保存在岩层中各地质历史时期生物遗体和遗迹的统称。化石不仅可以反映一定古生物的特征，如大小、形状、组织结构和纹饰等，说明其在自然界的存在情况，而且还能反映含化石岩层的地质环境和形成时间。

由于古生物在地质历史中的演化具有清楚的方向性、不可逆性和阶段性，因此，生物界演化发展过程的轮廓，大体上可以由老到新的地层中所含的化石反映出来。一般地，老地层中所含化石反映的古生物较原始、较简单，新地层中所含化石反映的古生物则较高级、较复杂。

在不同地质历史时期的地层之中，常常含有该地质历史时期的化石组合。通过调查研究和确定地层内所含有的古生物化石组合，则可以对不同地质时代的地层进行划分和对比分析。因此，对地层中所含有的化石进行观察、记录和描述，是地质调查工作的重要基本技能。

第五节　地层接触关系

地层接触关系是一种地质现象，能够反映新老地层或岩石在空间上的相互叠置状态。野外地质调查研究和确定地层接触关系的重点在于确定地层间是否存在沉积间断，特别要对风化剥蚀面进行详细的观察、描述和记录。古风化壳不仅是反映测区构造运动和地质发展历史的重要标志，而且能够反映测区的古地理环境，很多情况与铁、锰、铝等的富集有密切关系。因此，地层接触关系的识别对于研究测区构造运动、地层划分和对比、恢复古地理环境分析与研究，以及探矿找矿等方面均具有较重要的意义。

两个岩石地层单位组成不同时代两套地层之间的接触关系一般有连续接触和不连续接触两种基本情况。当上下两套地层之间没有发生过长期沉积中断，则认为是连续的，地层没有广泛缺失，称这种情况为地层整合接触；当上下两套地层之间发生过长期沉积中断或陆上剥蚀，则认为是不连续的，造成地层广泛缺失，称这种情况为地层不整合接触。另外，根据上下两套地层的产状关系可进一步将不整合接触关系划分为角度不整合和平行不整合两种情况。除构造运动的升降运动产生的地层接触关系变化外，岩浆作用的后果则可能形成了侵入接触关系或侵入体的沉积接触关系，断层作用结果则形成断层接触关系。后两种成因类型的地层接触关系较易识别，而第一种成因类型的地层接触关系较不易识别，主要通过是否有地层缺失和古风化壳存在等予以分析和判定。

野外地质调查观察和研究地层接触关系的主要工作内容包括：

（1）上下两套地层的地质年代和层序变化、产状。

（2）地层接触关系的成因类型和时间间隔。

（3）地层接触面的形态、厚度、空间展布，以及古风化壳的岩性特征和变化规律。

第六节　地层中沉积相标志

沉积相即沉积物的生成环境、生成条件及其特征的总和。沉积相划分方案包括沉积相组、沉积相、沉积亚相、沉积微相四个等级。沉积相组是指在同一地理区的所有相的组合，包括陆相组、海陆过渡相组（也称海陆交互相组）和海相组。根据外动力地质作用类型和作用位置、环境条件等，陆相组可划分为残积相、坡积相、崩积相（也称坠积相）、沙漠相、冰川相、河流相（含洪积相、冲积相）、湖泊相、沼泽相、洞穴相等类型。根据海洋地质作用的分带性，海相组包括滨岸相、浅海陆棚相、半深海相和深海相等类型，过渡相组主要有三角洲相、河湾相、潟湖相、障壁岛、潮坪相等类型。此外，在沉积相的基础上，根据沉积物的特征和生成环境的次级变化可进一步划定沉积亚相和沉积微相，如根据河流地貌、微地貌类型及其成因，河流相可划分为牛轭湖、溢岸、堤岸、河床等亚相，河床亚相进一步划分为滞留沉积、边滩、心滩等微相。

沉积相分析研究的意义主要有两个，一是构造运动历史和古地理环境恢复，另一个是为寻找油贮层、煤层、地下水含水层等矿产地质服务。

沉积相研究与分析就是通过地层的岩性、结构、构造和古生物等特征可以判断地层沉积形成时的古地理环境和沉积作用过程。沉积相的鉴别方法主要有沉积岩石学、古生物学与古生态学、地球物理、沉积地球化学等几种方法。在研究和生产实践中，选用何种方法，应视其研究目的和获取资料的精度要求而定，但无论选用哪种方法，都必须获取沉积相的鉴定标志。鉴定沉积相的相标志主要有岩性标志、古生物和古生态学标志、沉积地球化学标志、地球物理标志和沉积形态标志等几个方面。因此，野外地质调查工作中，应注意观察和研究下列内容：

（1）沉积体的几何形态、产状和分布。

（2）沉积相的识别标志，沉积物组分、结构、构造和生物组合等特征。

（3）沉积物特征与动力条件、气候因素、大地构造之间的关系。

（4）沉积相内部及其与相邻沉积相之间的横向、垂向演化规律和层序、接触关系，不同环境下形成的沉积相模式等。

沉积相模式是指在古今沉积层沉积相中反复出现的相变组合系列。各地或各层类似的相变组合在细节上可以各有差异，但由其共性足以概括出典型的相模式，如三角洲相、曲流河床相等。沉积相模式在判断地层的沉积相时，具有标准化的作用。

第七节　地层对比分析

地层的对比是指根据古生物化石以及岩性特征、结构、构造及绝对年龄等特征，将不同地区地层剖面中的地层单位进行层位上的比较，找出它在层位上相同的部分，简单地说就是找出一个同时面或同时期产物的活动。通过地层对比，可以了解测区地质历史的地方性、区域性，或了解世界性地质历史发展过程的共性与差异性，达到重塑测区地壳发展历史及演变规律的目的。

虽然地层对比的概念不同于地层划分，但两者往往同时进行，相互验证和改进，以便正确地进行地层划分与对比。虽然地层划分与对比的方法较多，目前主要方法有地层层序律法、岩石地层学方法、化石层序律法、构造学方法、同位素地质年龄法、地球物理方法（如电法、磁法、地震等剖面测量）等。但是，比较化石是否相同，仍是地层对比最初利用，也是最可靠的方法之一，含有相同化石的地层，其时代也大致相同。

野外地质调查过程中，需要随时注意观察每条调查路线不同露头之间，以及相互平行的不同路线各露头之间的地层对比。但由于各个地区或地段的地层层序及特征千差万别，地层对比必须以时间或地质年代作为对比标准。地层对比的内容主要有岩性对比和地质年代对比。岩性对比是判断两个或两个以上露头的岩性是否一致。地质年代（时代）对比是判断两个或两个以上露头的沉积物或岩体是否为同时代的产物。两个露头同时形成的沉积物，其岩性可以相同，也可以不同；两个岩性相同的露头，也不一定是同时代形成的。因此，地层对比时，既要注意岩石地层单位的对比，也要注意年代地层单位的对比。

注意：①一般情况下，岩性对比只适用于地方性地层对比，时代对比适用于区域性或世界性地层对比；②地层对比，不仅可以反映测区岩相的变化特征，而且可以为判断地质构造现象提供线索和依据；③年代地层单位的对比较复杂，除应注意整体岩性的对比外，尚应根据古生物地层法和同位素测龄法，及区域性或世界性的不整合或岩层的缺失等进行对比。

思考与讨论

1. 地层划分与地层对比有何不同？两者之间有哪些联系？
2. 地层构造与地质构造的区别与联系有哪些？
3. 如何确定岩层的顶底面？
4. 确定岩层厚度为什么需要考虑岩层的产状？

预（复）习内容与要求

1. 相关概念：地质年代、时代地层单位、岩石地层单位、地层、岩层、层序、岩相、岩性、沉积构造、地层构造、层面构造、层内构造。

2. 区域地质调查过程中，地层划分与对比的目的、意义、过程和方法。

3. 沉积相律、沉积相划分方案与识别的方法和标准。

4. 地层相对年龄和绝对年龄的确定方法。

Chapter 3 **第三章**

岩体（岩石）野外观察与描述

岩石种类鉴别是野外地质调查工作的基础。野外地质调查过程中，一般通过岩石的颜色、物质组成、结构、构造及其所在地层或岩体的产状、风化程度等的观察与描述，对岩石种类进行识别或鉴定。

第一节 岩石种类野外鉴别过程与方法

首先，结合岩石的结构、构造和物质组成特征，根据岩体的产状，确定研究对象属于哪一大类岩石，或为岩浆岩，或为变质岩，或为沉积岩。实际工作中，可参考表 3-1 中内容进行观察，根据观察结果，并结合地质图定位分析，初步确定研究对象的岩石大类。

然后，在上述岩石大类确定的基础上，按照不同大类岩石的鉴别内容、方法和定名标准，对研究对象进行具体岩石种类的确定。

表 3-1 三大岩野外鉴别主要内容

项目	沉积岩	变质岩	岩浆岩
产状特征	呈层状，且具有一定的沉积韵律或层序	当原岩为沉积岩或层状变质岩时，往往呈层状；当原岩为岩浆岩或岩浆岩经变质而成的岩石时，通常呈整体块状或体状（除经风化或构造运动破坏，呈碎裂状外）	通常呈整体块状、体状或脉状（除经风化或构造运动破坏，呈碎裂状外）
结构特征	碎屑结构，包括外碎屑和内碎屑两大类： 外碎屑成分有圆砾或角砾状、砂粒状、泥质、生物碎屑、火山碎屑等 内碎屑成分有结晶矿物和非结晶矿物、结核	变余结构 变晶结构：主要有粒状、鳞片状、纤维状、斑状等变晶结构和角岩结构 碎裂结构、糜棱结构	常见结构：结晶粒状、斑状和似斑状等结构类型 特征结构：玻璃质结构、伟晶结构、煌斑结构、辉绿结构
构造特征	层理构造：平行层理、斜层理、交错层理、包卷层理 层面构造：波痕、干裂、冲刷、负荷模等 化学构造：缝合线、晶痕 变形构造：石香肠构造、枕状构造、条带状构造	变余构造 变成构造：板状构造、千枚状构造、片状构造、片麻状构造、块状构造 混合构造：眼球状构造、条带状构造、混合片麻状或花岗构造	侵入岩的构造特征：块状构造、斑杂构造、条带状构造等 喷出岩的构造特征：气孔和杏仁构造、流纹构造、柱状节理、枕状构造等

（续）

项目	沉积岩	变质岩	岩浆岩
特殊组分	生物化石（生物碎屑） 有机物 碎屑物：岩石碎屑、矿物碎屑等 特有矿物：蛋白石、黏土矿物、燧石、海绿石、硫酸盐和卤化物矿物、碳酸盐矿物	刚玉、红柱石、蓝晶石、矽线石、叶蜡石、十字石、堇青石、硬绿泥石、硬玉、浊沸石、方柱石、钠云母、葡萄石、硬柱石、符山石、钙铝榴石、绢云母、石墨、滑石、阳起石、蛇纹石、透闪石、硅灰石等，其他（碳酸盐矿物、重晶石、硬石膏）	鳞石英、玄武角闪石、歪长石、白榴石、方钠石、黝方石、蓝方石

注意：①野外鉴别研究对象属于哪一大类岩石，应选择较大范围的基岩露头，观察岩体的产状及其重要的、有意义的结构构造和特殊意义的物质成分，如沉积岩的层面和层理构造、化石、碎屑物或其他有机物，变质岩的片理、板理构造和变晶矿物组成，岩浆岩的斑晶和包体，等等。②观察岩体产状时，应注意观察其产出的位置、形态、规模、展布情况，岩体内部的分布带性，以及与其他相邻岩体的接触关系等。③当野外不能直接确定研究对象的岩石种类时，应采集代表性标本或者样品，送往实验室进行必要的岩矿鉴定试验。④碳盐矿物有可能在变质岩或岩浆岩中出现，因此应注意与其他鉴别特征的联合应用。

第二节 岩体（岩石）风化程度观察与描述

露出地表的岩体（岩石）在大气、水的联合作用及温度变化和生物活动影响下，常经系列崩解或分解而在地壳浅表形成一定厚度的风化壳。风化壳是矿产地质学以及土壤学和工程地质学等许多学科的主要研究对象之一。岩体（岩石）的风化程度是风化壳研究的重要内容，是指岩体（岩石）被风化而破坏的程度。根据岩体（岩石）结构破坏和破碎程度，一般划分为未风化、微风化、中（或弱）风化、强风化、全风化、残积土六个不同等级。野外地质调查时，可通过岩体（岩石）的颜色、化学成分、结构构造、破碎程度、物理力学性质变化等几个方面的观察和综合研究，予以初步确定（表 3-2）。岩体（岩石）风化程度的较准确划分需要借助岩体（岩石）声波测试、抗压强度试验、原位测试等方法。

表 3-2 岩石风化程度的划分

风化程度等级	风 化 特 征
未风化	结构构造未变，岩质新鲜，偶见风化痕迹
微风化	结构构造、矿物色泽基本未变，部分裂隙面有铁锰质渲染，有少量的风化裂隙
弱风化	结构构造部分破坏，矿物色泽较明显变化，裂隙面出现风化矿物或存在风化夹层，风化裂隙发育，岩体被切割成块状，用镐难挖，岩芯钻机方可钻进
强风化	结构构造大部分破坏，矿物色泽明显变化，长石、云母等风化成次生矿物，风化裂隙很发育，岩体破碎，用镐可挖，干钻不易钻进
全风化	结构基本破坏，但尚可辨认，有残余结构强度，可用镐挖，干钻可钻进
残积土	组织结构全部破坏，矿物成分除石英外，大部分风化成土状。锹镐易挖掘，干钻易钻进，具有可塑性

野外对岩体（岩石）风化程度进行观察与描述时，除了岩体（岩石）的颜色、化学成分、结构构造、破碎程度、物理力学性质变化等方面内容外，还应观察岩体（岩石）风化形态特征，以及研究确定岩体（岩石）风化的成因类型。

第三节　沉积岩野外观察与描述

野外确定某岩石为沉积岩之后，首先应通过其结构观察，确定该岩石的结构类型。沉积岩的结构是指构成沉积岩的组分（碎屑）的性质或类型、形态、大小及相互关系等的综合特征，既是区别于岩浆岩、变质岩的重要标志，也是沉积岩分类的重要依据。根据碎屑的成因、来源不同，将沉积岩的结构划分为外碎屑结构和内碎屑结构两大类（表 3-3）。外碎屑是指源于沉积盆地之外的非化学沉积作用形成的物质，主要包括岩石（含矿物）碎屑、生物碎屑和火山碎屑等。内碎屑则是指沉积岩形成过程中，由化学作用（主要是重结晶作用）形成的物质，包括结晶矿物和非结晶矿物。主要由外碎屑组成的沉积岩，其结构称为外碎屑结构；主要由内碎屑组成的沉积岩，其结构称为内碎屑结构。

表 3-3　沉积岩的碎屑物类型

外碎屑			内碎屑		
岩石（含矿物）碎屑	生物碎屑	火山碎屑	蒸发盐	非蒸发盐	可燃有机质
巨（角）砾（>100mm）	花粉	火山集块（>64mm）	石膏	铝质	煤
粗（角）砾（100～20mm）	孢子	火山角砾（64～2mm）	硬石膏	铁质	油页岩
中（角）砾（20～5mm）	贝壳	凝灰岩（<2mm）	岩盐	锰质	
细（角）砾（5～2mm）	藻类生物		钾镁盐	硅质	
粗砂（0.5～2mm）	珊瑚			磷质	
中砂（0.25～0.5mm）	其他生物			碳酸盐	
细砂（0.063～0.25mm）					
粉砂（0.004～0.063mm）					
泥质（<0.004mm）					

然后，针对不同的碎屑岩类型特点，确定岩石观察和描述的具体内容，并最终确定该沉积岩的类型和名称。

（1）外碎屑岩的观察与描述内容，主要包括颜色、结构、构造、碎屑物特征、胶结物（杂基）特征与胶结类型。其中，碎屑物尚应观察和描述其成分类型、形态、颗粒大小与均匀性、级配与分选特性、填充与支撑情况等基本内容。胶结物尚应观察和描述其胶结程度、胶结类型、胶结物的成分与含量等内容。最后，通过上述特征分析，确定岩石类型和名称。

【外碎屑岩的观察与描述实例】

例 3-1：北京周口店某岩石。

颜色：暗褐绿色。

结构：细砾角砾状结构。

构造：块状构造。

碎屑物特征：角砾均为变质细砂岩碎块，呈暗灰绿色，近等轴状，圆度很差，尖棱状，大小极不均匀，可从粗砂过渡到中砾，最大约 40mm，以 5～20mm 为主，其中角砾呈多泥颗粒支撑，含量约 60%。角砾间被砂泥质混基充填，其中砂粒成分与角砾相同，含量约 10%。

杂基与胶结物：胶结物为泥质，略呈红褐色，土状，硬度小于小刀，含量约 30%。

岩石定名：单成分细角砾岩。

例 3-2：河北唐山某地岩石。

颜色：新鲜面为灰绿色，风化面为灰黄色。绿色是因岩石中含较多绿泥石所致，因此绿色为自生色；黄色是因岩石中所含的铁质成分经氧化所致，因此黄色为它生色。

结构：中粒砂状结构。

构造：块状构造，可见清晰的平行层理，纹层厚度为 3～10mm，是因各纹层中海绿石含量不同而造成，海绿石含量高者绿色突出。岩石坚硬，孔隙很少。

碎屑物特征：碎石砂粒大小均匀，分选好、圆度中等。碎屑成分石英含量 98%以上，含少量长石和燧石。石英为灰色，有的因氧化铁浸染而呈灰黄褐色。长石为灰色，有解理。燧石为黑色，隐晶结构。

杂基与胶结物：胶结物为硅质和海绿石，硅质胶结物已全部结晶为碎屑石英的次生加大边，因此在石英碎屑颗粒之间分不出碎屑物和胶结物的界限，但石英颗粒之间胶结得极为坚固紧密，硅质胶结含量无法估计。除硅质外，胶结物中还有海绿石成分，鲜绿色，呈不规则状充填于石英颗粒之间，在岩石中分布很不均匀，部分已因风化而成为褐铁矿，含量约 5%。

岩石定名：海绿石石英砂岩。

（2）内碎屑岩的观察与描述内容，与外碎屑岩有所不同，除了颜色、结构、构造外，应重点观察和描述其矿物成分、包含物或包体，以及重要的鉴定特征。

【内碎屑岩的观察与描述实例】

例 3-3：秦皇岛石门寨某岩石。

颜色：深灰-黑灰色。

结构：鲕粒结构。

构造：纹层状构造。

矿物成分：由方解石质鲕粒和鲕粒间填隙物构成。方解石鲕粒，含量约 75%，黑色，多球或椭球形，大小较均匀，以 1mm 左右为主，少数可达 2mm 左右，内部略显同心状，粒度较大者可见为复鲕；填隙物含量约 25%，灰或浅灰色，较鲕粒浅，略透明。

其他特征：硬度小于小刀；滴稀盐酸剧烈起泡。

岩石定名：鲕粒灰岩。

第四节　岩浆岩野外观察与描述

野外确定某岩石为岩浆岩后，一般通过其颜色、结构、构造、矿物成分及其含量等特征的观察与描述结果，结合它的产状，参照表 3-4、文献或专家意见，确定该岩浆岩的类型与名称。

表 3-4　岩浆岩的分类

<table>
<tr><td colspan="2" rowspan="2">根据 SiO_2 含量分类</td><td>分类名称</td><td>酸性岩</td><td colspan="2">中性岩</td><td>基性岩</td><td>超基性岩</td><td rowspan="5">产状</td></tr>
<tr><td>SiO_2的含量（%）</td><td>>65</td><td colspan="2">52～65</td><td>45～52</td><td><45</td></tr>
<tr><td colspan="3">颜色</td><td colspan="3">浅色（浅灰、浅红、红、黄）</td><td colspan="2">深色（深灰、绿、黑）</td></tr>
<tr><td colspan="3">化学成分</td><td colspan="3">主要含 Si、Al</td><td colspan="2">主要含 Fe、Mg</td></tr>
<tr><td colspan="3" rowspan="2">矿物成分
成因及结构构造特征</td><td colspan="2">含正长石</td><td colspan="2">含斜长石</td><td>极少或不含长石</td></tr>
<tr><td>石英、云母、角闪石</td><td>黑云母、角闪石、辉石</td><td>角闪石、辉石、黑云母</td><td>辉石、角闪石、橄榄石</td><td>辉石、橄榄石、角闪石</td><td></td></tr>
<tr><td>深成</td><td colspan="2">等粒结构，有时为斑状结构，所有矿物均能用肉眼鉴别；多为块状构造</td><td>花岗岩</td><td>正长岩</td><td>闪长岩</td><td>辉长岩</td><td>橄榄岩、辉石岩</td><td>岩基、岩株</td></tr>
<tr><td rowspan="2">浅成</td><td colspan="2">斑状结构（斑晶较大且可分辨出矿物名称），细粒结晶结构；气孔或块状构造</td><td>花岗斑岩</td><td>正长斑岩</td><td>玢岩</td><td>辉绿岩、灰绿玢岩</td><td>苦橄玢岩、金伯利岩</td><td>岩脉、岩墙、岩床</td></tr>
<tr><td colspan="2">伟晶结构、细晶结构；气孔或块状构造</td><td colspan="5">伟晶岩、细晶岩、煌斑岩等</td><td>岩脉、岩墙</td></tr>
<tr><td rowspan="2">喷出</td><td colspan="2">玻璃质结构，有时为细粒斑状结构，矿物难用肉眼鉴别；气孔、杏仁、流纹或块状构造</td><td>流纹岩</td><td>粗面岩</td><td>安山岩</td><td>玄武岩</td><td>苦橄岩、科马提岩</td><td>熔岩流</td></tr>
<tr><td colspan="2">玻璃质结构；气孔、杏仁构造或块状构造</td><td colspan="5">黑曜岩、浮石、珍珠岩、松脂岩、浮岩等</td><td>火山锥、熔岩被</td></tr>
</table>

注：本表摘自《岩土工程勘察设计手册》（林宗元，1996），有修改。

（1）侵入岩与喷出岩、深成岩与浅成岩的观察与识别。所谓岩浆岩的产状，是指岩浆岩体在地壳中的产出状态，包括岩体的大小、形状及其与围岩之间的关系。当岩体呈岩钟、熔岩被、熔岩瀑布等形态，或具有多气孔、杏仁、流纹等构造，或玻璃质结构、隐晶质结构、斑状结构等特征时，该岩石可能为喷出岩。当岩体呈岩墙（岩脉）、岩床等形式存在于地壳浅部，且其具有伟晶结构、细粒结晶结构、斑状结构时，该岩石可能为浅成岩。当岩体呈岩盆、岩盖、岩株、岩基等形式存在于地壳较深部，且岩石具有块状构造及中粗粒结晶结构、等粒结晶结构、似斑状结构等特征时，该岩石可能为深成岩。

（2）超基性岩、基性岩、中性岩、酸性岩的观察与识别。岩浆岩的这种分类是以其 SiO_2 的百分含量划定的，但是，野外较难准确地测定岩浆岩的 SiO_2 含量，而其颜色、主要矿物成分，一般较容易观察和识别，因此，野外可通过颜色和主要矿物特征观察分析确定岩浆岩的超基岩、基性岩、中性岩、酸性岩类别（表 3-5）。

表 3-5　依据 SiO_2 含量划定的岩浆岩类型及其颜色和主要矿物特征

岩浆岩类型	SiO_2 含量（%）	主要矿物	颜色
超基性岩	>45	橄榄石、辉石	深 ↓ 浅
基性岩	45～52	斜长石、辉石	
中性岩	52～65	斜长石、闪石	
酸性岩	<65	石英、正长石、斜长石、云母	

【岩浆岩的观察与描述实例】

例 3-4：北京杨坊某岩石。

颜色：岩石较新鲜，呈浅肉红色。

结构：中粗粒结晶结构。

构造：块状构造。

矿物成分：主要由钾长石、斜长石、石英及少量黑云母组成。长英矿物总含量在 90%以上。钾长石，呈浅红色，板状，外形不规则，颗粒大小为 2mm×3mm，含量约 45%；斜长石，呈浅灰色，自形程度较好，板状，颗粒大小为 2mm×2.5mm，含量约 20%；石英，呈灰色，半透明，他形粒状，颗粒大小为 2mm×3mm，含量约 25%以上。暗色矿物主要为黑云母，呈鳞片状，黑褐色，含量小于 10%，有的已蚀变为褐色的蛭石或绿泥石。副矿物为榍石和磁铁矿，含量不足 1%。

其他特征：岩石坚硬。

岩石定名：黑云母花岗岩。

例 3-5：南京方山某岩石。

颜色：灰黑色。

结构：斑状结构。

构造：气孔构造。气孔发育，多呈圆形或椭圆形，孔径为 5～6mm，孔壁光滑。有些气孔为方解石填充，形成杏仁体，略呈定向排列。

矿物成分：斑晶主要为伊丁石，红棕色，玻璃光泽，呈片状集合体，大小为 1～2mm，系橄榄石蚀变产物，含量约 10%。基质为隐晶质至微粒结晶质，可见细针状灰白色斜长石微晶，在暗淡的基质中以其较强的玻璃光泽显现出来。气孔中填充的方解石，乳白色，不规则颗粒，与稀盐酸发生强烈反应。

岩石定名：伊丁石玄武岩。

第五节　变质岩野外观察与描述

野外确定某岩石为变质岩后，一般通过其颜色、结构构造、矿物成分及其变质程度和含量等特征的观察与描述结果，参照表 3-6、文献或专家意见，确定该变质岩的类型与名称，以及可能的原岩和变质作用类型。

表 3-6　变质岩的类型与特征简表

<table>
<tr><th colspan="2">变质岩类型</th><th>光学特征</th><th>结构构造</th><th>矿物成分</th><th>作用类型及分布</th></tr>
<tr><td rowspan="4">区域变质岩类</td><td>板岩</td><td>颜色多种，不显绢丝光泽</td><td>隐晶质结构，板状构造，无片理</td><td>肉眼不能辨识</td><td rowspan="4">区域变质作用，与构造运动密切相关，从太古代早期到新生代均有发育，古老陆核及寒武纪以后的地槽褶皱带等地区广泛分布</td></tr>
<tr><td>千枚岩</td><td>灰色或灰白色，绢丝光泽明显</td><td>隐晶质结构，千枚状构造，片理微弱</td><td>肉眼不易辨识</td></tr>
<tr><td>片岩</td><td>颜色多种，构成矿物不同，光泽不同</td><td>鳞片变晶结构、纤维状变晶结构，片状构造</td><td>主要由鳞片状或纤状矿物组成，如石英、云母、绿泥石等</td></tr>
<tr><td>片麻岩</td><td>颜色多种，变化丰富</td><td>片麻状构造，鳞片状或粒状变晶结构</td><td>石英、长石、云母和角闪石等</td></tr>
</table>

（续）

变质岩类型		光学特征	结构构造	矿物成分	作用类型及分布
区域变质岩类	大理岩	一般呈白色，因含不同杂质而显不同的颜色或花纹	粒状变晶结构和块状构造，有时为条带状构造	方解石、白云石矿物为主，含量一般大于50%。可能含有蛇纹石、透闪石或透辉石、方柱石等变质矿物	
	石英岩	白色、灰白色，因含其他矿物而显各种彩色	一般粒状变晶结构和块状构造	石英矿物为主，含量85%以上。可含少量长石、绢云母、绿泥石、白云母、角闪石、黑云母、辉石等	
	角闪石岩	绿黑色、黑色	粒状变晶结构，块状构造，略具定向构造	主要由角闪石、斜长石组成。角闪石含量大于50%，石英很少或无。常见铁铝榴石、绿帘石、黝帘石、透辉石等	
	变粒岩	颜色一般较浅，因含多量暗色矿物而呈深颜色	细粒变晶结构，块状构造，略显或不显片麻状构造	长石、石英含量较大，70%以上，且长石25%以上。暗色矿物可有黑云母、角闪石、透闪石、电气石等	
	麻粒岩	浅色、暗色均有	中、粗粒变晶结构，有时为不等粒变晶结构，多为块状构造	浅色矿物为长石和石英，暗色矿物有紫苏辉石、透辉石，有时含石榴子石、矽线石、蓝晶石、堇青石等	
混合岩类	注入混合岩	杂色者居多，受基体和脉体的矿物成分及相对含量控制，脉体颜色浅，基体颜色深	角砾状构造、眼球状构造、条带状构造、肠状构造等	基体和脉体间的界限较明显，脉体含量较少，只占15%～50%	交代变质作用不强烈，区域变质作用为主
	混合片麻岩		粒状变余结构，变余构造、片麻构造较明显	基体与脉体间的界限不明显，基体含量很少，脉体含量大于50%	交代变质作用强烈
	混合花岗岩		块状构造、阴影混合构造，粒状变余结构	分不同基体和脉体，矿物成分与花岗岩或花岗闪长岩极相似	交代变质作用不强烈，岩浆作用强烈
接触变质岩类	主要有大理岩、石英石、角岩、夕卡岩等		变余结构、斑状变晶结构、重结晶结构、角岩结构，块状构造、板状构造	因变质作用深度和原岩类型不同而不同	分布于侵入岩接触带或其附近
气—液变质岩	主要有蛇纹岩、云英岩、青磐岩、次生石英岩等		变余结构、变晶结构，块状构造、变余构造	因原岩类型和变质程度不同而不同	沿构造破坏带或矿脉边缘发育
动力变质岩	构造角砾岩、碎裂岩、糜棱岩、千糜岩、假熔岩等		破碎角砾结构、碎裂结构、碎斑结构、玻璃状结构等，压碎构造	原岩破碎为主	断裂带

注意：①野外观察变质岩，进行岩石的鉴别与定名时，不能仅定出基本岩石名称，还应注意分析岩石的变质作用和成因，特别要注意岩石的共生组合、产状和分布。②对于混合岩化和花岗质变质岩石发育地区，应注意观察这些岩石的基本特征及其空间分布情况，且注意它们与各种变质作用的关系。③根据各种类型变质岩及其矿物组合基本特征，划分不同变质作用的各种变带、变质相，且同时观察它们的排列秩序及渐进变化情况。④观察变质作用与其他地质作用的关系分析。

【变质岩的观察与描述实例】

例 3-6：北京周口店某岩石。

颜色：深灰色。

结构：斑状变晶结构，基质为微粒变晶结构。

构造：块状构造。

矿物成分：变斑晶为红柱石，自形，长柱状，横断面为正方形，大小相近，长 5～10mm，因遭受风化而光泽暗淡。在岩石的新鲜面上，斑晶和基质不易区分，但在风化面上，因红柱石变斑晶比基质具更强的抗风化能力，故经差异风化后，红柱石变斑晶明显突出，含量约 15%。基质颗粒细小不易鉴定，只能分辨其中有细小的黑云母，暗褐色，珍珠光泽，呈小鳞片状。

成因类型：岩石为泥质岩经热接触变质而成。

岩石定名：红柱石角岩。

例 3-7：山西省繁峙某岩石。

颜色：灰白色。

结构：斑状变晶结构，基质为鳞片状变晶结构。

构造：片状构造。

矿物成分：变斑晶为石榴子石，呈暗紫红色，粒状，大小为 5mm 左右，有的晶体可以见到完好的晶面，含量约 5%。基质由白云母和石英组成，白云母呈鳞片状，含量约 60%；石英为细小他形颗粒，含量约 35%。由于基质中有大量的白云母，使岩石具明显的丝绢光泽。

成因类型：可能是黏土岩或酸性火山岩经区域变质作用形成。

岩石定名：石榴石云母片岩。

例 3-8：辽宁省建平县某岩石。

颜色：灰白色。

结构：中粒等粒变晶结构（花岗变晶结构）。

构造：具明显的片麻状构造。

矿物成分：主要有斜长石（50%）、石英（25%～30%）、黑云母（20%）。斜长石为白色板，有的产生了绿帘石现象；石英为他形粒状，略呈拉长状；黑云母为黑褐色，片状，与粒状长英矿物相间分布，使岩石呈现片麻状构造。

成因类型：区域变质作用产物，其原岩类型复杂，可能是岩浆岩或砂岩、泥灰岩、泥岩等。

岩石定名：黑云母斜长片麻岩。

思考与讨论

1. 野外如何区别三大岩？野外如何确定一块岩体（岩石）的种类和名称？

2. 野外如何确定岩石风化作用和风化程度等级？

3. 室内与野外鉴别岩石有何区别？

预（复）习内容与要求

1. 复习下列概念：矿物、岩石、矿产、矿石，岩浆岩、变质岩、沉积岩、火山岩、火成岩、火山碎屑岩，岩石的结构、构造，结晶结构、碎屑结构、生物碎屑结构、斑状结构、似斑结构、辉绿结构、角岩结构、变成结构、变余结构，块状构造、层理构造、条带状构造、眼球状构造、石香肠构造、枕状构造、鸟眼构造。

2. 常见矿物类型及其主要特征。

3. 常见岩石及其主要特征。

4. 岩石的构造类型。

5. 矿物的肉眼识别内容和方法。

6. 岩浆作用类型及其岩石特征。

7. 变质作用类型及其岩石特征。

8. 沉积作用类型及其岩石特征。

Chapter 4 第四章

第四纪堆积物野外观察与描述

第四纪堆积物是指第四纪以来各种地质作用形成的松散沉积物，称由第四纪堆积组成的地层体系为第四系。第四纪堆积物普遍覆盖于地球大陆表面和海底表层，生态及人类的生产、生活与第四纪堆积物之间的关系十分密切。因此，第四纪堆积物不仅是工程地质、水文地质、环境地质、农业地质、矿产地质等科学研究的物质基础，也是普通地质的重要研究对象。野外第四纪堆积调查是地质学研究的重要基础工作，野外教学实习应重视第四纪堆积物野外观察与描述技术的培训。

第一节　第四纪堆积物的成因类型

第四纪堆积物的成因类型是指依据其主要形成的地质作用类型而划分的堆积物种类，主要有残积（包括泉水沉积、洞穴堆积等）、坡积、洪积、冲积、冰积、风积、化学堆积、生物堆积（含古植物层）、火山堆积、坠积、崩积、滑坡堆积（含土溜）、泥石流堆积、三角洲堆积（可划分为河-湖相、河-海相）、湖泊堆积、沼泽沉积、海相沉积、海陆交互相堆积、冰水沉积、火山堆积及填土等种类。其中，海相堆积物可划分为滨海堆积物、潟湖堆积物、浅海堆积物和深海堆积物等。第四纪堆积物的成因类型代号一般如表 4-1 所示，两种或两种以上成因混合时，可进行叠加，如残坡积的代号为“Q^{el+dl}”，冲积洪积成因的代号为“Q^{pl+al}”，等等。

表 4-1　第四纪堆积物的成因类型代号

成因类型	代号	成因类型	代号	成因类型	代号	成因类型	代号
残积	Q^{el}	泥石流堆积	Q^{sef}	海陆交互相沉积	Q^{mc}	生物堆积	Q^{o}
坡积	Q^{dl}	冲积	Q^{al}	海相沉积	Q^{m}	古植物层	Q^{pd}
崩积	Q^{col}	洪积	Q^{pl}	冰水堆积	Q^{fgl}	化学堆积	Q^{ch}
火山堆积	Q^{b}	湖积	Q^{l}	冰积	Q^{gl}	填土	Q^{ml}
滑坡堆积	Q^{del}	沼泽堆积	Q^{h}	风积	Q^{eol}	成因不明	Q^{pr}

第二节　第四纪地层的时代划分

第四纪堆积物的地层划分为下更新统 Q_1、中更新统 Q_2、上更新统 Q_3 和全新统 Q_4，相应的地质时代为早更新世、中更新世、晚更新世和全新世。

第四纪是地质历史上最年轻、最短暂的时代。该时代，地球上动植物的演化特征不够明显，海陆的轮廓变化较小，但气候的冷暖波动很明显，地貌的发育历史和沉积物的岩相变化也都较明显，出现了人类和文化。

第四纪堆积物的地层时代划分，应遵守古生物和古气候两方面基本原则，同时应综合注意划分堆积物的地层时代标志，特别应充分利用沉积物绝对年龄测定的资料。

第三节　第四纪地层观察与描述内容

野外地质调查时，应注意观察、描述和记录第四纪地层的成因、地质时代、地层岩性组成与分层特征（包括厚度、水平与竖直方向的展布及变化、沉积韵律、产状等情况）。

（1）野外观察描述第四纪地层时：①应注意观察剖面垂直方向的上下层位关系，且应追索各层在水平方向的延展情况，特别应注意是否存在侵蚀切割、构造转换、水平相变等现象。②观察地层是原始状态，还是后期经过改造（变动和移动）的状态。对于保持原始状态的水平地层，可从任一方向上的剖面进行观察和量测；对于保持原始状态的倾斜地层，应尽可能利用垂直走向的剖面进行观察和量测；对于非原始状态的地层，应研究其成因，同时需要从不同方向的地层剖面对地层进行观察和量测。

（2）测量地层的厚度和产状，同时记录地层的情况，包括稳定性、连续性、变异性、水平方向延展情况（包括出现透镜体或尖灭、水平或倾斜、波状起伏、挠曲、破碎混乱等现象）。

（3）观察上下层间的接触关系，判断有无侵蚀面、接触面的成因类型，描述和记录接触面的类型及其特征。

第四节　第四纪堆积物野外识别与鉴定

野外地质调查过程中，对于第四纪堆积物，除观察其成层特征外，还应对其颜色、组成物质及包含物、结构、构造、物理力学和化学状态等特征进行观察和描述，并依据这些特征，判定堆积物的岩性和成因类型，最后对其进行定名。

（1）国家标准《岩土工程勘察规范》关于土的观察和描述规定：①对于碎石土，应描述颗粒级配、颗粒形状、颗粒排列、母岩成分、风化程度、充填的性质和充填程度、密实度等；②对于砂类土，应描述颜色、矿物组成、颗粒级配、颗粒形状、黏粒含量、湿度、密实度等；③对粉土，应描述颜色、包含物、湿度、密实度、摇震反应、光泽反应、干强度和韧性等；④对于黏性土，应描述其颜色、状态、包含物、摇震反应、光泽反应、干强度、韧性和土层结构等；⑤特殊性土除描述上述相应土类规定的内容外，尚应描述其特殊成分和特殊性质，如对淤泥尚需描述嗅味，对填土尚需描述物质成分、堆积年代、密实度和厚度的均匀程度等；⑥对具有互层、夹层、夹薄层特征的土层，尚应描述各层的厚度和层理特征。

（2）对于土壤层，应观察土壤剖面形态特征，包括土体构型，各发生层的颜色、质地类型及特征、结构、层厚、分布等基本内容。

1. 第四纪堆积物颜色的观察与描述

颜色是第四纪堆积物沉积环境的重要标志，有助于对第四纪堆积物进行相分析。根据成因，第四纪堆积物的颜色可划分为原生色、次生色和继承色三种类型。原生色一般分布较均匀，化学堆积物的颜色往往属于原生色，黏性土有时也表现为原生色。次生色是指堆积物生成之后，因风化作用等使原来的岩矿成分发生变化，生成新矿物而改变的颜色，分布不均匀，常呈斑点或斑纹状，在裂缝或空洞处往往更加明显，如黏性土中的锈纹锈斑，即为次生色。继承色为保持了母岩的岩矿碎屑所具有的新鲜状时的颜色，如粗粒土中的岩石或矿物碎屑的颜色，即为继承色。

野外观察和描述第四纪堆积的颜色，应以在干燥的新鲜的剖面上观察到的原生色为准，常见的基本颜色有黄、棕、褐、红、灰黑、蓝、绿和白等。当用单色不足以鉴别时，多用色调加主、次色来描述，一般形式为“色调＋次要色＋主色”，如浅黄色、浅灰色、浅灰黑色、棕黄色、蓝绿色、灰绿色等。当存在斑点或条带时，应具体描述，如灰黑色含蓝色斑点、深棕色夹杂淡灰色条带等。注意：

（1）影响第四纪堆积物颜色色调的因素较多，如粒度成分、湿度、碎屑成分等，一般粒度愈细，湿度愈大且处于阴暗条件，色调往往愈深。此外，地下水或地表水淋滤、浸染、含水量变化等易造成颜色的假象，应注意不要使其干扰观察和描述颜色的正确性。野外观察第四纪堆积物时可同时观察和描述干燥状态和湿润状态的颜色。

（2）土壤颜色是土壤物质成分和内在性质的外部反映，是土壤发生层次外表形态特征最显著的标志。①许多土壤类型的名称都以颜色命名，如黑土、红壤、棕壤、褐土、紫色土等。②土壤颜色在一定程度上反映土壤的物质组成及含量，如：土壤越深黑，表示土壤有机质含量越大；颜色越浅，有机质含量越小。土壤矿物质种类和含量也影响土壤颜色，当土壤含氧化铁多时，呈红色；当含水氧化铁多时，土壤变黄；当氧化亚铁多时，就变青灰；当石灰、二氧化硅和可溶性盐多时，土壤颜色变白。此外，当土壤含水量多时，会使土壤发暗发深。因此，观察土壤颜色时，要注意土壤湿度的影响。③土壤颜色的比色，应在明亮光线下进行，但不宜在阳光下。土样应是新鲜而平的自然裂面，而不是用刀削平的平面。碎土样的颜色可能与自然土体外部的颜色差别很大，湿润土壤的颜色与干燥土壤的颜色也不相同，应分别加以测定，一般应描述湿润状态下的土壤颜色。

2. 第四纪堆积物结构的观察与描述

第四纪堆积的结构主要应观察（测）颗粒大小、形态及组成等内容。

（1）粒度划分与定名。第四纪堆积物颗粒的粒度取决于搬运营力和沉积介质的特定条件，记载着沉积环境的丰富信息。根据颗粒直径的大小，可以划分为漂粒、卵粒、砾粒、砂粒、粉粒、黏粒等级别（也称粒组），其分级的标准有很多，目前工程地质、水文地质、环境地质等领域常用的分级标准如表 4-2 所示。

表 4-2 第四纪堆积物的成因类型代号

粒组统称	粒组名称		粒组粒径 d 范围（mm）
巨粒	漂石（块石）粒		$d>200$
	卵石（碎石）粒		$60<d\leqslant 200$
粗粒	砾粒	粗砾	$20<d\leqslant 60$
		细砾	$2<d\leqslant 20$
	砂粒		$0.075<d\leqslant 2$

（续）

粒组统称	粒组名称	粒组粒径 d 范围（mm）
细粒	粉粒	$0.005<d\leqslant 0.075$
	黏粒	$d\leqslant 0.005$

注：本表引自《土的工程分类标准》（GB/T 50145—2007）。

第四纪堆积物中各粒组的含量一般通过颗粒分析确定，野外可通过目估方法粗略确定，颗粒较细时可借助方格式纸估算确定。

（2）第四纪堆积物颗粒形状、磨圆度、风化程度和表面特征等的观察与描述。颗粒形状一般划分为球状、扁平状、椭球状和不规则状四种形态类型。颗粒磨圆度一般划分为棱角状、次棱角状、次圆状、圆状和极圆状五级。颗粒表面特征主要有颗粒表面的光滑程度，以及擦痕、压坑、裂纹、麻点、凹坑、包裹物或沾染物等特征。

当颗粒较细，野外肉眼难以观察时，可根据具体情况考虑观察与描述内容。当需要研究和恢复古河流或古冰川等的运动方向时，可在剖面中随机选择有代表性的岩矿碎屑颗粒（一般要求粒径大于 2cm）100～300 个，详细观察并统计其颗粒形状、磨圆度和表面特征等（表 4-3）。

表 4-3　第四纪堆积物矿岩碎屑的颗粒形态特征观察记录

颗粒编号	各轴长度（cm）			长轴产状		扁平面产状		颗粒形状	磨圆度	表面特征	颗粒成分	风化程度	球度	扁平系数
	长轴	中轴	短轴	倾向	倾角	倾向	倾角							

注：颗粒的球度 $D=\sqrt[3]{abc}/a$，扁平系数 $H=(a+b)/c$。其中，a 为长轴（最大长度），b 为中轴（最大宽度），c 为短轴（最大厚度）。

3. 第四纪堆积物构造特征的观察与描述

包括层理构造、层面构造、胶结程度、密实程度，以及构造运动活动的痕迹，如断裂构造、褶曲构造、冰楔构造、扰动构造、滑动构造、载荷构造和枕状构造等。对于有特殊意义的夹层，如泥炭层、古土壤层、化石层、含矿层、烘烤层、灰烬层或化学沉积的石膏层、铁锰结核层、钙质结核层等，都应进行观察和描述，予以特别说明，且应采集标本和样品。当堆积物呈胶结状态时，还应观测其胶结程度和胶结物的类型。

4. 第四纪堆积物碎屑成分的观察与描述

第四纪堆积物是一种未固结的岩石，由固、液、气三相组成，其中固相部分由碎屑物质组成，包括岩石碎屑、矿物碎屑和包含物。岩石碎屑即母岩经物理风化作用而成的岩石碎块；矿物碎屑包括继承矿物、次生矿物和自生矿物；包含物是指包裹在土体之中的非岩矿碎屑物，如姜石、生物及其碎屑、各种结核、人类文化期产物（砖块、瓦砾、瓷片等）。

5. 第四纪堆积物成因类型的鉴别与描述

不同成因的第四纪堆积往往具有其独有的特征，野外应通过堆积物的成分、结构和构造等以及所处的地貌部位和所含的化石等特征观察与综合分析研究来进行确定第四纪堆积物的类型（表 4-4）。

表 4-4　第四纪堆积物的主要成因类型的野外鉴别标准

成因类型	堆积方式及条件	堆积物的特征
残积	岩石经风化作用而残留在原地的碎屑堆积物	（1）自上而下颗粒逐渐变粗，并过渡到基岩 （2）颗粒具有明显的棱角状，无分选，无层理 （3）成分与下伏基岩的岩性密切相关 （4）厚度变化大，取决于残积条件，包括岩石的易风化程度、原地形地貌条件 （5）残积物地表多为凸形坡面 （6）具有较大的孔隙度，一般透水性较强，发育在低洼地段而下伏基岩又不透水时，可有上层滞水出现
坡积	风化碎屑物在面流搬运作用下在坡度变缓处或坡脚处堆积而成	（1）系高处风化碎屑物在片流作用下，沿斜坡平缓地段和坡麓地带堆积形成 （2）岩性成分取决于坡地上部母岩成分；一般机械成分混杂，碎屑物分选性和磨圆度很差，多呈亚角形；自上游至下游颗粒由粗变细，逐渐由碎石及含碎石的粗粒相变为细砂、粉砂和粉质黏土、黏土；在垂直剖面上可看到具有韵律性的成层堆积 （3）可发育古土壤、孢粉、动植物化石等 （4）孔隙度大，结构比较疏松，且易形成滑坡和土层流动
崩积	岩土碎屑在崩塌作用下，沿斜坡崩落的石块和碎屑，在坡度平缓的坡麓地带堆积所形成的松散堆积物。也称重力堆积物或坠积物	（1）崩积作用的产物 （2）主要由岩屑组成，且斜坡岩性一致 （3）颗粒呈次棱角状，磨圆度较差 （4）颗粒大小混杂，没有明显的排列层序 （5）崩积物主要出现在坡脚或低洼处，常呈倒石堆或倒石裙形态分布：较粗大的岩屑分布于倒石堆的下部，向上逐渐变细
洪积	洪水携带物在沟口或平缓地带堆积而成	（1）由暂时性流水在山麓地带（沟口或山口）堆积而成 （2）机械成分复杂，分选差，颗粒呈亚角形或亚圆状 （3）自上游至下游，粒度由粗变细，分选性和磨圆度逐渐增高。在扇顶多为巨粒、砾石，亚角形，泥砂充填，可见透镜体，具交错层理。在扇中多为夹砾石、砂透体的粉砂、粉土及粉质黏土，具交错层理。在扇缘多为粉砂、粉土、粉质黏土及黏土层，偶夹砂及细砾透镜体，具波状层理及近平行层理。厚度悬殊 （3）可发育古土壤、孢粉、动植物化石等
冲积	在长期地面流水搬运作用下，碎屑物质在河阶地或冲积平原、三角洲等地带堆积而成	（1）系在地面流水所塑造的沟谷范围堆积形成 （2）自上游至下游颗粒直径逐渐减小，而其分选性和磨圆度逐渐增高，卵砾石一般呈亚圆形或圆形 （3）层理清晰，有时具有斜层理、交错层理；砾石倾向上游，长轴与水流方向一致，呈叠瓦状排列 （4）韵律性：自底向顶，总的趋势是颗粒逐层由粗变细，沉积构造呈现水平层理→大型交错层理→小型交错层理→水平纹理的序列 （5）平原河流冲积物：河床、河漫滩、牛轭湖和阶地
淤积	在静水或缓慢的流水环境中，并伴有生物化学作用的沉积物	颗粒以粉粒、黏粒为主，且含有一定数量的有机质或盐类，一般土质松软，有时为淤泥质黏性土、粉土与粉砂互层，具有清晰层理
湖积	在湖泊环境下由湖水搬运、堆积作用形成	（1）淤泥和泥炭分布广、厚度大、承载力低；常含有湖泊生物碎屑 （2）湖相黏土具有淤泥的性质，或多或少含有碳质、沥青质、石灰质、石膏质等 （3）具水平、均匀的层理 （4）分选性好 （5）一般山区较粗、平原较细 （6）常具有水平分带特点

（续）

成因类型		堆积方式及条件	堆积物的特征
冰水沉积		冰融水搬运的泥、砂等物质堆积在冰层下或冰川边缘地带，称为冰水堆积物	冰水堆积物常由细砂、粉砂和黏土、岩粉等物质组成，有一定的分选性，呈层状，并有斜层理等
冰碛		冰川直接融化沉积堆积而成	（1）以机械碎屑物为主。分选性极差，大小混杂 （2）磨圆度差，碎屑多呈棱角状，有的呈灯盏状或马鞍状。在砾石表面上，有的有磨光面、冰擦痕或压坑。砾石长轴与冰川流动方向一致 （3）无层理，无定向排列 （4）冰碛物内保存有寒冷地区植物的孢子和花粉
风积		在干旱气候条件下，碎屑物被风吹扬起，然后降落地面堆积而成	（1）颜色多样性：红、黄占优势，其他较少 （2）碎屑颗粒细：砂粒、粉粒、黏粒 （3）分选性良好 （4）颗粒磨圆度较高 （5）含较多的铁镁质及其他不稳定矿物 （6）具大型交错层理
海洋堆积物	滨海堆积	又称沿岸沉积物。受波浪、潮汐及激浪流的地质作用，在潮间带及海浪带（水深0～20m）附近形成的沉积物	滨海堆积类型受物质来源、水动力条件及海岸地形等影响而不同： （1）在基岩岬角海岸，由于激浪流、拍岸浪等作用强烈，通常在高潮位形成砾石或砂砾沉积 （2）在半封闭的港湾地区，波浪作用较弱，沉积物主要为泥、细砂及粉砂 （3）在河口附近或丘陵地带的滨海，多以砂为主，且常形成沙堤、沙嘴和沙洲等地貌 （4）平原大河口的砂、粉砂及泥质沉积物则多形成三角洲前缘和滨海平原，常夹有大量贝壳和其他生物碎屑，个别地区还形成贝壳堤，在砂砾质海岸地区往往形成滨海砂矿。
	浅海堆积	主要为大陆架环境下陆源型沉积，包括大陆架滩和盆地、递变大陆架、碳酸盐大陆架与礁、蒸发盆等，水深一般20～200m，有时达500m	（1）碎屑成分主要为砂、软泥、生物与碳酸盐，沉积结构具有斜层理和冲蚀、生物碎屑等海水剧烈运动的痕迹，以及细粒结构和周期性多变的沉积层 （2）水平层理为主，可发育交错层理，丘状层理是浅海陆棚沉积所特有 （3）化石丰富，保存完整，生物遗体有时可富集成介壳层，潜穴和生物扰动构造发育 （4）按成因划分为以下5种类型：①陆源沉积物，即大陆岩石风化和侵蚀产物，被河流、风、冰川等搬运入海的沉积物，如砾石、砂、粉砂等。残留沉积物，即较早时期形成而残留于现今海底的沉积物，其形成与冰后期的海侵有关。②残留沉积所显示的早期沉积环境（如滨岸、陆上环境）与目前所处的浅海环境截然不同。③自生成因沉积物，即从海水中沉淀，通过化学作用而形成的沉积物，如海绿石、磷酸盐等。④生物成因沉积物，主要来源于生物体，大部分由钙质物质组成。⑤残余沉积物，指下伏岩层遭受风化而就地形成的沉积物
	深海堆积	是指2 000m以上深海底部的堆积物，主要为生物作用和化学作用的产物，包括陆源、火山、来自宇宙的物质。浊流、冰载、风成和火山物质也可以成为某些深海海底堆积物的主要来源	（1）主要分布在大陆边缘以外的大洋盆地内。主要为抱球虫软泥、红色黏土、硅藻软泥、放射虫软泥，沉积速度仅每年1～0.5mm。海相沉积另一特点是化学沉积比例较大，尤其碳酸盐沉积 （2）深海沉积物的主要类型如下：①生源沉积物，统称生物软泥，指含生物遗体超过30%的沉积物。主要有钙质软泥和硅质软泥两种。钙质软泥即钙质生物组分大于30%的软泥（生物组分以碳酸钙为主），包括有孔虫软泥（抱球虫软泥）、白垩软泥（颗石藻软泥）和翼足类软泥。硅质软泥即硅质生物组分大于30%的软泥（生物组分以非晶质二氧化硅为主），包括硅藻软泥和放射虫软泥。②非生源沉积物，主要包括褐黏土，以及自生沉积物、火山沉积物、浊流沉积物、滑坡沉积物、冰川沉积物、风成沉积物等。 注：有些学者常把深海的各种生物软泥和褐黏土称为远洋沉积物

思考与讨论

1. 第四纪堆积物的成因类型有哪些？各有什么特征？
2. 野外怎样观察与描述不同成因类型的第四纪堆积物？
3. 第四纪堆积的研究意义是什么？

预（复）习内容与要求

1. 概念：第四纪堆积物、土、土壤、原生色、次生色、他生色。
2. 外动力地质作用类型及其所产生的第四纪堆积物的特点。

Chapter 5 第五章 地质构造野外观察与描述

地质构造既是组成地壳的岩层或岩体在构造运动作用下所产生的地质效果体现，也是其在空间存在状态及相互关系的体现。由于岩层或岩体的岩性，以及受力大小、方向、持续时间、所处环境等方面的差异，往往形成各种不同形式的地质构造类型，如劈理、线理、节理、断层、褶皱等地质构造形式。尽管发育于不同岩石类型区的地质构造现象具有一定特殊性，但是，实践证明它们的共性亦十分显著，尤其是常见的小型构造更是如此，因此，地质构造观察一般从露头尺度入手，观察和描述各种地质构造的类型、形态特征、产状，采集地质构造各要素的数据和信息，目的在于：应用构造解析原理，查明各种地质构造的几何学、运动学特征及其分布特点和组合规律，确定地质构造变形时限，建立地质构造变形序列；研究地质构造层次，分析地质构造变形环境和构造动力学；揭示地质构造对矿产资源、地质灾害、地貌、水系与河流等的控制作用，以及地质构造发育对重大工程建设等的影响。

第一节　劈理的野外观察与描述

详细观察和研究劈理是恢复大型构造形态和性质、分析变形机制和背景、建立构造序列和层次等深入研究的基础。劈理研究包括显微研究和野外观察研究。野外区域地质调查时，劈理的观察和描述要点如下：

（1）观察和确定劈理的类型，描述劈理的性质，分析劈理与所在岩石的化学成分、矿物成分及岩石结构之间的关系。

A. 不同力学性质的岩层在同一期变形中可同时出现不同类型的劈理。野外观察对劈理进行分类时，可从以下几方面入手：根据劈理域能识别的尺度和透入性，把劈理分为不连续劈理和连续劈理；根据矿物粒径的大小、劈理域形态及劈理域和微劈石的关系进一步分为板劈理、千枚理、片理、片麻理；还应根据微劈石的结构，将不连续劈理分为褶劈理、间隔劈理。一般情况下，板劈理与矿物的优选方向相关；褶劈理切割和改造先存面理，仅在劈理域有定向的新生矿物，发育特点受岩性或组构类型、矿物粒度大小、矿物组合参数控制；间隔劈理或破劈理为一组密集的剪切面，一般与矿物的排列无关。

B. 劈理形式（或样式）主要取决于岩性组合特征（图 5-1）。在一些组合复杂的岩石中常常可见到多种劈理形式，诸如正扇形、反扇形等；岩石组合中韧性差异减小时形成平行轴面的板劈理或片理；岩性差异明显时还可形成S形劈理、劈理折射、弧形劈理等。

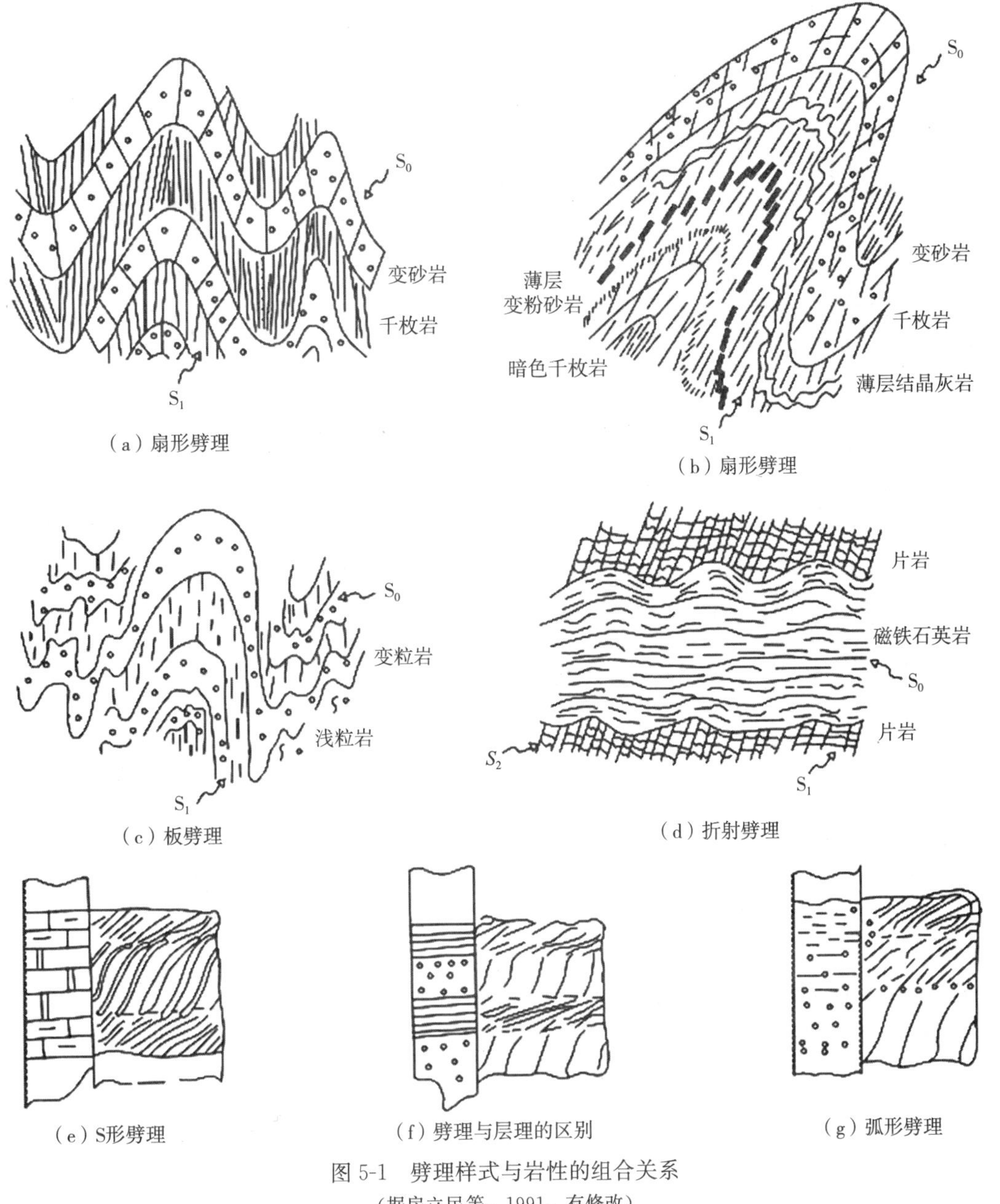

图5-1　劈理样式与岩性的组合关系
（据房立民等，1991，有修改）

C. 劈理是变质岩区较为常见的面状构造，但因变质岩区的原生层理常被劈理所置换，或被劈理所掩盖，导致野外观察时易错将劈理当层理，因此，正确识别层理与劈理是变质岩区构造地质研究的首要工作。

D. 岩性界面通常是层理的标志。但许多强烈变形的劈理化岩石中，浅色的微劈石域与暗色的劈理域平行相间排列构成的成分分异层，极易被误认为是层理，因此，这种情况下，应努力寻找残余的原生构造，如交错层理、波痕、粒级层等，同时追索标志层，如磁铁石英岩、大理岩、硅质岩等夹层延伸方向仍可指示原生层产状。

E. 劈理折射现象在粒层中的表现。但是，随着岩石中碎屑颗粒由粗变细的变化，劈理与层理的夹角也随之变化，导致劈理的弯曲，不要将这种弯曲的劈理视为层理。

（2）逐层量测劈理与层理的夹角，观察判断劈理与大型地质构造之间的关系（图 5-2），描述劈理的折射现象，研究其成因。

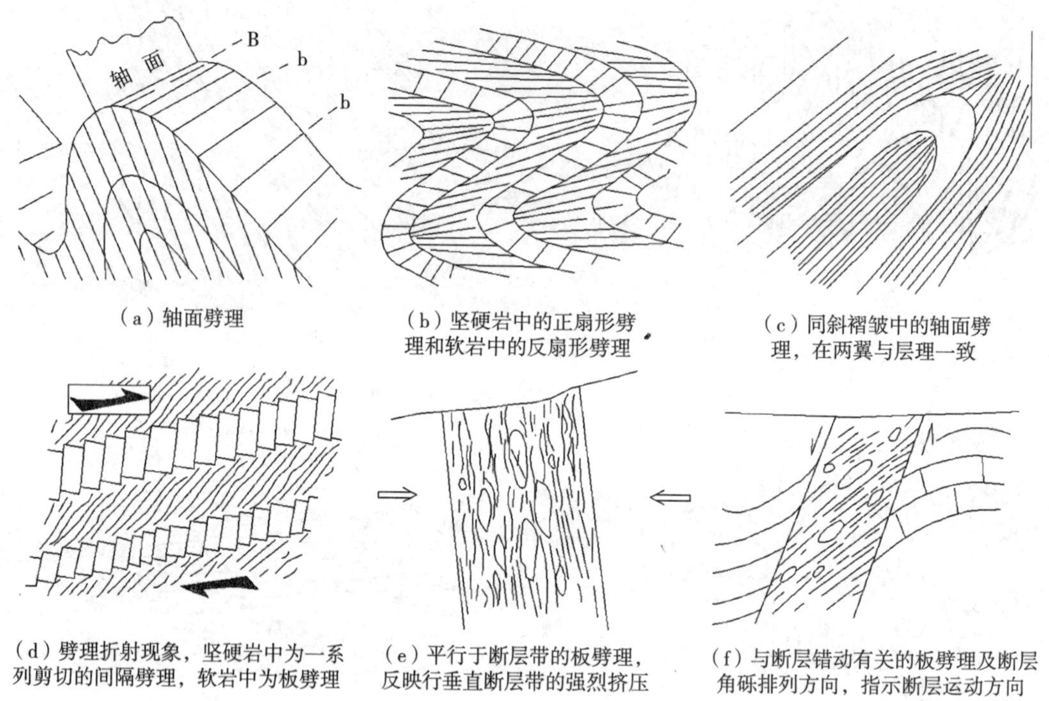

（a）轴面劈理

（b）坚硬岩中的正扇形劈理和软岩中的反扇形劈理

（c）同斜褶皱中的轴面劈理，在两翼与层理一致

（d）劈理折射现象，坚硬岩中为一系列剪切的间隔劈理，软岩中为板劈理

（e）平行于断层带的板劈理，反映行垂直断层带的强烈挤压

（f）与断层错动有关的板劈理及断层角砾排列方向，指示断层运动方向

图 5-2　劈理与大型地质构造的几何关系

（据王根厚等，2001，有修改）

A. 劈理最显著特征是以不同角度交切岩性层理。在构造强烈置换区，层理和劈理产状近于一致，此时以构造准则进行工作亦十分有效，例如利用由置换作用残留的钩状、M 状片内褶皱转折端等恢复较大级别的构造形态以及区别劈（片）理和层理。

B. 劈理的形成除与岩性组合有关外，还常与褶皱或断层等大型地质构造在几何上、成因上有着密切的关系。如果将劈理与岩性组合特征及劈理发育的地质构造部位结合起来研究，则有助于查明大型地质构造的形态和形成机制。

（3）寻找劈理化岩石的各种应变标志，诸如压力影、褪色斑、变形化石、变化鲕粒等，且作量测和统计，以便了解岩石的变形状态及其与劈理发育特征之间的关系。

（4）观察劈理之间及劈理与其他构造形成的先后顺序。

A. 判定劈理先后顺序的原则：一般被切割的劈理形成的时代早，切割其他劈理的劈理形成较晚。晚期劈理的延伸方向较稳定，早期劈理可被褶皱或断裂，以及被晚期褶皱归并和利用。

B. 通常，为方便野外记录，层理以 S_0 表示，以 S_1、S_2、S_3、…表示不同变形期的劈理或者面理。

（5）为了室内进行显微构造分析而采集定向标本。

第二节　线理的野外观察与描述

线理是岩石中一种小尺度的透入性线状构造，是构造运动的重要标志，它既能指示构造变形中岩石物质的运动与应变的方向和历史，也能够指示造成应变作用的应力和动力，因此具有较重要的研究意义。根据成因，可将线理分为原生线理和次生线理。原生线理形成于成岩过程中，如沉积岩中定向排列的砾石、岩浆岩中的流线等；次生线理则是在变形变质过程中形成的。二者野外地质调查实用价值和研究意义不同，因而需要加以区分。由于次生线理是构造运动的一种重要标志，它能够指示构造变形中物质运动的方向和轨迹，在构造解析方面具有特殊作用，因此，本节讨论的线理仅指次生线理，依据观察研究的尺度又可将其划分为小型线理和大型线理，前者指露头或手标本尺度上的透入性线状构造，后者多指中型（亦可能包括大型）尺度上的非透入性线理。常见小型线理有拉伸线理、矿物生长线理、皱纹线理和交面线理等。常见大型线理有石香肠构造、窗棂构造、杆状构造、铅笔构造和压力影构造等。野外区域地质调查实践中，线理的观察与描述要点如下：

（1）观察线理的形态，确定线理类型，特别注意其与构造运动方向之间的关系，研究线理所在的构造面性质。

（2）测量线理产状，并观测其与所在构造面的产状关系。注意：

A. 由于线理类型及线理出露情况不同，可选择不同的方法测量线理产状。对已剥离出的窗棂构造、杆状构造等，可用地质罗盘直接测量其倾伏角。对矿物线理、擦线等，测量工作应在线理所赋存的面理上进行。量测线理产状时，首先应获得面理的产状，然后可以借助锤把、三角板、量角器分别测量其倾伏向、倾伏角，以及侧伏向、侧伏角。

B. 线理测量数据记录应按期次存储，一般用L_0表示原生线理，以L_1、L_2、L_3、…表示不同期次的线理。

（3）确定线理产出的地质构造部位，分析其与所属大型地质构造的几何关系，为研究大型地质构造的运动学、动力学性质及成因机制提供依据。

（4）据变形特征和交切关系鉴别线理生成顺序，为重建某一地区变形演化史奠定基础。

（5）应在线理发育的构造区段采集定向标本，以便室内进行显微或超显微尺度研究。

【石香肠构造的观察与描述实例】

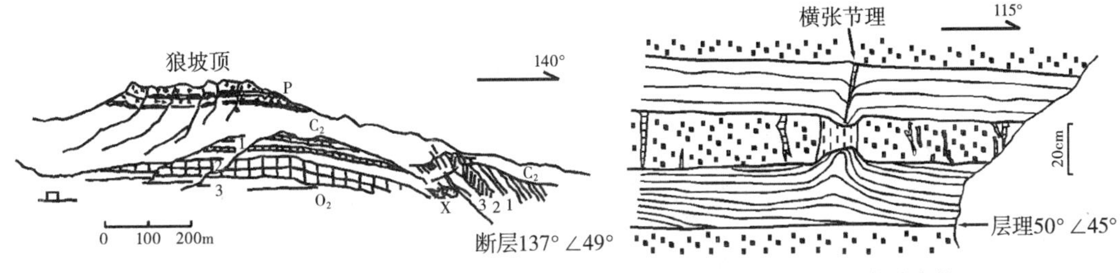

（a）背斜倾伏端素描剖面　　（b）典型石香肠构造素描

图 5-3　谷积山背斜倾伏端东南角小褶曲群中的短形石香肠构造

1. 厚层白云岩为主，34m，夹 5m 厚石灰岩　2. 青灰色石灰岩为主，29m，夹 3m 厚白云岩与石灰岩互层　3. 白云岩夹石灰岩，17m

（据王杏垣，1965，有修改）

北京周口店谷积山背斜倾伏端东南角第1层中，特别是邻断层的斜卧紧闭小褶曲群内，发育许多石香肠构造。图5-3所示为其中典型例子，位于小褶曲群一小向斜的下翼，距离该向斜转折端1m左右，该处夹于青灰色条带石灰岩中的一层微钙质白云岩被拉断。白云岩，灰白色，致密块状构造，岩石坚硬，层厚由东部17cm向西逐渐增大到30cm左右。石香肠的形态呈矩形，宽2.4m，宽度与厚度之比（a/c）为8～14，断口间隔9.3cm，为块段长度的1/24。石香肠两端断面非常平直，棱角清楚，断口方位与围岩中的横向张节理一致，倾向255°～300°，倾角60°，断口内为白云石和方解石充填，其晶体排列垂直于层理，具有一定的方向性。由于上下层的青灰色石灰岩中的白色条带分布很均匀，因此，在白色条带的衬托下，挤入石香肠断口的构造情况清晰可见，同时在下层还能看到条纹斜切层理的现象。

第三节　褶皱的野外观察与描述

褶皱属基本的地质构造形迹之一，对一地区的褶皱进行详细观察与研究，是揭示该地区的地质构造及其形成和发展的基础，因此，褶皱的观察与研究是区域地质调查的重要工作内容。野外区域地质调查时，应首先确定工作区内是否存在褶皱。如果工作区中存在褶皱，则应通过褶皱及其伴生小型地质构造的几何形态的观察与量测，查明褶皱的空间形态、展布方向、内部结构及各个要素之间的相互关系，确定褶皱的类型和叠加置换样式。然后，根据褶皱卷入的地质体和截切褶皱的地质体时代、年龄等判断褶皱形成的地质时代，并推断褶皱形成环境和可能的形成机制。

1. 褶皱识别及类型确定

从垂直于走向的横剖面上看，较容易识别和确定是否存在褶皱及褶皱类型。首先，从平面上看，空间上地层对称重复出现是确定褶皱的基本方法。野外地质调查时，如果发现垂直于岩层走向方向上的地层明显呈对称重复出现，则表明该地区或地段存在褶皱构造。其次，根据地层的新老关系及产状特征确定褶皱是否属于背斜或向斜构造，如果地层呈中间老、两侧新的分布状态，则该褶皱构造属于向斜构造，反之，则属于背斜构造。再次，根据两翼产状及其与轴面的关系，进一步确定褶皱的形态类型。

（1）多数情况下，在一定区域应选择和确定标志层，并对其进行追索，以确定剖面上是否存在转折端，平面上是否存在倾伏端或扬起端。在变质岩发育且构造变形较强地区，要注意对沉积岩的原生沉积构造进行研究，以判定是正常层位还是倒转层位；利用同一构造期次形成的小构造对高一级构造进行研究恢复。

（2）在野外地质调查过程中若发现露头良好的褶皱正交剖面时，应做如下观察、描述、测量和记录。①定观察点和制图，记录褶皱的地理位置和所处的大褶皱部位（如164背斜南翼）。②褶皱发育状况及相关地质概况：褶皱核部和两翼的地层及岩性；褶皱两翼、枢纽和轴面等要素的产状；褶皱对称性；褶皱在强层和弱层中发育的差异性；褶皱伴生组合要素及各自表现特征；尽可能实地收集不同部位岩层厚度及其变化等原始资料并在正交剖面上拍照。③根据收集的数据、资料和信息对褶皱形态、位态、样式等初步进行几何学分析；经综合归纳和深入研究后再对其成因机制和运动学进行解释。

2. 褶皱位态观测与确定

褶皱位态是指通过轴面和枢纽两个要素确定的褶皱空间位置形态，根据轴面倾角和枢纽倾伏角将褶皱划分为直立水平褶皱、直立倾伏褶皱、倾竖褶皱、斜歪水平褶皱、斜歪倾伏褶皱、平卧褶皱和斜卧褶皱等七种（表 5-1 或图 5-4）。对于直线状枢纽或平面状轴面，只需测量其中一个要素就可以确定褶皱的方位，但不能确定其位态，因为具有相同枢纽方位的褶皱具有不同的位态，轴面可以是曲面，枢纽也可以是曲线。野外地质调查实际工作中，当露头上可见褶皱全部暴露时，可以用罗盘直接度量其枢纽的倾伏向、倾伏角和轴面的倾向、倾角（获取轴面产状应借助轴面劈理且要慎重）。若枢纽、轴面为曲线（曲面），则必须测量若干代表性区段的产状来说明二者的变化。当褶皱没有完全剥露时，只要能测量出褶轴（或枢纽）、轴迹、轴面三个要素中任何两个要素，就可用赤平投影方法求出另一个的数据；对大型褶皱的轴面和枢纽则需要用 π 或 β 图解求导。

表 5-1　褶皱位态分类

序号	类型名称	分　类　标　准
Ⅰ	直立水平褶皱	轴面倾角 90°～80°，枢纽倾伏角 0°～10°
Ⅱ	直立倾伏褶皱	轴面倾角 90°～80°，枢纽倾伏角 10°～70°
Ⅲ	倾竖褶皱	轴面倾角 90°～80°，枢纽倾伏角 70°～90°
Ⅳ	斜歪水平褶皱	轴面倾角 80°～20°，枢纽倾伏角 0°～10°
Ⅴ	斜歪倾伏褶皱	轴面倾角 80°～20°，枢纽倾伏角 10°～70°
Ⅵ	平卧褶皱	轴面倾角 20°～0°，枢纽倾伏角 0°～20°
Ⅶ	斜卧褶皱	轴面及枢纽的倾向、倾角基本一致，轴面倾角 80°～20°，枢纽倾伏角为 20°～70°

3. 褶皱剖面形态类型

褶皱形态一般是在正交剖面上进行观察和描述。由于露头面不规则和褶皱本身形态、位态等方面的复杂性而使褶皱轮廓可能呈现出一个多解的画面（畸变面）。故观察视线应与枢纽保持一致，沿其倾伏下视进行。只有对不同位置、不同方向出露的形象进行综合分析才能得出褶皱的真实形态。

对褶皱横剖面形态的研究应侧重于枢纽、轴面、转折端形态、翼间角、轴面、包络面以及波长和波幅等褶皱要素、参数的观察、测量和描述。根据情况可自行设计表格，将上述诸项信息存储备用。

4. 褶皱样式

对褶皱研究，不仅着眼于其形态、位态，还必须研究它们的样式。F. J. 特纳和 L. E. 韦斯（1963）将褶皱样式分为 10 种类型，其依据可概括为：

（1）褶皱层的平行性或相似性。

（2）褶皱的不连续性及不协调性。

（3）褶皱的紧闭性和翼间夹角大小。

（4）褶皱的对称性。

（5）成双的共轭褶皱等特征。

褶皱样式有许多是取决于两个褶皱面之间的单层横截面的形态，兰姆赛的分类可视为表达褶皱基本样式的方案之一。为了研究褶皱样式，必须取得岩层倾角及相关的厚度等方面的原始数据资料。这些资料可以从顺枢纽方向的有关图件上、露头或手标本上、素描图上或相当于正交剖面上进行收集。在野外工作中，如果褶皱出露良好，且断面相当于正交剖面，全

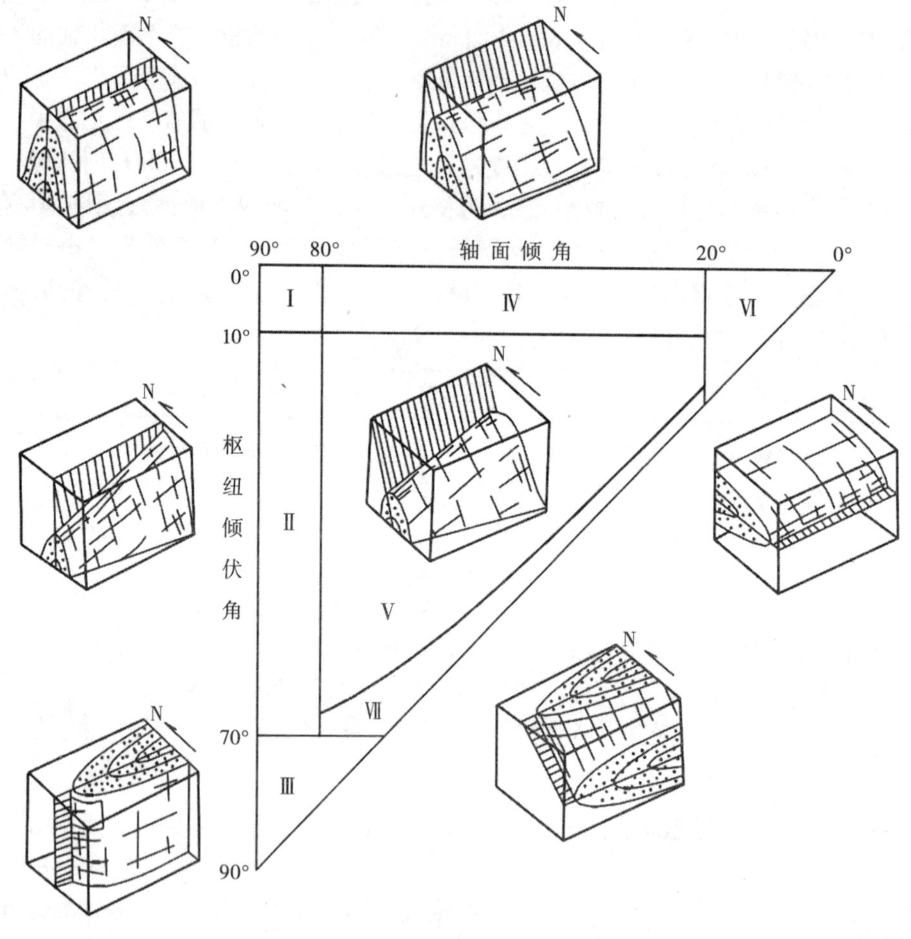

图 5-4 褶皱位态类型

Ⅰ. 直立水平褶皱 Ⅱ. 直立倾伏褶皱 Ⅲ. 倾竖褶皱 Ⅳ. 斜歪水平褶皱 Ⅴ. 斜歪倾伏褶皱 Ⅵ. 平卧褶皱 Ⅶ. 斜卧褶皱

（据朱志澄，1999，转引赵温霞，2003）

部工作可以直接在露头上操作。根据一定间隔测量有关厚度的参数，分别编制厚度变化曲线，并与相关图示的标准线进行比较，即可确定褶皱的形态类型或样式。

影响褶皱样式还有另外一些因素，如卷入褶皱的岩石类型、组成褶皱岩层的能干性的差异等。在相同变形条件下，弱岩层易发生塑性流变，因此，褶皱样式随岩层能干性而发生变化。若强弱岩层相间，一般情况下板岩可能形成尖棱状褶皱，而砂岩则可能形成圆弧状褶皱，二者组合为尖圆褶皱样式；如果两强硬层间距很大，其间弱岩层形成独立小褶皱，则构成不协调褶皱；若间距很小，两强岩层一并弯曲变形而形成协调褶皱。这些构造类型在实习区八角寨、孤山口、拴马庄等区段均有发育。

5. 褶皱的伴生构造

在褶皱形成过程中，不同部位的局部变形环境可有差异。褶皱层的某段可以伸长或缩短，而有些部分则无任何应变。因此，褶皱不同部位形成不同类型的派生、伴生小构造可与主褶皱保持一定的几何关系，各自从一个侧面反映出主褶皱的基本特征。借助这些从属构造阐明大褶皱的几何特征，分析褶皱形成机制及发育过程是野外地质工作中常采用的手段之一。

（1）褶皱两翼的小构造。层间擦痕（线）的观察与测量可用以判断相邻岩层相对位移方向和主褶皱转折端位置以及类型（水平褶皱、倾伏褶皱、A 型褶皱、B 型褶皱等）。对翼部从属褶皱观察与测量，可据其不对称类型（S 形或 Z 形）、倾伏方向来确定它们处于大褶皱的位置并进一步恢复大褶皱总体形态。

（2）褶皱转折端的小构造。观察节理和小断层的类型、特征，鉴别其力学性质，测量其产状要素，利用它们的组合系统和方位分析转折端的应力、应变状态；对从属褶皱类型（M 形或 W 形）及其随剖面深度的变化状况，也是研究内容之一；在这些资料的基础上再结合地层时代关系确定褶皱性质（背斜、向斜）。另外，还应认真观察转折端的虚脱现象及被岩浆、矿液充填的情况。

6. 叠加褶皱的野外研究

（1）叠加褶皱的识别准则。首先，露头上直接观察小褶皱重褶与否，是判断叠加褶皱的最可靠标志。当早、晚两期褶皱要素不平行时，且露头或填图尺度（大、中比例尺者尤为明显）可呈现一系列封闭状的各种图案，如“蘑菇形”“新月形”等，周口店实习区萝卜顶-二亩岗叠加褶皱区段即为典型实例（参见图 12-17）；其次，陡倾或倾竖褶皱的广泛发育。因此，为便于实践操作，将叠加褶皱的识别准则具体概括为七个方面：①早期褶皱的轴面、变形面、枢纽等构造要素，在后期褶皱作用中发生明显的变形和变位；②出现了晚期面理、线理等新生构造要素；③出现了眼球状等封闭褶皱构造；④原生示顶构造与褶皱伴生构造指向相互矛盾；⑤重褶现象及双重褶皱要素存在；⑥两组不同类型和不同方位的面理或线理有规律的交切；⑦出现了与同期褶皱规律不相符合的反常小褶皱。

（2）判断重褶露头所处区域叠加褶皱的部位。应用兰姆赛的三类五型基本形式、层理和劈理关系及小型褶皱特征很容易判别其所处区域构造的部位。如果在露头上能看到小褶皱重褶，则这个露头可能处于早期褶皱的转折端；若在露头上看到 $S_0 // S_1 // S_2$，这个露头一般归属叠加褶皱的翼部；若看到 S_2 和 S_1 呈直交，这个露头可视为后期褶皱转折端部位。

（3）叠加褶皱形式判断。根据褶皱的构造要素（如两期叠加褶皱的轴面和枢纽的叠加关系）可划分叠加褶皱的形式。例如在周口店实习区太平山南坡 137-162.9 高地（原 164 高地）一带所见，早期一系列紧闭褶皱和晚期开阔褶皱的枢纽近于平行，且早期褶皱轴面业已作为晚期褶皱变形面发生了弯曲，则二者显示为共轴叠加褶皱的形式。

（4）叠加褶皱观测要点及图面表达方式。①叠加褶皱在三度空间上的形态和位态；②不同期次的面理和线理的测量统计及分析；③建立褶皱形成序列；④叠加褶皱的表达方式可分为剖面表达（即在剖面的上方或地下深处，用虚线示出重褶图形，剖面本身仍按常规画出岩性花纹及晚期面理）和构造纲要图表达（即在剖面图面上用不同的符号、线条示出各期褶皱轴迹，在晚期褶皱轴迹通过处，较早形成的地质体如岩脉、地质界线、早期断层或剪切带等也应协调变化）。

7. 区域大型或叠加褶皱的厘定

对露头尺度上的褶皱构造详细观察、测量、描述和分析，旨在进一步在大尺度地质图上厘定或在地质图上圈定大型褶皱或叠加褶皱的构造轮廓和形式，重建变形演化历史。为此，应对下述相关构造准则给予关注并充分利用。

（1）地层变新方向。用于褶皱构造分析的地层学方法是，应按正确的地层顺序鉴别出某一地区内各岩组的层序，据其现存布局确定总的构造特征。如利用原生构造确定地层的变新方向或鉴定地层的正常与倒转。

利用次生构造确定地层变新方向或正常与倒转也很有效。尤其利用轴面劈理判别地层变新方向已成为野外地质调查工作时的一种必须掌握的方法和手段。雷斯（Leith，1905）法则指出，劈理（S_1）与层理（S_0）同方向倾斜，若 $S_1>S_0$，为正常层序，而 $S_1<S_0$，为倒转层序；如果劈理与层理反向倾斜，则为正常层序。另外，在褶皱转折端处层理和劈理则为垂直关系。

（2）构造面向。指在轴面上垂直于褶轴并指向较新岩层的方向（图 5-5），若构造面向方向指向上，称上向构造或表述为正面朝上；构造面向指向下，称下向构造或表述为正面朝下；构造面向方向倾伏角小于 30°，则称侧向面向。地层变新方向或正面向上、正面向下只解决地层的局部正倒问题，而构造面向则是在区域上研究地层的变新方向。

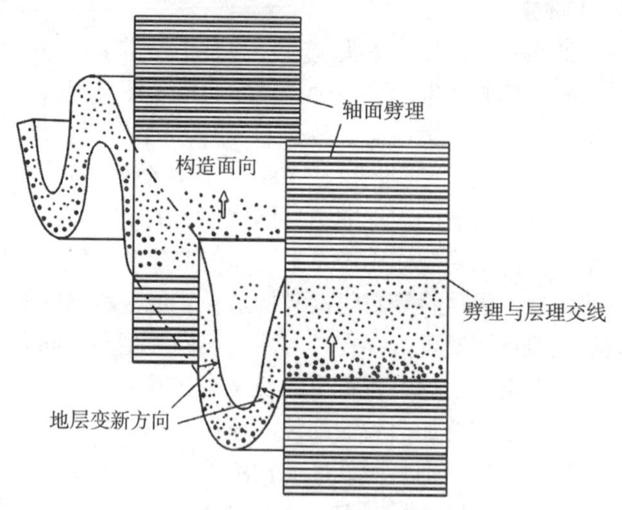

图 5-5　在轴面劈理上确定构造面向方法

（据马杏垣等，1987，转引赵温霞，2003）

在实际工作中，首先，利用原生构造或次生构造确定地层的变新方向；然后，在轴面上确定构造面向。一般认为，如果只有一期褶皱作用，褶皱有一致的构造面向；如果大区域是下向构造，一般存在有大型倒转褶皱或推覆构造；如果在同一褶皱中沿其轴面上向构造和下向构造均有发育，无论有无双重转折端出现，仍能厘定有叠加褶皱存在；若有两期褶皱叠加，则应在晚期轴面上确定构造面向，不同构造面向的分界面，就是早期褶皱的轴面位置（图 5-6）。

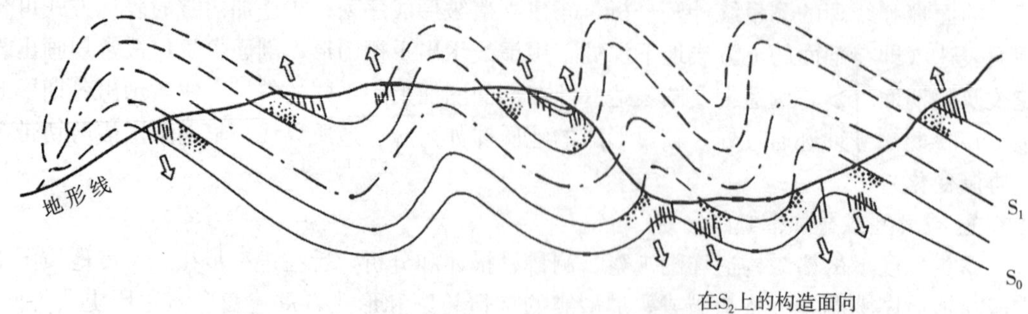

图 5-6　两期褶皱叠加情况下构造的面向确定

注：黑短线表示第二期褶皱轴面劈理，黑圆点表示粒级层，箭头表示构造的面向

（据索书田，1987，转引赵温霞，2003）

(3) 构造降向。构造降向包括褶皱降向和劈理降向。野外工作中前者易于识别且便于操作，故先予简单介绍。所谓褶皱降向，是指在褶皱横剖面所在的平面中，旋转的上部分量所指的水平方向（图 5-7）。利用大褶皱翼部从属褶皱的降向可以确定其转折端之所在，即在一个剖面上从属小褶皱降向发生改变了，说明可能存在大型背斜或向斜。实际上，褶皱降向（vergence）与 S 形、Z 形不对称型和 M 形、W 形对称型小褶皱组合样式可以结合起来研究。顺沿枢纽倾伏方向观察，不对称型者从长翼到短翼的变化，即小褶皱轴面倒向短翼方向这种现象在有的文献中称为褶皱倒向（vergence，与褶皱降向为同一词）：S 形为左行或逆时针倒向，Z 形为右行或顺时针倒向。如果在大一级褶皱转折端发现 M 形或 W 形对称型小褶皱时，可据 S、Z、M、W 各形在不同部位的组合特征以及褶皱倒向或褶皱降向的相关指示规律等相互佐证以求准确恢复大型褶皱是背斜还是向斜，如图 5-8 所示。仅从该图判读可以看出，其褶皱降向相背是向斜，相向则是背斜。在多期褶皱变形地区，还可用上述综合标志来确定不同世代大褶皱转折端的位置，只不过判断要素复杂些。

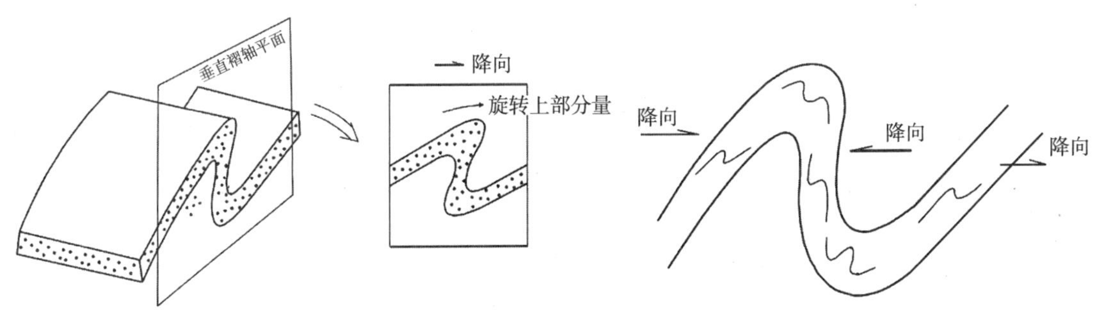

图 5-7　褶皱降向的确定

（据索书田，1987，转引赵温霞，2003）

图 5-8　从属褶皱与大褶皱的关系

（据赵温霞，2003）

劈理降向是指垂直于组构面交线的平面内，晚期组构面（如 S_1）为平行早期组构面（如 S_0），其旋转的上部分量的水平投影所指的方向。在任何情况下，晚期组构面（如 S_1）都应当通过上部锐角来旋转（图 5-9）。若劈理降向相向是背斜，反之则为向斜（图 5-10）。在实际运用该准则进行构造分析时，要考虑诸如岩性及其组合、劈理性质及其组合、后期改造及其世代关系等因素。

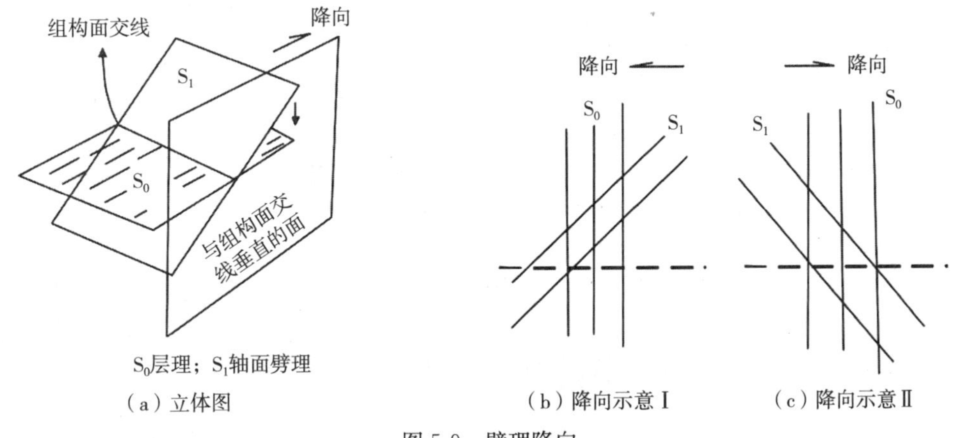

（a）立体图　（b）降向示意Ⅰ　（c）降向示意Ⅱ

图 5-9　劈理降向

（据索书田，1987，转引赵温霞，2003，略修改）

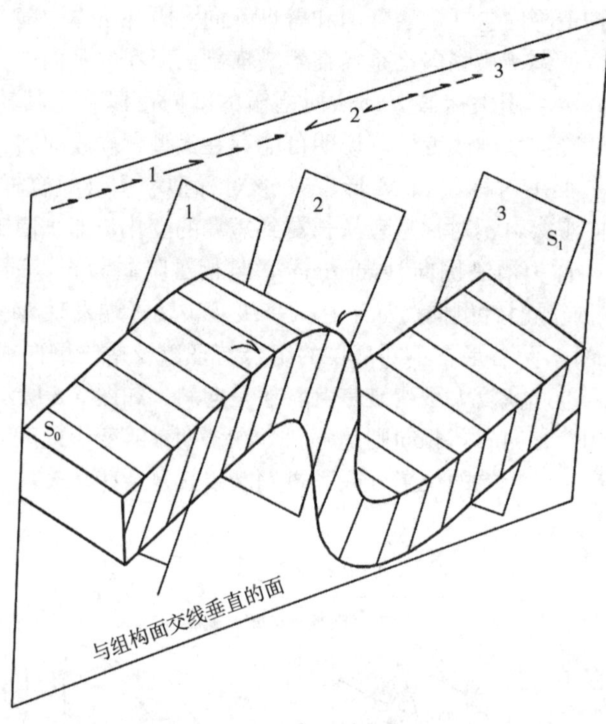

图 5-10　在连续褶皱中褶皱形态与劈理降向的关系
（据房立民，1991，转引赵温霞，2003，简化修改）

前述地层变新方向、构造面向、构造降向诸准则均代表构造极性。一旦构造极性在野外能够正确被厘定，就可对褶皱构造确切命名，如背形向斜、向形背斜等。但若在地质背景复杂区段进行构造解析工作，则涉及面更为广泛，仅从图 5-11 就可看出褶皱样式与构造面向所具有的数种配置关系。因此，在野外地质调查过程中确定区域大型褶皱和叠加褶皱所运用的方法有多种且要综合分析和相互验证。研究者可在实践中不断探索和积累。

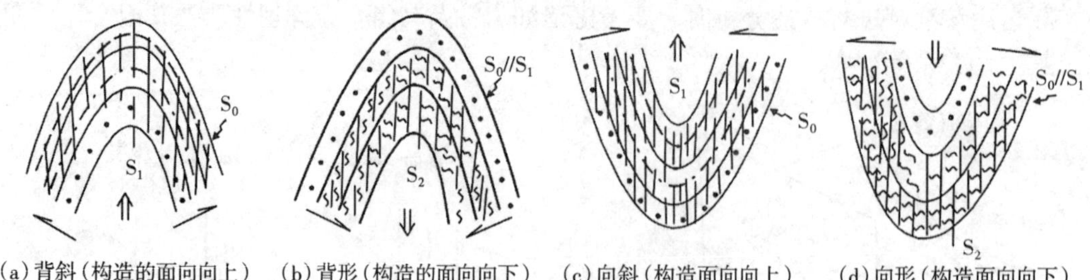

图 5-11　褶皱样式与构造面向
⟹构造面向　⟶地层变新方向
（据房立民，1991，转引赵温霞，2003，简化修改）

第四节　断层的野外观察与描述

野外地质调查过程中，应查明中、大型断层及韧性剪切带的空间展布特征，断层面产状、断层带宽度、断层岩类型、断层带内面状构造和线状构造特征、断层的组合形式等。确定断层的运动学特征、断层活动次序、断层活动的时限。并视具体情况开展断层活动的构造年代学分析，确定断层活动时限。断层观察与描述的具体内容主要有：

1. 断层的类型识别与确定

（1）断层识别标志。野外地质调查实践证明，并非所有的断层要素，如断层面、断层破碎带等，都能清楚地暴露于地表，故判别断层存在与否是一项细致的工作。通常采用不同尺度的构造观察相结合，遥感解译与实地验证相结合，路线地质与地质填图相结合，区域调查与专题研究相结合等手段并利用多方面标志进行综合判断方能确定。主要识别标志见表 5-2。

表 5-2　断层的野外识别标志

断层识别标志	举　　例
地貌标志	断层崖、断层三角面、错断的山脊或水系、湖泊或泉的带状或串珠状分布等
构造标志	线状或面状地质体突然中断或错开、构造线不连续、岩层产状突变或急变、节理化和劈理化狭窄带的突然出现，发育断层角砾岩、断层碎裂岩、断层泥等构造岩，以及挤压破碎带、擦痕和阶步发育、牵引构造或逆牵引构造等
地层标志	地层的缺失和不对称重复分布
岩浆活动和矿化作用	串珠状岩体、矿化带、硅化带和热液蚀变带等沿一定方向断续分布
岩相和厚度标志	岩相和厚度突变
地球物理标志	地震剖面上，出现面波、反射波不连续或空白区

注意：若观察到冲洪积扇迁移、道路或成行道树的错位、桥梁等建（构）筑物变形错位、地面开裂且延伸较长、第四纪地层位置错动等现象，应综合分析确定是否为活动断裂。

（2）断层的类型确定。野外地质调查实践中，应地质背景、运动方式、力学机制和各种几何关系等参照表 5-3 确定断层的类型。

表 5-3　常见断层及其分类依据

断层类型		分类依据
正断层		根据两盘相对运动特点
逆断层	高角度逆断层：倾角一般大于 45°	
	低角度逆断层：倾角一般小于 45°	
	逆冲断层：位移显著，倾角低缓	
平移断层	左旋平移断层	
	右旋平移断层	
平移逆断层：以逆断层为主，兼平移性质		
平移正断层：以正断层为主，兼平移性质		
逆平移断层：以平移断层为主，兼逆断层性质		
正平移断层：以平移断层为主，兼正断层性质		
走向断层：断层走向与岩层走向基本一致		根据断层走向与岩层走向之间的关系
倾向断层：断层走向与岩层倾向基本一致		
斜向断层：断层走向与岩层走向斜交		
顺层断层：断层面与岩层面等原生地质界面基本一致		

（续）

断层类型	分类依据
纵断层：断层走向与褶皱轴向或区域构造线基本一致 横断层：断层走向与褶皱轴向或区域构造线基本垂直 斜断层：断层走向与褶皱轴向或区域构造线斜交	根据断层走向与褶皱轴向或区域构造线方向的几何关系

除表5-3列出的断层构造外，还有几种相关构造：

（1）推覆体，即在角度十分低缓的逆冲断层上运移距离达数千米以上的平板状外来岩石或岩体（系）。

（2）逆冲推覆构造（也称推覆构造），是一种既包括逆冲断层又包括外来岩体在内的整个构造系统。

（3）枢纽断层，即断层的一侧以垂直于断层面的轴为枢纽而发生过旋转运动的断层。

（4）剥离断层，是指伸展构造区发育的一种平缓铲式正断层，并且往往与变质核杂岩构造有关。剥离断层之上为剥离上盘，其下为剥离下盘。剥离上盘是一套浅层次的正断层组合，下剥离盘为变质核杂岩。

（5）变质核杂岩，是指由古老片麻岩等组成的穹状隆起，外形近圆形，以剥离断层为界与沉积盖层分开，顶部之剥离断层接触带实为由糜棱岩组成的韧性剪切带。

（6）滑脱构造，是指顺一条相对原生界面（如不整合面、重要岩系或岩性界面等）发生剪切滑动，滑动面上下盘的岩系各自独立变形，或造成地层缺失。它是伸展（或重力）体制下形成的低角度断裂构造。

（7）走向滑动断层（也称走滑断层），是指大型平移断层，两盘顺直立断层面相对水平滑动。

2. 断层几何要素和位移的观察与量测

断层的几何要素包括断层面、断层带、断盘（上、下盘或东、西盘等）的形态和产状。断层位移包括断距、滑距、平错、落差等。野外地质调查观察断层时，一是要有章可循，二是要注意对所收集的信息、资料和数据的记录、描述规范化。

（1）断层面（带）产状的观测。断层面出露地表且较平直时，可以直接测量或利用V形法则判断。但多数情况下常表现为一个破碎带，往往比较杂乱或被掩盖而不能直接测量，此时可在与之伴生的节理、片理产状测量统计数据的基础上，综合钻孔资料或物探资料，用三点法、赤平投影等推断确定。另外，在确定断层面产状时，应考虑到其沿走向和倾向可能发生变化，如逆冲断层的波状变化；受岩性、深度、构造应力强度、应变速度以及后期改造等因素影响亦会导致产状发生某些变化。

（2）断层两盘运动方向的确定。断层活动过程中总会在断层面上或其两盘留下一定的痕迹或伴生现象，它们可成为分析判断两盘相对运动的主要依据。但断层活动是复杂的，一条断层常常经历了多次脉冲式滑动，因此，在分析并确定两盘相对运动时应充分考虑其复杂性和多变性：

A. 两盘地层的新老关系。分析两盘地层的相对新老关系有助于判断两盘的相对运动方向。对于走向断层，上升盘一般出露老岩层；但若断层倾向与岩层倾向一致且地层倒转或断层倾角小于岩层倾角时，则老岩层出露盘是下降盘。如果两盘中地层变形复杂，为一套强烈压扁的褶皱，则不能简单地根据两盘直接接触的地层时代来判定相对运动。如果横断层切过褶皱，对背斜来说，上升盘核部变宽，下降盘核部变窄，向斜则反之，此种效应亦体现在两盘地层的新老关系之变化。

B. 牵引构造。断层两盘的岩层若发生明显弧形弯曲则形成牵引褶皱，其弧形弯曲的突出方向指示本盘运动方向。一般说来，变形越强烈，牵引褶皱越紧闭。为了准确进行判断，应在平面和剖面上同时进行观察，并结合断层两盘其他指向标志做出适当结论。

C. 擦痕和阶步。擦痕和阶步是断层两盘相对错动时在断面上留下的痕迹。擦痕表现为一组比较均匀的平行细纹。在硬而脆的岩石中，擦面常被磨光和重结晶，有时附以铁质、硅质或碳酸盐质等薄膜，光滑如镜，称为摩擦镜面。擦痕由粗而深端向细而浅端，一般指示对盘运动方向。如用手触摸，可以感觉到顺一个方向比较光滑，相反方向比较粗糙，感觉光滑的方向指示对盘运动方向。

在断层滑面上，常常有与擦痕直交的微细陡坎，称为阶步。阶步的陡坎一般面向对盘的运动方向。在断层滑动面上，有时可看到纤维状矿物晶体，如纤维状石英、纤维状方解石以及绿帘石、叶蜡石等。它们是相邻两盘逐渐分开时生长的纤维状晶体，称为擦抹晶体，许多擦痕实质上就是十分细微的擦抹晶体。当断层面暴露时，各纤维状晶体常被横向张裂隙拉断而形成一系列微小阶梯状断口，其陡坎亦指示对盘运动方向。阶步有正阶步和反阶步之分。在野外区分正阶步和反阶步可依据以下两点：①正阶步的眉峰常常呈弧形弯转，而反阶步的眉峰则呈棱角直切；②如果阶步有擦抹矿物或在眉峰部位有压碎现象则常为正阶步。

D. 羽状节理。在断层两盘相对运动过程中，其一盘或两盘的岩石中可产生羽状排列的张节理和剪节理。这些派生节理与主断层斜交，交角的大小因力学性质不同而有所差异。羽状张节理与主断层常成45°相交，锐角指示节理所在盘的运动方向。断层还可能派生两组剪节理，一组与断层面成小角度相交，交角一般在15°以下，即内摩擦角的一半；另一组与断层成大角度相交或直交。小角度相交的一组节理，与断层所交锐角指示本盘运动方向。断层派生的两组剪节理产状一般不稳定，或被断层两盘错动而破坏，所以不易用来判断断层两盘的相对运动。

E. 断层两侧小褶皱。断层两盘的相对错动有时可能在两侧岩层中形成复杂的紧闭小褶皱或揉皱，它们与上述牵引构造不同，其轴面与主断层常成小角度相交，所交锐角指示对盘运动方向。

F. 断层角砾岩。如果断层切割并搓碎某一标志性岩层或矿层，根据该层角砾在断层面上或断层带内的分布特征可以推断两盘相对位移方向。有时断层角砾呈规律性排列，它们变形的XY面与断层所夹锐角指示对盘运动方向。

（3）断层规模的观测。野外要追索断层延伸的长度和涉及的宽度，并结合有关方法测定断距大小来确定断层规模。其中，测定断距方法很多，如在露头上采用剖面法求解或根据断层造成缺失或重复的地层厚度来估算，亦可根据构造窗后缘与最远飞来峰之间距确定最短位移距离等。比较精确的方法是采用“平衡剖面法”，但必须掌握丰富的地质资料。真实的断层滑距一般要在上述资料基础上，根据断层的几何关系进行计算才能获得。

（4）断层期次的判别。由于受后期构造改造或本身重新活动，可使早期断层的运动方向或性质等方面发生转变。因此，野外要力求收集准确的相对时序关系的地质证据，其中较为重要的是结合构造要素组合规律和序列进行分析，如叠加的擦痕，构造岩交切分布，充填其中的岩体、岩脉被错开等。

此外，在野外对断层观察研究过程中，要系统采集断层带内及其两盘的构造标本，特别是定向标本，以便室内进一步测试、分析和鉴定；对典型现象均应素描和照相。这些都是深入研究断层必不可少的基础性工作。

第五节　节理的野外观察与统计

节理是地壳中一种最常见的地质构造类型，节理研究是地质学各领域研究的重要基础内容。首先，由于节理的性质、产状、期次、组合、发育程度和分布规律等，与褶皱、断层乃至区域构造等有着密切的成因联系，对某一地区节理进行详细研究，有助于深入分析和了解该地区的各类地质事件。其次，岩体中发育的节理、断层等破裂结构面，是造成岩体介质不连续的根本原因。结构面的存在，将岩体分割成块，不仅破坏了岩体的完整性，而且直接影响岩体的力学性质和破坏方式，虽然不利于各类地下工程的建设，但有利于地下水、油和气等矿产的贮存。因此，节理研究在构造地质学、工程地质学、水文地质学、矿产地质学等学科领域均具有较重要的理论和实践意义。

1. 节理观察与描述

节理调查研究的内容较多，进行野外地质调查时，应视地质调查任务和要求进行选择。一般情况下，应观察和描述节理的类型、成因、形成时代、节理面的形态和构造特征、连续性、发育程度和密度、期次与组合特征、与断层或褶皱的关系、分布特征与规律、张开度与充填胶结特征等几个方面。

（1）野外节理观察区段（点）的选择与布置。在野外地质调查或地质填图过程中，节理观测应与其他结构面观测同时进行。结构面测量地点应选择在不同构造单元或地层岩性的典型地段，如当研究褶皱或断层时，可在褶皱轴、两翼、倾伏端等处或断层两侧一定距离内选点；调查研究区域构造应力场问题时，一般在测区内均匀布点；评价岩体稳定性时，应在工程建设范围内岩体结构最具代表性地段和不利岩体稳定的地段布点。当需要统计结构面特征时，每个统计点的结构面的统计数量，一般为80～100个。获取岩体结构面资料的最主要方法有露头（暴露面）测绘和岩芯钻探测绘。露头分天然露头和人工露头（包括建筑采矿开挖、探槽、探井、平硐或隧道等形成的岩体露头）。结构面测绘工作面应选择露头或岩芯，且应具有代表性。

（2）野外地质调查实践中，常用详测线测绘法或路线测绘法进行结构面测绘方法。详测线测绘是结构面现场测量的最基本方法。详测线是设置在岩面表面上的一条线，长度一般为50～100m，沿该线测量并记录与之相交的所有结构面的资料，包括结构面的间距、延伸长度、产状、粗糙度、张开度、充填状况、干湿渗漏情况及结构面的类型等。路线精测法是在露头的一定面积范围测量所有结构面的方法。该法最初用于在隧道掌子面上测量结构面，是在工作面上设置相互垂直的18条测线，这里18条测线组成一个测网（掌子面上测网中心十字交叉点与隧道中轴线重合）。每条测线用钢尺来代替，将钢卷尺拉直固定在工作面上，然后逐条地测量结构面，并记录每一条结构面与测线交点的位置、产状、延伸情况、张开度、充填情况、粗糙度及结构面的类型等。当工作时间受限制时，用六条测线可取得近似的测绘精度，并按图5-12设置六条测线。当工作时间不受限制时，测线的数量和布局可视具体情况而定。

(3) 在任何地段观测节理，首先要了解区域褶皱、断裂的分布特点以及观察区段（点）所在的构造部位，区分不同岩性的地层或其他地质体，观察和测量不同性质的节理，并且做好记录。结构面（节理）观测与描述记录表可根据实际情况和需要侧重解决的问题进行设计，表 5-4 提供了一种参考格式。

(4) 厘定张节理、剪节理或羽饰构造等类型，区分节理的力学性质，一般应根据节理特点（如产状变化、光滑程度、充填情况）、组合形式以及尾端变化（如分叉、折尾、马尾状）等诸多因素综合确定。

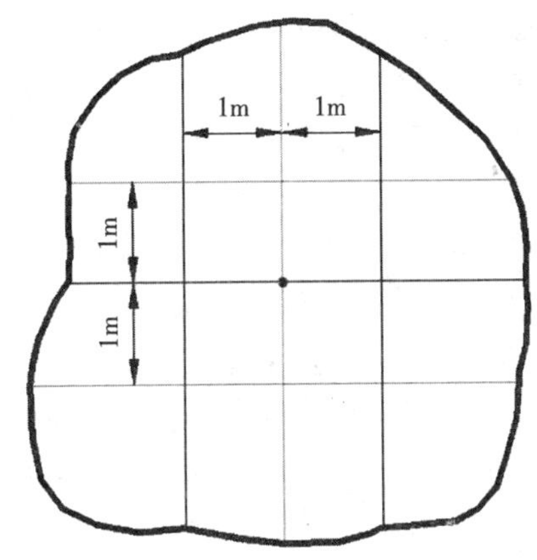

图 5-12　掌子面精测线布置示意

表 5-4　结构面（节理）观测与描述记录

位置与编号		所在构造类型与部分	所在地质体特征描述	节理产状			节理面及充填物特征	节理性质与组合关系	节理期次关系	节理密度	备注
区域	点位			走向	倾向	倾角					

(5) 节理若被脉体充填，调查时要尽量收集脉体产状、规模、形态、间隔、充填矿物的成分及其生长方向等资料；根据节理或脉体特性进行分组；以及它们之间交切、互切、限制、追踪和矿物生长方向进行分期配套，并确定形成的先后顺序，制作素描图或拍照示出其形态和相互关系。

(6) 在选定地点内，对所有节理产状进行系统测量。测定方法和岩层产状要素测定的方法类同。为特殊目的需要，如为确定某一组节理与褶皱的关系，尚要测定节理与层理、共轭节理等交线产状，以判别褶皱的几何形态。

(7) 注意观测缝合线构造。该种构造可与层面平行、斜交或直交，它们一般与主压应力方向垂直，在一定程度上有助于分析区域构造应力场。

2. 节理观测资料的整理与分析

野外地质调查过程中，对在各节理观察区段（点）所获得的节理数据、资料等信息，应及时进行整理、统计、存储和制图。

(1) 可视解决的问题需要而制作相关图件（一种或数种），如果要了解节理或与之相关的脉体发育情况，则常需要绘编玫瑰花图、节理极点图等；如果为分析节理与构造应变关系，则可绘制节理应变场状态图等。

(2) 常用的定量表征节理粗糙度的方法，主要包括统计参数法、分形几何法、岩石节理粗糙度系数表征法、傅立叶变换法、小波分析法等。

第六节　韧性剪切带的野外观察与描述

断裂在地壳中的发育具有层次性，一般情况下，浅层次形成脆性断层，简称断层。较深和深层次形成韧性断层，也称韧性剪切带。脆性断层和韧性断层构成了断层的双层结构。此外，由于在脆性断层和韧性断层之间还存在一个过渡层次，为二者的纽带，因此，野外对韧性剪切带的某些观察可参照断层研究内容进行。韧性剪切带是岩石在塑性状态下发生连续变形的狭长高应变带，一般产于变形变质岩区或岩体内。

野外地质调查观察韧性剪切带时，一般需要观测以下几个方面的内容：

(1) 韧性剪切带的识别。韧性剪切带的主要特征是发育高应变的面理和糜棱岩。在确定韧性剪切带时，应注意观察并记录变质岩区或岩体中与区域面理不一致的高应变带面理(S)，进而分析其和糜棱面理 (C) 的关系及其产状变化，如果二者构成 S-C 组构，说明岩石已糜棱岩化，因而可以确定韧性剪切带的存在。

(2) 韧性剪切带的几何学观测及范围确定。需要进行的主要工作有：测量其总体方位、面理产状及其变化，界定其展布范围，观测韧性剪切带内、外的横向变化情况。

(3) 运动学观测。主要内容包括（图 5-13、图 5-14)：面理产状，包括剪切带内面理(S) 和糜棱面理 (C)；S 面理和 C 面理的交角；拉伸线理（A 线理）产状；鞘褶皱的几何

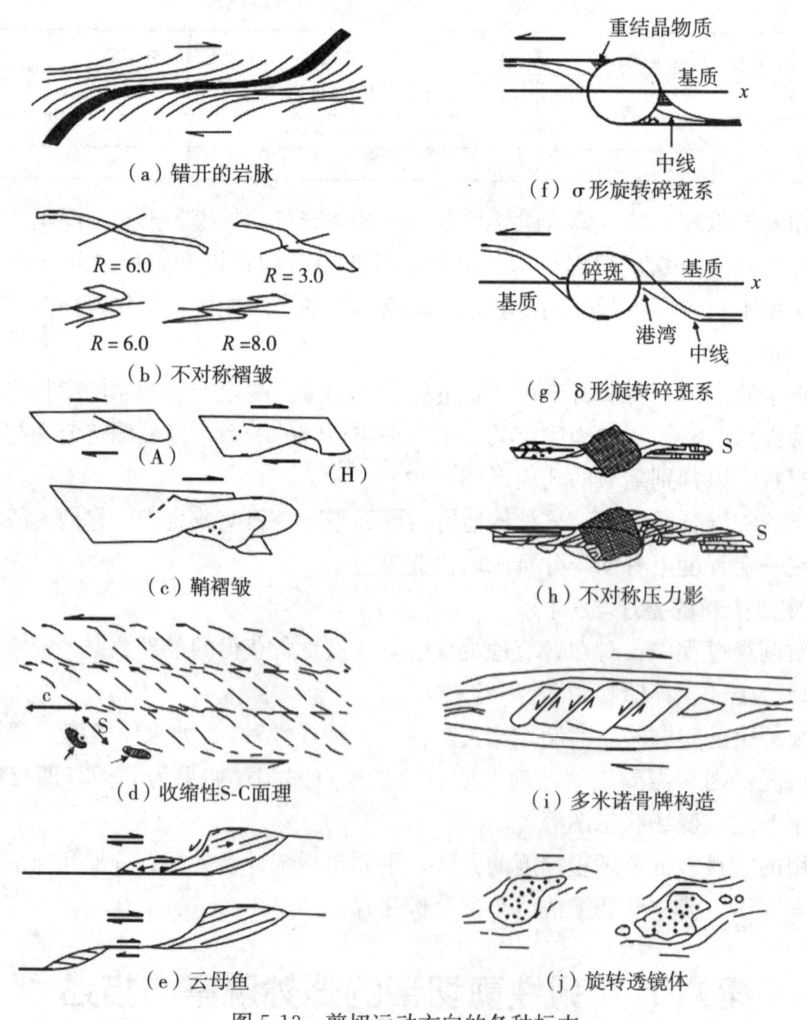

图 5-13 剪切运动方向的各种标志

（据张克信等，2001，转引赵温霞，2003）

形态、规模大小；糜棱岩的类型及展布规律；确定剪切运动方向等。

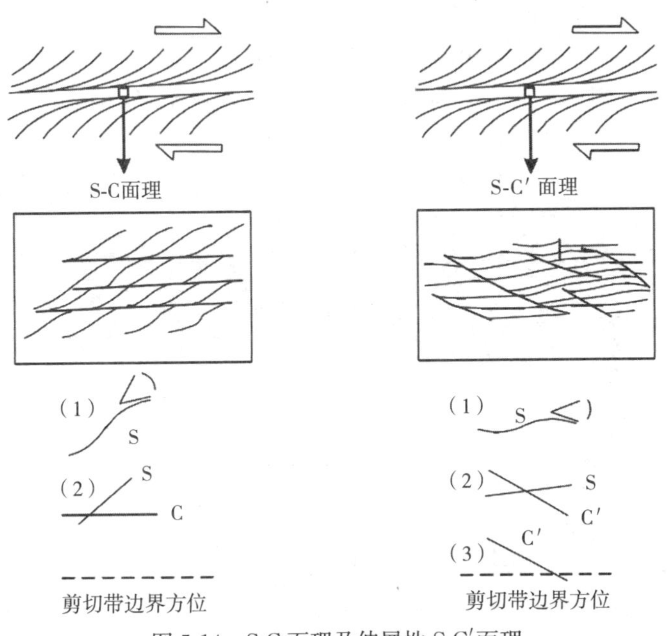

图 5-14　S-C 面理及伸展性 S-C′面理
（据张克信等，2001，转引赵温霞，2003）

（4）韧性剪切带与区域构造关系的研究。韧性剪切带的形成是与一定的区域构造运动相联系的，因此，要注意研究诸如韧性剪切带的共轭关系、规模及与区域性褶皱和断裂的关系等，以分析其在区域构造研究中的地位和意义。

在野外地质调查工作中，除对剪切带相关的典型现象进行素描和照相外，还应系统采集构造和岩石标本，特别是定向的构造标本，以便于室内在显微镜或透射镜下作进一步的研究。

第七节　不整合面的野外观察与描述

地层间的接触关系是研究地层发育情况的重要依据，同时也是地壳运动及其发生时期的有力证据，因此，在野外地质调查时，应正确辨认地层间的接触关系，确定是整合、平行不整合还是不整合等接触关系。地层间的接触关系主要从反映的沉积作用是否连续、生物演化是递变关系还是因沉积间断面出现突变、上下岩层的产状是否一致等几个方面进行调查与研究。如果岩性成分和粒级是逐渐变化的，所含的生物化石也是连续演化的，上下岩层的产状基本一致，则反映了沉积历史是连续的，其间并未经过任何的间断，称这种接触关系为整合接触关系；如果上下两套地层间存在沉积间断，则表明其在上覆地层沉积之前，曾经受过地壳抬升，且经过一定时间的风化剥蚀，缺失了一定时代的化石层位，称这种情况为不整合接触。然后，根据不整面上下地层的产状及反映的地壳运动的特征，将不整合接触划分为平行不整合（也称假整合）和角度不整合两种情况。此外，根据岩浆作用与其围岩的关系，将不整合划分为侵入接触关系和沉积接触关系。因断层而造成的不整合接触关系，则称为断层接触关系。

野外地质调查应对不整合面进行详细调查研究，查明其上下地质体的组成、产状、时代等，及不整合面的形态、可能的古风化剥蚀面和后期变形改造特征，研究确定不整合的类型、性质和构造意义，明确不整合区域大地构造或局部构造意义。野外地质调查，一般通过以下标志识别不整合接触关系：

（1）下伏岩层的顶部有明显的风化侵蚀面。侵蚀面有时凹凸不平，有时由底砾岩构成，砾石为下伏地层的岩石，其大小不一，次棱角状，在凹陷处较厚大，而凸处较细薄（图 5-15）。

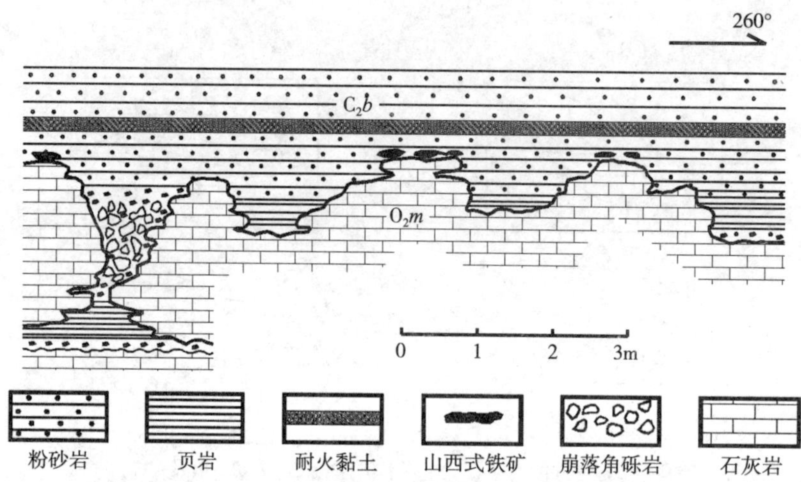

图 5-15　本溪大明沟马家沟组与本溪组间的不整合接触面

（2）上下两地层的接触面附近，下伏岩层中的裂隙或溶洞内充填有上覆地层底面的成分，如图 5-16 所示：下马岭组（Pt_3x）顶部的裂隙中灌有上覆景儿峪组（Pt_3j）的砂岩成分，表明在景儿峪组沉积之时，下马岭组已成岩并形成了某些裂隙。

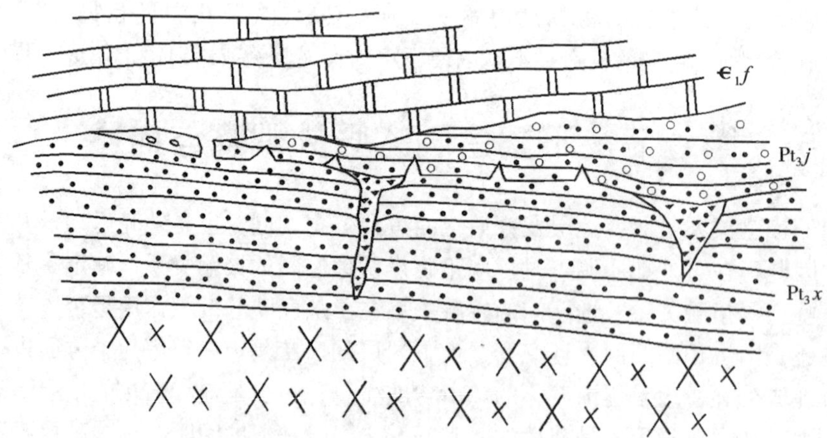

图 5-16　平泉双洞北山下马岭组与景儿峪组间的不整合接触面
（据朱连兴等，1986）

（3）不整合面上一般集中一些特殊的物质成分，如铁（Fe）、锰（Mn）、铝土矿物等，或者形成矿层和结核，或者作为碎屑岩的胶结物存在。如北京周口店镇黄山店大北沟下马岭组（Pt_3x）与铁岭组（Pt_2t）间的平行不整合接触面是铁岭组沉积后地壳上升遭受长期风化作用而导致铁质富集，形成了厚 1～3m 的褐铁矿质古风化壳（图 5-17）；碳酸盐岩地层经长期风化剥蚀之后，往往能在其上易保留质地完好的铝土矿物，如北方本溪组底部的厚层铝土矿层。

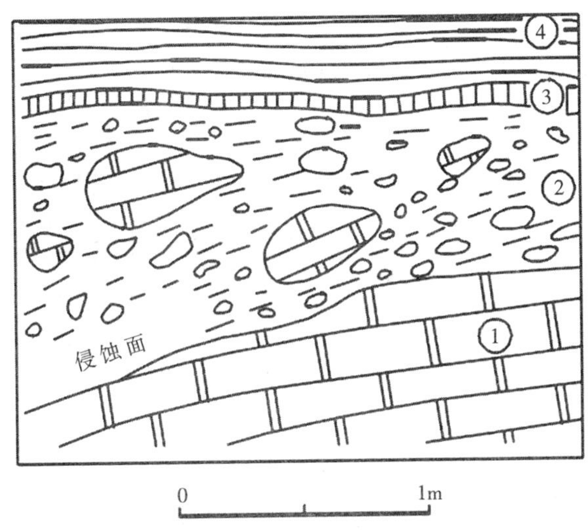

图 5-17　黄山店大北沟下马岭组与景儿峪组间的不整合接触面
①白云岩　②底砾岩　③紫红色铁质角砾岩（古风化壳）　④灰绿色含磁铁矿千枚状板岩
（据谭应佳等，1987，转引赵温霞，2003）

A. 根据不整合面上下地层间的产状，区分平行不整合和角度不整合，但有时不能仅凭一个观测点而得出结论。因为，有些区域性的角度不整合，在某些局部可能呈现上下的平行关系，某些平行不整合在风化剥蚀面的某些细微部分也可能呈现角度不整合。地质的某个时期，由于海域的扩大，沉积范围外扩，使新岩层覆盖于不同时代的老岩层之上，但在新岩层与下伏岩层之间基本是平行一致的，称这种情况为超覆不整合。

B. 地层间的接触关系是地层及地质构造研究的重要资料，因此，应在地层间不整合处进行详细观察与描述，寻找充分证据，但如果出露不好，则需要简单工程揭露之，详细记录和定点，量取上下岩层的产状，采取标本或样品，绘制地图、素描图，或拍摄照片等。

C. 野外地质调查时，应注意不要将不整合接触面与断层相混淆。一般情况下，区分断层和地层间的不整合接触面，往往较容易。断裂构造的角砾岩有两侧断盘的岩石成分，断面的形态、两侧构造现象，如破碎带、糜棱岩化带、次生裂隙、擦痕和滑动面等，都与不整合现象有明显区别。不整合面上覆地层的产状总体上与不整合面的产状相一致，而断层接触则无这种特定的关系。

思考与讨论

1. 地质构造的主要类型有哪些？各有哪些特征？
2. 地质构造研究的意义有哪些？

预（复）习内容与要求

1. 概念：构造运动、地质构造、劈理、断层、节理、褶皱、不整合面、层理、压溶劈理、破劈理、板劈理、滑劈理（折劈理）、微劈石、劈理域、线理。

2. 各类地质构造的识别特征、类型划分。

3. 节理调查与统计的基本过程和方法。

Chapter 6 第六章 地貌野外观察与描述

地貌即地表球表面的面貌，其具有类型众多、形态各异、成因复杂、规模悬殊等特点。地貌是地球内外动力地质作用结果的综合反映，既是自然环境与景观的基本组成要素，也是自然资源的组成部分和基本构成组分，是人类赖以生存和发展的重要资源与环境条件。因此，详细、深入地研究地貌的形态及其成因、形成年代、分布和演变规律等，对工程建设、农业生产、矿产勘查、自然灾害防治和环境保护等均有较重要的实际意义。

第一节 地貌野外观察与描述内容

一、地貌野外调查工作任务与基本要求

地貌调查与研究是野外地质调查工作的重要内容和环节。为满足地质研究需要，地貌野外调查工作任务和基本要求如下：

（1）查明和确定工作区的地貌类型及其特征、分布、面积和界线。

（2）查明和确定工作区各种地貌类型的成因，分析和研究地质构造、新构造运动、各种外动力地质作用，以及气候、水文、植被、土壤等对地貌发育的影响。

（3）测定各种地貌的发育年龄，研究确定工作区地貌发育与演变过程，重点是第三纪以来地貌发育和演化过程。

（4）研究评价地貌稳定性，对不同类型地貌的开发利用、保护和治理等提出意见。

二、地貌形态观察与描述

地貌野外调查过程，应观察和划分地貌形态的空间单元，量测地貌的形态与形体要素。

（1）地貌形态的空间单元划分与描述。根据地貌形态的空间分布与规模差异性，地貌形态划分为整体地貌、巨地貌、大地貌、中地貌、小地貌和微地貌若干不同级别的空间单元。其中，微地貌形态和小地貌形态均属于单独地貌形态，一般比较简单；整体地貌形态、巨地貌形态、大地貌形态和中地貌形态，则属于复杂地貌形态，是由单独地貌形态构成的。

注意：①实际上，各级地貌形态之间并没有严格确定的界限。②野外调查工作中，划分地貌形态的哪一级别，应视工作范围和任务要求而定。

（2）地貌形态形体要素的量测与描述。地表形体都是由每个基本地貌要素构成的，包括

面、线和点三种基本类型。

地貌面，亦称地形面或坡面，包括坡面高度、倾斜度、坡长、倾斜方向、延伸方向及水平投影面积形状等要素。地貌面的构成参数，也称地貌面的特征参数，可以确定地貌面的空间特征。自然地貌面可以划分为平面、斜面和垂直面等基本类型，一般以两地貌面之间所夹二面角 2°和 55°为界限划定，当二面角的度数为 0°～2°时，属于平面；为 2°～55°时，称为斜面；为 55°～90°时，称为垂直面。

地貌线则是指两个地貌面所成二面角的交线，如山脊线、山麓线、谷底线等，包括坡度变换线和坡面变换线两种类型。坡度变换线是垂直（上下）方向的地貌面产生的交线，坡面变换线是水平（左右）方向的地貌面所成的交线。地貌线的表现形式可以为直线、曲线或折线，而事实上，大多数地貌线由于受自然侵蚀转而成为圆棱面。

地貌点是地貌面或线的交点，如山顶点、河流交汇点、河流入海（湖）口等。

（3）地貌形态的文字表述，主要包括其成因、组成和年龄，还有平面形态、垂直剖面形态以及纵剖面形态。在测绘领域，地貌形态的描述主要是数字参数描述，包括高度、坡度、切割密度、切割深度等指标。

地貌的平面形态是指地貌形态在平面坐标系上投影的形状，常以直径、扁率、长轴长度、短轴长度、面积、弯曲系数等参数表示。其中，弯曲系数为 $\delta=L'/L$，L'为曲线长度，L 为直线长度。垂直剖面形态，又称横剖面形态，包括坡形、坡面长、坡度等。纵剖面形态，包括地面起伏特征、大小等。高度用以表现地貌起伏，有绝对高度和相对高度之分。坡度用以表现坡面的倾斜程度。在实际情况下，由于地表是一个曲面，任一点的坡度都是不同的，所以坡度是指一个平均值。切割密度是一区域谷地长度与面积的比，为 $\sigma=L/A$，L 为区域谷地长度或数量，A 为区域面积。切割深度是区域最高点和最低点的高差，表述为$D=E_{高}-E_{低}$。此外，在地图上，地貌形态主要表现为等高线，例如：等高线越密集，坡度越陡；等高线越稀疏，坡度越缓。

三、地貌组成物质的观察与描述

物质组成对解释地貌成因、划分微地貌类型，以及研究地貌开发利用和保护模式等方面具有重要意义。野外调查过程中，应首先识别构成地貌的岩土类型及其分布、叠置关系，然后再观察每种组成物质的类型与成因、结构构造特征等对地貌的作用和影响。对于松散堆积物，则应按第四纪堆积物的野外观察与描述内容、方法与要求进行；对于岩体，则应按岩石的野外观察与描述内容、方法与要求进行。

注意：地貌组成物质水平方向上的变化，一般可以在地表直接观察，通过确定各种类型组成物质的分界线和产状加以区分；垂直方向上的变化，可以通过搜集钻孔（井）的地质资料，经整理和研究加以确定。

四、地貌成因类型的观察与描述

地貌形态与成因是划分地貌类型的主要依据，两者间存在内在联系，地貌成因对地貌形态具有控制作用，而地貌形态是地貌成因的具体体现。一般将地貌划分为基本形态和组合形态两大类。地貌的基本形态是根据内、外动力地质作用不同而划分的。外动力地质作用形成的地貌类型包括坡地重力地貌、流水地貌、岩溶地貌、冰川和冰水地貌、冻融地貌、风成地貌、海成地貌、生物成因地貌及混合作用形成的地貌。内动力地质作用形成的地貌类型主要有古构造地貌、新构造运动地貌、岩浆作用地貌等。此外，随着人类进步和科学技术发展，人类活动对地球表面的改造和影响作用日益明显，因此而形成了许多人工地貌，如露天采矿场、运河、渠道、梯田、道路、堆场、堤坝和建筑物等。

地貌形成的因素很多，且往往不是单一行为，而是多种地质作用的共同行为。不同成因类型的地貌具有不同的特征，野外调查时应予以观察和描述。

五、地貌年龄及其确定方法

地貌属于地质体一种类型，因此其年龄同样包括绝对年龄和相对年龄两种。前者用于表达地貌形成的具体地质年代，后者用于表达地貌形成的先后顺序，即早、晚关系或新、老关系。因此，确定地貌年龄的方法包括相对年龄和绝对年龄两类方法。相对年龄确定方法主要有相关沉积法、年界法、位相法、地貌对比法、岩相过渡法、同期异相法等几种。绝对年龄，也称同位年龄，一般需要在野外采集有关沉积物样品，再通过室内实验分析确定，常用方法有^{14}C法、K-Ar法、铀系法、裂变径迹法、热释光法等。

注意：①地貌年龄的各种确定方法都有其适用条件，所确定的地貌年龄范围各不相同，因此，在实际工作中，宜密切结合工作区地质历史研究成果，综合运用各种方法，取长补短，互相印证；②地貌野外调查时，可以通过各种地貌的分布和相互关系（包括叠置、切割等），以及组成地貌的地层时代，确定地貌的相对新老。

六、地貌类型划分与定名

地貌类型划分与定名属于野外地质调查研究的工作基础之一。由于自然界存在着千变万化的地表形态，地貌类型各式各样，地貌分类涉及相互关联和影响的很多因素，因此，地貌分类问题具有一定复杂性和不确定性。尽管地貌分类方法较多，包括综合考虑多因素的多因素分类法，也有单一因素的分类，尚未形成统一的分类原则和方案，但目前较为流行的是地貌的“形态成因”分类。这种分类方法以形态成因为原则，采用分析组合方法，依地貌分布规模，先群体后个体，从大地貌单元到中地貌单元，再从中地貌单元到小地貌和微地貌单元，进行分级分类。

第一级，以现代海岸线为界，将地球整体地貌划分为陆地地貌和海底地貌两个巨地貌类型。

第二级，以大地构造控制为依据，将陆地地貌划分为大平原、大高原、大盆地、大山地四种大地貌类型，将海底地貌划分为大陆架、大陆坡、大陆隆（裙）、深海平原（深海盆）四种大地貌类型。大地貌类型是由不同基本形态的地貌组合而成的。

第三级，即基本地貌形态类型的划分。对于陆地，按受内、外动力地质作用形成的基本形态类型，首先划分为平原、台地、丘陵、山地四种中地貌类型，然后再依据海拔高程和平均坡度、起伏频率和相对高差等进一步划分类型。海底基本形态类型是以不同覆盖底质为标准而划分，底质类型主要有砾石、粗砂、中砂、细砂、粉砂、淤泥、黏土质软泥等。

第四级，即基本地貌形态成因类型的划分。该级地貌分类与定名时，侧重于某一地质作用成因类型，如火山与熔岩地貌、流水地貌、湖成地貌、岩溶地貌、海成地貌等。海底第四级地貌类型主要有水下古三角洲、海底山脉、海岭等。

注意：地貌类型划分应考虑地质作用的侵蚀与沉积作用类型，将地貌划分为侵蚀地貌和堆积地貌两种类型。

七、地貌演变历史观察与研究

地貌在内、外动力地质作用下，经历形成和退化的历史演化，沧海桑田，地貌的这种演化有时很缓慢，有时很迅速，取决于地质作用的类型、规模、强度和持续时间，以及受体的形态、物质组成和承受能力。野外地貌调查时，应注意观察地貌的形成和演化过程，特别是历史时期地貌发生的迅速变化，如崩塌、滑坡、沙丘移动、海岸侵蚀与海岸变迁、泥石流、地面塌陷、河流改道、风化壳厚度侵蚀等。地貌发生的突然变化，往往导致各种自然灾害，需要详细观察与量测，调查和观测其发生的时间、周期、频率、强度等参数。

此外，除观察地貌演化现象外，还应注意观察和研究控制和影响地貌发育和演化的因素。例如水系的形成与演化受气候、地形、地质和植被等自然因素的影响，随着自然因素的变化，水系有不同的发展方向和排列形式。在构造缓慢下降的平原地区，水系发展较快，能形成多级支流组合的树枝状水系；在构造运动不均匀的地区，上升运动强烈区的河流下切侵蚀较快，造成分水岭迁移，因此可能袭夺相邻的其他河流，改变原来的水系排列形式。

第二节　地貌野外观察与研究方法

地貌调查就是对自然界千变万化的地表形态、结构和分布等，从点、线到面进行观察，以及由表及里、从微观到宏观进行分析与研究，并最终用文字和图件准确地予以表达的系列活动的统称。由于地貌形态的多样性，成因和物质组成的复杂性，以及影响因素的多样性和多变性，单一方法不可能实现对地貌的系统观察与研究，需要采用多种方法进行综合观察与研究，方能较准确地确定地貌形态、结构、分布及发育和演化过程，以更好地为人类生产和建设提供科学服务。随着数字高程模型和数字地形产生与成熟，以及卫星遥感技术和新测年技术的发展与应用，人们逐渐实现了从不同时间和空间尺度定量观察研究山脉地形、水系发育与侵蚀过程的空间分布特征和演化历史，促进了地貌研究的半定量-定量化研究发展。

一、室内和野外地貌填图

基于地形地貌、遥感影像和野外观察，识别和建立工作区各种面状和线状的地貌体，如河流的各级阶地、阶地陡坎、冲洪积扇、河流与冲沟、湖（海）岸线、冰碛陇等地貌单元及活动断裂、活动褶皱等构造变形标志。地貌填图是地貌野外调查的重要工作，也是进行地貌和地质研究必不可缺少的基础。

地貌填图的目的是将地貌类型的范围、界线、特征等逐一填绘在调查底图上，因此，地形图判读则是地貌填图必不可缺少的方法或手段。遥感技术、地理信息技术和 GPS 技术，加快了地貌调查的进度和提高了地貌调查的质量，随着各种影像和地形高程数据精度的提高和广泛应用，地貌填图亦愈来愈精细化、准确化和标准化。

注意：①由于人类活动影响明显的地貌点，特别是某些灾害性地貌点，发生时间近者仅在数百年甚至数十年内，人们对它们的了解和记录一般都较清楚，因此对它们进行调查与访问，有助于历史时期地貌发育研究；②地貌野外调查时，对重要的地貌点，如地面沉降和塌陷、崩塌、滑坡、泥石流、海岸带等，应用仪器进行精准的测量，以便通过获取精确数对它们进行分析和研究。

1. 基于数字高程模型的地貌因子分析

以数字高程模型（digital elevation model，DEM）为基础，运用 ArcGIS 空间分析和统计功能可获得地面高程、地形起伏度、坡度等系列地貌特征分布数据。此外，利用 DEM 还可以提取河流地貌的定量参数，包括河流坡度、河网密度、河流凹度、河流陡度等。

（1）高程，是地面上任一点相对于大地水准面的垂直距离，是 DEM 提供的原始数据，是获取其他地貌特征的基础。高程地形图、山影图等能够反映研究区的区域地貌特征，可作为小尺度（百万千米）的一种地貌指示。

（2）地形起伏度，也称切割深度或比高，是指某一地区最大高程与最小高程之差，可用来描述地表侵蚀的切割程度。一般认为地形起伏度大于 50m 为深切割，地形起伏度小于 25m 时为浅切割，在两者之间时为中切割。此外，还常用切割深度与侵蚀破坏面之百分比表达地貌形态的切割程度，当切割程度值大于 50％时，认为地貌切割强烈；当切割程度值小于 20％时，认为地貌切割微弱；处于两值之间时，认为地貌切割中度。

注意：地形起伏度大小并非定值，与指定的空间尺度有关。有研究认为 5～10km 的空间尺度最具有代表性，能够对应大多数的山脊-沟谷间隔。实践中，一般采用半径 5km 的图形分析窗口，且通过相邻窗口平滑计算来量化，可作为中尺度（10km）地貌特征的指示。

（3）坡度，即地面某一点的切平面与水平面的夹角，取决于该点及其周围各点的相对高程。坡度作为地貌形态因子的微观指标，直接影响地表的物质和能量的分配。一般研究中的算法是采取 3 像素×3 像素网格中点与 8 个相邻像元点坡比最大值的平均，相当于小尺（200m）上的地形起伏特平均值。

（4）廊带剖面，即在数字地形上确定一条具有一定宽度的带状区域，首先以指定间距生成数条平行剖面线，然后在垂直于剖面线方向上，按采样间距计算出最大高程、最小高程和平均高程，在地形剖面图中以 3 条曲线定量描述条带状区域的地形及起伏特征，其能够反映条状区域的地形及起伏变化的平均值，为定量分析地形信息及变化提供了直观的视角，有助于判断区域宏观地形地貌的变化趋势，因此成为地貌学定量分析的有效工具。

（5）河流陡度和裂点分析。利用 ArcGIS 的水文分析工具生成河流网格，基于 DEM 数据提取河流的纵剖面形态，河道某点的坡度及其上游集水面积等数据。河流裂点是指河流纵剖面上坡度急剧变化或落差大的区段或点。河流裂点的形成受构造运动、侵蚀基准面的变化以及岩性等多种条件的影响，反映了河流处于动态不均衡发育阶段。如果配合坡度-流域面（S-A）双对数图解分析，则可以很好地确定河流裂点的空间位置。Kirby 等（2000）研究认为：在自然理想条件下，河道的坡度可以表示为河流上游集水面积的一个幂函数：

$$S = K_s A^{-\theta} \tag{6-1}$$

式中：S 为河道坡度；K_s为均衡态河流陡度，是与构造运动抬升速率正相关的常数；A 为河流上游集水面积；θ 为河流上凹曲度，当流域抬升速率在空间均匀分布情况下，θ 接近于普适常数。

注意：A. 水系河流作为水的汇聚通道，是一个地区降雨、温度等气候特征的直接产物，是改造造山带地形地貌的主要外动力和侵蚀物质的传输通道。河流和侵蚀过程量化研究是探讨气候和造山耦合关系的主要内容之一。河流侵蚀在一个区域的地貌地形演化中起着领跑员的作用，是地表侵蚀最主要的形式之一。

B. 由于河流水系的形成与演化记录着造山带和高原降升的丰富信息，因此，对高原隆升研究具有重要意义。利用高精度 DEM 数据对青藏高原河流地貌定量分析，对高原河流侵蚀过程的机理性研究是青藏高原构造地貌研究的重要方向。

2. 高精度地形数据收集和地貌形态分析的三维可视化

地貌和地表过程的研究在很大程度上受益于地表形态的可视化和地貌指标的定量化分析。以陆基和机载激光雷达（LiDAR）为代表的厘米级精度地形数据为基础，结合 GIS 技术可以揭示河流地貌演化及强震地貌演化过程。随着海量和高清地形与影像数据快速增长，借助于具有 3D 显示功能或立体投影的虚拟现实环境。

具有真实地球坐标的高分辨率和高密度数据催生了一系列新研究领域，如借助于机载和地基 LiDAR 的结合，对研究对象实施一定时间间隔的多次扫描，刻画地形地貌随时间流逝的细微变化，愈来愈逼近地反映真实世界的动态变化特征。

二、地貌调查分析研究法

1. 地貌的地质构造调查分析研究法

古地质构造和新地质构造对地貌的影响不同。古地质构造对地貌的影响主要在早期，以后随着时间的延长，地质构造遭受严重破坏而对地貌的影响逐渐减弱，甚至消失。现代地貌主要受新地质构造影响，新地质构造类型主要有断块构造和拱拗构造。断块构造在地貌上有断块山、断陷盆地及断陷谷地之分。拱拗构造包括拱隆背斜、拗陷盆地和拗陷谷地三种地貌形态。此外，新构造运动上升区，河流常发生改向、倒流、分叉、袭夺等现象；河道做横向迁移，上升一侧支流数目增加，下降一侧侵蚀增强，上升区河流下切复活；山前洪积扇出现上叠、侧叠和串珠状等现象。

（1）断块山的特征主要表现在山前活动断裂带上，常因断块急剧隆起而地形反差增大，山势挺拔而峻峭；在硬岩组成的活动断裂带上，常发育一系列断层崖和断层三角面，在断层面上常有错动的证据，如擦痕、硅化岩等；在软弱岩的断裂带上，虽然断层崖不发育，但在断层破碎带上明显出现断层角砾岩、糜棱岩等；断块山前常发育多级洪积扇、断陷谷、断陷盆地等负地貌形态。

（2）断陷盆地有大有小，要分析断陷盆地的活动强度，可以从沉积岩的岩相类型、厚度和韵律等方面着手。沉积项有五种：①快速下陷与快速沉积，沉积物中富含不稳定矿物，颗粒分选性差；②快速下陷和缓慢沉积，下陷速度大于沉积速度，因而盆地内常有很深的积水；③缓慢下陷与缓慢沉积，沉积物长期处于水动力的作用之下，反复移动，不稳定矿物和有机质数量减少，交错层理发育，多沉积小间断，颗粒分选良好；④下陷小于沉积，沉积物高出水面，并遭受侵蚀而形成不整合接触面；⑤孤立构造盆地的沉积，蒸发量大于集水量，形成盐类沉积物，如石膏、岩盐等。

（3）沉积物厚度可作为分析断陷幅度的指标，其方法是进行沉积物厚度对比，即找出不同地点的沉积层厚度，并绘制等厚度图，用沉积层等厚度图可以了解断陷盆地内各部分的活动强度。如果将各地点相同时代的沉积厚度做比较，则更能了解同一时代盆地内各部分的活动状况。

（4）断陷谷绝大多数与断块山相伴生，成为两个断块间的结合带。其特征是谷地两侧常有多级阶地和出露第四纪堆积物，在沉积物中可找到断层形迹。根据阶地高度和沉积物厚度，可以推算断陷谷差异活动的强度。

（5）拱隆背斜因间歇性抬升，往往形成层状地貌形态，在地貌上表为各级夷平面和阶地台的高度不一致。

（6）拗陷盆地是一宽缓的向斜式构造，常与拱隆背斜相连，成为在统一应力场作用下的负向构造地貌单元，有时也伴有断层，但断层并非沉陷的主导因素。

2. 地貌的岩石和岩相调查分析研究法

岩石是组成地貌的物质基础，岩层的产状和岩性对地貌发育有直接影响。其中，岩性的影响主要通过岩石的软硬、粒度、化学成分、空隙性、风化形式和风化强度等予以描述。

岩相分析主要是对第四纪堆积的分析，对第四纪堆积地貌研究具有重要意义。

3. 地貌的生物环境调查分析研究法

生物的生长、发育及其分布范围与地理环境密切相关，一定的生物类型生活在一定的地理条件之下，特别是温度、湿度等气候条件，更有决定性意义。因此，利用古生物资料，可以研究和分析地貌变形的历史情况；利用植物孢子、花粉等，可以确定沉积地层的古地理环境；利用微体古生物化石，如有孔虫、介形虫、硅藻等的优势种属，可以鉴别沉积物的水体环境，包括水体的盐度和交换环境等。

注意：①如果发现古生物化石今日所处位置与其所反映的地理环境不协调，则应查明其原因。一般主要是气候变化的影响结果。②造成气候变化的原因有两种，一是世界性的气候变冷或变暖；另一个是构造运动改变了生物化石产地的垂直高度变化，一般海拔高度每增加100m，气温降低约0.6℃，当化石形成后该地地面上升和下降，都可能造成前后气温的显著变化。

4. 地貌的古土壤调查分析研究法

土壤是气候地带性的产物，某种类型的土壤或风化壳反映了一定的自然环境，如灰钙土代表温带森林植被条件，黑土代表温带草原植被条件，褐色土代表半干旱气候条件，红壤代表湿润气候环境条件，等等。因此，根据土壤层调查信息，可以恢复古地理与古气候环境。

5. 地貌的外动力地质作用调查分析研究法

外动力地质作用是地貌形成与发育和演化的重要力量，特别是对中、小型地貌的影响，更加明显和突出。因此，在地貌成因分析中，应充分考虑外动力地质作用因素。

6. 地貌的历史考古与古文献分析研究法

借助考古文物及古文献资料，能够探寻历史时期地貌的内外动力地质作用、地貌的堆积（地层）年代和历史演变等。考古文献以人类活动及文化活动遗迹（址）为主，包括古石器、铜铁器、贝丘和建筑物等。

7. 其他研究方法

包括照相、素描和样品采集等。照相和素描是地貌调查的辅助手段，对地貌分析起生动直观作用。采集样品的目的是取得测试、实验数据，以便更好地分析地貌。样品测验的项目有物理和化学方面的，因此，试验目标和要求不同，样品采集的位置、数量、质量、大小、采集方式、包装等，均各不相同。

第三节　坡地地貌观察与描述

坡地是地貌最基本的形态之一。坡地地貌野外调查内容主要有坡地的成因、形态、规模、物质组成及其分布、稳定性与各种破坏作用、覆盖物及开发利用方式（包括植被、建筑物等）、地下水和地下工程、发育及演化过程等。

一、坡地的成因调查与研究

坡地是构造运动和各种外动力地质联合作用的结果，形成坡地的外动力地质作用主要有各种风化作用、各种重力地质作用、风和流水的地质作用等自然地质作用及人为地质作用。其中，自然地质作用形成的坡地，也称为斜坡；人为地质作用形成的斜坡，常被称为边坡或工程边坡。

二、坡地地貌形态调查与研究

观察与描述坡地地貌形态的指标主要有坡形、坡长、坡高、坡度、坡宽及其演化过程。坡地有各种形式的坡形，依据坡形，坡地划分为直线坡地、凸形坡地、凹形坡地及各种形状组合成的复式坡地（图 6-1）。

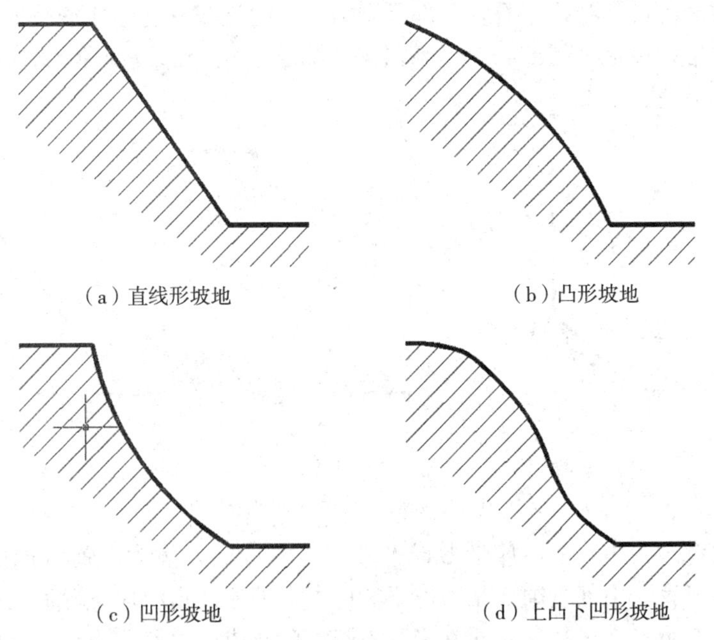

图 6-1　坡地地貌形态基本类型
（据杨景春，1985）

(1) 坡地地貌形态的形成与发展受岩性、构造运动、外动力地质作用类型和强度，以及其他自然地理条件等因素的影响，有些形态属于坡地发育的不同阶段的表现形式。

(2) 一些断层陡坎或强烈下切的河谷谷坡，常呈陡直的斜坡，坡顶和分水高地之间有一明显的坡折。这类直线坡地形成后，其发展变化可能是多种多样的。

(3) 凹形坡地常常是坡地平行后退的结果。谷坡受剥蚀且保持原坡地的坡度一致而后退，因而这种坡地保持直线状态。但是随着时间的推移，与原始坡地平行的直线坡，只能在上部坡段部分保留，且坡长愈来愈短（图 6-2）。下部坡段因接近剥蚀基准面，剥蚀物而不能完全被搬走，因此使坡度逐渐变缓，坡长愈来愈长，最后形成凹形坡地。

（4）一些较陡直的坡地形成后，坡地上部与分水高地之间的坡折部分，在短时间内就会在风化作用、重力地质作用或片流作用下变成浑圆状，坡面坡度逐渐变缓，形成凸形地面。而坡地下的坡段将发育成凹形，最终整坡地便形成了上凸下凹的一种类型（图 6-3）。

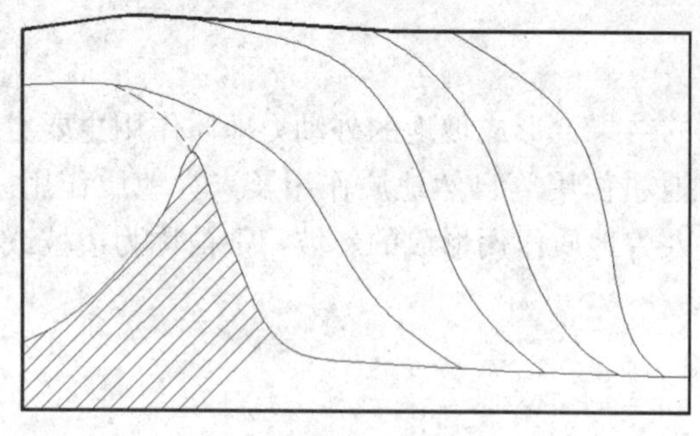

图 6-2　凹坡发育过程示意

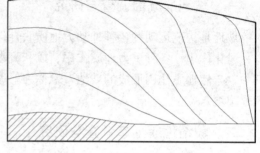

图 6-3　凸坡发育过程示意

（5）当平直斜坡形成后，地壳处于稳定状态，上部物质不断崩塌，坡地后退，坡度变缓。被剥蚀下来的碎屑物堆积在坡脚处，对原始地面构成了一种保护。从坡地外形上看，坡面坡度比原始坡度小；从结构上看，上部是剥蚀而成的裸露基岩组成的坡地，下部则是由剥蚀碎屑物组成的堆积坡地（图 6-4）。但下段碎屑物质一经全部被剥蚀，基坡便会暴露出来，而形成一个凸形坡地。

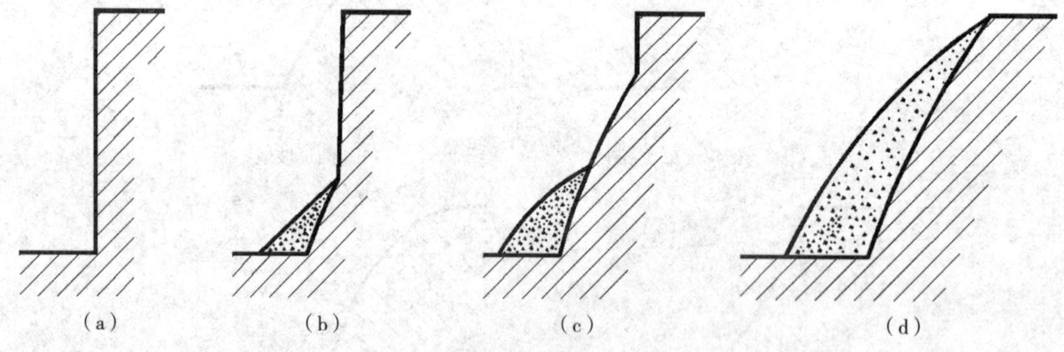

图 6-4　基坡后退与倒石锥发育示意

（6）坡地发育过程中，在山麓带形成平缓的基岩坡面，称为山麓剥蚀面（图 6-5），一般在干旱地区较发育。山麓剥蚀面是山坡不断后退，洪流冲击将风化碎屑物搬运到更远更低的地段，坡麓松散覆盖变得很薄，而基岩逐渐裸露而形成。也有些山麓剥蚀面可能是河流侧蚀作用的结果。如果地壳长期稳定，山麓剥蚀面将扩大联合成为广阔的剥蚀平原，地面坡度一般为 3°～5°。

（7）坡地形成后，可能会遭遇崩塌、滑坡、蠕动、土溜、冻融、流水或风的侵蚀等作用。当遇到这些外动力地质现象时，应按相应地质作用或破坏方式的地质调查要求进行相关调查。坡地上因受力和流水作用而形成的地貌，统称为重力地貌。

（8）坡地稳定性包括局部稳定性和整体稳定性，可用工程地质类比法或根据坡地组成与结构选用相应的理论模型进行计算确定，稳定性标准可选用《岩土工程勘察》相关规定。

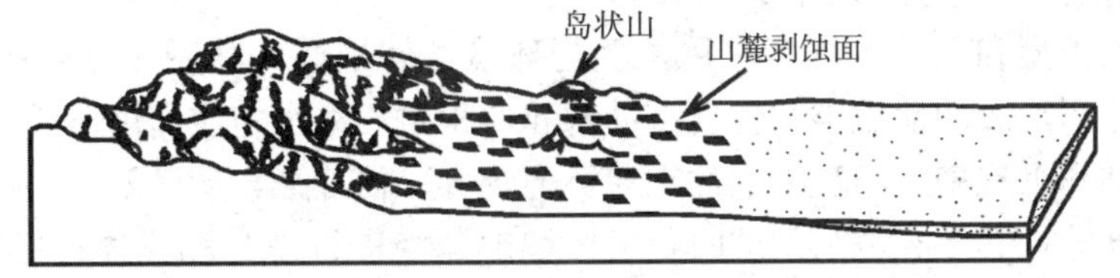

图 6-5　山麓剥蚀面示意

第四节　流水地貌观察与描述

陆地上除被冰雪和沙漠覆盖地区以外，地面流水是陆地上最为普遍存在的一种自然现象。地面流水以侵蚀、搬动或沉积等作用方式，持续影响或改变着地球陆地表面的面貌，在地面流水地质作用下，陆地表面形成了各种类型的流水地貌。流水地貌是地面流水地质作用的结果，但同时也受构造运动的影响和限制，因此，流水地貌不仅记录着陆地表面流水作用历史，而且还记录着陆地构造运动、气候变迁、地面环境等地质和地理方面的许多信息。另外，很多流水地貌，如河流阶地、冲积扇、冲积平原等，往往是人类生产和生活的重要场所。因此，研究流水地貌的类型及其成因、形态、物质组成与结构、发育与演化过程、稳定性和灾害性、水系形式等，同时具有重要的理论和实践意义。

（1）对于人类的生产、生活和生态来说，地面流水的地质作用具有双重性，有许多有益的一面，也有很多不利，甚至是危害的一面。

（2）研究对流水地貌，有利于了解地面流水的侵蚀、搬运和沉积作用规律，有利于人类生活及国民经济发展和建设。

（3）片流的坡下沉积、洪流的沟口沉积、河成阶地、冲积平原及河口三角洲等是发展农田的良好场所；阶地表面平坦，延伸较远，是兴建铁路、公路、工厂、城镇等的最佳建筑场地。

（4）流水沉积物中，有的含有不同粒径的砂和砾石，可作建筑材料，具有储量大、开采方便等特点；有时埋藏丰富的地下淡水，可作为人类生产和生活用水的水源地，是水文地质研究的重要对象；现代河流的心滩、河漫滩和冲积阶地上，或者古河床冲积物中，常常可以找到有用的矿产资源，如金、铂、钨、锡等重矿物的冲积砂矿。三角洲沉积往往是良好的石油（天然气）储层，世界上许多大油（气）田分布在现代或古代的流河三角洲上。

（5）暂时性流水（如洪水）对地面的强烈侵蚀作用，往往造成水土流失、泥石流等灾害，破坏农田、道路、堤坝和村庄等，所形成的冲沟、歹地等严重影响工、农业建设。河流侧蚀作用常在破坏凹岸的同时，将破坏产物搬往凸岸；单向环流不断地破坏河岸和堤坝，使河谷加宽，形成蛇曲，改变河谷横剖面的形态；下蚀作用则不断加深河床，形成急流、瀑布、险滩，使河流伸长，改变河流纵剖面的形态；在洪水期，双向环流可在平直河段河床中形成心滩，改变河道和主流线的位置，甚至影响航运交通。

（6）构造运动对河流地质作用具有巨大的影响，形成阶地和深河区，干扰河流的正常发展程序和准平原的形成。反之，根据河流地作用现象和地貌研究，也可以推断该地区所发生的构造运动情况。在山区，地面流水的侵蚀作用能够剥去覆盖在基岩上的松散物质，露出基岩，有利于地质调查和研究。此外，根据第四纪冲积物的性质研究，还可以了解第四纪河流的发育历史及其相应的气候状况。

1. 地面流水地貌的类型及成因

地面流水的类型和性质不同，作用位置与环境条件不同，其所形成的地貌类型往往不同。片流地质作用形成的地貌类型主要有冲沟和坡积裙。洪水地质作用形成的地貌类型主要有冲沟、堰塞湖和洪积扇。河流形成的地貌类型较多、较复杂，从横剖面上看，一般划分为谷底和谷坡两部分，其中谷坡为斜坡时，可按坡地地貌进行观察和描述；当谷坡为阶地时，应按照阶地地貌类型进行观察和描述。谷底主要有河床、河漫滩、心滩、边滩等地貌形态。从河流纵剖面上看，其中上游、中游和下游的地貌类型往往差距较大，上游河谷较狭窄，除陡峭的谷坡外，发育瀑布、深槽、壶穴、岩槛等微地貌形态；中游段河谷展宽，常发育河漫滩和河流阶地；下游河段，河床纵坡度较小，多形成曲流和汊河，在出山口段常发育冲积扇，在河口段常形成三角洲和三角湾地貌，在山口至河口之间地段往往形成冲积平原。

2. 地面流水地貌形态观察与描述

地面流水地貌形态包括平面形状、横剖面和纵剖面上的形态。对于河流地貌，从平面上看，河流地貌划分为河床、河岸、牛轭湖、离堆山、河滩、阶地、河坡等形式；根据河流地貌平面分布形态，河流划分为顺直河流、弯曲河流、辫状河流、岔流等单一形态和树枝状、格状、平行状、放射状、环状、向心状、网状和倒钩状等组合形态。从横剖面上看，河流地貌有V形、U形等。从纵剖面上看，河流地貌呈斜坡状或阶梯状。

观察地面流水地貌形态，除其形状外，还应量测表达空间形状的尺寸参数，主要包括长度、宽度、坡度（纵向和横向）、面积、起伏程度、切割深度、曲度、转弯半径等。

3. 地面流水的物质组成观察与描述　地面流水形成的第四纪堆积物主要坡积物、洪积物、泥石流堆积物和冲积物，对这类沉积物的观察与描述要求详见第四章。

4. 河流地貌发育过程观察与描述　在理想条件下，假定某地区的原始地貌为一简单平原，该平原经构造运动而被抬升，到达一定高度后又稳定下来，河流地貌经历了幼年期、壮年期、老年期，而持续变化的类型和形态。

在河流发育的幼年期，河流沿被抬升的原始倾斜地面开始发育，起初水文网络稀疏，河间存在宽广平坦的分水地。随着河流下切侵蚀作用，河床纵坡比降逐渐增大，坡折不断增加，横剖面呈狭窄的V形，谷坡陡峭，崩塌、滑坡现象很活跃。坡顶与分水地间存在明显坡折。之后，河谷数量增加，水文网密度逐渐增大，地面分割加剧，河谷加深。较大的河流逐渐趋于均衡状态。此后，谷坡的剥蚀速度相对大于河流下切速度，河谷不断加宽，地面起伏程度和破碎程度增大。

到了河流地貌发育的壮年期，谷坡不断后退，分水岭两侧的谷坡日益接近，最终相交，原来宽平的分水地逐渐转化为狭窄的岭脊，但谷坡依然陡峻，崩塌、滑坡时有发生。随着谷坡侵蚀作用和搬运作用的持续进行，谷坡渐渐减缓，山脊变得浑圆，谷坡上残积物逐渐增多，谷坡上部的碎屑物质通过片流侵蚀和搬运作用及土溜或蠕动等方式向坡下转移，下坡的碎屑物质在片流作用下受到侵蚀而常形成凹形坡地。一般主要河流在壮年期都已趋于均衡状态，而到了壮年期最后阶段，较小的支流也逐渐趋于平衡状态，因此，壮年期河谷地貌比较开阔，山脊也浑圆低矮。

河流地貌发育到老年期，下切侵蚀作用基本停止，分水岭将渐渐降低，地面呈微微起伏的波状地形。河流蜿蜒曲折，河谷展宽到最大，谷坡较稳定，整个河流地貌称为准平原，其地面形态呈平缓起伏状。在局部岩石坚硬地区段，往往形成孤立的山丘，称为不侵蚀残丘。

第五节　其他地貌观察与描述

一、海岸地貌观察与描述

海岸地貌主要以波浪和潮汐形成的地貌类型为主。波浪侵蚀形成的海岸地貌类型主要有海蚀穴或洞、海蚀窗、海蚀崖、海蚀平台（波切台）、海蚀柱、海蚀阶地（含水下阶地）等形态类型。波浪形成的堆积地貌主要有堆积阶地、沙坝、离岸堤、潟湖、海滩、沿岸堤等形态类型。潮汐作用形成的海岸地貌类型主要潮汐三角洲、潟湖、离岸堤、贝壳沙堤等。

确定海岸地貌的成因和形态类型后，应观察其组成物质的特征、地面形态及起伏变化，量测海岸地貌的形状和空间尺寸参数，研究和分析发育过程和演化历史。

二、黄土地貌观察与描述

黄土地貌包括黄土沟谷地貌、黄土沟谷间地貌和黄土潜蚀地貌三类。根据沟谷发生部位、发育阶段和形态等特征，黄土沟谷地貌主要有纹沟、细沟、切沟、冲沟、坳沟、黄土谷坡、黄土阶地等基本形态类型；黄土沟谷间地貌主要有黄土塬、黄土梁和黄土峁等基本类型；黄土潜蚀地貌，也称黄土喀斯特地貌，包括黄土碟、黄土陷穴、黄土桥、黄土柱及黄土林等类型。

黄土地貌发育过程划分为两个阶段，即黄土堆积时期的地貌发育阶段和黄土堆积后的地貌发育阶段。黄土地堆积时期的地貌发育特征与古地形的关系极为密切。一般情况下，在一些山地区，黄土堆积厚度较薄，在黄土之上常出露一些突起的山峰或山丘，如山西省西北部的河曲、五寨和偏关等地的黄土地貌上耸立许多基岩山地；在古盆地或倾斜平原上，黄土堆积厚度较大，有时可达 100m 之多，形成宽广的黄土塬，如陇东的董志塬即发育一个古盆地上；在一些起伏的基岩丘陵地区，黄土堆积时仍继承古地形而发育成黄土丘陵；黄土堆积前的古河谷，大多数现在仍然发育河流。

三、冰川地貌观察与描述

冰川地貌包括冰蚀地貌、冰碛地貌和冰水堆积地貌三大类。典型的冰蚀地貌主要有冰川谷、冰斗、刃脊、角峰、冰蚀槛、冰蚀壶穴、冰蚀阶地等地貌形态，在冰蚀谷内或大陆冰川的底部常发育羊背石、冰溜面、冰川擦痕等。冰碛地貌主要冰碛丘陵、侧碛堤、终碛堤（尾碛堤）和鼓丘等。冰水堆积地貌主要有冰水扇、冰水外冲平原或者三角洲、冰水湖、冰砾阜阶地、冰砾阜、锅穴、蛇形丘等。

此外，由于不同类型的冰川，分布在不同的地带，冰川作用的方式和强度也千差万别，因此经常出现组合形式的冰川地貌，如雪线以上以角峰、刃脊、冰头为主的组合地貌；雪线以下直到终碛堤为止的区段，常发育以槽谷、侧碛堤和冰碛丘陵为主的冰蚀-冰碛组合型地貌；终碛堤以外，常发育冰水扇和外冲平原或冰水三角洲的冰水堆积组合地貌。

四、风成地貌观察与描述

风成地貌的成因类型包括风蚀地貌和风积地貌两类。风蚀地貌主要有风蚀壁龛（石窝）、风蚀蘑菇、风蚀柱、风蚀洼地、风蚀谷、风蚀残丘、风蚀垄槽（雅丹地貌）等形态类型，风积地貌主要有新月形沙丘、纵向沙垄、抛物线沙丘、新月形沙丘链、横向沙垄、梁窝状沙地、蜂窝状沙地、金字塔形沙丘（又称锥形沙丘）、复合型新月形沙丘等形态类型。

(1) 强大的风力是形成风成地貌的主要外动力。但是，由于各种自然条件的差异，如地面特征、气流特征、人类经济活动等，对风成地貌形成的影响各不相同。

(2) 在干旱气候区，从山地到山前平原（盆地）常常形成一组特色的地貌组合，地面植被稀少，显得一片荒凉，即所谓的荒漠。山前地带由山地前缘、山麓剥蚀面和岛状山组成，在封闭的盆地中则分布宽广的洪积扇和干盐湖（或盐湖）。根据地貌形态特征和物质组成的不同，将干旱区荒漠划分为岩漠、砾漠、沙漠和泥漠四种类型。岩漠主要是风蚀作用形成的一种地貌类型，多发育在干旱地区的山地或山麓，且常形成干谷、封闭的小盆地和岛山、山麓剥蚀面等组合形态。砾漠是干旱地区的各种沉积物及基岩风化后的碎屑残积物，在强烈的风力作用下，将细粒的沙和粉尘带走后，由剩余的粗大砾石组成的地貌类型。沙漠的成因可能是各种风蚀地貌和风积地貌的组合类型。干旱地区的泥漠常为洪流作用而形成，与风积作用的关系不大。

五、岩溶地貌观察与描述

岩溶，又称喀斯特，是岩溶作用、形成岩溶作用的水文现象和岩溶地貌的统称。岩溶作用指地下水和地表水对可溶性岩石的破坏和改造作用，包括岩溶物理作用和化学作用。岩溶作用形成的地貌形态，统称为岩溶地貌，包括地表岩溶形态和地下水岩溶形态。地表岩溶形态主要有溶沟、石芽和石林、孤峰和峰林或峰丛、落水洞、漏斗、溶蚀洼地、岩溶盆地、干谷和盲谷等类型，地下岩溶形态主要有溶洞、地下河、岩溶泉、洞穴堆积地貌（包括钟乳石、石柱、石笋、石灰华、泉华、石幔等化学堆积物，以及洞穴中的河流沉积、湖泊沉积、崩塌沉积和生物堆积物）等类型。

岩溶地貌野外调查内容主要包括岩溶形态类型及特征、岩溶形成条件和影响因素、岩溶发育程度、岩溶堆积物类型及特征、岩溶地貌稳定性及破坏类型、岩溶地貌发育过程等方面。岩溶形成条件和影响因素调查内容主要包括岩石类型与特征、地质构造类型及特征、岩体破碎程度、地下水赋存及地下水运动和动态、地下水物理和化学性质、其他自然环境特征和人类活动因素。

(1) 岩溶不仅发育在碳酸盐岩地区，而且在其他可溶性岩石（石膏、岩盐等）分布也可能见到，但这些地区岩溶的发育规模和分布范围往往较小。

(2) 在岩溶地区，地表水比较缺乏，雨水降到地面后，很快汇集，并通过落水洞、漏斗等直接流入地下，因此，岩溶地区往往地下水极为丰富，地下河特别发育。

(3) 有些地表岩溶形态，如石芽、溶沟、石林等，经常被埋藏于地下，被松散的溶蚀残积红土和少量石灰岩碎块所覆盖，在山坡上，从坡上到坡下，这些地表岩溶形态按全裸露—半裸露—埋藏状态分布。

六、构造地貌观察与描述

构造地貌（structural landform）是指由地球内动力地质作用直接造就的和受地质体与地质构造控制的地貌。构造地貌分为大地构造地貌和地质构造地貌两大类。凡是直接受地球内动力控制，即与大地构造运动有关的地貌，统称为大地构造地貌，包括三级：第一级构造地貌单元包括大陆和洋盆两个，第二级构造地貌单元包括陆地上的各种山系、大平原、大高原和大盆地，及洋盆中的大洋盆地、洋脊、海沟和岛弧等，第三级构造地貌单元包括方山、单面山、背斜脊、断裂谷等小规模的地貌单元。第三级构造地貌单元是地质构造的地表反映，称为地质构造地貌或狭义构造地貌，除由现代构造运动直接形成的地貌（如断层崖、火山锥、构造穹窿和凹地等）以外，多数是地质体和构造的软弱部分受外营力雕琢的结果，如地壳抬升而保留的夷平面、水平岩层地区的构造阶地、倾斜岩层被侵蚀而成的单面山和猪脊背、褶曲构造区的背斜谷和向斜山，以及断层线崖、断块山地和断陷盆地等。

构造地貌野外调查内容主要包括成因类型（构造运动方式与地质构造类型的识别）、形态和景观特征、物质组成及其特征、发育与演化规律、稳定性（含区域稳定性）、植被分布与变化特征、土壤分布和变化特征等。

（1）从宏观上看，所有大地貌单元，如大陆和海洋、山地和平原、高原和盆地，均为地壳变动直接造成。但完全不受外动力地质作用影响的地貌，如现代火山锥和新断层崖等非常罕见，绝大多数构造地貌都经受了各种外动力地质作用的雕琢。因此，无论从地质构造解释地貌，或从地貌分析地质构造，都必须考虑外动力地质作用的影响。

（2）大地构造地貌往往规模很大，单凭传统的野外地质调查，很难窥视其全貌特征，需要借助于遥感技术和大地测量技术。小规模的夷平面及褶皱、水平岩层、单斜岩层、断层、火山及侵入岩等地貌类型，一般野外地质调查可以查明其成因、物质组成、形态等特征。

思考与讨论

1. 内、外动力地质作用是如何控制影响地貌形态的？
2. 地貌类型分类体系是怎样的？
3. 自然土地类型与地貌类型划分有怎样的联系？

预（复）习内容与要求

1. 各种内动力地质作用类型及其成果类型和特征。
2. 各种外动力地质作用类型及其成果类型和特征。

Chapter 7 第七章 水文地质野外调查与描述

为了给制订国民或区域经济发展规划、编制国土空间规划或设计工程项目等提供所需的水文地质资料，水文地质调查的基本任务是应综合运用各种技术方法和手段揭示一个工作区或项目区的水文地质条件，并提交准确的水文地质调查（或勘察）报告。按调查（或勘察）目的、任务和调查方法等不同，将水文地质调查工作划分为区域水文地质调查、专门性水文地质调查、地下水动态和均衡的监测、供水水文地质勘察等类型。虽然不同部门（或行业）的发展规划或不同项目设计所需要的水文地质资料各有异，水文地质调查的目的、任务也各有所侧重，但是，它们对基础水文地质资料的需求及调查中使用的基本技术方法和手段、勘查工程的布置原则等却有许多共同之处。

水文地质调查的一般任务与目标如下：

（1）查明地下水的基本类型及各类型地下水的分布状态、相互联系情况。

（2）查明地下水赋存条件，包括主要含水层、含水带及其埋藏条件，以及隔水层的特征与分布。

（3）查明地下水运动情况，包括地下水的运动规律及补、径、排条件。

（4）查明地下水资源量和质量，包括评价各含水层的富水性、区域地下水资源量和水化学特征及其动态变化规律。

（5）查明地下水含水构造，包括各种地质构造的水文地质特征。

（6）查明地下水污染与环境问题，论证和分析与地下水有关的环境地质问题。

为此，一般水文地质调查与测绘内容主要有基岩地质调查、地貌与第四纪地质调查、地下水露头（含自然露头和人工露头）调查、地表水体调查、地植物（即地下水的指标性植物）调查、与地下水有关的环境地质状况调查。因此，水文地质调查内容包括一般地质调查的基本内容和专门水文地质调查内容。

第一节 井泉观察（测）与描述

地下水露头包括自然露头和人工露头。地下水的自然露头主要有泉、地下水溢出带、某些沼泽湿地、岩溶区的暗河出口及岩溶洞穴等，地下水的人工露头主要有水井、钻孔、矿山井巷及地下开挖工程等。由于对地下水露头的调查研究直接可靠，因此，是水文地质调查与测绘的核心工作。地下水露头调查中，利用较多的是水井（钻孔）和泉。

1. 泉的调查与描述内容

通过对泉水的出露条件和补给水源的分析，可帮助确定区内的含水层（或带）位置。根据泉的出露高程，可确定地下水的埋藏条件。泉的流量、涌势、水质、水温及其动态，在很大程度上代表着含水层（带）的富水性、水质和动态变化规律，同时在一定程度上反映出含水层的承压性质，有助于判断和区分地下水的类型。此外，根据泉的出露条件，还可以判别某些地质或水文地质条件的存在，如断层、侵入体接触带或某种地质构造界面等，以及是否内存在多个地下水含水系统。泉的一般调查与描述内容有泉的类型、位置（包括平面与高程）、出露的地质条件（特别是出露的地层层位和构造部位）、补给的含水层，泉的流量、涌势、水温、水质及其动态特征，泉水的浑浊度、沉淀物、颜色、气味、味道，有害气体逸出，泉水的开发利用及居民长期饮用后的反映。此外，对于矿泉和温泉，还应查明其特殊组分、出露条件及与周围地下水的关系等内容。

2. 水井（钻孔）的调查与描述内容

在野外水文地质调查中，调查水井（钻孔）的意义大于对泉的调查。调查水井，能够可靠地确定含水层与隔水层的埋藏深度、厚度、出水段岩性或构造特征，以及含水层的类型、富水性、水质及动态特征。水井（钻孔）调查的一般内容包括水井（钻孔）尺寸、完井工艺和时间、使用年限和使用状况、井管类型与设置，水井（钻孔）的地质剖面结构、含水层与隔水层的层位及特征，地下水的水位、水质、水量、水温及其动态特征，地下水的补、径、排特征。

（1）在井泉调查中，一般应采取地下水水样，测定其化学成分。当需要确定地下水渗透参数和水量参数时，必要时应进行井泉的抽水试验。

（2）在野外水文地质调查中，对某些能反映地下水存在的非地下水露头现象，如地植物、盐碱化及井泉的干枯现象等，进行详细的调查研究。

第二节　地下水赋存调查与描述

对地下水赋存情况的调查，除井泉调查法外，主要通过地貌调查和地质调查，明确地层结构和地质构造后，通过分析研究确定。水文地质调查中的地质调查内容同一般基础地质调查，但由于水文地质调查的目的在于确定含水层或含水地质构造及其隔水边界条件，因此，地层划分不能只进行时代和成因类型的划分，地质构造也不只考虑形态、成因等因素，都应考虑它们的含水性能、透水性能和隔水性能。一般情况下，地下水赋存调查内容主要包括：

（1）隔水层（隔水边界）调查与描述内容。主要包括隔水层（隔水边界）的岩土组成、产状或位置、分布特征。

（2）含水层（带）调查与描述内容。主要包括含水层（带）类型、位置与产状、岩土组成、空隙特征、含水能力、分布特征、渗透系数、地下水位及动态、含水层与隔水层的相对性及变化。

说明：

（1）地层和岩性是影响地下水赋存的最基本要素。不同岩性、不同地层层序和结构，所形成的地下水含水系统和隔水系统往往有很大差别。但由于同时代的地层可能包含多个含水层和隔水层，因此，需要一般地层补充较为具体的岩性分层。

(2) 地质构造对地下水的埋藏、分布、运移和富集等有较大的影响，但对基岩区和第四纪堆积区的表现差别很大。在基岩区，地下水赋存于岩体裂隙或洞隙之中，构造条件决定着基岩地下水的赋存环境，一些隔水岩层或断层，起拦阻和富集地下水的作用，一般向斜构造有利于地下水的赋存。区域地质构造格局和构造形迹的空间展布形态，很大程度上控制着地下水的补给、运移和富集过程。但在第四纪堆积区，地质构造对地下水赋存的影响，主要体现在新构造运动的性质及其上升或下降幅度对地下水含水系统和隔水系统的影响方面。在一些山区与平原之间的过渡地区，年轻的断裂构造常常控制着山区裂隙水和岩溶水对平原区孔隙水的补给条件（图 7-1）。此外，沉积盆地基底中的最新断裂和构造隆起，对其上覆年轻堆积物的分布范围、厚度、岩相特征及现代环境地质作用等起控制作用，因此，进一步影响或控制盆地地下水的埋藏和分布条件（图 7-2）。

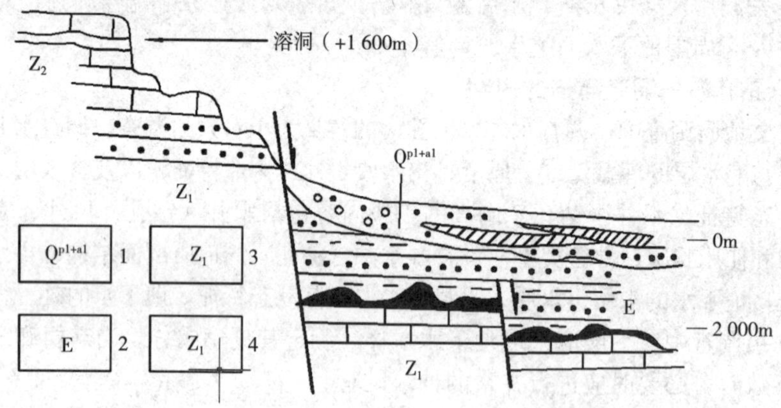

图 7-1 太行山前倾斜平原地下岩溶分布示意

1. 第四系冲积洪积层 2. 下第三系 3. 震旦系中统 4. 震旦系下统

（据房佩贤等，1996，有修改）

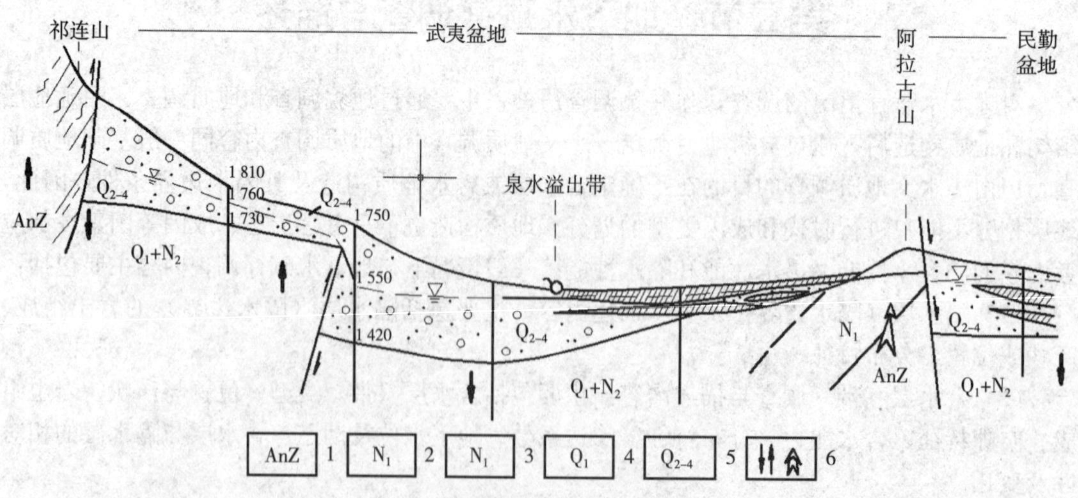

图 7-2 武威盆地水文地质示意剖面

1. 前震旦系 2. 上第三系中新统 3. 上第三系上新统 4. 第四系下更新统 5. 中更新统至全新统

6. 地壳运动方向。钻孔侧方数值为地下水位或含水组底板高程；钻孔上方数据表示该钻孔揭露的含水组（Q_{2-4}）厚度

（据房佩贤等，1996，有修改）

（3）地貌调查对地下水赋存、补给和排泄研究具有重要意义。如沟谷地貌类型的研究与分析有利于地质结构（构造）和水文地质条件判定（图 7-3），山前冲洪积扇地貌的微地貌变化能反映其内部岩相和地下水埋藏、分布条件的变化（图 7-4）。

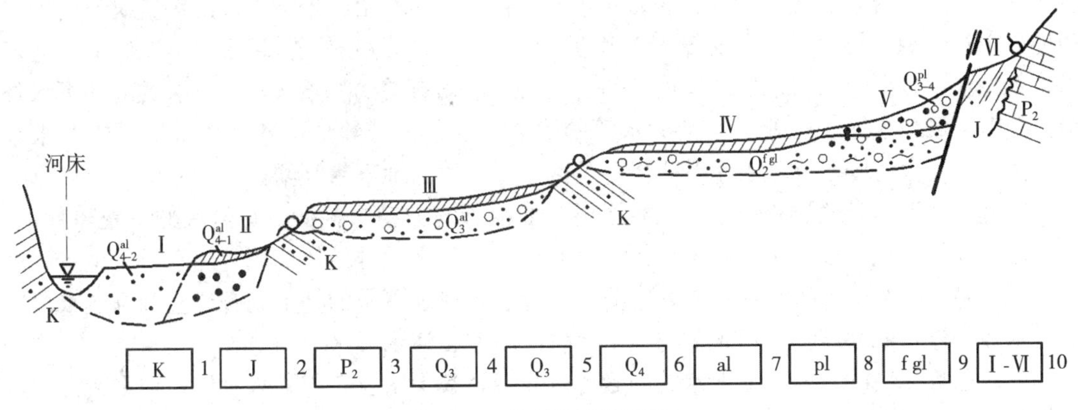

图 7-3　某河谷地貌剖面

1. 白垩系　2. 侏罗系　3. 二叠系上统　4. 上更新统　5. 中更新统　6. 全新统　7. 冲积层　8. 洪积层　9. 冰水沉积物　10. 地貌单元的编号

（据房佩贤等，1996，有修改）

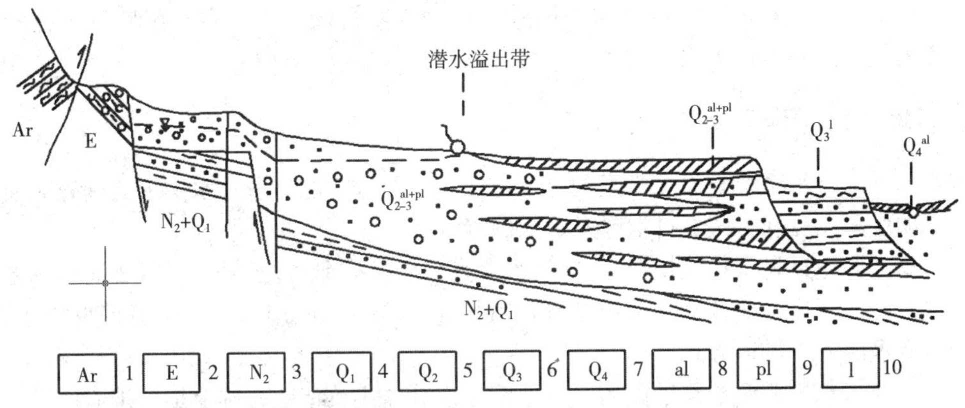

图 7-4　山前冲洪积扇地貌的微地貌变化与地质结构和水文地质条件的关系

1. 太古界　2. 下第三系　3. 上第三系上新统　4. 下更新统　5. 中更新统　6. 上更新统　7. 全新统　8. 冲积层　9. 洪积层　10. 湖积层

（据房佩贤等，1996，有修改）

第三节　地下水补给与排泄调查和描述

地下水的补给与排泄是含水层与外界发生联系的两个作用过程。补给与排泄方式及其强度决定着含水层内部的径流、水量和水质的变化，而这些变化在空间上的表现就是地下水的分布，在时间上的表现则是地下水的动态，从补给与排泄的数量关系上则表现为地下水的均衡。因此，只有通过地下水的补给、排泄的详细调查，才可能对地下水资源做出正确评价，同时采取合理有效的兴利防灾措施。

注意：地下水在补给、排泄过程中，除了水量的变化外，地下水的化学分、能量（温度）等都会随之发生动态变化。

一、地下水补给调查与描述内容

含水层（或含水系统）从外界获得水量的过程，称为补给。地下水补给调查研究内容包括地下水补给源、补给条件与补给量三个方面。地下水的补给来源主要有大气降水、地表水、凝结水，以及相邻含水层之间的补给、与人类活动有关的补给。与人类有关的地下水补给主要有灌溉、水库、工业与生活弃水等的渗漏，及人工补给地下水。含水层（或含水系统）直接接受大气降水和地表水等入渗补给的区域，称为地下水补给区。

因此，地下水补给调查与描述内容主要有补给源的类型与特征、补给区的位置与特征、补给方式和补给量，以及影响补给的因素。对于大气降水的补给还应调查降水量、集水区域及特征、降水径流量与入渗系数等基本要素。地表水对地下水的补给调查还应调查透水河床的透水性、过水断面特征、河水位与地下水位的高差、河水过水时间等。

（1）影响大气降水补给地下水的因素比较复杂，其中主要有年降水总量，降水特征，包气带的岩性、厚度和含水量，地形地貌，植被等。这些影响因素之间往往相互制约、互为条件。如岩溶极发育地区，即使地形陡峻，地下水位埋深达数百米，但由于包气带渗透性强，连续集中的暴雨也可全部被吸收。又如地下水埋深较大的平原，经长期干旱后，一般强度的降水往往不足以补充水分亏缺，集中的暴雨反而可成为地下水的有效补给来源。

（2）地下水与地表水之间有着密切的水力联系，通常情况下，在山区地下水补给地表水，平原地表水则补给地下水。

二、地下水排泄调查与描述内容

含水层（或含水系统）失去水量的过程，即为地下水排泄。野外水文地质调查时，应调查地下水的排泄路径和方式、排泄量及影响因素等。

地下水主要通过泉（点状排泄）、向河流泄流（线状排泄）、蒸发（面状排泄）等方式向外界排泄。此外，还可向其他含水层排泄。用井开采地下水或用钻孔、渠道等排降地下水，均属于地下水的人工排泄方式。

因此，影响地下水排泄调查与描述的内容主要有排泄方式及特征、排泄量、排泄效果、影响因素类型及特征等内容。

地下水的井（泉）、河等排泄方式中，地下水中的盐分随水流一起排泄，而蒸发排泄仅耗失水量，盐分仍留在地下水中，因此，应注意蒸发排泄对土地盐化的影响。

第四节　地下水水质与水量调查和描述

含水层（或含水系统）经常与外界环境发生物质、能量和数量的交换，其中的水时刻处于变化之中，水位、水量、水化学成分、水温等要素不断变化，称这种现象为地下水的动态。了解和掌握地下水动态，有利于合理利用地下水和有效防范地下水危害，有利于水文地质条件的研究，也有利于水文地质找矿研究，对地下水动态与均衡研究具有较重要的意义。其中，地下水水质与水量是地下水动态与均衡研究的重点内容，野外水文地质调查时，可根据具体情况确定调查与描述内容。

一、地下水水质调查与描述内容

（1）地下水物理性质调查内容主要包括地下水的密度、温度、透明度、颜色、气味、味道、导电性、放射性、酸碱度、硬度、固形物、氧化还原电位等。

（2）地下水化学成分调查内容主要包括主要离子成分、气体成分、微量元素、有机物。主要离子成分包括 Ca^{2+}、Mg^{2+}、Na^{+}、K^{+}、Fe^{2+}、Mn^{2+}、NH_4^{+}、CO_3^{2-}、HCO_3^{-}、SO_4^{2-}、Cl^{-}、NO_2^{-} 等，主要气体成分有 O_2、N_2、H_2S、CO_2 等，有机物主要指 COD、BOD_5 等。地下水中的微量元素对人体健康有明显影响，常见微量元素主要有 Br、I、F、Sr、Ba 等。

（3）地下水中存在各种微生物，例如在氧化环境中存在硫细菌、铁细菌等喜氧细菌，而在还原环境中存在脱硫酸细菌、脱氧细菌等。污染水中常含有致病细菌。

二、地下水水量调查与描述内容

地下水水量调查除地下水总量外，还有潜水储存量变化、降水入渗补给量及蒸发量、地下水径流量、地表水入渗补给量。

第五节　地下水研究与分析方法

近 20 年来，地下水调查与研究技术方法发展很快，总趋势是向定量化和自动化方向发展。除了井泉调查、钻探（含坑探）、水文地质试验、地球物理等传统方法外，近年来，逐步引入了遥感技术、同位素技术及数学地质方法。

1. 地球物理勘探方法

地球物理勘探种类很多，如磁法、重力、电法、地震、放射性等勘探方法，在水文地质调查中广泛应用为电法勘探，包括直流电法和交流电法等。其中，电测深法、电测剖面法、电测井法最为常用。

2. 遥感技术

遥感技术的基本原理是目标物体的电磁波辐射，包括 γ 射线、X 射线、紫外线、可见光波、红外线、微波及无线电波等。根据所利用波段及采用的感应方法不同，遥感技术划分为航空摄影、多波段（多光谱）测量、红外探测、微波测量等。其中在野外水文地质调查中常用的有航空摄影、多波段测量及红外探测，主要用于划分岩性，确定地质构造，调查地貌、植被及地表水，地下水的赋存、排泄和径流，地下水污染调查，获取各种水文地质参数，如地下水位、孔隙度、渗透系数、水力梯度、导水系数等。

3. 同位素技术

在野外水文地质调查与研究中，主要利用同位素测定地下水的年龄，确定地下水的成因与形成机制，研究地下水的运动和水文地质过程机理，查明人为影响下的各种水文地质问题，等等。同位素划分为环境同位素和人工示踪同位素。用于水文地质调查的环境同位素主要有 ^{14}C、^{18}O、^{3}H、^{37}S 等，人工示踪同位素主要有 ^{14}C、^{3}H、^{32}Si、^{35}S、^{51}Cr、^{58}Co 等。

4. 水文地质试验

为测定水文地质参数和了解地下水运动的规律而进行的试验工作，称为水文地质试验，包括野外试验和室内试验。野外试验，也称现场试验，主要有抽水试验、注水（压水）或渗水试验、放水试验、连通试验、弥散试验（也称示踪试验）、流速和流向测量试验等，可视水文地质条件具体情况选择试验方法。

5. 地下水动态监测

地下水动态监测的目的在于进一步查明和研究水文地质条件，特别是地下水的补给、径流和排泄条件，掌握地下水动态规律，为地下水资源评价、科学管理及环境地质问题的研究与防治提供科学依据。地下水监测项目一般有地下水的水位、水量、水质、水温、开采量等。

思考与讨论

1. 水文地质调查的目的、任务、意义各有哪些？
2. 水文地质调查的内容和方法有哪些？
3. 水文地质调查同普通地质调查相比，有哪些异同点？

预（复）习内容与要求

1. 地下水和地下水资源的基本概念。
2. 地下水赋存、径流、排泄条件。
3. 地下水类型及含水层、隔水层。

Chapter 8 第八章 野外地质调查与测绘记录

野外调查与测绘记录属于地质编录的重要组成部分。地质编录是地质勘查和地质科学研究最基本的工作方法，包括运用文字、图件、表格、影像、音频等系统地记录直接观察或综合整理的地质信息的工作过程。按照编录工作阶段，划分为原始地质编录和综合地质编录。原始地质编录指野外运用文字、图件、表格、影像、音频等记录地质体或地质现象的过程，原始地质编录工作的成果称为原始记录。综合地质编录则是指运用文字、图表等对原始记录进行综合整理与分析的过程，其成果称为综合记录。此外，按照记录内容，划分为地质填图编录（即野外调查与测绘记录）、地质工程编录和采样编录等。地质填图编录是完成任何比例尺地质调查任务的基本手段，包括地对质观察路线和观测点上所见到地质体和地质现象的文字记录、素描、照相及样品和标本的采集分析测试，地质剖面图编制，以及地质图测绘等。地质工程编录是对地质矿产普查与勘探中所施行的工程中的地质资料和信息的编录，包括坑探地质编录（对探槽、探井工程等揭露出的地质现象进行描述、绘图和编制工程展开图）和钻孔地质编录［对钻孔实施过程中的进尺、岩（矿）芯采取率、岩（矿）芯的岩性描述、分层孔深、分层厚度、钻孔弯曲度、简易水平测量、地球物理测井资料等的记录］及钻孔柱状图和钻孔地质剖面图绘制，以反映地质现象随深度而变化的纵向和横向的特征。采样（标本）编录，又称样品编录，包括对岩石、矿石、矿物、水、松散沉积物（含土壤）等样品采集的日期、地点、目的（分析、化验、切片、测试、鉴定）、地质背景等的描述，编制采样平面图，进行统一编号，最后还需对各类样品的分析、测试、化验、鉴定的结果进行登记、检查和整理，以供综合整理时分析研究。

第一节　野外地质调查与测绘记录要求

（1）原始记录包括现场编录和整理而成的记录。现场记录是指在野外现场，编录人员用适当的信息记录手段，保留下来的宏观和微观地质现象或地质体的记录。现场编录整理是指在室内，编录人员根据野外调查与测量结果和采集到的标本、样品的鉴定及测试数据，对现场编录的内容进行必要的修正、补充、制图、制表、整饰和归档的过程。

（2）原始地质记录必须真实、客观、全面。野外地质调查的原始地质记录中，对地质体或地质现象的观察研究，应认真、细致、全面，编录应及时、真实、客观。测量地质体的产状、形态、大小等数据应准确，采集标本、样品的规格和数量应满足要求。编录时，应将实际观测资料与推断解释资料加以区分。编录工作必须在现场进行，严禁事后记录。

（3）原始地质编录应及时进行。原始地质编录应随工作进展逐日或随施工进展及时进行。用掌上电子计算机编录时，原始资料和数据应按规定格式及时存盘、入库。

（4）原始地质记录的文、图、表必须互相对应、吻合、一致，整洁、美观、字迹工整，字体规范。

（5）原始地质编录应使用符合质量要求的测量、绘图工具和量具，量具必须按有关国家标准定期检验，检验报告应与原始地质编录一同归档。

（6）原始地质编录必须采用《中华人民共和国法定计量单位》规定的计量单位名称和符号。数值应能反映其精确程度，要求写出全部有效数值。在其精确范围修约时，应符合《数值修约规则与极限数值的表示和判定》（CB/T 8170—2008）的规定。

（7）原始地质编录应使用规定的记录设备和材料。文字记录使用野外记录簿，图、表用80g以上的纸张绘、印，幅面尺寸185mm×260mm或其2n倍（n=0，1，2，3，4）。现场记录及绘图时，应使用碳素或2H绘图铅笔。对铅笔记录部分，整理时要用碳素墨水将图线及重要数据着墨。用掌上电子计算机编录时，按有关规定执行。

（8）编录方法及图件、表格应按《固体矿产勘查原始地质编录规程》（DZ/T 0078—93）的方法进行原始地质编录。

（9）原始地质编录中的手图与清图。在野外进行原始地质编录时，先作野外手图。手图上可简化某些要素，用临时代号、简单的注记等代替，待工作告一段落，修订地质界线和制图要素后，再按要求整理转绘成清图，清图经质量检查确认，项目技术负责人核实批准后，作为原始资料保存。

说明：

（1）编录人员应深入施工现场进行质量监督。编录人员在进行地质编录之前，必须熟悉工作区的地质设计、地质情况和与矿区勘查有关的技术规范、规程、规定。

（2）应注意原始记录修改问题。原始地质编录资料形成后，一般情况下不允许改动。除非经研究、论证、实地核对、项目负责人批准，不可以对原始编录中的地层及地质体代号、编号、矿体编号、工程编号、岩矿石名称、术语及与此有关的文字描述部分进行修改。如果有修改，也必须采用批注的形式进行，且注明修改原因、批注人及修改日期，不得在原始资料上涂抹修改。

第二节　野外地质调查与测绘记录内容

野外地质调查与测绘记录内容一般应包括地质路线信息、任务与目标、观察点及其观察内容结果、主要技术准备的技术信息、人员组织信息、天气和环境信息等的描述和记录。地质路线信息应记录地质路线的名称、编号及其起止点和主要经过的地点、里程等；观察点信息包括其名称、编号及其位置。对每个观察点的观察内容，应视其任务和目标、观察对象的具体情况而定。

（1）野外地质调查过程中涉及地质工程、采集样品时，记录内容尚应包括相应的内容，且应符合相关规范或技术标准的规定。

（2）当某一项完整工作（如实测剖面、地质填图等）完成之后，应编写单项工作小结。工作小结应包括前言、成果、存在问题与建议、提交资料目录等部分。

第三节　野外地质调查与测绘记录格式

野外地质调查与测绘记录通常用野外记录簿。野外记录簿是地质工作者记录野外地质现象、数据，描述观测和观察情况的技术资料专用本，应保管好，做好安全保密工作，不得丢失和损毁。此外，野外记录簿不是杂记本，不能在上面乱画，更不能撕页，使用完后应上交资料室作为技术资料档案保存。每本野外记录簿都应在封面贴上或扉页上说明项目名称和编号，目录部分写明该记录簿记录内容的目录。

一、常规野外记录簿的主体格式

常规野外记录簿的主体由横格纸和方格厘米纸组成。在展开情况下，横格纸在右，方格厘米纸在左（图 8-1）。横格纸专供文字描述记录用，方格厘米纸专供各种手图，包括素描图、信手剖面图和实际材料图等的绘制之用，两者不能混用。

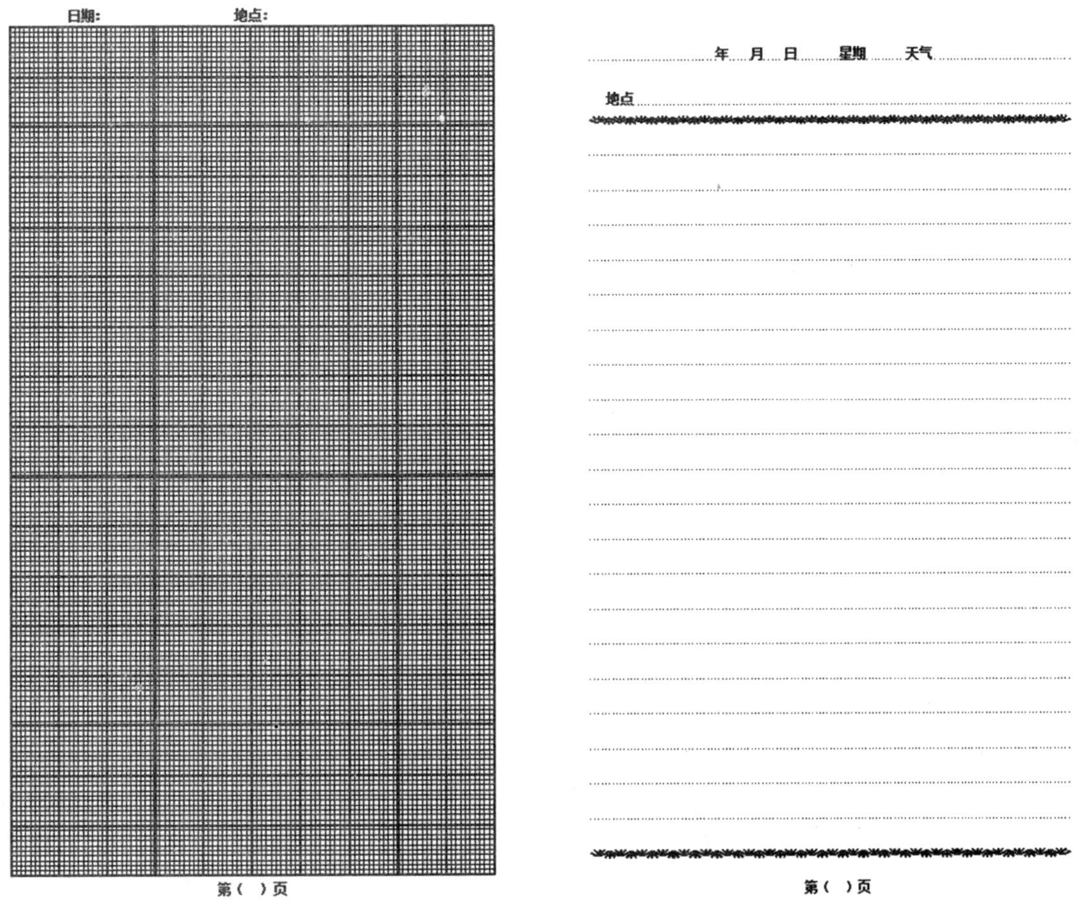

图 8-1　野外记录簿的主体组成示意

二、常规野外记录簿的记录格式与要求

（1）野外记录簿右页横格纸（图 8-2）的页眉第一行用于记录日期、天气情况，每天都要在首页记录；第二行用于记录当天野外调查地点。页脚用于标明当天记录的页码。页心部分一般需要画两条竖线，距页心左边 1cm、右边 2cm 各一条，将页心划为左、中和右三部分。其中，左边部分记录路线编号、观察编点号、地层分布段序号等编号编序内容，如 XL001（路线编号）、GD-001（观察点编号）、DC1-2（地层分段序号）。右边部分，用于填写拍照、素描、取样或标本等的编号和名称，以及必要的记录补充内容。中间部分，用于记录主体内容，从页眉下第一行起开始记录，内容包括路线、观察点或地层分段的名称、起止点坐标位置或途径主要行政区划地名、环境（含交通、人文等）情况，观察“任务与要求”，观察的详细内容，对客观事物的分析判断、综合归纳以及小结等。

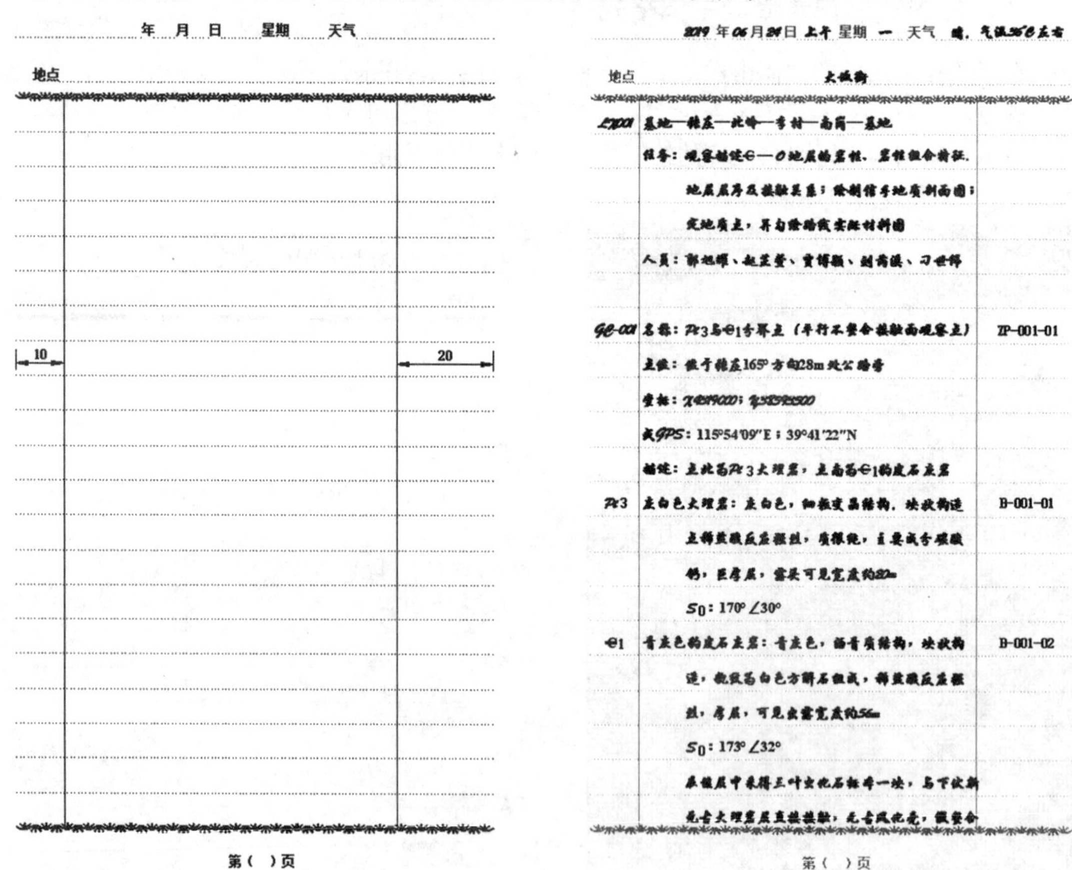

图 8-2 野外记录簿右页横格纸的使用示意

说明：

A. 在记录纸上，路线、观察点或地层分段的名称应与其编号或编序记录位置相对应，对应路线编号为路线名称，如编号“XL001”与名称“西大洋水库路线”位置对应；对应观察点编号为观察点的名称，如编号“GC-001”与名称“花岗岩体观察点”位置对应等；另起一行，用文字描述路线的起止点坐标位置（或地名）和经过的主要行政区划地名，例如“西大洋水库路线”的描述内容为“南大洋—风山庄（水库大坝）—坡上村—南屯—北罗

庄”。然后，空一行，从其下一行起记录“任务与要求”，写完之后再另起一行记录相应观察内容。

B. 对观察点和观察路线上所见到的全部客观地质事物或现象，原则上要进行仔细而全面的记录。文字记录应准确、充实，切忌概念含混、词不达意。

C. 记录时必须重点突出、主次分明。对重要的地质内容或首次观察的地质事物（或现象）应详细描绘，以表达出主要特征；对一般的或多次见到的地质现象，则可以简略述之，着重记录其在不同区段的特殊性或差异性。

D. 野外记录簿中对客观事物的分析判断、综合归纳及小结，在文字上应有明确说明，便于资料使用者或验收者能一目了然地区分哪些是第一性资料，哪些是观察者的理性认识。

E. 文字描述应当有系统性，由点到面，由表及里，由此及彼，条理分明，前后连贯。对路线地质上的连续观察内容更应将空间上的相互联系关系表达清楚。

F. 文字记录中使用的地质术语应当符合通用惯例，有关专业名词应严格符合其定义或涵义要求。使用略语或代号应当按规范标准要求且全队统一，并前后一致。

G. 野外记录簿中，两个观察点之间应有前进方向、距离和地质观察记录，必要时可在左页方格厘米纸上予以图示。

（2）野外记录簿左页方格厘米纸（图 8-3）的页眉上的“日期和地点”应与右页相对应，避免记录混乱。图应有编号、名称、必要的图例，图件绘制应规范，不应缺项。

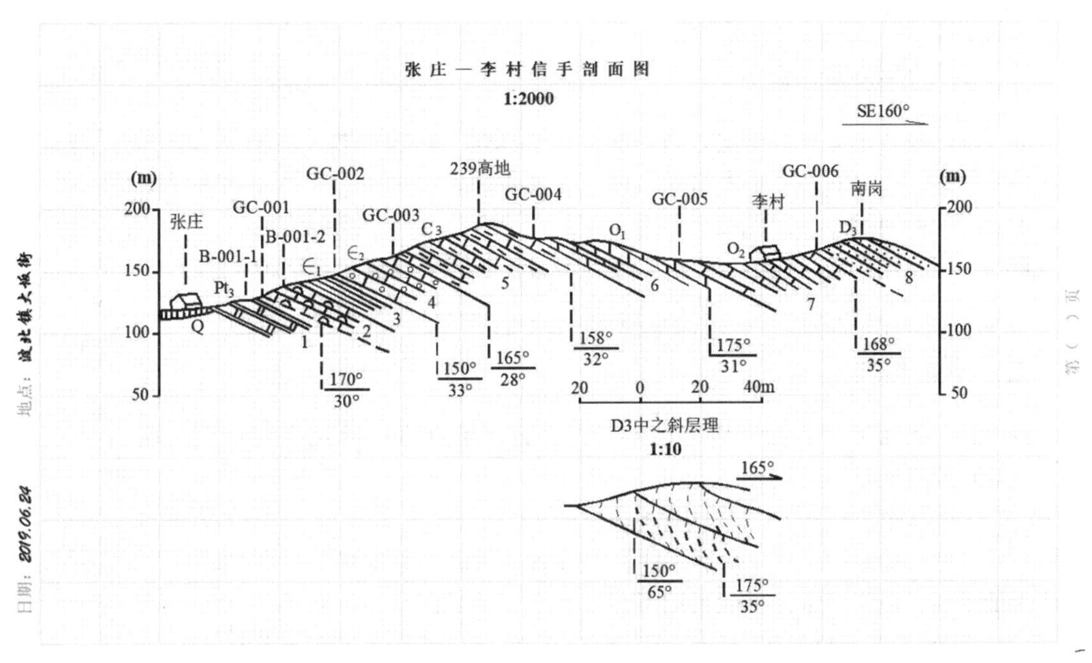

图 8-3　野外记录簿左页方格厘米纸的使用示意
（据赵温霞，2003，有修改）

注意：①地质素描是野外地质编录的另一重要形式。记录簿左页的方格纸供地质素描或制作信手剖面图所用。地质人员要养成随时随地画信手剖面和进行地质素描的习惯。素描应有主体，突出重点；素描线条要简洁，与素描主题无关的景物应当尽量简化，但切忌凭主观意图取舍地质内容。按一般要求，一本野外记录簿中 1/4 的页码应附有素描图或地质照片。②地质摄影比素描图更为真实准确，所以也是地质编录的重要手段。尤其是现代高新技术的发展，数码相机、数码摄像机已被广泛使用于野外而获得更多的地质信息。但因受各种景物的干扰，图像上往往会出现地质主题不鲜明的缺陷，故常需要素描图给予补充。在野外记录簿或专门登记表中也应按要求对每张普通相机的照片和各类数码图像进行详细编录。

目前，除通用野外记录簿外，适应野外资料和数据的电子计算机自动处理的各种表格和卡片及利用小型磁带录音机、便携机（笔记本电脑、掌上机）进行编录等方式，也常常得到应用。利用计算机辅助填图系统设计的记录格式详见本篇第九章。

第四节　野外实习日记的写作要求

写日记有很多好处，也是一种良好的生活习惯。野外实习不同于校园内的课堂学习，野外实习是艰难的、辛苦的，但也是最快乐的，正如《勘探队员之歌》唱的那样：是那山谷的风，吹动了我们的红旗，是那狂暴的雨，洗刷了我们的帐篷。我们有火焰般的热情，战胜了一切疲劳和寒冷。背起了我们的行装，攀上了层层的山峰，我们满怀无限的希望，为祖国寻找出富饶的矿藏。是那天上的星，为我们点燃了明灯。是那林中的鸟，向我们报告了黎明。我们有火焰般的热情，战胜了一切疲劳和寒冷……。虽然同学们还不是勘探队员，但通过实习能领略到勘探队员的辛劳与幸福。

一、日记的标题和内容

可以设标题，也可以根据主题内容确定一个标题。标题字数一般不超 20 个字，愈精简愈凝练就愈好。日记的内容丰富多彩，可以无所不包。选材也很自由，想写什么就写什么，有话则长，无话则短。形式、长短不论，记人、记事、议论、抒情均可。

野外实习日记一般应包括一天的工作项目或任务、完成情况与结构、感人的事情、美好的事物、可歌的人、心理活动、收获（包括思想、能力等方面）。

二、格式要求

（1）日记的第一行，除了应写上年、月、日，还应写上星期几和天气（晴、阴、雨、雪、风等）或其他环境情况。

（2）正文从第二行开始写，首行均应空两格。

（3）应有选择地记。对于每天发生的许多事，不可能也没有必要全部记入日记，选记自己认为最重要、最值得记的事就可以了。

（4）必须真实。事情必须是亲身经历的，感想必须是真情实感。对所见之事，不能随意夸大或缩小，应实事求是。

（5）日记最好是当天的，不要补记或追记。

思考与讨论

1. 野外地质调查编录的基本要求是什么？有哪些注意事项？

2. 野外实习日记的目的和意义是什么？

预（复）习内容与要求

野外地质调查记录符号及相关规定。

Chapter 9 第九章 野外地质调查与测绘技术方法

第一节　地形图与地质图的应用

地形图是将地面的地形及水系、交通网、居民点等地物的空间分布位置以规定的符号和一定比例绘制在水平面上的一种图件。地质图是指用一定的符号、色谱和纹饰将工作区地壳表层的各种地质体和地质现象，如岩层（地层）、岩体、地质构造、矿床等时代、产状、分布和相互关系，按一定比例概括、投影、缩绘在平面图（通常为地形图）上而形成的一种图件。因此，地质图是表示地壳表层岩相、岩性、地层年代、地质构造、岩浆活动、矿产分布等的地图的总称，根据所表达的地质体或地质现象不同，划分为普通地质图、构造地质图、矿产地质图等。地质图是野外地质调查工作的主要成果，一般在地形图上叠加各种地质界限后所形成的地质图是一种基础性图件，因此，也称之为地形地质图。根据地形地质图，人们可以了解工作区的地形地貌、地层、岩层和岩体、地质构造、矿产以及矿产与地层、地质构造或侵入岩的空间关系、分布规律等信息。地形地质图不仅是进一步指导找矿或布置探矿工程、矿山开采的依据，也是铁路、公路、水库、城乡建设等场地或厂址选择的重要依据。

注意：①当地质图中没有地形元素时，野外地质调查除了收集地质图外，还应搜集地形图，必要时应进行地形图测量。②地形图和地质图是野外地质教学实习必需的基础资料，如果没有地形地质图，则应同时准备地质图和地形图各一套。

地形图和地质图有利于野外教学实习规划，确定教学实习路线，明确教学实习目标、任务和内容，帮助使用者识别工作区的地质体和地体现象。因此，野外地质调查过程中，对学生使用地形图和地质图的能力进行指导和训练，也是野外地质教学实习的主要内容之一。

学习使用地形图和地质图，首先应具备地形图和地质图的相关知识，包括地形图和地质图的图式、图例和图幅，以及地质剖面图、地质柱图、岩相柱状图等基础知识。由于一幅地形地质图反映了该区地形地貌和地质各方面情况，因此，通过地形地质图可以了解该地区的地形地貌特征，地层时代、层序和岩石类型、性质，岩层、岩体的产状、分布及相互关系，分析确定该区地质构造和构造运动历史情况。解读褶皱或断裂的形态特征或类型、规模、空间分布、组合和形成时代或先后顺序，以及岩浆岩体产状、原生及次生构造、变质岩区所表现的构造特征，等等。

一、识别地貌单元与绘制地貌类型图

首先，应结合图例和现场实际地形，了解实习地区地形、地物，如河流、湖泊、居民点、道路等的分布情况，进而分析实习地区的自然地理及经济、文化等情况。其次，结合等高线的特征（图 9-1），通过研究和分析，确定实习地区的各种地貌单元，如山脉、丘陵、平原、山顶、山谷、陡坡或缓坡、悬崖等的特征及分布情况，最终以地形图为底图，绘制实习地区的地貌类型图。

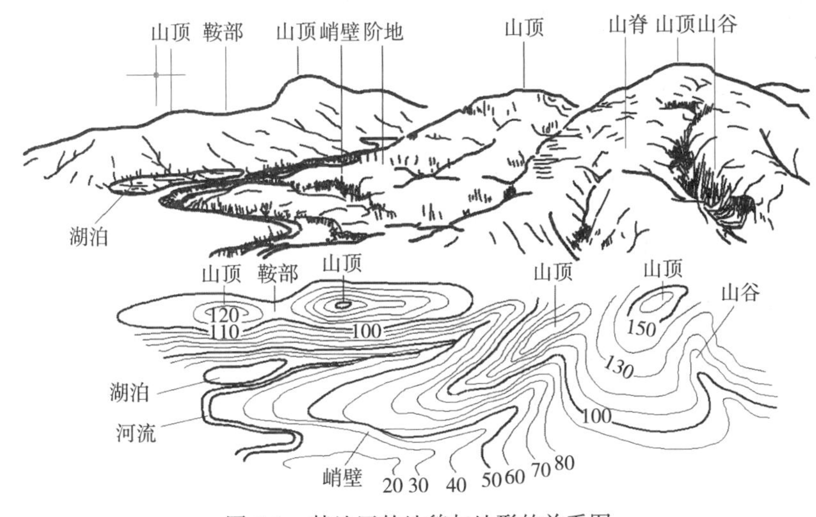

图 9-1　某地区的地貌与地形的关系图

（据周俊杰等，2016）

二、识别地层分布形状与地形的关系

在地形地质图上，地层露头形态和分布取决于岩层产状、地形及二者的相互关系。

1. 水平岩层在地质图上的形态与分布特征

在地形地质图上，水平岩层的地质界线与地形等高线平行或者重合（图 9-2），在沟谷

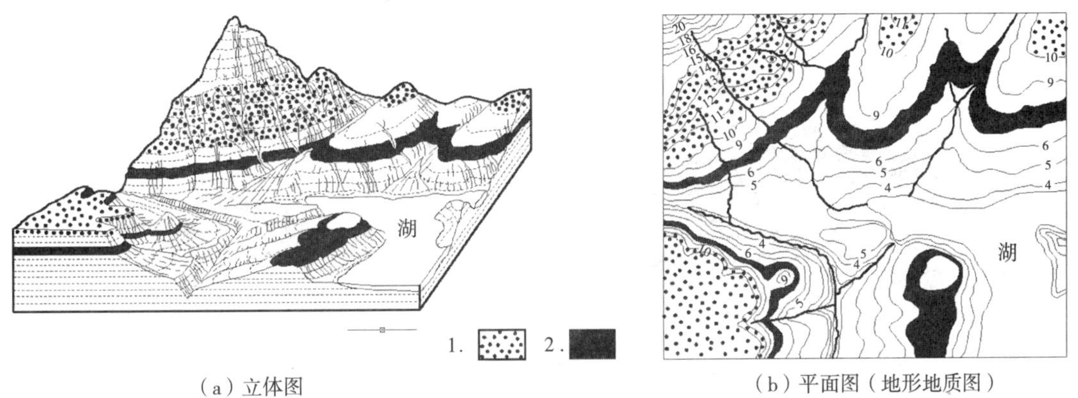

（a）立体图　　（b）平面图（地形地质图）

图 9-2　地形地质图上的水平岩层分布特征

1. 侏罗系页岩及含砾砂岩　2. 三叠系泥岩及煤层

（据徐开礼等，1985）

处界线呈尖牙状，其尖端指向上游；在孤立的山丘上，界线呈封闭的曲线；在岩层未发生倒转的情况下，老岩层出露在地形的低处，新岩层分布在高处。岩层露头宽度取决于岩层厚度和地面坡度，当地面坡度一致时，岩层厚度大时，露头宽度也大；当厚度相同时，坡度陡处，露头宽度窄，在陡岸处，水平岩层顶、底界线的投影重合，造成地层“尖灭”的假象。

2. 直立岩层在地形地质图的分布特征

直立岩层露头线在地形地质图上沿走向延伸，不受地形影响（图 9-3）。如果直立岩层的层面为平面，则其露头线呈直线状展布。如果直立岩层的层面沿走向发生变化，则其露头线随着走向的变化而蜿蜒弯曲。延伸方向代表岩层的走向。

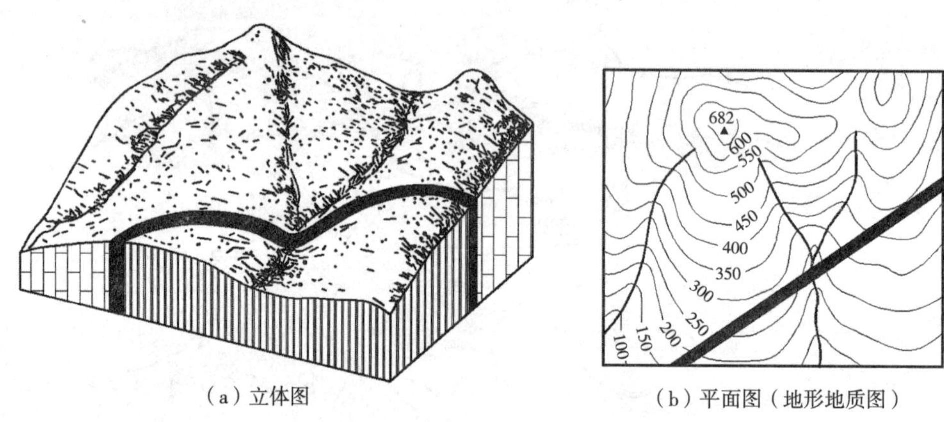

（a）立体图　　（b）平面图（地形地质图）

图 9-3　地形地质图上的直立岩层分布特征

3. 倾斜岩层在地形地质图上的分布特征

表现为岩层界线与等高线斜交的曲线，常延展呈 V 形弯曲，因此，也称 V 形法则。曲线的弯曲程度与岩层倾角和地形起伏有关，当倾角由大变小时，V 形也由开阔转为紧闭；当地形起伏由大变小时，弯曲形状越近乎直线。

（1）当岩层倾向与地面坡向相反时，岩层露头线与地形等高线弯曲方向相同，但岩层露头线比等高线的弯曲程度小（图 9-4）。V 形露头的尖端指向，在沟谷处指向沟谷的上游方向，在山脊处则指向山脊下坡方向。

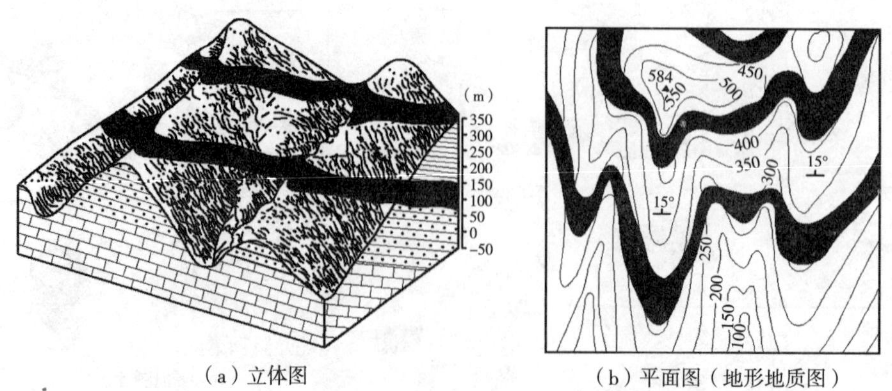

（a）立体图　　（b）平面图（地形地质图）

图 9-4　倾向与地面坡向相反时，倾斜岩层的露头线形态示意图

（2）当岩层倾向与地面坡向一致，且岩层倾角大于地面坡度时，岩层露头线与等高线弯曲方向相反（图 9-5）。V 形露头的尖端指向，在沟谷处指向沟谷的下游方向，在山脊处则

指向山脊上坡方向。

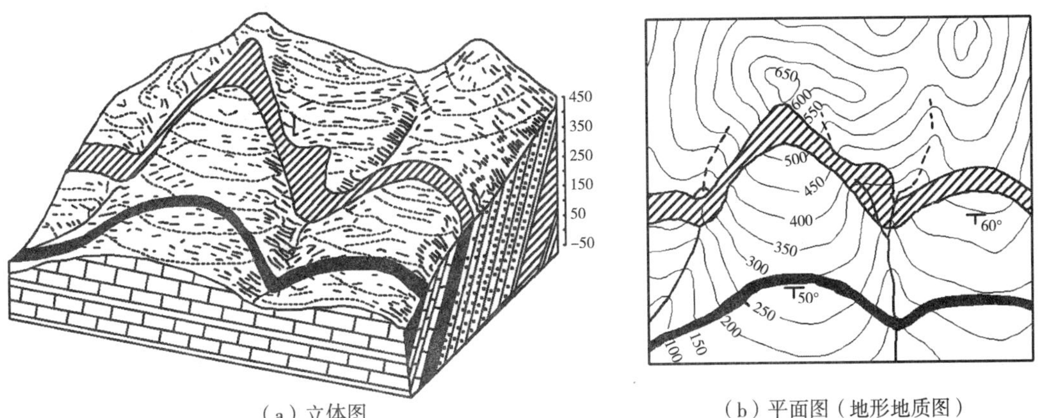

（a）立体图　（b）平面图（地形地质图）

图 9-5　倾向与地面坡向一致且倾角大于坡角时，倾斜岩层的露头线形态示意图

（据徐开礼等，1985）

（3）当岩层倾向与地面坡向一致，且岩层倾角小于地面坡度时，岩层露头线与等高线弯曲方向相同，但弯曲程度较等高线弯曲程度大（图 9-6）。V 形露头的尖端指向，在沟谷处指向沟谷的上游方向，在山脊处则指向山脊下坡方向。

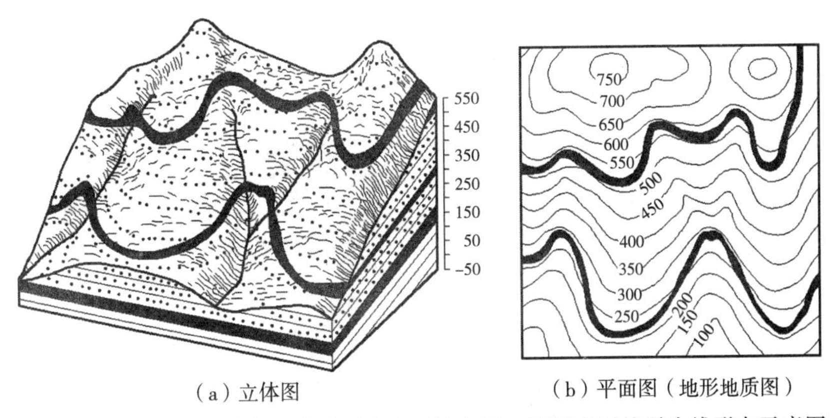

（a）立体图　（b）平面图（地形地质图）

图 9-6　倾向与地面坡向一致且倾角小于坡角时，倾斜岩层的露头线形态示意图

（据徐开礼等，1985）

4. 在地形地质图上解析岩层产状

在大比例尺地形地质图上，当测定范围内，岩层产状稳定，无小褶皱或断层的干扰时，可用下列解析方法确定岩层的产状（图 9-7），步骤如下：

（1）在地形地质图上确定岩层的层面界线与相邻两条等高线的交点，同时连线获得两条走向线，如图 9-7（b）所示岩层层面与等高线 100m 和 150m 的交点连线 Ⅰ-Ⅰ 和 Ⅱ-Ⅱ，即两条走向的高程分别为 100m、150m。

（2）在其中一走向线（如高程 150m 的走向线）上任取一点 C，作另一线走向线（即高程为 100m 的走向线）的垂线，垂足为点 A，则 CA 代表岩层的倾向，同时测量出 CA 的方位角，即得岩层的倾向。根据两走向线高差 50m，按地形地质图的比例尺（如 1∶5 000）取线段 BC，获得直角三角形 ABC。

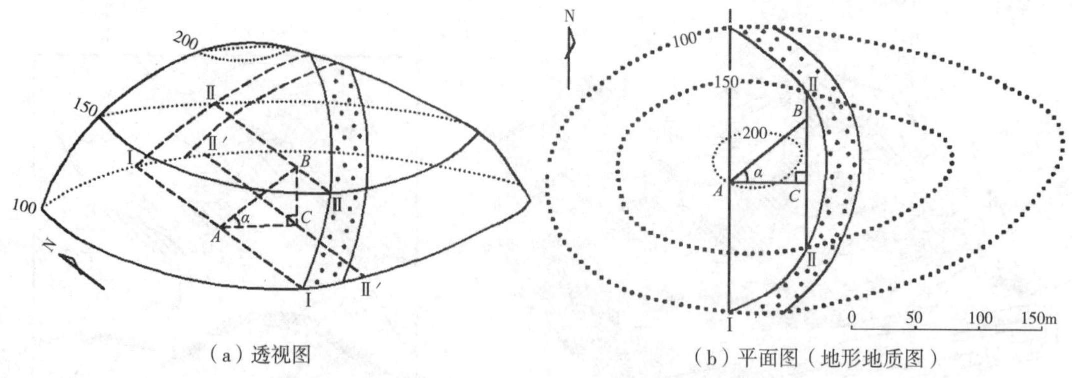

（a）透视图　　（b）平面图（地形地质图）

图 9-7　利用地形地质图解析岩层产状的原理示意图

（3）可直接用量角器量得∠BAC，即得岩层倾角 α 值。或者按地形地质图的比例尺，先求得线段 AC 的长度，然后计算出 $\alpha=\arctan(BC/AC)$，即岩层倾角 α 值。

第二节　地质罗盘的应用

野外地质工作中，地质罗盘（图 9-8）是不可少的仪器，主要用来确定方向，包括在地形图上准确填绘各种属性的地质点，测量地形坡度，草测小面积地形图；更多用于量测岩层层面、断层面、节理面、劈理面、岩体与围岩的接触面等面状要素和某些线状要素的空间方位。

图 9-8　DQY-1 型地质罗盘仪

一、方位测量

方向测量是指在水平面内，量测出某一待测方向与基准方向的夹角。基准方向有磁北方向和真北方向两种，目前地形图上均以真北方向作为标准方向。磁北方向又称磁子午线方向，以其为标准在水平面内顺时针方向旋转到某一位置所得的角度，即为该方向的磁北方位角 α'（图 9-9）。真北方向即地球南北极轴线所指的北方向，也称真子午线方向，以其为标准在水平面内顺时针旋转到某位置所得角度，即为该方向的真方位角 α（图 9-9）。罗盘所测得的方位角为磁北方位，而非真北方向。但是，由于地球上任一点的磁北与真北常常并不重合，两者间的夹角，称为磁偏角，即磁北偏离真北方向的角度 δ。与真北相比，磁北可能东偏，也可能西偏。而且规定：东偏时，角度值为正值($+\delta$)；西偏时，角度值为负值($-\delta$)；磁方位角与真北方向角的关系为 $\alpha=\alpha'\pm\delta$。

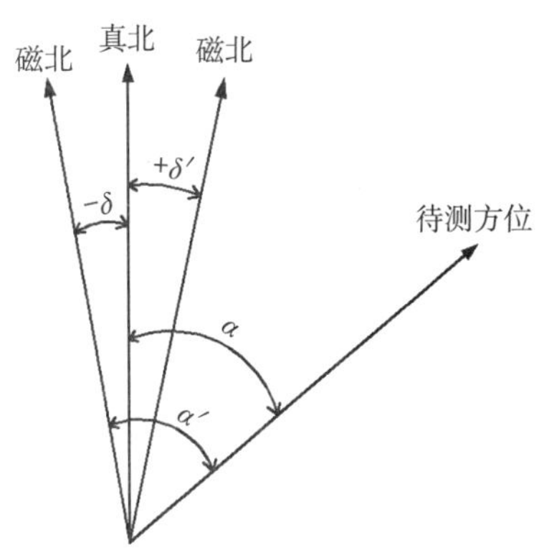

图 9-9　磁北、真北与磁偏角示意

在野外地质工作中，由于采用的是真北方位（即地理方向），所使用的地形图也是按地理方向绘制的，因此，在测量方向时应注意下列事项：

(1) 在测方位前，应对罗盘进行磁偏角校准，如果不能校准，则在每次读数时应将磁方位角换算成真方向角。

(2) 在磁性强的部位或有其他干扰时，如在磁铁矿体附近、磁性很强的基性岩或超基性岩等，不得使用罗盘测量方位角，应考虑用其他方法确定方位。

(3) 当被观测目标高于水平视线时［图 9-10 (a)］，在罗盘保持水平情况下，长测望标竖起对准被观测目标，从反光镜中观察被测目标被镜上细线平分，表明罗盘方位 0°刻度线对准了被测目标，待罗盘磁针趋于稳定时，摁下磁针制动器保持其不动，读磁北针所指的刻度数为方位角，即被测目标的方位。当被测目标低于水平视线时［图 9-10 (b)］，在罗盘保持水平情况下，应将连接上盖的一端对准被测目标，从上盖上的透明椭圆孔观察被测目标，左右调整位置，使长测望标的尖端和椭圆孔中的细线与被测目标的中线重合，表明罗盘方位 180°刻度线对准了被测目标。重复上述操作，但应读磁南针对应的方位角，即为被测目标的方位。

(a) 被观测目标高于不平视线的情况

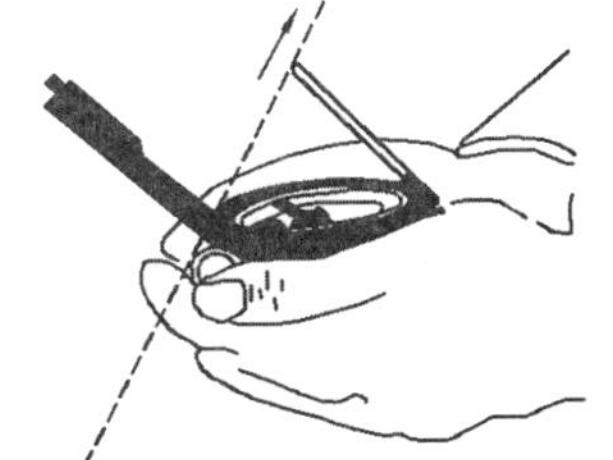

(b) 被观测目标低于水平视线的情况

图 9-10　量测方位时罗盘放置与被观测目标的关系图示

二、结构面产状要素的量测

倾斜结构面的产状要素包括走向、倾向、倾角（图 9-11）。结构面与任一水平面的交线，如图 9-11 中的线 AB，称为该结构面的走向线，走向线与真北方向的夹角，即走向。在倾斜结构面上与走向垂直向下的射线，如 OD，即为倾斜线；倾斜线在水平面上的投影，如 OD'，即为结构面的倾向线，其所指的方位，即结构面的倾向，也称真倾向。倾向线与倾斜线的夹角，即为结构面的倾角，也称真倾角。在结构面上，与走向线不垂直的线，称为视倾斜线，称视倾斜线在水平面上的投影为视倾向（线），称视倾向（线）与视倾斜线的夹角为视倾角，又称假倾角。

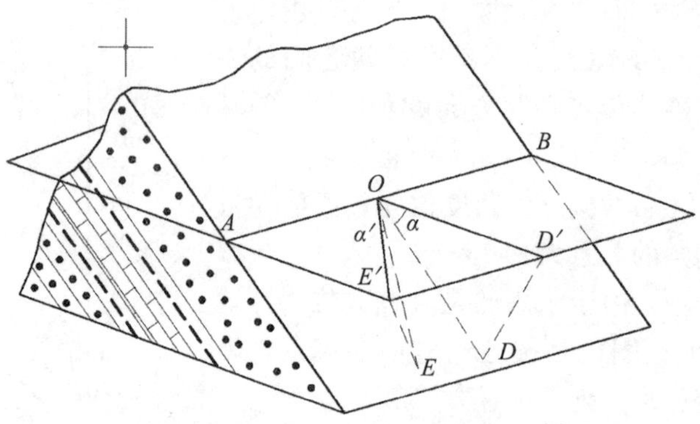

图 9-11　结构面（岩层）产状要素图示

AOB. 走向线　*OD*. 倾斜线　*OD′*. 倾向线；*OE*. 视倾斜线

OE′. 视倾向线　*α*. 倾角　*α′*. 倾角

量测结构面的走向或倾向时，首先需在结构面上找到真走向线或真倾斜线，然后，将罗盘打开后的长边与真走向线平行（图 9-12 中 A）或与真倾斜线平行（图 9-12 中 B）贴于斜面上，同时调整罗盘圆形水准气泡使之居中，罗盘底座水平之后，读取罗盘北针对应的刻度，即得该结构面的真走向或真倾向。

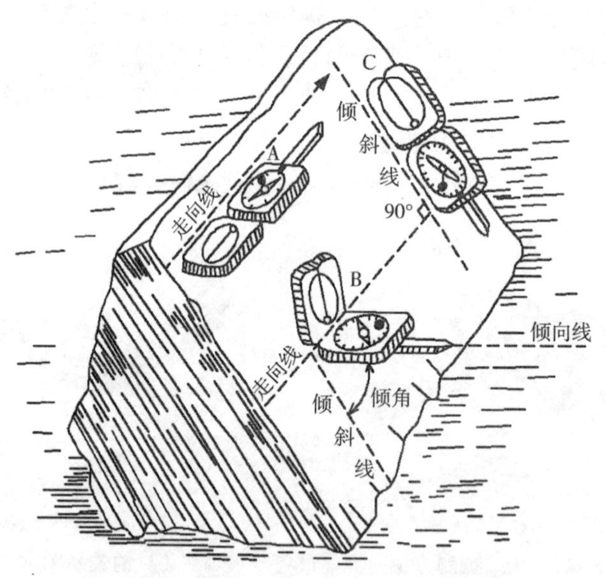

图 9-12　结构面（岩层）产状量测方法图示

A. 测走向方法　B. 测倾向方法　C. 测倾角方法

注意：(1) 由于走向为一直线，因此，用罗盘测走向时，可以得到两个方向角值，但应注意两者之差应为 180°，如果误差较大，应重新量测。

(2) 由于倾向为一射线，只有一个方向，因此，用罗盘所量测的倾向只有一个数值。而且读取数值时，应以罗盘的北针对应的刻度值为准，不得读罗盘南针对应的刻度值。

量测结构面的倾角时，应将罗盘打开后的长边与直倾斜线平行立贴于倾面上，且长测望标指向坡下方向（图 9-12 中 C），同时调整罗盘底座背面的外旋柄，使长形水准管气泡居中，读取悬锤指示线对应倾斜刻度盘上的刻度数，即为结构面的倾角。

注意：(1) 在实际测量中，会遇到各种困难，如岩层层面确定不准，特别是厚层或块状岩层情况下，需要运用沉积岩或火山岩识别层理的一些标志来识别层理面，而且需要判断岩层产状是正常还是倒转。当所测斜面凸凹不平，小小罗盘难以放准位置时，应设法获取整体的真正方位，不被局部所干扰，或者在有限露头范围多处量测，以便相互校正。

(2) 确定结构面走向的两个点（露头）应在同一高程上，因此在实际量测过程中，切记不能将面状要素的地表出露线当作该面的走向，如同一断层在山头和山脚上有露头，两个露头的连线不能作为该断层的走向。

(3) 用地质罗盘也可以测量地形坡度。当地形坡面较平整时，可以直接测量，方法同测岩层产状一样；当地形坡面起伏不平，或坡面宽度较大时，用罗盘直接测量误差往往较大，应采取必要的措施。

三、线状要素产状的量测

在地质体的某些表面上，如层理面、片理面、断层面或露头的自由面等，常常可以见到一些线状平行排列的线理构造，如某些片状、针柱状矿物的平行排列，某些片理面的出露迹线、某些错动面的擦痕等。它们的产状量测有时具有重要意义，如用以确定构造运动的方向、地壳某些部位的构造应力的分布等，因此，应学会野外准确量测线状要素产状的方法和技巧。

线状要素的产状主要用倾伏方向和倾伏角（也称伏角）或者侧伏方向和侧伏角（也称斜角）来表征。线状要素无走向方位。线状要素的倾伏方向是指过该线状构造的铅直平面内，指示该线状构造向下倾斜的水平投影方向，图 9-13 中 OB 线即为线状构造的倾伏方向；倾伏向线与线状构造在铅直面内的夹角为倾伏角，如图 9-13 中角 α。线状要素产状的标记同结构面产状标记，如：

L_1：60°∠40°

L_1：120°∠30°

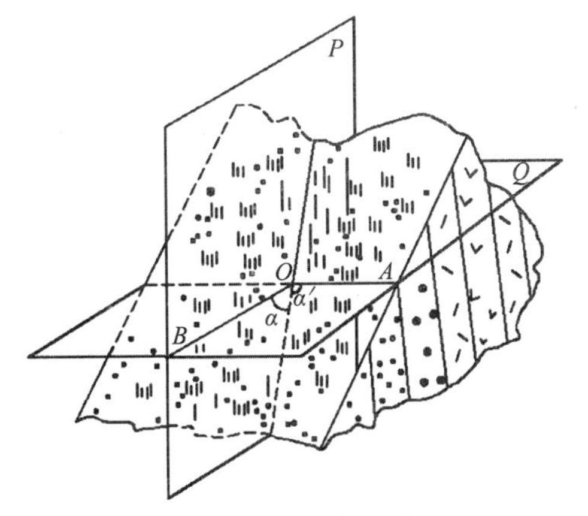

(a) 线状要素产状图示

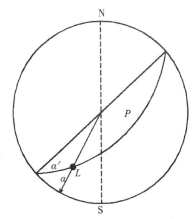

(b) 倾伏角与侧伏角的赤平投影换算法

图 9-13　线状要素产状与换算方法图示

OA. 侧伏指向（断面走向）　OB. 倾伏方向　α. 倾伏角　α'. 侧伏角

P. 铅直平面　Q. 水平平面　L. 线理投影点

线状要素的倾伏方向和倾伏角应在铅直平面内测量，有时在野外难以量测准确。但如果在比较平整的出露面上具有清楚的线理构造，则该出露面的产状及该面上线理的侧伏角较易测得。所谓侧伏角，是指在线理出露的平面内线理与该平面走向的夹角，图 9-13 中 α' 即为线理的侧伏角，其测量方法比较简单，首先在该出露平面内找到并画出任一走向线，如图 9-13中 OA，直接用量角器就可以测量出线理的侧伏角。

如果已知线理的侧伏向、倾伏角和包含该组线理的平面产状，那么就可以利用极射赤平投影换算出线理的倾伏向和倾伏角［图 9-13（b）］。

第三节　GPS 技术的应用

一、GPS 技术与 GPS 手持机的功能

GPS 即 Global Positioning System 的简称，译文为全球定位系统。GPS 可以为地球表面绝大部分地区（98%）提供准确的定位、测速和高精度的时间标准，在地质调查、水利勘察、林业调查以及交通、电力、农业、国防和城市建设等很多领域推广和应用。GPS 接收机种类很多，如测地型、全站型、定时型、手持型、集成型以及车载式、船载式、机载式等。其中，由于 GPS 手持机（图 9-14）具有较为便捷和准确的点位、导航、计算多边形面积和补点等功能，因此，在野外地质调查中得到广泛应用。

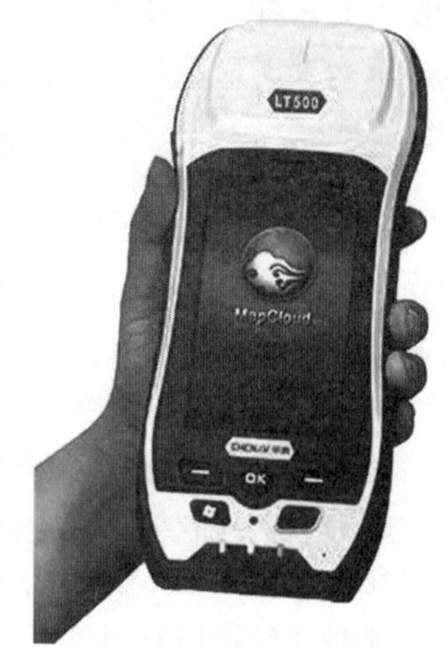

图 9-14　华测 LT500 高精度 GPS 手持机

1. GPS 手持机的定点与导航功能

基于 GPS 手持机的单点导航功能，在进行地质点测量时，先根据地形图上的特征地物点或者结合航空相片在地形图标定出第一个地质点，再用 GPS 手持机对该点进行定位，并存储到导航点表中，然后根据该特征点测定其他地质点。其基本原理是：根据 GPS 手持机的导航功能，既可以找到现在所处的位置与上一个地质点（也称航点）的距离和方位，又可以确定该点导航点表中任一个航点（已经在地形图上精确标定过的地质点）的距离和方位，因此可以比较准确地在地形图上标定任一个地质点。

前进过程中需要经过多个点，如果采用单点导航，往往比较烦琐，工作效率低。如果将所要经过的点位按一定顺序编成一条航线，采用航线导航法进行地质点测量，可避免多次输入新航点名而造成的麻烦。如从航点 NAV01 出发，去往 NAV05，需要经过 NAV02、NAV03、NAV04 等 3 个航点，如果将 5 个点编成一条航线，顺序为 NAV01、NAV04、NAV02、NAV03 和 NAV05，那么就可以进行航线导航了，先由 NAV01 到达 NAV04 后，导航画面自动转向 NAV04 进行导航，同时显示下一个航点 NAV02 与该航点（NAV04）的方位和距离，以此类推，直到 NAV05。

2. GPS 手持机的计算多边形面积功能

许多 GPS 手持机都具有计算多边形面积的功能，利用其存储在导航点表中的航点，可以非常容易地计算出某个多边形范围某种岩石的面积。GPS 手持机中计算多边形面积的计算公式为

$$S=\frac{1}{2}\sum_{i=1}^{n}(x_i y_{i+1}-x_{i+1} y_i) \tag{9-1}$$

式中：S 为多边形面积；(x_i，y_i)(x_{i+1}、y_{i+1}) 分别为多边形的第 i 和第 $i+1$ 个航点的平面坐标。

这种方法计算多边形面积的精度取决于组成该多边形的航点数目，航点越多，所计算出的多边形面积就越精确。

3. GPS 手持机的补点功能

GPS 手持机中通常有一个“最近航点”的导航功能，利用该功能可以迅速找到距离位置最近，且便于进行 GPS 定位的地质点，再查看一下地形图，看看目前位置地质点的密度是否满足地质填图要求，如果所在区域地质点的密度比较稀疏，就可以在目前位置进行 GPS 定位，并在地形图上标定出该地质点的位置。以 1∶1 000地质填图为例，如果要求在地形图上每 2～3cm（即实地距离为 200～300m）有一个地质点，那么，当发现某个区域标定过的地质点较少，需要补点时，则可利用 GPS 手持机中“最近航点”功能，查看距离当前航点最近的地质点是否超过了 200～300m，如果超过了这个距离，则说明在当前位置有必要进行补点，反之则不用补点。该功能可以避免过多补点而造成时间和人力的浪费。

4. GPS 手持机的测量精度

目前 GPS 手持机的平面定位精度可以达到 1～5m，高程测量精度多为 10～20m，高程测量误差是水平误差的 2～3 倍。有些生产厂商为了提高单点绝对定位的精度，专门为 GPS 手持机设置了数据平滑功能，即在一测定点上进行多次定位，然后求取数据平均值作为最终的定位结果。如果所使用 GPS 手持机没有这种数据平滑功能，则需要采用多次（3 次以上）定位测量，且多次测量结果的平均值作为测点最终位置的数据。

二、地质点测量和 GPS 手持机标定技术方法

地质点测量（geological spot survey）是指借助某种测量方法，将实地确定的地质点点位测绘到地形图上的测量工作，也称地质点的标定。根据地质填图比例尺或勘探矿种的不同精度要求，可选择下列方法：

(1) 目测法定点，是在地形、地物标志明显时，据地形、地物、微地貌特征，用目测直接将地质点位置标定到底图上或借助航空像片进行定点后再转绘到底图上。

(2) 半仪器法定点，在地形、地物不明显而用目测法有困难时，采用简单仪器（如罗盘等）和简易测量方法进行地质点的标定。

(3) 仪器法定点，用较精密的仪器和较高精度的测量方法进行地质点的标定。

GPS 手持机属于较精密的测量仪器，常用于地质点测量。但在利用 GPS 定位结果在地图形上标定点位时，由于所采用的坐标系不同，常不能直接用 GPS 定位结果在地形图上标定地质点，需要进行一定的数据处理，包括坐标系转换和相对坐标计算两种方法。

1. 坐标转换方法

GPS 卫星星历是以 WGS84 坐标系为基础而建立的，而我国所使用的地形图或为北京 54 坐标系，或为西安 80 坐标系，或为国家 2000 坐标系，四者所采用的地球椭球参数不同（表 9-1），它们之间存在着平移和旋转关系，相互不能直接利用。当利用 GPS 手持机定位结果在地形图上标定地质点时，需要将 WGS84 坐标转换成地形图所使用的坐标系，其过程和方法如下：

表 9-1　我国四种坐标系的椭球参数

参数	WGS84 坐标系	北京 54 坐标系	西安 80 坐标系	国家 2000 坐标系
长半轴 a	6 378 137	6 378 245	6 378 140	6 378 137
短半轴 b	6 356 752.314 245 179 5	6 356 863.018 773 047 3	6 356 755.288 157 5	6 356 752.314 140 355 8
第一偏心率 e^2	0.006 694 380	0.006 693 427	0.006 694 385	0.006 694 380
扁率 ξ	1/298.257 223 563	1/298.3	1/298.257	1/298.257 222 101

（1）将大地坐标转换为三维空间直角坐标。可以使用以下公式分别将已知点在 WGS84 和地形图所使用坐标系（如北京 54 坐标系或西安 80 坐标系）下的大地坐标转换为相应坐标下的三维空间直角坐标：

$$N=a/(1-e^2\sin^2 B)^{0.5} \tag{9-2}$$

$$X=(N+H)\cos B\cos L \tag{9-3}$$

$$Y=(N+H)\cos B\sin L \tag{9-4}$$

$$Z=[N(1-e^2)+H]\sin B \tag{9-5}$$

在地形图所使用坐标系（如北京 54 坐标系或西安 80 坐标系）下，已知点的大地高程可由下式计算得到：

$$H=h+\xi \tag{9-6}$$

式（9-2）至式（9-6）中：X、Y、Z 分别为已知点的三维空间直角坐标；B、L、H 分别为已知点的大地坐标；N 为某点所在位置的椭球卯酉圈曲率半径；e^2 为大地坐标系所对应的椭球的第一偏心率；a 对应地球椭球的长半轴；ξ 对应地球椭球的扁率；h 为已知点在地形图所使用坐标系（如北京 54 坐标系或西安 80 坐标系）下的高程。

（2）计算转换参数。利用 WGS84 坐标系下已知点的 X、Y、Z 和对应椭球参数 a、ξ 值，减去所用地形图对应坐标系下相应的 X、Y、Z 和对应椭球参数 a、ξ 值，即为实现坐标转换的 5 个参数的取值：$\mathrm{d}X$、$\mathrm{d}Y$、$\mathrm{d}Z$、$\mathrm{d}a$、$\mathrm{d}\xi$。

（3）参数验证。在工作区选择国家控制点 3 个以上进行实际测量，并与测绘部门提供的理论值进行对比分析，如果最大误差不大于 15m，平均误差不大于 10m，则计算出的参数就可以使用，否则应重新计算或查找原因和解决问题。

注意：在进行坐标转换前，首先应在工作区搜集已知点 3 个以上。要求给出每个已知点的精确 WGS84 坐标 B_{84}、L_{84}、H_{84}，及已知点对应地形图所用坐标系下的大地经纬度 B、L、H 和每个已知点所在位置的高程异常值 ζ。这类已知点可以通过国家 A 或 B 级 GPS 网，或者那些已知国家控制点上进行精确的 GPS 静态测量获得。

2. 相对基点坐标法

在野外地质调查时，首先结合实地的踏勘，根据航空像片（或直接用地形图）在工作区选择若干有明显标志的地物点，如居民点、水塘、采坑、墓地和大路等，并进行编号。然后，在这些明显地物点上进行 GPS 单点定位和记录它们的 WGS84 坐标。以这些确定了 WGS84 坐标的明显地物点作为在地形图标定其他地质点的基点，其过程和方法如下：

（1）计算出 WGS84 坐标系和地形图所用坐标系之间的距离差异系数。首先，计算出两个 GPS 基点坐标在 WGS84 坐标系下的差值，然后用式（9-7）和式（9-8）计算出它们的大地坐标（纬度 B 和经度 L）在地形图所用坐标系下的坐标差值。最后再用式（9-9）和式（9-10）

计算出 WGS84 坐标系和地形图所用坐标之间的距离差异系数 L_x 和 B_y。

$$\Delta L_{M,\ N}=L_M-L_N \tag{9-7}$$

$$\Delta B_{M,\ N}=B_M-B_N \tag{9-8}$$

$$L_x=\Delta L_{M,\ N(2)}/\Delta L_{M,\ N(1)} \tag{9-9}$$

$$B_y=\Delta B_{M,\ N(2)}/\Delta B_{M,\ N(1)} \tag{9-10}$$

式中：$\Delta L_{M,N}$、$\Delta B_{M,N}$ 分别为 GPS 基点 M 和 N 之间的坐标差值；$\Delta L_{M,N(1)}$、$\Delta B_{M,N(1)}$ 分别为 GPS 基点 M 和 N 在 WGS84 坐标系下的坐标差值；$\Delta L_{M,N(2)}$、$\Delta B_{M,N(2)}$ 分别为 GPS 基点 M 和 N 在地形图所用坐标系下的坐标差值。

（2）将地形图上经向 L 和纬向 B 方向上以度、分、秒为单位的坐标差转换为平面（X，Y）上以厘米为单位的平面距离。根据地形图上标出的经纬度，分别计算出地形图经向 L 和纬向 B 方向上的 1″相当于平面坐标 X 和 Y 方向的距离（cm）。假定地形图经向 L 和纬向 B 方向上的 1″相当于平面坐标 X 和 Y 方向的 dx 和 dy。

（3）将 WGS84 坐标系下的经向 L 和纬向 B 方向上以度、分、秒为单位的坐标差转换为地形图所用坐标系下平面（X，Y）上的平面距离，即在 WGS84 坐标系下经向 L 和纬向 B 方向的 1″相当平面坐标 X 和 Y 方向的 $L_x\mathrm{d}x$ 和 $B_y\mathrm{d}y$。

（4）计算待定的地质点相对于其附近的某个 GPS 基点在地形图上的平面距离。假定某个待标定的地质点为 A001，其 GPS 坐标为（B_{A001}，L_{A001}），距离它最近的 GPS 基点是 Jd03，其 GPS 定位坐标为（B_{Jd03}，$-L_{\mathrm{Jd03}}$，$-B$），那么 A001 到 Jd03 点在地形图上的平面距离为：

$$\Delta X=(L_{\mathrm{Jd03}}-L_{\mathrm{A001}})L_x\mathrm{d}x \tag{9-11}$$

$$\Delta Y=(B_{\mathrm{Jd03}}-B_{\mathrm{A001}})B_y\mathrm{d}y \tag{9-12}$$

式中：ΔX、ΔY 分别为在地形图上 A001 到 Jd03 点在 X、Y 方向上的平面距离。

（5）根据待定地质点与 GPS 基点之间在地形图上的平面距离 ΔX 和 ΔY，将待定地质点标定在地形图上。

3. 两种方法的对比

采用坐标转换法可以精确地将 GPS 手持机所测量的各地质点的 WGS84 坐标转换为地形图所用坐标系（如北京 54 坐标系或西安 80 坐标系）下的平面坐标，根据转换后的平面坐标将待定地质点标定在地形图上。但这种方法因需要在工作区选择国家控制点 3 个以上，同时对其进行精密测量，因此难以应用于那些缺少国家控制点的地区，而且工作量较大。

与坐标转换法相比，相对基点坐标法则属于一种简单而有效的地质点标定方法。由于其中待定点与 GPS 基点都是采用的 WGS84 坐标系的坐标，因此，该法相当于进行 GPS 相对定位。又由于待定点与 GPS 基点的定位误差大小和方向基本相同，当两者相减时，大部分误差可以相互抵消，可以大大提高点位测量的精度，因而 GPS 相对定位的精度较高。

第四节　奥维地图的应用

奥维地图是一种基于多数据源的互动地图平台，同时支持多种知名地图，如百度地图、Google 地图、Google 卫星图、Google 地形图、OpenCycle 等高线地图、三维地图等，且可自由切换并离线下载这些地图（图 9-15）。它具有高程叠加、大字体、白底、灰底、反向、叠加层设置和图块管理等功能模块及绘制对象功能，结合卫星地图与高程数据，能够自动快速 3D 建模及直观查看地形地貌。在野外地质调查工作中，运用奥维地图可在电子地图上直接记录地质调查点和地质调查路线，以及绘制地质填图草图，具有方便、快捷、准确等优点。

图 9-15　奥维地图切换与主要功能

一、标定地质点和方位

野外地质调查工作需要对已调查或者未调查的地质点和路径长度实施测量。奥维地图提供了一种基于 GPS 轨迹的测距方法：首先在路线起点处打开记录轨迹，然后沿着路线边缘行走，至终点处关闭记录轨迹，即可通过轨迹生成的线状要素获取地质点的位置和地质路线长度等。地质员可以直接测量两个地质点之间的直线距离，也可以测量折线距离。

野外调查采集到的数据被临时存放在手持移动端 App 中，为确保数据不丢失，必须及时对其进行备份。奥维地图提供了数据同步功能，在网络环境允许条件下，可将移动端 App 中的数据同步存储到云端，如果电脑桌面端需要使用这些数据，则可以从云端下载。此外，奥维地图还支持好友之间的信息共享，有利于团队成员之间的协同工作。

二、绘制野外地质草图

奥维地图与 AutoCAD 通过 OmapArx 插件对接。通过 OmapArx 插件可将 CAD 设计图自动同步到奥维地图 PC 版客户端，也可在 CAD 中加载电子地图，将奥维对象直接发送到 CAD 中，实现 CAD 与奥维地图之间的协同设计操作。另外，奥维地图全面支持微软、苹果、安卓等主流平台，在 PC 上的各种地理规划设计可以快速同步到手机平台上，用移动端在现场采集到的数据也可快速同步到电脑上，地质人员可以在电子地图上进行截图、撤销、删除、清除、选择对象、指路、测距、测面积、添加标签以及绘制折线、转角线、曲线、椭圆区域、矩形区域、多边形区域、切割图形、CAD 图形等操作，将地质调查数据进行电子化，同时绘制出实际材料图和野外地质草图（图 9-16）。

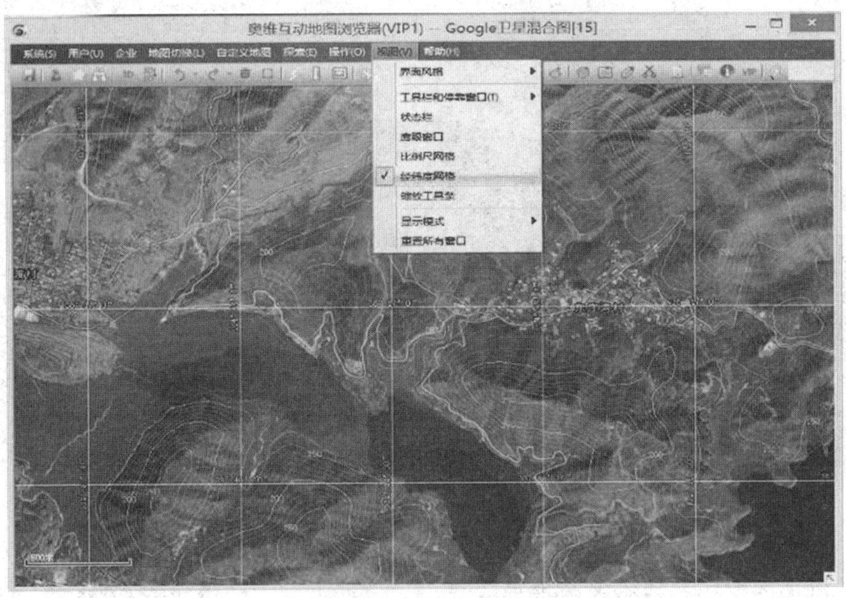

图 9-16　奥维地形图功能

三、观察地形地貌与绘制地貌草图

奥维地图云端集成了 SRTM3 全球高程数据，可以快速查询全球任意位置的海拔高度。奥维地图高程数据服务（单击地图切换下拉菜单中的“高程叠加”）还可在卫星地图上直接输出 10m 精度的等高线（图 9-17），在卫星地图上可以直观了解地形地貌的海拔高度。单击地图切换下拉菜单中的“3D”，可以观察工作区的地貌特征（图 9-18）。

图 9-17　奥维地形图功能

图 9-18　奥维地形图功能

说明：

(1) 奥维地图支持多种格式数据导入导出，包括 KML 格式、KMZ 格式、Ovital 地图对象格式、文本文件（TXT 格式）、CSV 格式、PLT 格式、GPX 格式、SHP 格式、DXF 格式。多种格式的数据转换可以将地质调查数据进行自由转换，提高地质调查的工作效率。

(2) 将地质点和路线导出投影到 1∶5 万或 1∶10 万地形图上时，由于存在整体系统误差，因此需要选择影像图内的典型地物对地质点进行校正。

(3) 移动客户端不能设置 GPS 参数，坐标定位存在细微误差，奥维地图在野外工作中只提供大概位置，实际作业定点仍需使用专业 GPS 定位。

第五节　地质素描与摄影

地质素描与摄影是野外地质调查工作中经常用到的技术方法，是地质工作者应具有的基本技能之一，是地质工作者记录野外地质现象和索取野外第一手资料的重要手段。地质素描与摄影成果常常是最终地质成果、科研论文中若干地质科学问题的必要论证形式，能够为最终地质报告和科研论文添色。此外，在地质科学领域，许多用文字不好表达甚至难以表达的地质现象，如果借助地质素描或摄影图像，不仅可以将这些地质现象准确、客观地记录在案，直观、形象、清晰地展现给其他研究者或读者，而且能够避免因冗长的文字描述记录而造成查阅的困难。

值得注意的是，地质摄影（含录像）能将镜头所能摄清的一切东西毫无遗漏地拍照下来，但主要的东西常被隐蔽在照片的细节之中，给读者和科学研究分析造成一些麻烦。而地质素描可以通过对取景范围的现象进行取舍，滤除不重要的或影响记录和展示意图的内容，只将重要的、需要表达的内容描绘出来，达到突出主题的效果。两者各有长处和不足，在野外地质调查中，应结合实际情况配合使用。

一、地质素描

素描是一种用单色线条在平面上表现立体物像的绘画方法。地质素描则是从地质观点出发，运用透视基本原理和绘画技巧来表现地质现象的素描，也称地质写生，既区别于单纯的风景素描或环境写生，又有若干相似之处。地质素描应遵守机械制图的某些几何原理，但一般不使用直尺、曲线板等绘图工具，而是较多地运用灵活多变的线条，即运用绘画艺术手法形象地表面物景的效果，因此，地质素描也不同于机械制图和一般地质制图。

1. 地质素描的步骤

首先根据地质调查的需要，在野外现场确定素描对象及范围，选定素描位置和方位，然后再按下列步骤进行操作：

（1）选定图幅和绘制图框。首先，根据素描对象的特点选择横幅、方幅或立幅，在画纸上大致划出图框。然后，通过图框中心点画一条水平线和垂直线，分别代表视平线和视中线。

（2）取景。其目的在于将主要素描物置于取景框中心部位，大体控制住各素描物的大小、位置，直至框中景物全部位置适中。初学者需要用硬纸或塑料板组成的取景框（图 9-19），熟练之后可以用双手食指和拇指组成框型（图 9-20）或画一条基线（相当于图框边线）代替取景框。

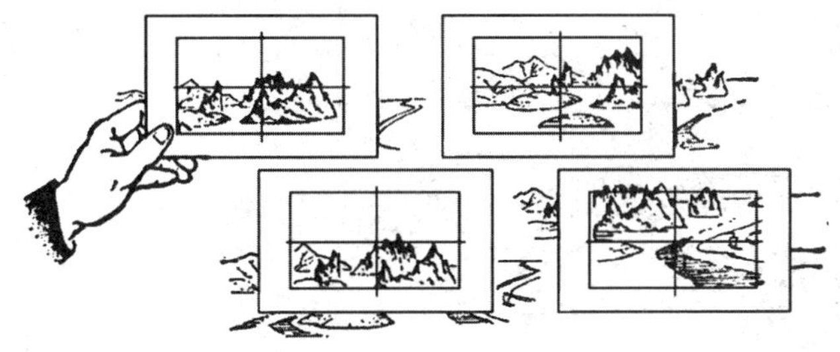

图 9-19　用取景框取景的方法

图 9-20　野外简单取景方法

（3）主次布置与安排。安排主要对象和次要对象的大小比例关系及相对位置的关系，在图框内勾绘出其范围［图 9-21（a)］。

（4）在圈定的几何图案基础上，勾绘地质体（或景物）的轮廓线图，即抓住表现物体外形的主要线条，如山脊、沟谷、陡崖、平台、坡缘、河岸、层面、断裂面、裂隙等，其他与主题无关或关系不大的景物可以不画或者少画［图 9-21（b)］。

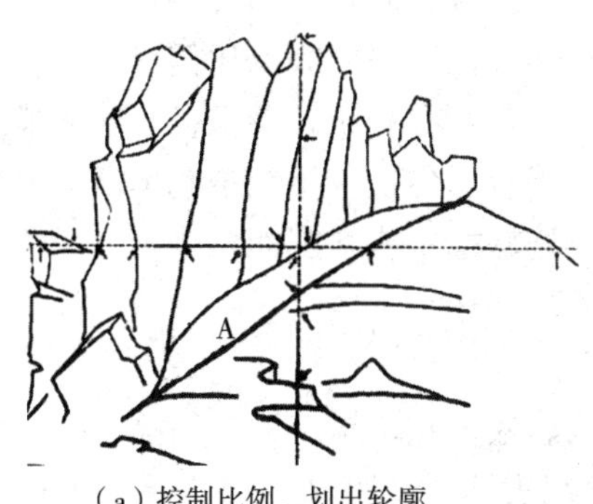

（a）控制比例，划出轮廓

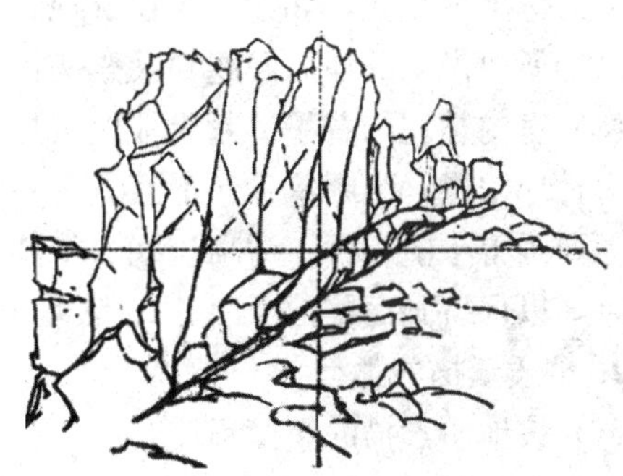

（b）画出景象的几何立体形状

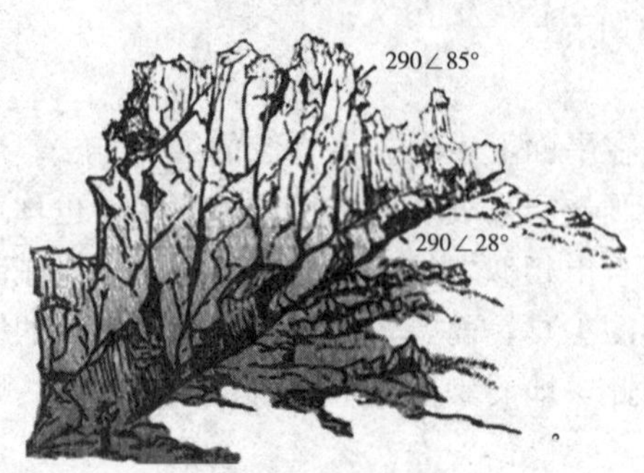

（c）刻画细部

图 9-21　石炭统灰岩中一条倾向 290°、倾角 28°的低角度逆断层上盘发育的一组高角度（倾角 80°～85°）的低序次入字形断裂

注意：①轮廓线条应根据实物外形的特点，选用刚直或柔软、连续或断续的线条。一般按照先近后远、先主后次的顺序绘制。②目估尺寸的准确程度和运用透视原理是影响轮廓线绘制效果和质量的关键。画轮廓线时应考虑“空气透视”原理。空气透视是指各物景随着离视者远近而改变色彩和色调清晰度，以及改变轮廓明确性，在画面上，远处物像要画得轻描淡写、隐隐约约，轮廓线也应画得断断续续，而近物与远景的轮廓交汇处应留适当空白(图 9-22)。

图 9-22　表现空气透视的线条

(5) 在物景背光部分加阴影线，刻画细部［图 9-21（c)］。其目的在于表现景物的立体感。阴影线一般比轮廓线稍细些，用其稀密来表现白、浅灰、深灰和黑等暗度。因此，为了使素描图较实际现象更加醒目和主题突出，在画阴影线时，也需要合理取舍与夸张。

(6) 画面美化。涂完阴影，素描图基本算完成，但为了保证质量，应进一步在现场对画面进行校正、补充和修改，使其达到现象突出、客观真实、美观大方的要求。

(7) 标上各注记，如素描方位、地名、地质符号或代号、测量数据等。在图的下方标明图名（即所要说明的地质问题）及素描地点，有的近物素描，还应表示比例尺。

(8) 室内整理与着墨。着墨能使素描图更加明晰美观，有利于长期保存。给素描图着墨时，墨汁应浓黑，绘图笔尖光滑且具有一定弹性，下墨应均匀；着墨线条基本沿着铅笔线进行，但要画得干脆利落、清晰流畅；待墨迹干固后，用软橡皮或新鲜面包将多余的铅笔线轻轻擦除，以保持画面整洁干净。

2. 地质素描的类型

(1) 按地质素描的繁简程度，大致可以分成细描、速描和略描三种。细描是一种完备的素描图［图 9-23（a)］，它能够较准确、充分、清楚地表达对象性质。速描是一种迅速绘出的似乎不甚完备的素描图［图 9-23（b）］，只画出对象的主要特征。略描即简略素描图［图 9-23（c）］，是对景物的简单化而无细节的描绘，如地质剖面素描、地貌形态示意图等。

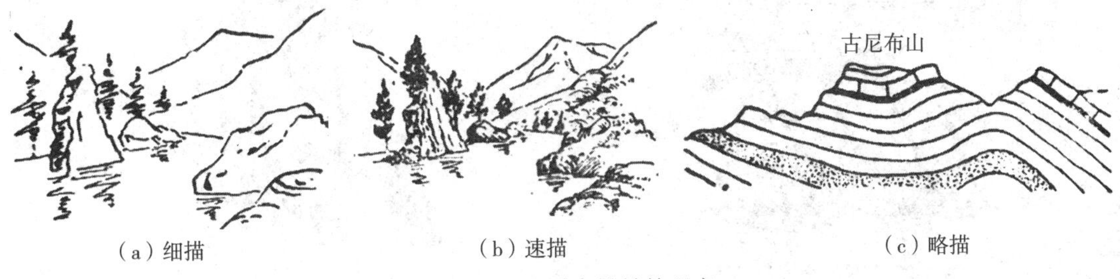

（a）细描　　（b）速描　　（c）略描

图 9-23　地质素描繁简程度

（2）按地质素描的表现手法，可划分为立体图形素描和平面图形素描两种。立体图形素描［图 9-24（a）］不仅能表现地质现象的存在及诸多因素间的联系，还能反映现象存在的空间关系，给人以立体的感觉。平面图形素描［图 9-24（b）］是为反映某角度或某一“切面”的地质现象，用极简单的线条、少量的地质符号为辅助，按实际可见的地质现象（不做任何推断）表现这一“切面”范围特定的地质内容，是一种类似素写的一种表现手法。

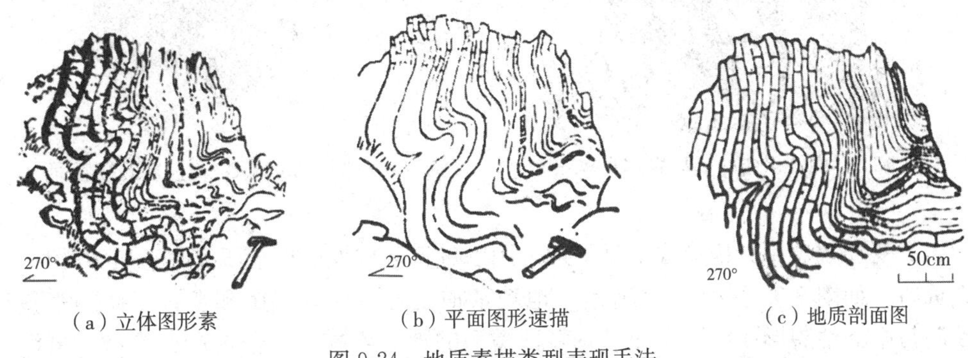

（a）立体图形素　　（b）平面图形速描　　（c）地质剖面图

图 9-24　地质素描类型表现手法

（3）按地质素描表达的地质现象，可划分为地层、地质构造、地貌、古生物和化石、岩矿等素描类型。地层素描主要包括地层岩石的岩性特征、结构构造、出露状态、接触关系及地层含矿性等方面的内容，如图 9-25 至图 9-30 所示。地质构造素描的任务在于将地质作用

（a）立体图形

（b）平面图形

图 9-25　沉积岩的层理

图 9-26　志留系炭质页岩中的炭质结核与条带

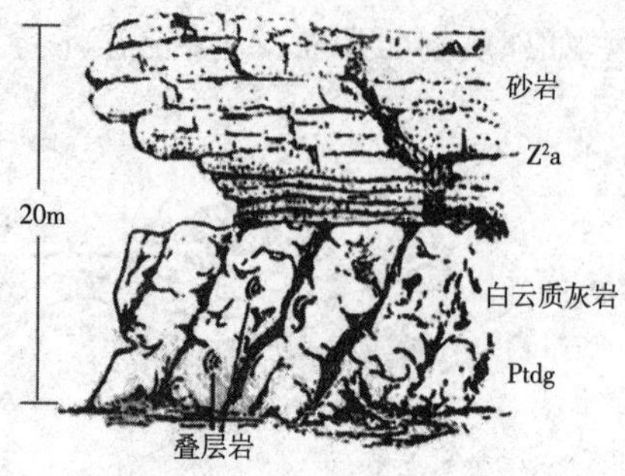

图 9-27　不整合及化石层

图 9-28　玄武岩的柱状节理

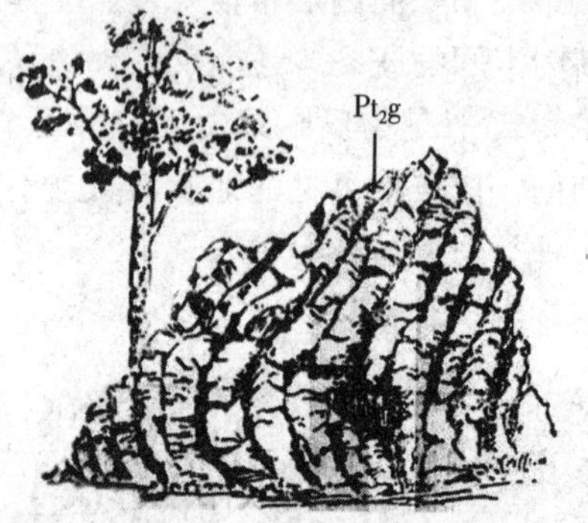

图 9-29　倒转褶曲的变粒岩露头

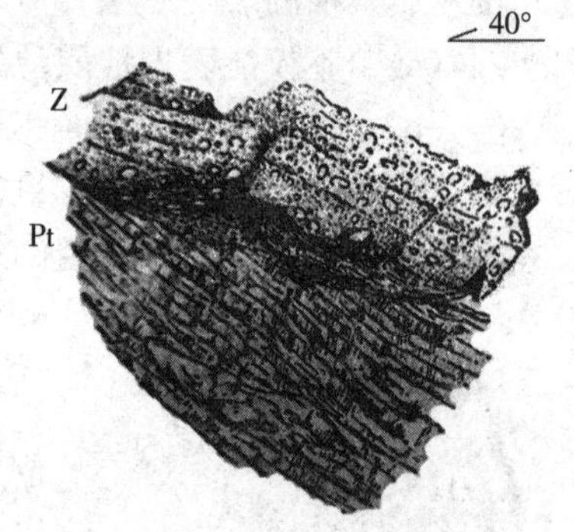

图 9-30　砾岩与板岩的接触面

引起的岩层变动现象用素描形式记录下来，用以进行区域地质构造研究和地质力学性质分析的基础资料，如图 9-31 至图 9-32 所示。地貌素描是分析地貌成因和发育规律的直接依据，根据控制与影响地貌形成的因素而具有多种类型的地貌素描，如侵蚀剥蚀地貌、岩溶地貌、冰川地貌、火山地貌、构造地貌等。沉积地层中的古生物化石是划分地层相对时代和研究岩相古地理的生物依据，因此要求古生物和化石素描应严谨、细致，以便反映古生物体构造的若干微小变化，如图 9-33 和图 9-34 所示。岩矿素描的目的在于展现岩矿的组成矿物形态、结构和构造特征，对野外或室内进行的岩矿露头、标本和薄片进行素描，有助于岩矿鉴别与研究。

图 9-31　花岗岩中发育的逆断层

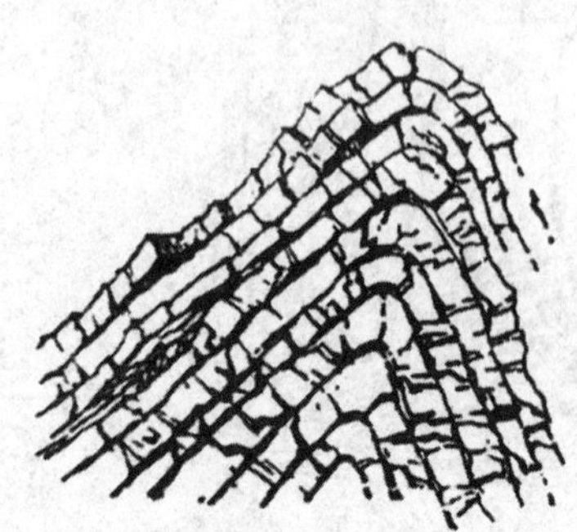
图 9-32　薄层泥质砂岩中的褶曲

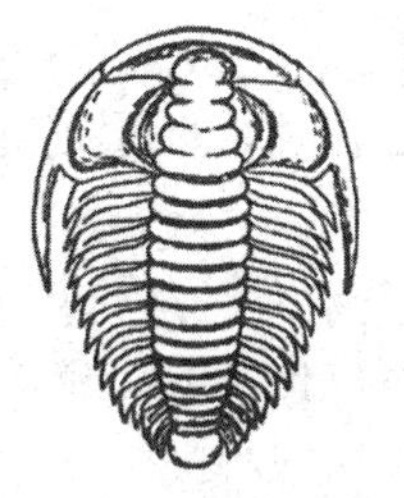

图 9-33　莱德利基虫

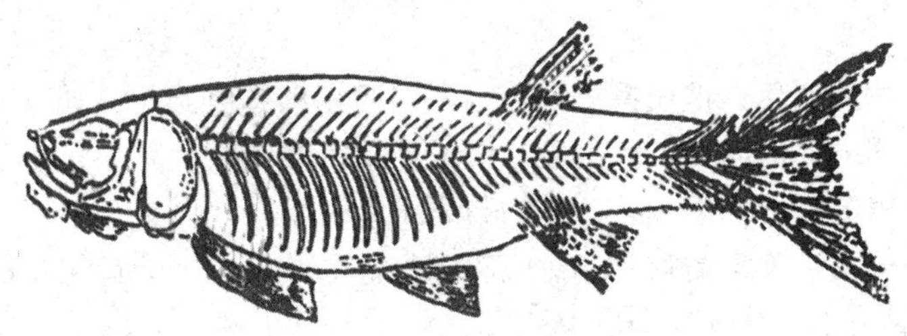

图 9-34　狼鳍鱼

二、地质摄影

摄影是指使用某种专门设备进行影像记录的过程。一般摄影使用机械照相机或数码照相机，因此摄影又称照相。摄影能够将“日常生产生活中稍纵即逝的平凡事物转化为不朽的视觉图像”，因此广泛应用于人类生产生活的各种领域。摄影种类很多，按照题材划分为人像摄影、影物摄影。地质摄影属于景物摄影，与素描相比（图 9-35），其优点在于镜头所拍摄的地质景物可以毫无遗漏地收取过来，而且取景迅速、形象逼真，特别是给旁人观看时，使他们也有身临其境的感觉。另外，地质摄影可以多张复印和放大洗印，一方面有利于广为散发和扩大影响；另一方面制作幻灯片，景物更清晰，用于展览、陈列或放映，效果更好。

（a）地质素描

（b）地质摄影

图 9-35　地质摄影与素描效果对比

1. 地质摄影类型

地质摄影视野范围可以较大，也可以较小。视野范围大的地质摄影，适用于宏观地质现象与地质作用，如需要表达地貌景观，岩性、地质构造与地貌发育关系，岩性与地面植物生长的关系，规模较大的断层或褶皱在地表露头的形态、地形起伏与岩性、构造的关系，地层层序剖面图、较大的矿体或矿脉的露头形态等情况。这类摄影的镜头最好利用俯视角度、远近结合的办法取景，以便使整个画面具有宏大的气派，地质与地貌的轮廓清晰，而具体的地质特征可从近镜头所见的局部现象中获得了解，由近推远，展现全区地质概貌。拍摄时，应宜注意光线的照射与阴影的关系，怎样运用光线的特点使景物的层次分明，起伏清晰，富有立体感，才能收到实效。视野范围小的地质摄影适用于局部性地质现象或地质作用的拍照记录，如岩层的某些构造特点、裂隙系统的特点、脉岩或矿脉的延伸方向及其相互穿插关系、局部构造地质现象、化石埋藏特点、化石种类的伴生关系、泉水出露特点、矿物晶体的自然特征（晶洞）等。对这类摄影镜头的要求，主要集中在目的物的逼真形象及其微细特征上，甚至有些照片只求局部显示，不求轮廓面貌。所以，这类摄影最主要的是焦距要掌握适当，采光方向与取景角度也有讲究，最后的形象务必使微细特征暴露无遗，使观看者犹如近在咫尺的感觉。

按照颜色，地质摄影划分为黑白照相和彩色照相。如今彩色照相已普及，且地质摄影又具有明显的色调特点，因此，应尽量采用彩照，尤其如拍摄矿物共生关系、化石与围岩的关系、植被与岩性的关系、矿物与岩石的关系、岩脉或矿脉的互相穿插关系等必须运用彩照，色泽分明，关系清晰，自然能收到很好的效果。当然运用彩照时要注意尽量符合或接近天然色调。

2. 地质摄影注意事项

（1）尽量选择最佳的拍摄时间和角度。要想获得理想的地质画面，关键在于合理运用光线和拍摄角度，而野外很多情况下地质景物无法随意调整位置，因此，需要通过选择拍摄时间和角度的方法来保证拍摄效果。最佳拍摄时间一般在日出之后或日落之前，光线从侧后方斜射过来最理想，适当逆光更容易产生强烈的立体感。日出之前或日落之后，即使光线很亮，但天空中的散射光线也十分强烈，画面容易产生偏色。降雨过后或日出之前，大地水汽蒸腾强烈，散射光增多，影像容易发虚，画面偏蓝，对于远景则更加明显。中午时分，阳光直射，不易产生丰富的层次，因此也不是理想的拍摄时间。拍照时，应同时注意拍摄角度的选择，角度过高容易生产画面变形，仰拍时容易夸大或加强垂直高度，而俯拍容易缩小或压抑高差，从而造成画面失真现象。

（2）取景与构图问题。地质摄影不同于一般艺术摄影，地质摄影要求充分体现地质现象的真实性和全面性，因此，取景与构图应更多地考虑专业表现的需要，而不是艺术美观效果。此外，野外实习路线往往不会重复，地质摄影无法再现和难以补拍，因此，一般应需要进行多角度和远近景相结合的拍摄方式，充分利用全景、特写拍摄优势，更多更完整地记录地质景物。如拍摄断层，应同时满足断层走向、地貌组合、地质背景等宏观表达需求和断层带的岩性、断层面细部特征等微观表达需求，需要进行远景和近景不同角度的拍摄。

（3）设置必要的起比例尺作用的参照物（图9-36），以满足反映被摄地质体的规模、尺寸的需要。除人体以外，地质锤、罗盘、镜头盖、放大镜、记录本、笔、硬币等手边常用物品，均可作为地质摄影参照物。有些参照物同时还具有指示方向的作用，如地质锤、罗盘、放大镜等。

（a）人物（砂岩、砾岩岩层）

（b）地质锤（扁菱鳞木和芦木化石）

（c）硬币（石灰岩的溶孔）

图9-36　地质摄影的参照物设置

（4）记录拍摄时镜头的方向（图9-37）。很多情况下，需要地质照片能够表达所拍摄地质体的空间状态，因此在野外拍摄地质照片时，应同时用地质罗盘测量镜头的朝向或画面的延展方向，且记录在野外记录簿上。

(a) 断层倾向南（镜头朝向西）

(b) 褶皱向东倾伏（镜头朝向西）

图 9-37　地质摄影的镜头方向记录

第六节　采集地质标本

在野外地质调查过程中，采集各类地质标本和样品，进行必要的室内鉴定、试验与研究，是保证地质调查工作质量和精度的重要技术手段。地质标本、样品野外采集和编录的好与坏，直接影响地质调查成果的质量、效果和对地质问题的正确评价或判断，因此，地质标本、样品的采集属于地质调查工作的重要基础工作之一。

一、基本要求

(1) 首先，应明确采集地质标本、样品的目的和任务。然后，针对要解决的地质问题，确定采集标本、样品的类型、数量。确定采集标本、样品数量时，应从实际需要与可能出发，以最少的工作量、最小的投资，取得较多和必不可少的成果，达到较好的实际效果。

注意：①实测地质剖面时，原则上应对所划分的岩层逐层取样品，包括岩性标本、古生物化石标本，准备室内切制岩石薄片、光片的标本，化学分析样品，人工重砂样品，同位素年龄样品，古地磁样品等。视地质测量工作项目而定；②应对所取样品或标本及其环境进行详细观察与描述，如取化石标本时，应详细观察所含化石的岩性、岩相特征，化石分布及生态特征，化石保存完整程度等。

(2) 采集的各类地质标本、样品必须具有代表性，采集对象应准确，数量恰当合理。所采集的地质标本、样品应尽可能新鲜，同时应及时做好编录描述及整理工作。

(3) 标本和样品的规格以能反映实际情况和满足切制光、薄片及手标本观察需要为原则。代表测区岩石、地层单位的实测剖面上的陈列展示标本大小，一般要求 3cm×6cm×9cm；岩矿鉴定标本可适当减小，但不得小于 3cm×4cm×6cm；对于矿物晶体、化石、反映特殊地质构造现象的标本，可视具体情况而定。

(4) 对于刚取好的地质标本、样品，应在现场填写标签和详细登记。当需要装箱或装袋时，应填写两套标签，其中一套将贴在包装盒或袋表面上，另一套装入盒子或袋子内。对于块状标本或样品，可直接将标签贴在标本或样品上，但应注意必须贴牢，防止脱落。

(5) 对于送往实验室的标本或样品，尚需要填写送样单。送样单一般一式两份，随标本或样品送实验室一份，留存一份。同时，还应注意保存副样，以便核对鉴定成果之用。

（6）每件标本或样品均应单独包裹或装袋，且包装标本或样本时，应考虑标本或样品的类型和岩石类型特征。对于特殊岩矿标本或易损的标本，应用棉花或软纸包裹；对某些易脱水、易氧化或易潮解的特殊样品，应密封包装或封蜡。

二、标本类型及其要求

1. 陈列标本及其要求

陈列标本即能够反映工件区的岩石和矿物特征的一套系统标本，包括代表地层的沉积岩、岩浆岩、变质岩、构造岩、矿物、矿石等标本。采取岩石标本时，应尽可能新鲜，且最好能适当保留一点风化面，以便能全面直观地反映岩石的野外特征。

2. 定向标本及其要求

采取定向标本时，首先应在露头上选择一定的平面，同时用记号笔在该平面上画上产状要素符号（如→25°），然后再打下该标本。定向标本一般不必整修，但是，为保证标本上有定向线，可在定向面上多画几条平行的走向线，以便敲下标本后，据以描绘产状符号。定向方法宜根据不同的地质条件进行选用：

（1）产状要素法。野外选择如层面、片理面、断层面及其他与矿物定向排列直接有关的结构面视为定向面，在其上量画出产状要素符号，并在记录中注明，同时亦应示出顶面、底面。采取构造定向标本应尽可能测定 b 轴的指向。

（2）自然方位法。若一些结构面显示不清的块状构造岩石，采样时首先在固定的基岩露头上修凿出 20cm×20cm 大小的平面，然后在其上量画出东西、南北方位线，同时测量附近的岩层或其他面状构造的产状要素以供参考。

上述量画的定向线，其精度误差不得超过1°，可在岩石上平行地画出 2～3 条方向线以保证其精度和质量要求。

3. 岩石全分析样品及要求

野外地质调查时，应选择新鲜、无风化、无污染的岩石露头采集，可采用造块法。对侵入岩可根据不同单元采集。对沉积地层，应垂直地层、厚度连续打块，或按一定网络打块，然后合并为一个样。样品质量一般不少于 2kg。采集全分析样品应同时采集岩石标本、薄片、微量元素样和稀土元素样。

4. 微量元素样品和稀土元素样品

这两类样品亦应采集新鲜、无风化、无污染、有代表性的岩石作为样品。

5. 其他样品采集

除上述以外的样品，应根据设计和相应样品的测试要求，按照一定的规格、数量和方法，采集符合质量的样品进行测试鉴定。

三、标本的编录和整理

（1）标本采取后，应系统编号和编录。对用作岩矿鉴定的标本，应涂漆上墨编号，但切记因在样品、标本上涂漆上墨，造成人为污染。常用标本用语及代码见表 9-2。标本的编号一般由三部分组成：观察点（或工程）号＋标本代号＋标本顺序号，如 D15B1 或 D15B-1（即 15 号地质观察点的 1 号陈列标本）、TC2b5 或 TC2b-5（即 2 号探槽中第 5 件薄片样品）。

给标本编号时，还应注意：不管同一层位上有多少块标本，一律用一个号码；不同种类的标本，在其号码前加一词冠以示区别；当不致引起混乱时，可分别或全部省略工程（地质点）标本代号，在素描图、地质记录表和标本登记表中只需要写 B1、B2 等即可。

表 9-2 常用地质编录用语及其代码

项目	代码	项目	代码
地质观察点	D	组合分析样	ZH
勘探线	1、2、3、…	水样	S
剥土	BT	老硐（老窿）	LD
采场	CC	钻孔	ZK
探槽	TC	水文钻孔	SHK
圆井	YJ	照片	ZP
浅井	QJ	电影	DY
竖井	SJ	录音带	LY
斜井	XJ	录像带	LX
平坑（平硐）	PD	磁带（电算用）	CD
斜坑（斜硐）	XD	磁盘（电算用）	CP
沿脉坑道	YM	光盘（激光）	JP
穿脉坑道	CM	标本	B
石门	SM	定向标本	DB
采坑	CK	构造标本	GB
薄片	b	水化学分析样	SH
光片	g	土壤地球化学测量样	TR
煤岩标本	MB	原生晕样	Y
化石标本	HB	次生晕样	C
动物化石标本	DH	水系沉积物样	SW
植物化石标本	ZH	风（氧）化带样	FY
孢粉化石标本	BF	岩（土）力学试验样	YL
自然重砂样	Z	物性测定样	WX
基本化学分析样	H	大体重样	T
光谱分析样	GP	小体重样	XT
化学全分析样	HQ	同位素年龄样	TW
岩石全分析样	YQ	选矿试验样	XU
单矿物分析样	DF	外检样	WJ

注：本表摘自《固体矿产勘查原始地质编录规程》（DZ/T 0078—2015）。

（2）对返回的测试鉴定报告，应及时整理、编录、分类清理，决定采纳取舍，并反馈到相应的样品标本登记表、送样单、野外记录、样品分布的各种实际材料图、剖面图、柱状图上，必要时应带到实地对照观察。

(3) 对于与野外认识有较大分歧的分析鉴定结果，室内也无法协调统一时，应及时向有关负责人汇报，研究处理，复查原因。

(4) 送出分析鉴定及磨片加工的标本样品，都要分类填写送样单，一式3份，其中1份自留，作编录底稿；1份送分析及加工单位；1份随样品标本箱。

(5) 对制作薄片、光片、定向切片的标本，需在标本上画上切制部位和方向，送出鉴定和加工的切片，必须在送样单上逐项填写要求和鉴定加工项目。

(6) 要及时对标本样品的鉴定测试结果进行分析研究，与野外观察描述、各种图表及编录登记进行核对。

第七节　测绘地质剖面

测绘地质剖面既是区域地质填图的重要工作内容，同时也是地层、地质构造、矿产资源等地质学研究的主要基础。测绘地质剖面的目的在于通过工作区的地层及其岩性、厚度、分布等特征，地层产状、变形变位和接触关系，以及地层古生物、地磁、同位素年龄等的综合研究，准确地确定工作区地层时代、层序和沉积相，为区域地质发展历史及古地理、古气候的研究奠定基础。此外，通过对工作区地层详细而准确的划分，有助于确定工作区地质填图单位和分层标志，为保证顺利完成地质填图工作打下基础。测绘地质剖面一般需要经过选择剖面线、剖面测量与记录、资料整理与剖面图绘制等主要环节。测量方法有直线法和导线法，当剖面较长且地形变化较复杂时，一般选用导线法；当剖面较短且地形简单时，选用直线法则便于整理。

一、实测地质剖面线的选择原则与注意事项

1. 实测地质剖面线的选择原则

地质剖面线的选择是否合理，直接关系和影响地质剖面测绘工作的质量和成效，因此，在实测剖面之前，应通过对工作区的地质资料搜集研究和野外踏勘选择实测地质剖面线。一般地，选择地质剖面线应遵守下列原则：

(1) 地层出露齐全，且剖面线距离短。尽可能选择在连续山脊上或沟谷中，避开障碍物，减少平移；尽量走直线，避免太多的拐折；当一条剖面线不能包括区内所有地层时，也可先分几条剖面进行测量，然后再综合成一条连续剖面。

(2) 地质构造简单原则，一般应尽量选择未遭受褶皱、断层和侵入体破坏而发生地层重复或缺失的线位作地质剖面线。

(3) 地层产状稳定，接触关系清楚。各个时代的单位地层发育良好，岩性组合和岩层厚度具有代表性，且顶面和底面出露情况良好。

(4) 化石丰富，保存完整，有利于生物地层研究。

(5) 尽可能穿越已知矿层或其他有重要研究意义的岩层。

(6) 地面坡度较平缓，便于观察和通行安全。

2. 实测地质剖面选择的注意事项

除上述一般要求之外，还需注意以下方面：

(1) 剖面地层露头的连续性良好，为此应充分利用沟谷的自然切面和人工采掘的坑穴、

沟渠、铁路和公路两侧的崖壁等，作为剖面线通过的位置。

（2）实测剖面的方向应基本垂直于地层走向，一般情况下两者之间的夹角不宜小于60°。

（3）当露头不连续时，应布置一些短剖面加以拼接，但需注意层位拼接的准确性，以防止重复和遗漏层位，最好是确定明显的标志层作为拼接剖面的依据。

（4）如剖面线上某些地段有浮土掩盖，且在两侧一定的范围找不到作为拼接对比的标志层，难以用短剖面拼接时，应考虑使用探槽或剥土予以揭露。特别是当推测掩盖处岩性有变化，或当存在产状、接触关系和地层界标等重要内容因掩盖而不清时，必须使用探槽。

（5）剖面线经过地带较平缓，剖面线拐折少。

（6）实测剖面的数量应根据工作区地层复杂程度、厚度及其变化情况、课题需要及前人研究程度等因素综合考虑而定。一般各地层单位及相带，至少应有1～2条代表性的实测剖面控制。

（7）实测剖面的比例尺，应按研究程度确定，一般以1∶1 000到1∶2 000为宜，出露宽1～2m的岩层都应画在剖面图上。有特殊意义的标志层或矿层，当出露宽度不足1m时，也应放大表示到剖面图上。

（8）为了便于消除误差，剖面起点、终点及剖面中的地质界线点都应标定在实际材料图上。

二、实测地质剖面的野外工作

野外地质剖面测量工作内容主要有地形及导线测量，岩性分层、观察描述，填写记录表、绘制野外草图，采取标本或样品等。每条剖面线可由1个小组独立完成或由几个小组分段完成，每个小组配置前后测手各1人，由1人负责分层与描述，由1人负责记录（填表），由1人负责测量产状与采取标本或样品，由1个人野外绘制草图，这样每个小组需要6个人。当多于6个人时，可分配组分层与描述、测量产状与采取标本或样品；当少于5个人时，可以将测量工作内容合并并安排工作人员，如将野外绘制草图与测量产状、采取标本或样品合并，安排给1个负责；也可以将分层与描述和记录合并由1个负责。每个人均应负责地做好本职工作，分工合作，相互配合，前后呼应，方可顺利地完成剖面测量工作。

1. 地形及导线测量方法

该项工作由前后测手完成，包括测量导线方位、导线斜距和地面坡度角、起始点和地质点的定位与标定等。导线一般用50m或100m长的测绳敷设，导线方位和坡角一般用地质罗盘量测，起始点和地质点的定位与标定方法详见本章第四节。前后测手均应量测至少一次，且应及时将测量结果汇报给记录员，但应注意：当两个人的读数相差超过3°时应重测，反之，则取两个读数的平均值报告给记录人员。

2. 观察、描述与分层

地层分层、观察和描述是实测剖面的重要工作，分层的基本原则如下：

（1）按地层剖面比例尺的精度要求，分层厚度在图上大于1mm的单层。

（2）岩石成分有显著的不同。

(3) 岩性组合有显著的不同。

(4) 岩石的结构和构造有明显的不同。

(5) 岩石的颜色不同。

(6) 岩性相似，但上、下层含不同的化石种属。

(7) 岩性不同，但厚度不大的岩层旋回性地重复出现，可将每个旋回单独作为一个旋回层分出。

(8) 岩性相对特殊的标志层、化石层、矿层及其他分布较广、在地层划分和对比中有普遍意义的薄层，应该单独分层。如果其在剖面上的厚度小于 1mm，可以按 1mm 表示。

(9) 重要的接触关系，如平行不整合、角度不整合或重要层序地层界面处可分层。

在地层分层过程中，根据本章第二节所述的地层观察和描述方法，描述各导线内各层的岩石学和古生物学特征，并记录在记录表中。

3. 样品采集及编号

原则上应根据分层逐层采集样品，包括岩矿标本、化石标本及切制薄片或光片的标本，根据需要采集化学分析或光谱分析样品、人工重砂样品、同位素年龄样品或古地磁样品。样品采集及编号一般应符合下列要求：

(1) 应根据地质调查的目的和要求确定各种样品的取样数量，且应同时符合本章第六节介绍的采集地质标本的相关要求。

(2) 对样品（含标本）应按规定系统编号，并同时记录在记录表和剖面草图上。

(3) 一般样品（含标本）的编号应由剖面代号、岩层编号、样品（含标本）的类型和序号等部分组成。如 W—②—YB1，其中 W 为剖面代号（如王杖子剖面）；②代表该样品取自第二层；YB1 代表样品的类型是岩石薄片用标本，序号为第一块。

(4) 样品取样位置应标定准确，如果在离测绳一定距离处采取标本，应准确测量和标定取样点的位置，并在记录表中和草图上记录清楚。

4. 照相或素描及记录

对于地质剖面上的重要地质现象，如接触关系、沉积构造、基本层序、古生物化石等，应照相或素描，并根据其在剖面的位置记录在记录表中和在草图上标注。照相与素描技术方法详见本章第五节。

5. 野外绘制地层草图

在实测剖面时，必须现场绘制导线平面草图和地层剖面草图，将导线号和方向、地质点、岩层产状、标本、样品和化石采集地点的编号及剖面线经过的村庄、地物的名称标注在草图上，以供室内整理时参考。

(1) 野外平面草图绘制方法。首先，大体上确定剖面的总方位，可在野外大体测量，也可在地形图上用量角器量得设计剖面的总方位。以图纸的横线作为该剖面的总方位线，在图纸的上方标明北的方向（N）。在图纸上确定剖面的起始位置，一般图纸的右端为东或南，左端为西或北。如剖面的总方位为 NW310°，则在图纸上应将 130°方向置于右方，而 310°置于左方，这样有利于与地形图相对应。

其次，在图纸上剖面起点处，沿导线方位画一条射线，在该射线上截出导线水平距，且将导线起止点标好序号。按照导线顺序一一做出。在各导线上，按照分层水平距截取各分层位置，且在每个分层段内标注分层号。在适当位置注记产状符号、古生物化石采集部位等。导线号应记在导线变换处，拐点处应标记于导线相交角尖处，导层号最好用圆圈圈起来，标于分层段的中间，数字大小应一致。分层界线及产状符号等所画线的长短也应作统一规定（图 9-38）。

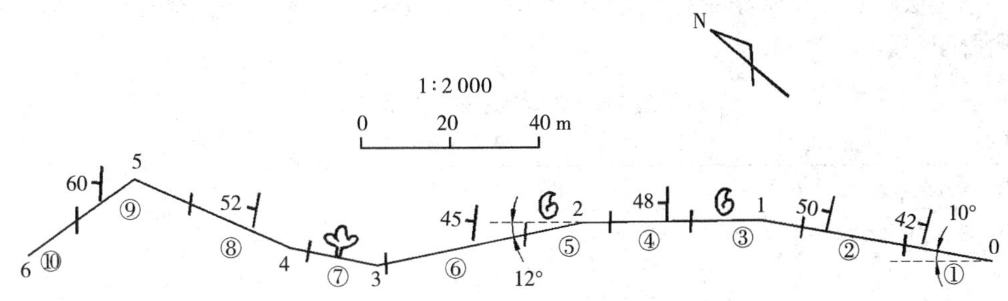

图 9-38　野外平面草图的内容及画法

用上述方法连续画出各导线上的内容，直至剖面终点。如果中途需要平移，则应根据实际情况沿走向平移，如果平移距离不大，则平面图上按比例尺如实表示；如果平移距离较大，则可不按作图比例尺，而在图上标明平移距离，但平移方向应准确画出。

（2）野外剖面草图绘制方法。一般在平面草图下方图纸上绘制。此时，图纸的横线、竖线即分别为水平距离和高程，应按作图比例尺确定。确定剖面的起点后，按地形坡度角由起点作一条射线，同时该射线上截取第一条导线的斜距，依此，在第一条导线的终点，按照第二条导线的地形坡度角及斜距画出第二条导线，以此类推，画出所有导线，即为剖面方向上的地表地形线。在该地形线上截取各分层斜距，将其分层位置表明，按照实际产状，在剖面地形线下绘制岩性花纹符号，标明产状及地层时代等（图 9-39）。

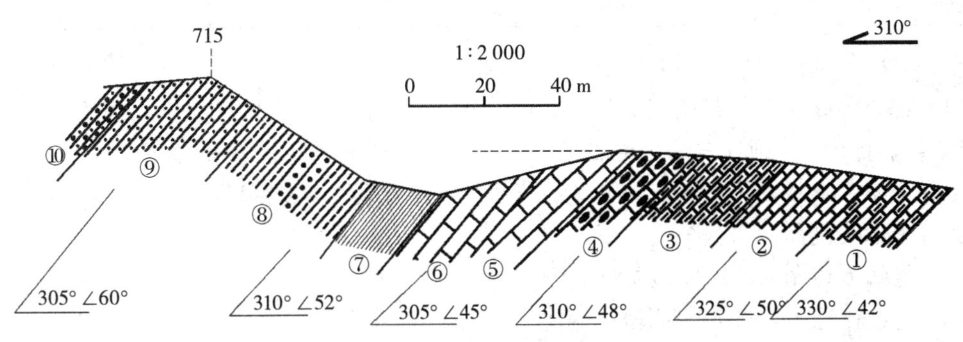

图 9-39　野外剖面草图的内容及画法

野外剖面草图将折来折去的导线方位上的地形及地质内容画在同一条直线方向上，因此，歪曲实际情况是肯定的。首先，剖面图长度等于将剖面上导线展开长度，而在剖面方向，长于导线平面图长度。其次，剖面上的产状不应是实际倾角，而应是各导线方向上的视倾角，但是在野外有时来不及整理，作为野外草图这种偏差是允许的，可以起到室内整理的作用。待到最后整理成图时，再予以校正。

注意：地形坡度要画准确，画图人员应视实际情况检查测手及记录员所报坡度角的正负，在室内整理时，草图是重要的参考依据。另外，倾向不得画反，如有小型的褶曲时，更要细心地将其正确地表示在剖面图上，避免室内整理时将层序及厚度做重复计算。

6. 实测剖面的记录表及填写

实测地质剖面的野外记录表（表 9-3）一般应包括导线号、导线方位角、导线距离，地面坡度和水平距离、高差、累积高差，导线方向与岩层倾向的夹角，岩层的分层号、位置、岩性特征、产状要素、分层厚度、样品编号等内容。除各项水平距、高差、累积高差、产状视倾角、分层厚度等需要等待室内整理资料时，经计算或查相关表格后填写外，其余各项均应在野外填写。

表 9-3　实测地质剖面记录表

剖面编号：　　　　记录：　　　　测手：　　　　分层与测产状：　　　　采取样本：　　　　日期：

导线编号	导线方向	导线距		坡度角	高差	累积高差	导线方向与岩	层倾向间夹角	分层编写	地层记录与描述			地层产状要素				分层厚度	标本编号	照片编号	备注
		斜距 L (m)	水平距 M (m)	α_1	H (m)	(m)				分层位置 斜距 (m)	分层位置 水平距 (m)	岩性描述	分层位置 斜距 (m)	分层位置 水平距 (m)	倾向 (°)	倾角 (°)	(m)			
0—1	345	27	24.3	+25																
									1	0～22	20	辉绿岩床								
									2	22～27	4.3	灰绿色薄层状砂岩	22		330	40		Ch—①—B1		
1—2	355	48	33	+40					3	0～1.5	1.0	紫红色含砾石英砂岩								
									4	1.5～9	6.0	青灰色厚层状白云质灰岩								
									5	9～22	10	青灰色硅质泥质条带白云岩						Ch—⑥—B2		
									6	22～43	16.5	灰色厚层角砾状白云质灰岩	23		325	50				
2—3	345	45	37	+35					7	0～35	29	浅灰色厚层状白云质灰岩	24		300	60		Ch—⑦—B3		
									8	35～45	8	灰色泥质条带灰岩	3		345	70				
3—4	360	6	8.5	+20					9	0～9	8.5									

记录表中各项内容填写说明如下：

（1）记录导线号及其起始点编号。如第一导线测绳的起点，即地质剖面线的起点，记为 0，导线终点记为 1，则导线编号可表示为 0—1；完成第一导线所有任务后，向前将第一导线终点作为第二导线测绳的起点，测线终点即为 3，则第二导线编号记为 1—2；依此类推，直至完成全部线剖面测量任务。

（2）导线方位角 φ，即指地质剖面测量前进方向的方位角。

（3）导线斜距 L，即每一测段的距离。

（4）分层斜距 l，同一测线上各地层单位的斜距，分层斜距之和等于导线斜距。

（5）坡角 α_1，即测段首尾之间地面的坡角，以导线前进方向为准，仰角为正，俯角为负。

（6）岩层产状。测量岩层倾向和倾角 α，应记下所测产状在导线上的位置。

（7）分层编号。一般应从剖面起点开始按划分的地层单位顺次编号。

（8）地质点位置。一般记录剖面中各地质点在导线上的位置。

三、实测剖面的室内整理与绘图

实测剖面的室内整理是很重要、很细致的一项工作，不仅仅是绘图方法问题，实际上是对剖面的系统研究过程，包括野外所取得资料、数据及标本的系统整理，清绘平面图及剖面图，计算分层厚度，并在上述资料整理基础上绘制地层柱状图。

1. 野外原始资料的整理

在本阶段，剖面测量小组成员应认真核对野外记录和岩性描述、剖面登记表、实测剖面草图和平面图、岩石标本等。使各项资料完整、准确、一致，并将登记表中数据及剖面草图上墨。如果出现错误或遗漏，应立即设法更正和补充。比较费时的工作是鉴定化石、岩石及矿石标本，校核野外定名，确定地层时代，及时送出薄片鉴定及化学分析样品等。

在整理的初期，首先应将记录表内各空项通过计算或查表逐一填全，如：

导线平距　　$M=L\cos\alpha_1$

分段高差　　$H=L\sin\alpha_1$

注意：①累计高程是指剖面起点高程加各分段高程之代数和；②导线与岩层倾向夹角为导线方位角与岩层倾向的方位角之锐夹角，是计算岩层厚度必不可少的一个参数。

2. 岩层厚度的计算

岩层厚度是指岩层顶、底面之间的垂直距离，即岩层真厚度 h，可采用公式法计算。如果岩层倾角为 α，导线方位与岩层走向之锐夹角为 β，地面坡角为 α_1，则岩层真厚度的计算公式如下：

（1）导线方位与岩层倾向基本一致（二者夹角小于 8°）时的岩层真厚度计算：

若地面近于水平（$\alpha_1<6°$），则 $h=L\sin\alpha$

若地面倾斜，且地面坡向与岩层倾向相反，则 $h=L\ \sin(\alpha+\alpha_1)$

若地面倾斜，且地面坡向与岩层倾向相同，则 $h=L\ |\sin(\alpha-\alpha_1)|$

（2）导线方位与岩层倾向斜交时的岩层真厚度计算：

若地面倾斜与岩层倾向相反，则 $h=L\ (\sin\alpha\cos\alpha_1\sin\beta+\sin\alpha_1\cos\alpha)$

若地面倾斜与岩层倾向相同，则 $h=L\ |\sin\alpha\cos\alpha_1\sin\beta-\sin\alpha_1\cos\alpha|$

注意：①岩层厚度以 m 为单位，一般小数点后取一位数即可。②岩层真厚度的确定方法除公式计算法外，还有查表法、图解法和赤平投影法等几种。

3. 清绘平面图和实测剖面图

根据野外草图和记录，最终清绘出正规的平面图和实测剖面图。绘制实测剖面图的方法有展开法和投影法两种。清绘实测剖面图宜选用投影法。

（1）应求得合理的剖面线方位，即在野外所测导线拐来拐去的平面草图上，选择对于每条导线的地质内容和地形都歪曲不大的一个方向作为投影剖面图之用。选择剖面线方位的原则：尽可能使剖面线方位成为所有导线的平均方位，且使剖面线尽量垂直于岩层走向或大角度相交。

（2）以图纸上的横线为剖面方位线，依此定好图纸方向，画好图纸上北(N)方向指标。再按照新的图纸方位，根据野外记录画出正规的平面图。虽然画法同野外草图，但应画得更准确、整洁和美观，而且应将图的位置连同剖面图等统一设计好，最好一次成图，避免返工。

清绘剖面图的方法同野外不同，野外草图是一根导线接一根导线画出，用展开法将各导线都画在一个剖面线上。展开法的结果往往造成剖面总长度的伸长，歪曲了实际。投影作图法使用剖面的起点和终点与地形图相吻合，只是将拐来拐去的导线上的地形和地质内容都投影在统一的剖面线方向之上（图 9-40）。其中，画地形线用的不是地形坡度角而是用的地形累积高差；岩层产状用视倾角表示，标注的是真倾角。

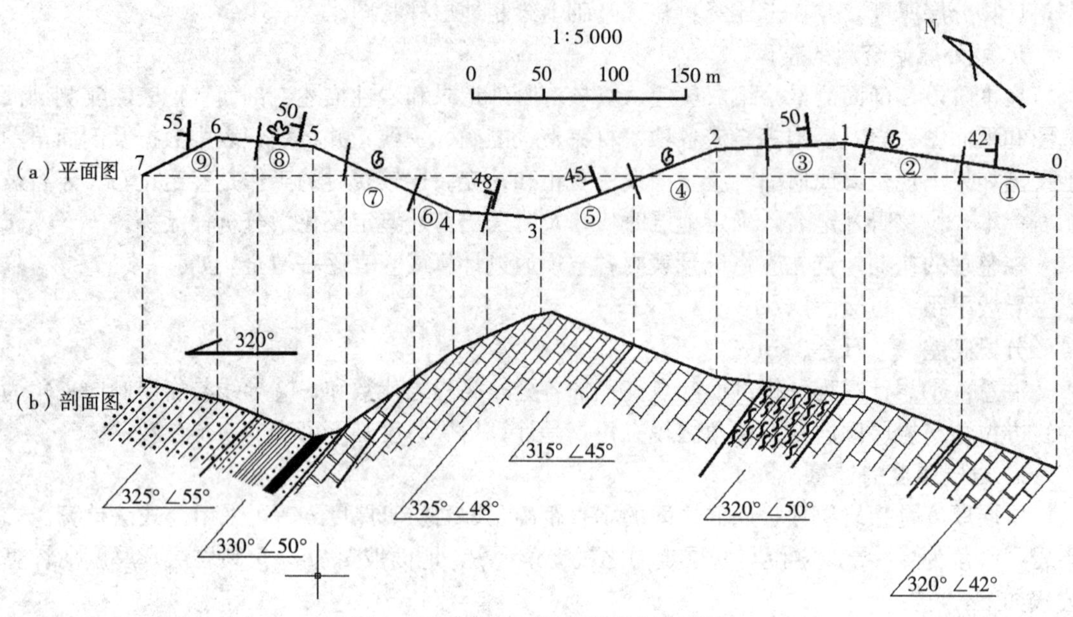

图 9-40 实测剖面图的整理方法图示

4. 编写剖面说明书

剖面说明书是实测剖面成果的主要内容，目的在于供阅读和使用剖面图的人参考。剖面说明书一般包括下列内容：

(1) 剖面测量的一般情况，包括测量日期、所有时间；剖面线位置，起点、终点的坐标；剖面的方位和总长度；剖面上的露头情况；剖面上所见地层时代、岩体及构造发育特征；剖面线上的地形地貌特征；在实测剖面中的工作手段，如地质观察、物化探方法、放射性测量等；剖面上取样工作量的统计，如采取岩石标本数量、各种取样规格数量等；室内整理剖面的方法及需要说明的其他事项等。

(2) 地层的研究情况。所测剖面内地层时代的划分，化石依据；可将野外分层进行归纳整量，划分不同的岩性段，分析地层发育的韵律关系；各岩性段的岩性特征、顶底标志；各岩性段或各时代地层间的接触关系及其依据。该部分是剖面说明书的主体内容，应详细加以说明，有时还应按层列剖面说明各层及各段岩性演化规律。

(3) 剖面上所发现的矿层矿点情况，如所取亲友的分析化验结果，对于找矿的意义，对地质测量及今后工作的建议，等等。

第八节 编绘地质图与地貌图

一、编制普通地质图

一套完整的普通地质图一般包括图题名称、图幅名称和图幅代码、综合地层柱状图、平面图（也称主图）、代表性剖面图（一般配置两条）、图例、比例尺、接图表、责任栏和相关成图信息等。教学用地质图一般没有图幅名称和图幅代码、接图表、责任表等，图面内容往往也较简单。责任表包括编图单位及参编人员职责、编制图日期、资料来源，正规出版的地质图还应有地质图的出版单位和出版日期。

1. 编制地层柱状图

实测地层柱状图是进行地层分析和对比的基础，一般有惯用的格式（图 9-41），其内容可根据具体要求进行增减。

年代地层				岩石地层				层厚（m）	岩性柱	沉积构造	基本层序	岩性简述及化石	备注
界	系	统	阶	群	组	段	层						

图 9-41　地层柱状图的一般格式

具体作图要点如下：

（1）根据具体情况选定实测柱状图的内容。在古生物化石带发育，且易识别的地区，一般应在年代地层和岩石地层之间加上生物地层一栏；在沉积构造发育、相标志清楚的地区，则应加强沉积相分析，可在岩性描述及化石之后加上沉积相及海平面变化一栏。

（2）根据岩性及厚度绘制岩性柱，岩性符号、岩性花纹和各种代号均与实测剖面图相同。比例尺原则上也应一样，特殊情况下可以适量改变。

（3）岩性以层为单位，分层描述应用岩石的全名或突出特征来简明描述。如果地层的岩性明显分上、中、下，则依次由上而下分别描述。

（4）化石需按类别和数量的多少依次标明类别和属种名称，一般类别用中文，而属种名用拉丁文。

（5）在“岩性柱”一栏中，应注意化石产出的相应位置，并标上化石符号。

（6）“沉积构造”栏中的层理、层面构造及其他构造，一般用花纹来表示。

（7）“岩性柱”一栏中，应注意标明表示接触关系、相变和岩浆活动（图 9-42）符号，并相应在“岩性描述”一栏注明“角度不整合”或“平行不整合”等字样（整合不用标注）。

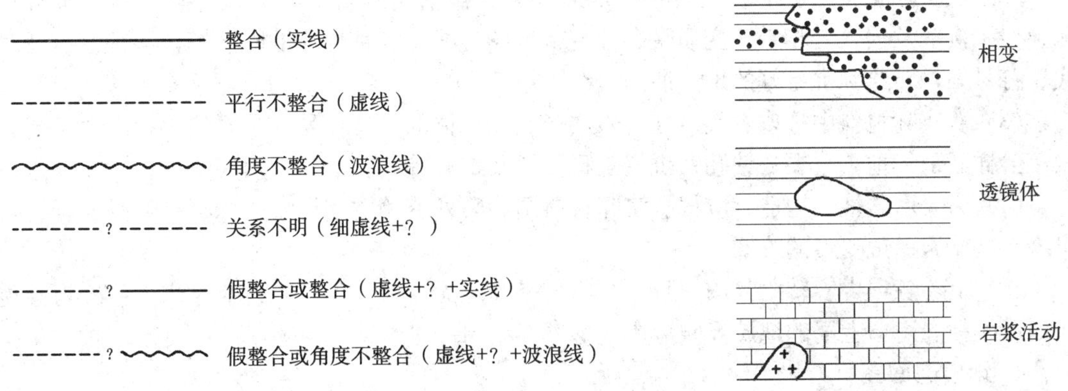

图 9-42　接触关系、相变与岩浆活动符号
（据杨逢清等，1990；转引自赵温霞，2016）

（8）在图面许可情况下，可在“岩性简述”与“沉积构造”栏之间标上各地层单位的基本层序。

(9) 矿产或其他内容可在备注中注明。

(10) 在图上方写全图名及比例尺，图下方标上图例及填写责任表。

2. 编制地层综合柱状图

地层综合柱状图是在一个地区（或一个工作区）范围的若干地层柱状图的基础上综合整理而成的一种从纵向上反映了该地区（或工作区）岩性和化石的变化特征。地层综合柱状图的制作方法基本上与地层柱状图相同，不同之处在于：

(1) 岩性通常以段、组为单位，综合描述。描述应有代表性，同时也需对区域上较大的岩相变化进行描述，相变规模大时，应在岩性柱上画上相变线。

(2) 地层厚度以综合厚度表示，一般应包括最薄的和最厚的范围，例如 20～80m。

(3) 化石名称应选择有代表性的或特征性的属种。

(4) 一般应加上"沉积相和海平面变化"一栏，以描述该地区（或工作区）地质历史时期的环境变化。

(5) 综合地层柱状图一般与地质图配套，因此综合地层柱状图应着色。

3. 编制平面地质图

平面地质图是普通地质图的主体部分，也称主图。主图一般应展示研究区（或工作区）的地理概况、一般地质现象和特殊地质现象。地理概况是指图区所在的地理位置（经纬度、坐标线）、主要居民点（城镇、乡村所在地）、地形、地貌特征等。一般地质现象是指研究区（或工作区）地层、岩性、产状、地质构造（断裂、褶曲）等。特殊地质现象是指研究区（或工作区）崩塌、滑坡、泥石流、喀斯特、泉、主要蚀变现象等。绘制平面地质图的基本要点如下：

(1) 平面地质图一般在地形图底图上绘制，当无地形图底图时，可以根据研究区（或工作区）的地理位置、范围、比例尺等，绘制坐标网和图框（GIS 制图可以自动生成）。平面地质图的布置方向应"正放"，纵坐标表示南北方向，且上北下南。图框线一般由外线和内线组成，两者距离一般为 12mm；外框线应为粗实线，线宽一般为 1.5mm；内框线应为细实线，一般为 0.15mm（与坐标网线相同）。

(2) 从实际材料图上准确地将各种地质界限，包括实测与推测的地层整合与不整合接触、侵入接触及侵入岩相带、变质带、蚀变带等的界线，各种性质的断层线，各种岩脉及时代、符号等，转绘到准备好的地形底图上。

(3) 从实际材料中选取有代表性的岩层产状、岩体的时代代号，主要的化石产地及同位素年龄样品采集地，重要的钻孔及坑道工程位置及编号等，转绘到地形底图上。

(4) 为表示岩性和构造，应根据实际材料图和野外有关文字记录，标绘有关侵入岩、喷出岩、变质岩、蚀变带的纹饰。

(5) 上述各项内容转绘完成，且经全面核查确定无误后，方可进行上墨和着色。为避免与地形线相混淆，上墨的地质界限应比地形等高线粗一级。

4. 地质剖面图

为了醒目地表达测区地质构造特征，应在平面地质图下面附 1～2 条贯穿全区的代表性剖面，也称图切剖面。剖面线的方向应垂直测区的主要构造线方向，剖面线位置应位于地质构造特征较典型及地质内容较齐全的部位。剖面图的水平比例尺应与平面地质图的比例尺相同。

图切剖面应在地形剖面的基础上标绘出剖面线所经过位置的地层界线、岩体界线、断层、岩脉等各种地质要素。各类地质要素均应以相应的岩性纹饰、构造符号等表示，并注以代号。剖面图两端应标明各自的海拔、方位及剖面代号。

5. 图例

在平面地质图右侧往往都附有图例，包括图面表示的所有地质代号、符号、纹饰与颜色，以及各种构造和产状要素等。沉积岩岩石地层单位代号的使用应尽可能表示到统。岩浆岩应以时代加岩性和典型产地的办法，应突出岩性和时代。地形图上的惯用图例可以省略不用列出来。图例框一般为 12mm×8mm（或 15mm×10mm）的矩形，框线为宽 0.15mm 的细实线。相邻图例框应等间距布置，上下行间净距一般为 3～5mm。按图示内容，图例排列顺序一般是先地层—岩体—岩脉—地层界线—产状—构造—矿物、蚀变—工程—其他，最后为工作区范围。地层图例和岩体图例均应从上到下由新到老排列，且长方形框格的左侧注明地质年代，右侧注明主要岩性，框格内着色和注明的符号应与地质图上同时代的一样。

6. 比例尺

又称缩尺，用来表明图幅反映的实际地质情况的详细程度。地质图比例尺的表达方法与地形图的比例尺或地图的比例尺相同，可用数字比例尺和线段比例尺。比例尺一般注于图框外上方图名之下或下方正中位置。

二、编制构造纲要图

构造纲要图是以线条、符号等表示研究区（或工作区）地质构造特征的一种地质图件，编图目的在于形象地反映该区的主要地质构造特点及构造发展历史。构造纲要图以小于或相同于比例尺的地质图作底图，其主要内容包括：

（1）简化地层界线及各种不整合界线。

（2）侵入岩与围岩接触界线，岩体的原生构造的岩脉。

（3）各种有代表性的产状要素符号。

（4）各种性质不同的断层线，并标明其产状、形成时代和规模大小，对隐伏断层应用虚线表示。

（5）不同褶皱轴线应以不同线条的粗细和长短表示规模，用不同颜色表示其形成时代。

三、编制地貌图

地貌图是指用来显示各种地貌类型外部形态特征、成因、年代、发展过程、发展程度及相互联系的专题地图。地貌图既可以表达地貌研究的成果，同时又是研究地貌的重要方法，对地貌学有着重要的作用，它仍在不断地发展，其发展趋势是采用形态成因的分类原则，强调以地貌实体为基础的定性、定量、定位表达和图形轮廓特征的图像化，并且逐渐向规范化、标准化方向发展。地貌图有多种类型。按图的性质，可以划分为地貌类型图和地貌区划图。地貌类型图着重表示不同等级的地形个体或地形面形态、成因和年龄，图示各类型的空间分布可能相距很远、重复出现。地貌区划图是以区域为单元进行制图，表示类型组合的地域分布规律和差异。各区域有较大的特殊性，一般在地域上不会重复出现。按内容和用途，可以划分为普通地貌图、部门地貌图、实用地貌图等主要类型。按比例尺，可以划分为大、中和小比例尺的地貌图。大比例尺地貌图一般用于重点工程，应采用地貌实测、航空照片及相关资料进行编制。小比例尺地貌图利用各种相关资料和卫星图像在室内编制。中比例尺地貌图介于两者之间，重点地区需实地考察。按区域空间，可以划分为宇宙空间星貌图、世界（全球）地貌图、洲际地貌图、国家地貌图、省或区域地貌图等。按内容和用途可以划分普通地貌图、部门地貌图和实用地貌图三类。普通地貌图是按地表形态、成因和年龄三个基本要素编制而成，属于基础性用图，一般都指地貌类型图。部门地貌图是一种重点表示特殊地貌类型、类型组合及其特殊性质的地貌图，一般按部门地貌分类，主要有冰川地貌图、冰缘地貌图、喀斯特地貌图、风沙地貌图、海岸海洋地貌图等类型。实用地貌图是指直接为生产实践或者工程设施服务的突出某一内容的地貌图，如农业地貌图、工程地貌图、砂矿地貌图等。

1. 地貌图的缩编制图法

首先通过地貌标绘图的制作从大比例尺地形图中提取地貌制图信息，再通过制作过渡图对地貌标绘图的内容与底图进行协调和制图综合，并补充各种有关的制图内容。地貌过渡图经过补充调整和核实后，最终缩编成编绘原图。如制作 1∶100 万地貌图，一般选择 1∶10 万或 1∶25 万地形图为工作底图，过渡图比例尺为 1∶50 万，最后形成 1∶100 万地貌类型图。这种制图数据精度要求较高，当地貌界线不确定时，一般需要进行野外实地踏勘。因此，往往工作量较大，周期较长。

2. 地貌图的遥感制图法

遥感制图是以遥感图像为主要信息源，多源整合数据为基础，借助专家的野外地貌知识，采用基于 GIS 技术的分类编码系统和地貌信息提取方法，在对制图区域地貌特征进行研究的基础上，对地貌类型进行分类与制图的过程（图 9-43）。如中国 1∶100 万地貌类型图的遥感制作过程，首先配准并镶嵌 ETM 数据，扫描所搜集的各类地貌图，并用高比例尺的矢量数据进行配准，形成数字栅格图（DRG），使影像和图件拥有相同的投影信息，将 1∶25 万的 DEM 转换成等高线；然后在 ArcMap 中加入 ETM、DRG 和 DEN，采用目视解译的方式

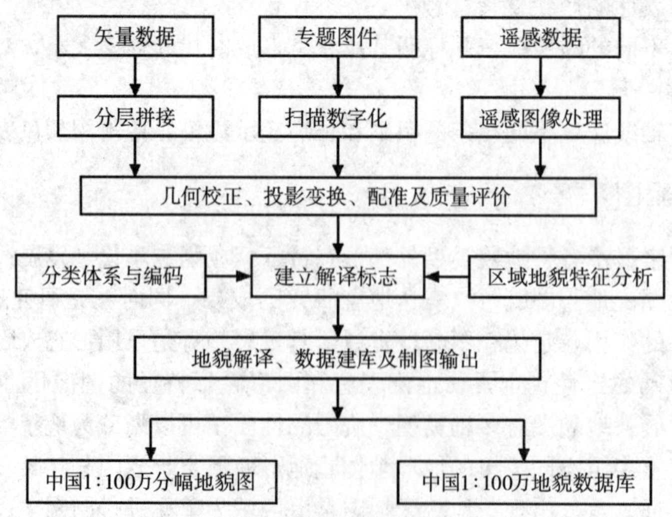

图 9-43　中国 1∶100 万地貌图的遥感制图流程

（据程维明等，2004）

来修改和完成 1∶100 万地貌类型图。

(1) 随着遥感技术（RS）和地理信息系统技术（GIS）的快速发展和逐步成熟，使得大量需要在野外完成的地貌制图工作均可以在室内完成，同时能够通过集成和更新历史专题地貌图建立相应的地貌数据库，且在较短时间内推陈出新。因此，遥感地貌制图已成为国内外当前地貌制图的主流方法。

(2) 地貌遥感制图主要以卫星影像为基础数据源，同时以出版了的或草图形式的各类比例尺的地貌图为参考。地形图和 DEM 是山区地貌解译的有力辅助工具。地形图以等高线的形式来表达地貌的形态特征，而 DME 则是用栅格形式表达的数字高程模型，有助于判读地貌基本结构线，如分水线、山脊线、山麓线、坡折线、谷底线等。遥感图像对平原地区地貌信息的表达，因地表覆盖的存在而受到限制。由于地貌类型间高差较小，一些地貌类型界线被地表物质所覆盖，或受人类活动的影响而不易识别。此时，参考地貌图件对于地貌类型的定性定位就尤其重要，可以作为勾绘界线的重要参考和依据。

(3) 遥感地貌解译是遥感地貌制图工作的重点。以遥感影像为基础，充分利用参考地貌图件和地形图、DME 等有关资料进行综合分析，则是遥感地貌解译的关键环节，其主要任务和分析目标是以建立地貌类型解译标志为基础，由已知扩展为对全区域的认识，确定形态成因类型，找出各种地貌类型的形态和空间规律。

(4) 建立地貌类型解译标志是遥感图像解译的主要工作内容。经常利用的标志主要有形态特征、色调变化和纹理结构。由于地貌体本身的特性、形态特征指标具有很重要的作用，利用遥感图像配合地形图可以从直观的形象获得地貌类型准确的量度和相对比值概念。另外，诸多形态反映着成因可以用形态特征的不同形式作为推导地貌成因指标之一。地貌体的色调是通过假彩色合成的颜色效果反映的，与地貌体的自然景色有很大差别。简言之，色调变化有明亮和深暗、均匀与不均匀等区别，同时也是一个极不稳定的因素。因此，在地貌解译时，形态与色调的判读应紧密结合，以提高判读的信息量和准确性。纹理结构在图像上多反映小形态的大小排列组合，对识别地面组成物质和外营力雕琢的地貌形态有利。此外，人类活动也可作为某些地貌类型的判读标志，如地上河高滩地类型，包括现代黄河的高滩地与黄河泛滥所残留的废弃高滩地，实为天然（黄泛）与人为（筑堤）的合力建造，此时就可将堤坝作为类型判读的标志之一。总之，建立解译标志，不仅要从图像入手，还要结合其他各方面的资料进行综合分析，使建立的解译标志具有可信度和可操作性。

(5) 利用卫星遥感数据制作地貌图时，既要读懂遥感数据上所反映的现象，又要根据地学知识和其他辅助数据挖掘出遥感数据所深藏的地貌特征。纵观遥感地貌制图方法和过程，以下几个问题是划分地貌界线及评价其合理性的关键因素：

A. ETM 影像显示比例尺与地貌界线间的关系。在 ETM 影像上画地貌界线时，根据不同的地貌形态和成图要求选择合适的比例尺。根据遥感数据（ETM 数据）的比例尺，对于绘制 1∶100 万地貌图来讲，一般界线需要选择 1∶10 万比例尺，但在画沟谷（如山谷、河谷）时，为了能够看清楚地貌界线，需要放大到 1∶5 万比例尺；而在画沙漠地区时，在 1∶10万地貌图上无法确定其界线和走向，此时就要在 1∶15 万、1∶20 万或者 1∶25 万地貌图上画。总之，在画界线时，要把影像放大或缩小到合适的比例尺，使之能看清楚地貌类型界线走向，还要保证划的界线准确满足成图所要求的精度。

B. ETM 影像上地表覆被和地貌界线的区别与联系。在 ETM 影像上较容易解译划定地表覆被界线，依据地表颜色就可以划分，如绿色是耕地，蓝色是河流，等等。但是，值得注意的是，地表覆被往往受人类活动影响较大，而且在同一坡段下，人类活动频繁与不频繁的地方在 ETM 上的表现是有区别的，所以可以依据受人为活动影响的不同来划分。

地貌界线不能用颜色划分，应依据等高线等要素来划分，按照高程和相对高度区分平原、山地和丘陵。由于区域地貌发育的基本特征和地貌分布的规律性及各种地貌形态发生和发展的原因往往与区域自然地理环境变化的关系十分密切，因此，在研究地表形态确定地貌界线时，必须重视地貌形成原因，特别是外营力作用类型，可为地貌界线确定提供科学依据。在确定地貌界线时，应利用地形图和地貌图，既要依据地形高度的不同，又要考虑地貌成因与发育阶段的一致性，在河谷、沟谷及分水鞍等具有明显差别的地形部位划定山地的次一级类型界线，使图斑体现出山体的完整性。

C. 地貌界线与 DME 等高线的关系。地貌界线与地面高程线的关系主要表现在台地、丘陵和山地的划分上。在绘制地貌图时，除了参考历史地貌图件外，主要利用等高线来确定地貌界线，表 9-4 为山地地貌与 DEM 等高线之间的对应关系，因 ETM 影像上山地区域基本被植被或其他地表物质所覆盖，一般可借助于等高线高程及线的疏密程度来确定界线。

表 9-4　山地地貌类型与等高线的对应关系

高度（m）		地貌类型一级分类		切割度	地貌类型的二级分类
绝对高度	相对高度				
＞5 000	＞5 000	极高山		深切割	界线大致与现代冰川位置和雪线相当
5 000～3 500	＞1 000	高山	高　山		以构造作用为主，具有强烈的冰川刨蚀切割作用及干燥剥蚀、流水侵蚀作用
	1 000～500		中高山		
	500～200		低高山		
3 500～1 000	＞1 000	中山	高中山		以构造作用为主，具有强烈的剥蚀切割作用和部分的冰川刨蚀作用
	1 000～500		中　山		
	500～200		低中山		
1 000～500	1 000～500	低山	中低山	中　等	以构造作用为主，受长期强烈剥蚀切割作用
	500～200		低　山		
500～200	500～200	丘陵	高丘陵	浅切割	以构造作用为主，受长期强烈剥蚀切割作用和部分的堆积作用
	200～100		中丘陵		
	＜100		低丘陵		

（6）建立地貌分类系统是地貌制图的基础。我国 1∶100 万地貌分类系统采用的是形态和成因相结合的分类。虽然分类系统符合制图要求，可作为地貌制图的基础，但是，应需要注意对个别区域做一些小调整。

第九节　绘制地质手图和实际材料图

一、野外勾绘与连图方法

在野外地质填图中，要求在野外将各种地质界线，如地层分界线、岩相分界线、不整合线、各类断层线、侵入接触界线、矿层或矿脉线等，勾绘在手图上，决不能离开实地而凭记忆进行“闭门造车”，坚决杜绝弄虚作假，高“飞点”的现象出现。

在野外地质填图时，若运用追索法或合面踏勘法，则可基本沿地质界线追索，在实地将地质界线勾绘在手图上。若运用穿越法，则要求依据相邻观察路线上相应的界线控制点，在实地连接地质界线。在这一过程中，要充分运用岩层露头出露规律和利用航空照片或遥感图像的影像信息来进行地质界线的勾绘。野外勾绘地质界线应符合线条清晰和圆滑、界线切割关系清楚和明了、界线的色调均匀和美观等基本要求，且应注意：

(1) 手图上的实测地质界线（断层线）用实线表示，推测界线（断层线）用虚线表示。

(2) 地质界线的切割关系，如不整合界线、晚期喷出岩或侵入岩体的边界线等，常截断较老的地质界线，后期的断层线不仅可以切割地层、岩体及岩相带界线，而且还可以切割早期的断层线。因此，当图面上的新老地质界线较多时，原则上应先勾绘较新的地质界线或晚期的断层线，后勾绘较老的地质界线或早期的断层线。

(3) 在野外勾结地质界线时，一般采用 HB 铅笔，断层线选用红色铅笔。当检查无误后，将其着墨或上色。

二、绘制地质实际材料图

地质实际材料图是指用规定的线条、符号、纹饰等在地形图上表示地质界线、地质观测点、地质观测路线、各种样品的取样点及其编号、山地工程和钻孔等位置的一种图件。它能够反映区域地质填图中实际工作的详细程度、工作量的分布情况和各种地质体被控制程度，因此，实际材料图可以作为衡量区域地质填图工作的质量，以及检查被划分出的各种地质界限可靠程度的一种依据，包括判定测区工作布置、成果及地质论断的合理性，确定实际工作的详细程度和深度，以及存在的问题。此外，实际材料图还是编制和检查地质图及其他相关图件的基础资料。因此，要求实际材料图应真实、准确。

1. 地质实际材料图的编制过程

实际材料图一般应根据野外地质草图编制。为了保证地质填图中出现的遗漏、错误、争议等能够在野外及时得到弥补、修正和统一，实际材料图应在野外地质填图过程逐步绘制。当野外清图质量很好时，亦可直接作实际材料图使用。否则，应将清图中的全部内容转绘到与野外地质草图同版的地形底图上，一般应按下列顺序进行转绘：①绘制各种观测点、样品或标本的采集点、山地工程和钻孔位置及编号；②绘制断层线；③绘制其他地质界线；④注记各种时代符号。

注意：①各种地质界线不应压盖或穿过各种符号、编号及其他注记文字；②凡是被各种地质界线和断层所圈闭的范围，均应注记时代符号。

2. 地质实际材料图的图面组成

标准实际材料图的图面组成与标准地质图的图面组成相同，由图名、图幅名称和代号、主图（实际材料图）、比例尺、图例、责任表等组成。但值得注意的是，主图中所表达的内容有所不同，实际材料图更丰富些，除了一般地质图中的各种地质界线、断层线等，还应表达地质点、路线地质、标本和样品、产状、已施工的工程等的位置。实际材料图的图例内容与主图内容不尽一致，一般只含实际材料部分，不含地质的图例。

思考与讨论

1. 野外地质调查与测绘的技术方法有哪些？它们各自的理论与技术基础是什么？

2. 定位和定向测量的技术方法有哪些？野外地质调查过程如何进行点位标定和方位定向？

3. 从野外草图（手图）到地质图的过程是怎样的？

预（复）习内容与要求

1. 基础知识：地形图和地质图、地质罗盘、GPS技术、奥维地图、地质素描、地质摄影、地质标本和样品、实测剖面和图切剖面、地貌分类和地貌图、实际材料图。

2. 练习绘制各种地质图的方法。

3. 练习阅读地质图的方法和技巧。

Chapter 10 第十章 野外实习报告编制

野外地质调查中所取得的各种地质资料，在野外整理的基础上，并通过野外验收批准后，即可转入室内进行最终资料的综合整理与研究。最终整理与研究的任务是全面系统地整理调查区的各项实际资料，将野外观察到的地质现象同室内分析鉴定的成果结合起来，进行综合研究，使资料条理化和系统化，使感性认识升华到理性认识，以各种综合性图件、地质调查报告书和数据库等形式展现调查与研究成果。因此，最终整理与研究，以及编绘各种综合性图件和编写地质调查报告，是野外地质调查工作的重要组成部分。

第一节　编写野外实习报告的目的和意义

地质教学野外实习是一次区域地质调查工作的基本训练，编制野外实习报告的目的在于熟悉和了解区域地质调报告的基本组成、格式和写作要求，培养和锻炼学生整理与研究地质资料、编绘各种地质图件和编制地质调查报告的能力。

在野外实测阶段结束以后，则进入最终室内整理阶段。在该阶段，首先需要对野外所取得的原始资料进行整理，完成野外实际材料图，审阅野外记录本，核对和仔细清理标本（有些重复的标本应筛除掉），对照标本对地层和岩石进行补充描述，对化石标本应做详细研究（以便准确地确定地层的时代），整理各项鉴定、化验成果。其次，对信手地质图进行清绘，对图面进行整饰，对有些出露不好的地段推测的地质界线应用虚线画出，图面上的界线、符号、数据等应整洁、美观、匀称，画好图廓，写好图名和比例尺等。对于正规出版的地质图，须按照国家规定图例色谱上好颜色，对其他成果图件也应进行编制、整饰、成图。编写野外实习报告是最重要的教学内容。

第二节　野外实习报告编制基本要求

一、基本要求

（1）野外实习报告编写须在各种资料高度综合整理的基础上进行，客观反映实习地区的总体地质特征，突出解决关键地质问题，揭示实习地区的自然资源生成、赋存、分布和生态环境变迁的基础地质背景。

(2) 野外实习报告编写应做到内容真实、文字精练、主题突出、层次清晰、图文并茂、各章节观点统一协调，着重突出调查所取得的大量实际资料及进展成果。所附插图美观、图例齐全。

(3) 每个人独立完成野外实习报告的编写，不得相互抄袭。对于共同完成的图件资料，可共享使用，但每个人应体现独立思想和特色，不得千篇一律。

二、野外实习报告的格式要求

(1) 纸张规格要求。均应选用 A4 纸，且页面的顶边、底边、右边的页边距均为 2cm，左边的页边距为 3cm（左侧装订）。

(2) 野外实习报告的封面和扉页内容与排版格式和要求（图 10-1）。封面［图 10-1（a）］内容包括报告名称（主名称用小初黑体字、段前和段后各空 1 行，括弧内的副名称用二字仿宋体字）；院系、班级、实习小组、姓名、学号、指导教师，均为小二号宋体字（加粗），且段前空 0.5 行；实习时间和“河北农业大学”，二号楷体字。其余空行均为四号字，整页的行间距为 1.5 倍行距。扉页格式如图 10-1（b）所示，与封面不同之处在于右上角增加了成绩填写框一项内容。

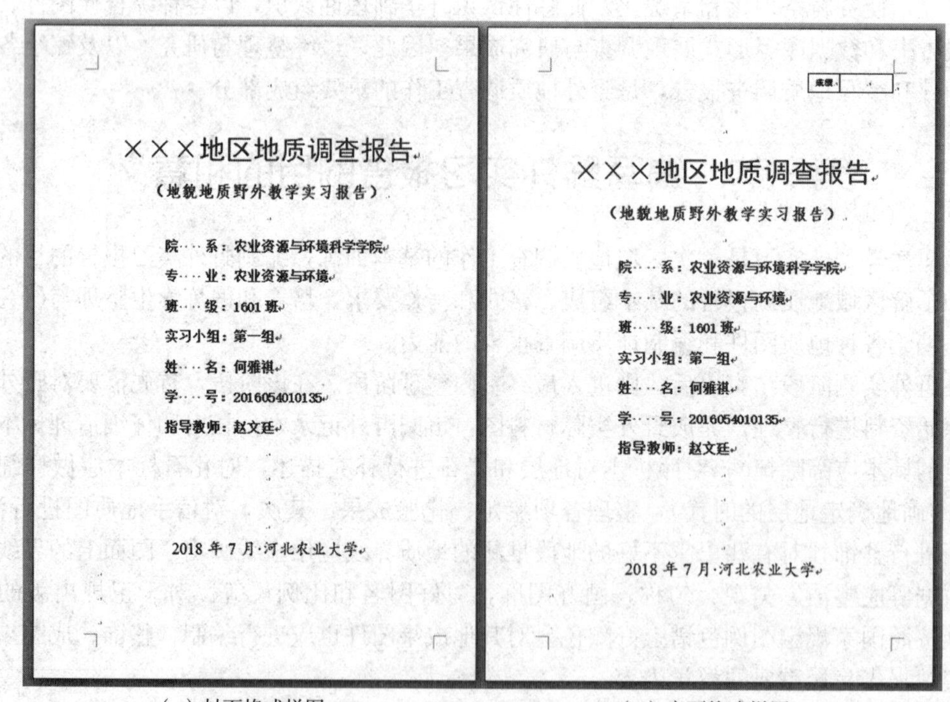

（a）封面格式样图　　（b）扉页格式样图

图 10-1　实习报告封面和扉页的内容与排版格式图示

(3) 目录格式与排版要求。应显示到第三级标题，行间距设置为 20 磅；第一级标题，小四号宋体字（加粗），首行缩进为零，段前段后各空 0.5 行；第二级标题，五号黑体字（加粗），首行缩进 1 个字符；第三级标题，五号宋体字，首行缩进 2 个字符。此外，“目录”两字中间空四个字符，三号黑体字，段前段后各空 1 行。

(4) 页面排版格式与要求。正文部分应至少设置三级标题，其中，第一级标题，三号宋体字（加粗）；第二级标题，小四号宋体字（加粗）；第三级标题，五号黑体字；正文，五号仿宋体字。整页行间距设置为 20 磅，第一、第二级标题的段前距 1 行、段后距 0.5 行，其他各级标题不设段前、段后空行。

（5）插图的排版格式要求。图幅在上，图号、图题和说明等在下，当为引用他人图件时，应在说明之后予以标注。

（6）数据表的排版格式要求。表序和表题在上，表格在下。如果有对表中的数据或内容进行说明的文字，应写在表格下外框线外，每段首行不缩进，采用悬挂空两个字的方式进行排版，字号和字体采用小五号、仿宋体。表格的宽度应与页芯宽度一致，不得宽窄不一。

（7）页眉和页脚的排版格式要求。左页的页眉上写“×××野外实习报告”，右页的页眉上写第一级标题的名称，如“第一章 地层”“第二章 岩浆岩”等，字号、字体要求为 5 号、宋体字。页脚中间写页码，格式为“第××页”，字号、字体应为小四号宋体字。

（8）参考文献的引用格式及排版要求。在报告书的最后，应列出主要参考文献。参考文献的引用格式应符合《信息与文献　参考文献著录规则》（GB/T 7714—2015）、《期刊编排格式》（GB/T 3179—2009）及《中国学术期刊（光盘版）检索与评价数据规范》等国家现行标准要求。

文后常见参考文献著录一般格式及示例（顺序编码制）：

（1）专著。

［序号］主要责任者．题名：其他题名信息［文献类型标识/文献载体标识］．其他责任者．版本项（第 1 版不标注）．出版地：出版者，出版年：页码．

示例：

［1］翟婉明．车辆-轨道耦合动力学［M］．北京：中国铁道出版社，1997：74-80.

［2］纳霍德金 M Д. 牵引电机设计［M］．李忠武，樊俊杰，李铁元，译．北京：中国铁道出版社，1983：21-25.

［3］EISSON H N. Immunology：an introduction to molecular and cellular principles of the immune response［M］．5th ed. New York：Harper and Row，1974：3-6.

［4］中华人民共和国建设部．铁路工程抗震设计规范：GB 50111—2006［S］．北京：中国计划出版社，2006.

（2）连续出版物中的析出文献。

［序号］析出文献主要责任者．析出文献题名［文献类型标识］．连续出版物题名：其他题名信息，出版年，卷号（期号）：页码．

示例：

［1］史峰，李致中．铁路车流路径的优选算法［J］．铁道学报，1993，15（3）：70.

［2］YOU C H，Lee K Y，Chey R F，et al. Electrogastrographic study of patients with unexplained nausea，bloating and vomiting［J］．Gastroenterology，1980，79：311-314.

［3］李四光．中国地震的特点［N］．人民日报，1988-08-02（4）．

（3）专著中的析出文献。

［序号］析出文献主要责任者．析出文献题名［文献类型标志］．析出文献其他责任者//专著主要责任者．专著题名：其他题名信息．版本项．出版地：出版者，出版年：页码．

示例：

[1] 陈晋镳，张惠民，朱士心，等．蓟县震旦亚界研究［M］//中国地质科学院天津地质矿产研究所．中国震旦亚界．天津：天津科学技术出版社，1980：56-114.

[2] 贾东琴，柯平．面向数字素养的高校图书馆数字服务体系研究［C］//中国图书馆学会．中国图书馆学会年会论文集：2011 年卷．北京：国家图书馆出版社，2011：45-52.

(4) 学位论文。

示例：

[1] 党建武．神经网络方法求解组合优化问题的研究［D］．成都：西南交通大学，1996.

(5) 专利文献。

[序号] 专利申请者或所有者．专利题名：专利号［P］．公告日期或公开日期．

示例：

[1] 曾德超．常速高速通用优化犁：85203720.1［P］．1986-11-13.

(6) 电子文献。

[序号] 主要责任者．题名：其他题名信息［文献类型标识/文献载体标识］．出版地：出版者，出版年：引文页码（更新或修改日期）［引用日期］．电子文献的出处或可获得地址．

示例：

[1] 王明亮．关于中国学术期刊标准化数据库系统工程的进展［EB/OL］．(1998-08-16)［1998-10-04］．http：//www. cajcd. edu. cn/pub/wml. txt/980810-2. html.

第三节　野外实习报告编写提纲

一、地质调查报告的编写提纲

地质调查报告的主要章节包括绪言、主要填图单位及地质体特征、区域地质演化与自然资源地质背景、数据库、结论及附件、附图、主要参考文献。实际工作中，可根据地质调查工作任务和成果适当增加一些专门性的章节，如水文地质、地震地质、灾害与环境地质等。

1. 绪言

绪言一般作为报告的第一章，应主要阐述下列内容：

(1) 任务要求。简述任务书文号及目的任务、项目编号、调查区范围、面积、工作起始时间等。

(2) 自然地理及经济概况。简述自然地理、经济、交通概况及工作条件。

(3) 研究概况及存在问题。简述区域地质调查程度，地质资料收集、利用情况，编制工作程度图；简要评估以往工作及存在的问题。

(4) 目标任务的完成情况及主要实物工作量。

该部分一般应附交通位置图、工作程度图、完成工作量表。

2. 主要填图单位及地质体特征

主要填图单位及地质体特征一般作为报告的第二章，应依照调查区出露的不同岩石类型和地质构造的复杂程度，有侧重地描述主要填图单位及地质体的空间分布、组成、变形、接触关系等基本地质特征，简要阐述地质体时代、构造属性等。一般可分下列五节写作：沉积地层为第一节，侵入岩为第二节，火山岩为第三节，变质岩为第四节，地质构造为第五节。有时也可以将各节分别作为一章进行编排。

3. 区域地质演化与自然资源地质背景

区域地质演化与自然资源地质背景作为报告的第三章，分别将区域地质演化、自然资源地质背景作为第一节和第二节进行编排。区域地质演化，应归纳总结各构造单元沉积作用、岩浆活动、变质作用和构造变形特征等，建立地质作用演化序列。可按照时间顺序，以重大地质事件群及其关系叙述；也可按照主要构造单元分布叙述。自然资源地质背景，应概述区内主要自然资源分布的基本概况及其地质背景，解决了哪些制约资源、环境、灾害的基础地质问题，提出国土空间规划、自然资源管理、生态环境保护等的地质建议。

4. 数据库

数据库作为报告的第四章。应以数字（智能）调查系统形成的地质图图件，简要描述数据库图层和相关数据项。

5. 结论

结论即取得的重要地质成果及主要结论，以及存在问题及工作建议。将这些内容作为报告的第五章进行编排。

6. 附件

可以附件形式提供配套的有关成果图件、报告等，如专题填图图件和报告等。

7. 附图

图幅较大，不能作插图时，应作为附图。主要附图有地质图、地质剖面图、地质柱状图等。

（1）所附重要化石、岩矿、岩相、地质构造、野外地质和地貌景观图版和图版说明，插入到有关章节文字叙述处。

（2）不同地质体遥感影像特征要分解到不同章节去叙述。例如，填图单位遥感影像特征分解到地层和侵入岩部分，构造遥感影像特征分解到构造部分等。

（3）报告要简明、扼要，避免不必要的解释性论述，1～2 幅联测报告一般控制在 60～80 页（5 号字，标准版式，不含测试数据表）；2 幅以上联测报告不超过 100 页。

二、野外实习报告的编写提纲

野外实习报告必须包括前言、实习地区的资源环境概况、实习路线与成果分析、实习感想与展望四部分内容，其他内容可参照一般地质调查报告内容要求进行编写。前言部分应阐述实习的任务与目的、完成情况。实习地区的资源环境概况部分应概括性说明实习地区的地理与资源环境、地质概况。实习路线与成果分析部分为野外实习报告的重点内容，对每条实习路线均应详细地阐述路线的位置、主要观察内容、观察成果及成果分析。第四部分包括实习收获、感想与展望，要求应具体翔实、情真意切、语言丰富、情节完整。

思考与讨论

1. 野外实习报告写作的意义有哪些？
2. 如何写好地质调查报告？

预（复）习内容与要求

熟悉地质调查的相关规范，如《区域地质调查技术要求（1∶50 000）》（DD 2019—1）、《固体矿产地质调查技术要求》（DD 2019—2）、《环境地质调查技术要求》（DD 2019—7）等。

第二篇 Part 2

地貌地质教学野外实训经典——周口店实习区

Chapter 11 第十一章 周口店地理概况

第一节 地理位置与交通

周口店镇位于北京市西南约 46km，属北京市房山区管辖，交通十分便利（图 11-1）。京原铁路斜贯周口店地区，区内有良各庄、孤山口和十渡三个火车站。京广铁路在琉璃河站设工矿支线与周口店直接相连。区内县乡级公路发达，村村相通互达。区外主要公路有莲花池—张坊、天桥—房山等干线与北京市相通，在天桥和六里桥均有往返北京市区和周口店的公交车。从保定市到周口店镇有多种交通方式，可选择京昆高速公路（G5）、京港澳高速公路（G4）或国道 107 驾车直达，距离 135km 左右；也可选择京石高铁或京广铁路到北京西站，转地铁到苏庄站换乘房 15 号或 31 路到周口店。

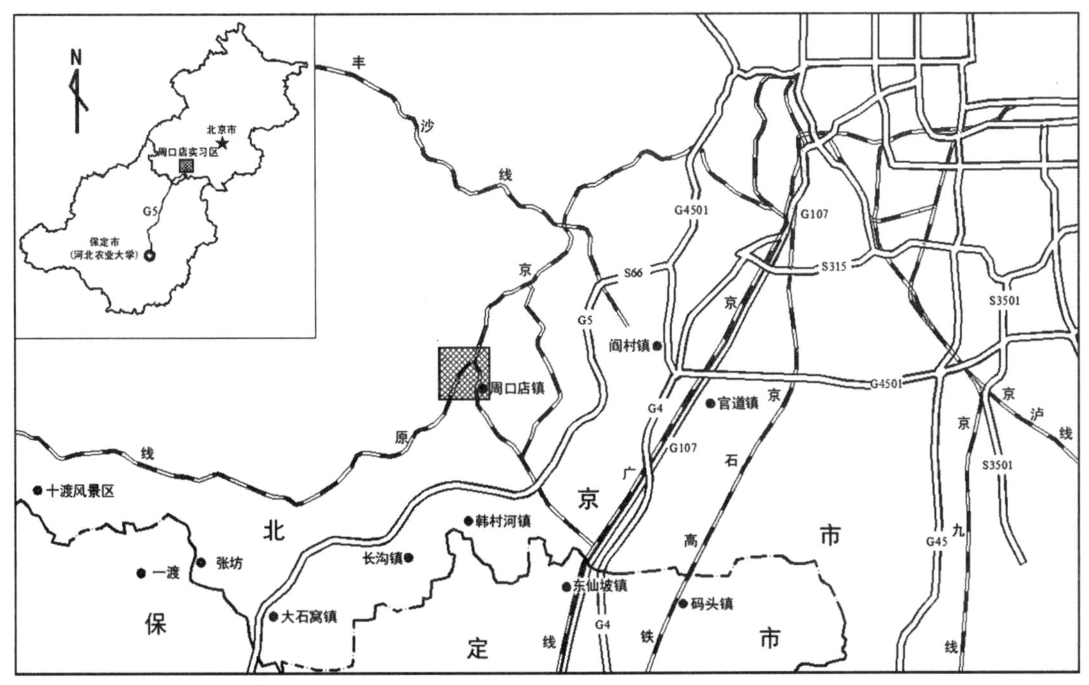

图 11-1 周口店实习区交通位置示意

第二节　社会与人文

周口店镇东临房山，北接燕山石化，南抵韩村河，西与十渡、霞云岭相连，辖区内共有5个社区和24个行政村，总面积约126km^2，总人口约4.2万人。

周口店镇历史悠久，历史文化底蕴十分丰厚。举世闻名的“北京人遗址”与故宫、长城、敦煌石窟一起被联合国确定为“世界自然与文化遗产”，吸引着海内外寻根访祖的华夏赤子。中国最大的皇家陵寝——金陵位于此。除了以“推敲”而独步中国文坛的苦吟诗人贾岛的故居外，还有明朝避暑胜地红螺三险，以及庄公院、宝金山、棋盘山、云峰寺等名胜古迹，多达22处。奇山丽水、莽川秀林与深厚的文化底蕴和现代文明交相辉映，在这里不仅可以抚今追昔，还可以饱览大自然造化之神奇，领略山光水色的无限情趣。

周口店是北京历史上的文化和商业重镇，历来是商旅聚集之地。中华人民共和国成立以来，周口店地区的农业始终是房山的一面旗帜。这里能源充足，土地广阔而肥沃，工农业基础力量雄厚，第三产业发达。改革开放的春风，使千年古镇焕发了青春，通过发展环境优化，使社会经济和精神文明比翼齐飞。随着市场经济的深入发展，以及加入世界贸易组织（WTO）的推动和2008年北京奥运会等有利契机，产业结构调整和优化步伐逐渐加快，高新科技产业、生态农业和古文化观光旅游业已成为周口店镇经济可持续发展的三大支柱。农业以小麦、玉米为主，山区还有较发达的核桃、柿子、苹果等林果业。近年来，设施农业稳步发展，诸如童子一号草莓、维多利亚葡萄等设施农业，及大韩继村林下养菇、车厂村“百菇仙洞”为龙头的食用菌产业化基地。发展规模化养殖，如猪场和柴鸡、养蜂等合作社，带动农户发展特色种养，告别了传统大农业，成为新型农业，出现了新型的农业工人。全面提升了村庄环境与面貌，突出区域联片发展，以娄子水和大韩继村为龙头的“新村群落”建设效果十分显著，包括硬化路面、铺设输水和排水管线，建设健身公园、文化图书室和村级卫生室，建设或改造污水处理站、公厕建设和农户卫生厕所，绿化村庄，安装太阳能路灯、太阳能热水器、生物质节能采暖炉，沼气入户。

此外，周口店还是地学研究与教育的重要基地，中国地质大学实习基地设在周口店镇。到目前为止，包括周口店在内的北京西山地区的地学研究，已经有150年的历史，是我国最早开展地学研究的地区，地学研究程度高，研究成果颇为丰厚，除地质图外，业已出版的论著有数百篇之多。周口店在地质野外教学实习和实训方面，也有百余年的历史，我国最早的地质专修班曾经在这里进行野外地质实践；中华人民共和国成立后，包括北京地质学院在内的各大专院校在这里进行野外地质实习和教育。此外，时常有科研、生产单位在此培养学员和干部，以及外国地质代表团、留学生来基地观摩访问或参与实践教学活动。周口店野外实习基地“是很好的训练人才的地方”（裴文中，1931），为培养出数十名高级人才（包括中国科学院院士及党和国家领导人）、数百名资深地质学家和教育家、数以万计的地学人才，发挥了举足轻重的作用，因此被誉为地质工程师和地球科学家的“摇篮”。

第三节　气候与气象

周口店地区位于北方大陆性气候区，气候属山前半干旱半湿润类型，冬季寒冷，夏季炎热。境内气温变化较大，最冷月一月平均气温－5.2℃，最热月七月平均气温 26.0℃；极端最高气温曾达到 43.5℃（1961 年 6 月 10 日），最低气温－26℃（1966 年 2 月 22 日）；年平均气温为 11.9℃。降水主要集中在每年的 7—8 月（占全年 70%以上），年降水量 650～700mm，历年平均降水量 582.8mm，历史最大降水量1 322mm（1954 年），最小降水量 277mm（1975 年）。冬季则寒冷，从 11 月至次年 2 月常有大雪封山，日最大降雪厚度达 200mm（1968 年 12 月 30 日）。冬季多偏北风，夏季多偏南风，各月风速在 1.5～3.4m/s 之间，历年最大风速达 22.7m/s。全年平均地面温度 14.5℃，极端最低－31.6℃，极端最高 68.0℃，最大冻土厚度 81cm。由于境内山地高峰与平原之间海拔悬殊，因此气候具有较明显的垂直分带性，大体以海拔 700～800m 为分界线，该界线至平原为暖温带半湿润季风气候；该界线以上为温带半湿润-半干旱季风气候；约在海拔1 600m 以上为寒温带半湿润-湿润季风气候。

第四节　资源与环境

一、矿产资源

矿产资源十分丰富，有开采价值的达 56 种之多，尤以石灰石、大理石、花岗岩著名，西北部丘陵地区蕴藏着丰富的煤炭资源，主要有长沟峪煤矿和散布于太平山-升平山等区段的小型煤矿。

1. 煤

煤是周口店地区最重要的矿产资源。埋藏于西北部凤凰山至上寺岭一带的工业用煤，已探明储量数亿吨。主要煤层为下侏罗统窑坡组，总厚度 500m 左右；可开采煤层 4～7 层，厚度一般为 1～3m；煤质均为无烟煤。该含煤岩系属内陆山间盆地型。印支运动导致凤凰山至上寺岭一带山间盆地形成，早侏罗世早期堆积了山前洪积物、冲积物、牛轭湖及浅水湖盆粉砂-泥质沉积物，以及玄武质熔岩和凝灰角砾岩，后期堆积了以湖相为主的细碎屑沉积，其间多次出现沼泽化环境，形成了成煤的有利条件。

在太平山、升平山、凤凰山南麓、黄院北山等地分布的太原组和山西组地层中，含有 2～4 层凸镜体状或串珠状薄煤层，成为民办小煤窑开采的对象。距侵入体远者为无烟煤，距侵入体近者则变质加深而被当地人称为青灰，可做涂料。太原组含煤岩系厚 40～60m，在磨盘山、大杠山一带的太原组下部炭质页岩中发现海相等纹贝化石，因而这套含煤岩系应属滨海平原型；山西组含煤岩系厚 50～100m，以河流相沉积为主，夹牛轭湖-沼泽相堆积，显然属内陆盆地型含煤岩系。

2. 石灰岩

在周口店地区，可供工业用的石灰岩分布较广，储量较丰富。根据用途，可采石灰岩有以下两类：

（1）水泥原料石灰岩，要求石灰岩的 CaO 含量＞47%、MgO 含量＜2.5%、SiO_2 含量＜4%。总厚 200～400m 的下奥陶统上部的马家沟组中有多层厚层状石灰岩可满足上述要求。周口店附近的龙骨山、太平山南坡等处是开采水泥原料石灰岩的重要基地。此外，下寒武统府君山组中的“豹皮灰岩”也有部分可达到这一要求。但由于府君山组总厚度仅 20～30m，因而储量较小。

(2) 石灰原料石灰岩，由于对质量的要求比较低，因而马家沟组、府君山组和张夏组中的石灰岩基本上都可作为石灰原料开采。石灰岩的采场和烧灰窑几乎遍布上述岩层分布区。

3. 花岗石

周口店地区生产的花岗石石料颇负盛名，开采对象主要是房山复式岩体的边缘相和过渡相以及稍早侵入的石英闪长岩体，后者颗粒细而匀，属上等石料。宏伟的天安门广场就曾经采用了大量的房山花岗石。1958 年建筑工程部综合勘察院进行过初步勘探，初步探明矿体为一直径约 7.5km 的岩株，面积近 $60km^2$，可以开采石料的面积有 $10\sim20km^2$。去掉表层风化壳和半风化岩石后，露采新鲜基岩的深度平均以 10m 计，按实际可采率 40%计算，可以开采出 (4～8) $\times10^7m^3$花岗石石料，其产量是很可观的。在大规模开采时代，筑有铁道专用线通往采石场运输石料。20 世纪 60 年代曾有相当数量的花岗石板材销往日本。后因销量受限及矿区北部兴建石油化工总厂，开采受到影响，目前只在岩体西缘龙门口等处进行少量开采。

4. 大理石

周口店地区碳酸盐岩广泛分布，蕴藏量很大。岩石普遍遭受轻度区域变质作用，具有微晶-细晶结构。靠侵入体近者又叠加接触热变质作用，故具有中粗粒结构。多数呈白、灰白色和灰黑色，部分呈淡青色、桃红色及杂色。虽然本区构造变形比较强烈，但并不均衡，在构造裂隙较不发育地段，仍可开采到一定规格的大理石石料。周口店西南的石窝一带大规模生产的石料，曾是明代、清代修建宫殿用的“汉白玉”的主要来源。1981 年以来黄山店、官地、牛口峪等处建起小型大理石厂，主要生产大理石装饰板材。

5. 红柱石　红柱石为富铝硅酸盐矿物，具强耐火性，可作为高级耐火材料，为冶炼工业服务。据首都钢铁厂试验，在普通耐火砖原料中加入适量红柱石，不仅耐火温度提高，且使用期延长 1 倍以上。

周口店地区的下马岭组、本溪组、太原组、山西组和红庙岭组中，均有含红柱石的岩层。下马岭组中的红柱石片岩、红柱石质纯，符合高级耐火材料要求。虽然本溪组下部的红柱石角岩中不含炭质，但亦是较好的耐火原料。其余地层中的红柱石，多含炭质而成空晶石，不符合工业要求。

据首都钢铁公司地质队对一条龙至骆驼山一带下马岭组中红柱石云母片岩采样分析结果，红柱石晶粒含量已达到工业要求 (5%～10%)，红柱石中 Al_2O_3 含量为 59%，SiO_2 含量为 38%，含杂质很少，接近理论含量。一条龙至骆驼山一带长约1 400m、含红柱石 5%以上的片岩矿带，平均厚度约 20m。若按露天开采要求，将标高 100m 以上的部分求储量，则含红柱石片岩的矿石储量超过 $1\times10^6m^3$，是较大的红柱石矿床。

6. 石板材料

在周口店地区，可做建筑用石板材料的岩层主要是两个层位：一是双泉组中的凝灰质板岩，另一为景儿峪组上部的钙质板岩。前者较有韧性，质量尚好，已有长期的开采历史，普遍用作房顶板材，比一般窑烧瓦更能隔水隔热，经久耐用，主要产地在长流水一带。后者因含一定量的碳酸钙而较脆，质量不及凝灰质板岩板材，其开采历史较短，规模不大，在黄院、娄子水等地有少量开采。

7. 石墨矿

房山区车厂石墨矿位于周口店镇北约 6km。矿体产在房山复式岩体西部接触带外石炭系内，属沉积变质矿床。共有13层矿，多呈透镜体状，主要矿体厚0.10～0.65m。矿石成分有黏土质石墨、致密、隐晶质至显晶质的块状石墨及矽线石片岩。含炭最高达11.50%，最低6.62%，平均9.22%；耐火度1 600～1 750℃。可做铸造用石墨，矽线石可综合利用。

8. 水泥配料用黏土矿

在周口店附近辛庄一带石炭系中有水泥用黏土矿，所发现的4个矿体均为透镜状，其中以2、3、4号矿体质量较好。3号矿体长度最大约223m，平均厚度8m；4号矿体最短，仅52m，平均厚度8m；2号矿体介于二者之间，长135m，厚8.6m。矿石为软质黏土，颜色呈浅灰、灰黑及黑色、杂色、灰白色；SiO_2含量为53.41%～60.09%，Al_2O_3含量为24.55%～25.43%，Fe_2O_3含量为6.23%～7.00%；耐火度小于1 580℃，为小型沉积矿床。

此外，周口店地区尚见有高岭土、砂砾石等矿点，规模小且多为个体开采。

二、地质旅游资源

周口店地区位于北京西部。北京西山得天独厚，势得天成，各类地质现象比较完全和集中。因其毗邻首都、交通便利，占有自然地理和人文地理的优势，因而在国内外地质科技交流中具有“橱窗”的重要位置。周口店地区更是集北京西山地质景观之大成，故在本区开发地质旅游事业前景十分乐观。

1. “北京猿人”遗址

周口店是我国研究古人类学和古脊椎动物学的重要基地。在北京西周口店龙骨山和黄山店等的岩溶洞空中，保存四“代”古人类化石及其生活遗迹，分别为“北京猿人”（距今60多万年）、“新洞人”（距今约20万年）、“田园洞人”（距今约4万年）和“山顶洞人”（距今2万年）。

龙骨山北坡的猿人洞（第1地点）为一个东西长约140m、南北宽2～40m的灰岩岩溶洞。自我国著名的古人类学家裴文中在该洞发现第一个完整的北京猿人头盖骨化石以来(1929)，经过数十年的发掘工作，迄今已采集数百件古人类化石，据其可以复原出男、女、老、幼40多个猿人个体。如此丰富的猿人群体化石的出土在世界上是空前的。与猿人化石同时出土的还有100多种脊椎动物化石、几万件古器以及猿人用火的遗迹。龙骨山东南部发现的“新洞人”（第4地点），1973年发掘出成年人牙齿一颗以及石器、动物化石等。在“山顶洞人”居住的龙骨山山顶的岩洞中，发现了3个完整的头盖骨和一些残骨，代表8个不同的个体，此外，在该地点还发掘出古人类使用过的石器、骨器、骨针等以及人工取火的遗迹。2003年在周口店遗址核心区西南约6km的第27地点（黄山店村田园林场附近半山腰的洞穴地层中，距山下河床高约160m）发现古人类化石，并定名为“田园洞人”。

上述有些发现已陈列在“猿人博物馆”中，可供游人参观。因此，周口店地区堪称古人类学的宝库，对古人类演化和社会发展研究具有十分重要的科学意义。古人类学家吴新智根据体形将古人类进行过程划分为早期猿人、晚期猿人、早期智人和晚期智人四个阶段。其中“田园洞人”和“山顶洞人”均属于晚期智人，从形态上（解剖学结构和形态学结构）已经同现代人基本一致。

2. 名胜古迹和奇峰异洞

周口店地区集中了房山境内的几处旅游胜景，其中最著名的当属上方山云水洞和猫耳山下的石花洞，现在都已开辟成为北京市著名的旅游点。

（1）上方山云水洞，属典型的北方岩溶地貌景观。上方山位于实习区西部，自东汉以来，经过历代营造，在群山之中建成了以兜率寺为中心的七十二庵，在历史上曾是香火鼎盛的“千年佛家圣地”，现在尚存的兜率寺等几座庙庵已开放游览，其他遗址仅存断垣残壁可供游人怀古凭吊。

上方山风光秀丽、景色宜人，宿以九洞十二峰为世人称道。上方山一带基岩大面积出露，以雾迷山组的白云岩系组成，岩性以洪水庄组千枚岩和铁岭组白云质大理岩为主，岩层产状平缓且节理发育，为岩溶地貌的形成创造了有利条件。本区的岩溶地貌多种多样：在地表有溶沟、石芽、溶蚀洼地、岩溶漏斗、孤峰和峰林等，著名的奇峰有摘星坨、骆驼峰、狮子峰、观音峰、象王峰、青龙峰、回龙峰、啸月峰等；在地下有落水洞竖井、穹状溶洞、多层溶洞和串珠状溶洞等，著名的溶洞有云水洞、朝阳洞、华严洞、金刚洞、九还洞、文殊洞、圣泉洞和西方洞等，其中，最为壮观的是云水洞。

云水洞位于上方山南坡，洞向北延伸，洞口高程 530m，末洞洞底标高 504m，已探测到的长度 613m。云水洞为串珠式近水平的溶洞，从洞前大悲庵后的洞口进入，首先为一条长约 140m 的“廊道”，在廊道的东壁下，有沿洞壁水平裂隙沉积的冲积层，厚 5～20cm，其中含碎骨化石，据贾兰坡鉴定，认为与周口店龙骨山北京猿人的时代（中更新世）大致相当。通过“廊道”后进入连续发育的 7 个大洞室，最大者顶底高差达 60m，底面积超过 2 000m^2。洞内钟乳、石笋，团团簇簇，千姿百态，在第二洞厅中央竖立一根高达 38m 的石笋。据中国科学院地质研究所张寿越等采取石笋样品进行 230Th/234U 年代测定，石笋形成于 25 万～35 万年期间，即中更新世晚期。此外，值得强调的是，由云水洞向上，气势雄伟的几个奇峰，实际上乃是飞来峰构造，为由倒转的雾迷山组构成的推覆体，掩盖在铁岭组之上。结合地质构造考察、欣赏大自然风光，将另有一番乐趣。

（2）南车营石花洞。位于房山区河北乡南车营村，离北京市区约 60km，有公路直达洞口。石花洞为发育于北岭向斜北翼奥陶系马家沟组石灰岩中的五层溶洞，现已开发上、中、下三层供游人参观。第一层洞长 300 多 m，包括有 1 个“廊道”、1 个“厅堂”、1 座“莲花池”、3 个大厅和 1 个套洞，厅洞高达 10～20m，宽 4～30m；第二层在第一层下 30 多 m 的深处，总长近千米，由很多支道相连；由第二层的一个套洞大厅下行，可到达第三层，本层中支洞、套洞很多，并且彼此相连，洞底存水；更下的第四层为干涸的地下河。

由于石花洞为新近发现的溶洞，因而洞穴堆积物未经破坏，石钟乳、石笋、石柱、石幔、石帘和石花等保存完整，琳琅满目、雄伟壮观，在我国北方实属罕见，与南方著名的溶洞相比，其景致毫不逊色。

（3）万佛堂孔水洞。位于房山区磁家务南，也是发育在马家沟组石灰岩中的巨大溶洞，洞中经常有水，形成幽深莫测的地下河。在1 500年前北魏时代的郦道元在其名著《水经注》中即有记载，洞内尚留有隋唐石刻，洞上有唐朝修建的万佛堂和宝塔。可惜这个风景点已遭严重破坏，如果能进行修复，可以将其与石花洞一起构成更精彩的旅游路线。

三、土地与土壤资源

在中国综合农业区划系统中，周口店地区位于燕山太行山山麓平原农业二级分区。根据区内中低山丘陵的地理条件和半干旱半湿润气候特征，结合本区的主要土壤类型，将本区土地划分为 7 种类型：①山前倾斜平原洪冲积黄-褐潮土类平原型土地类型；②山前盆地及山间洪积扇黄土类丘陵岗地型土地类型；③山间盆地及河谷地黄-灰潮土类河谷川地型土地类型；④山区冲洪积黄棕壤类冲沟梯田形土地类型；⑤低中山坡麓残坡积黄棕壤质坡地梯田形土地类型；⑥砂砾质残坡积层砂姜土类石质丘陵岗地型土地类型；⑦低中山剥蚀斜坡薄层残积层棕壤土类坡地土地类型。各类型土地的开发利用规律如下：①③两类为主要大田农作物耕地，且部分已改造为水浇地或稻田，多为一年两熟地，开发利用程度好，开发利用率最高。②④⑤⑥四类为主要杂粮作物耕地，多为旱地，一年一熟，少数为隔年间作耕地，开发利用程度较好。其中，第⑤类由于地形坡度大，土质层薄，土地肥力低和缺乏一定的湿度，现已为废弃梯田。第⑥类为常见林地、耕地混作形式。第⑦类为主要林业用地资源，但目前利用程度很差，除少数开发为人工林地外，多数仍为稀疏草-灌荒地。

周口店地区的土壤类型主要有碳酸盐岩分布区土壤、花岗岩分布区土壤、碎屑岩分布区土壤和冲积物分布区土壤。它们成分不同，肥力不同，酸碱性不同，所以其种植作物亦应不同。因此，对土地资源进行合理开发利用、加强管理并做好区域规划具有十分重要意义。

四、水资源

周口店地区水资源较丰富，详见第十二章第五节“水文和水文地质”。

思考与讨论

1. 周口店地区的资源与环境优势在哪里？如何实现资源开发利用与环境保护的协调一致？

2. 为什么将周口店作为野外地质教学实习的基地？

预（复）习内容与要求

1. 了解周口店的自然地理与人文地理情况。

2. 了解周口店野外实习的历史与发展情况。

Chapter 12 第十二章 周口店地质概况

第一节　地形与地貌

周口店地区位于太行山山脉北段与华北平原的邻接处，属北京西山的一部分。地势西北高、东南低，除东南侧有小部分为平原-丘陵外，大部为中高山区。中北部上寺岭海拔1 307m，山前平原地带海拔一般为50～100m（图12-1）。区内河流多为间歇河，水量很少甚至干涸，只有在雨季水量较大，主要有大石河、周口店河、黄山店河等。另外，中华人民

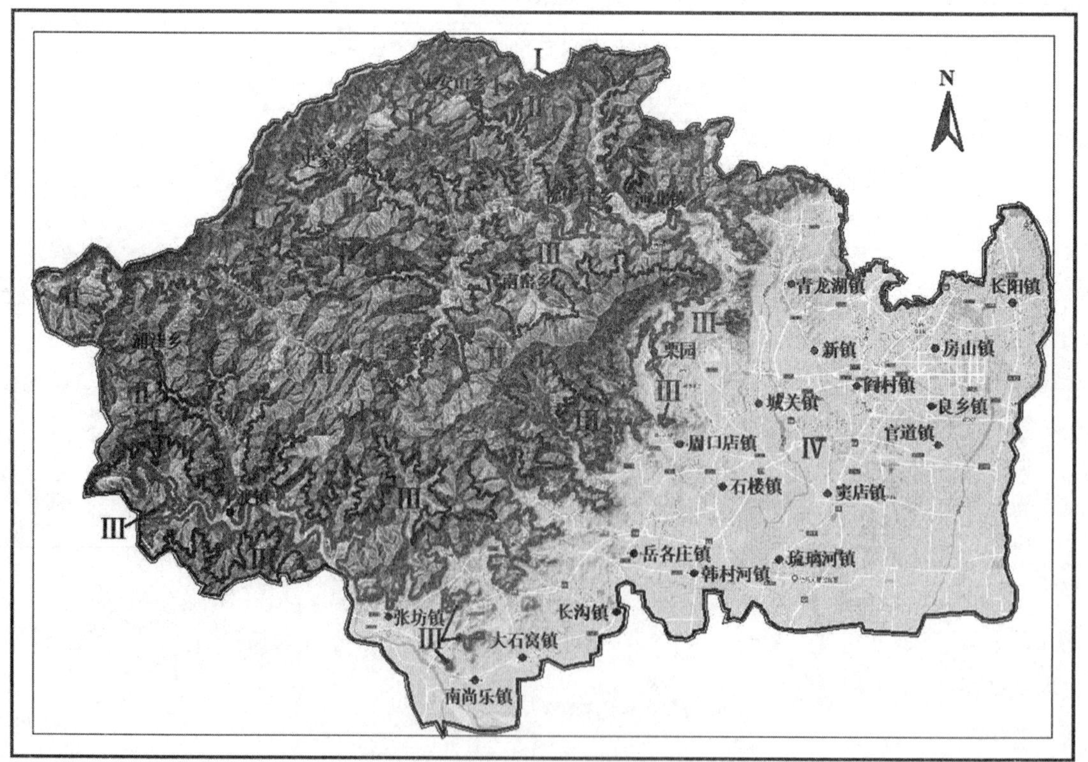

图12-1　周口店地貌类型示意

Ⅰ. 中山区（>1 000m）　Ⅱ. 低山区（1 000～500m）　Ⅲ. 丘陵区（500～200m）　Ⅳ. 平原区（<100m）

共和国成立后，为防洪和农业生产，在太平山、向源山、房山西之间建有牛口峪水库，后经改造成为工业废水排泄、净化的场所。随环境要求和管理的严格与深入，不断地引进污水净化和处理技术，使水质不但超过北京市规定的二类标准，而且达到了北京市“九五”期间规定的标准。如今库区周边浅滩已经建起了数百亩芦苇“梯田”，使牛口峪水库成了人们旅游和休憩的好地方。

第二节　地层及岩性

周口店及其邻区属于华北地层系统，发育新太古代、中元古代、新元古代、下古生代、上古生代、中生代、新生代等时代的地层，出露较为齐全。根据童金南等（2013）、龚一鸣等（2016）、谭应佳等（1987）及《1∶5万周口店幅区调查报告》（1988）成果资料，结合前人研究成果，地层由老至新概述如下。

一、新太古界

新太古宇零星分布在房山岩体边缘部，称为官地杂岩（Arg），与上覆地层呈剥离断层接触，出露面积约0.5km^2。地层岩性主要为黑云母角闪斜长片麻岩、正片麻岩、斜长角闪岩及黑云母角闪变粒岩等，在强烈动力变质作用下，糜棱岩化现象普遍。根据颜丹平等（2005）、陈能松等（2006）和刘丘等（2008）同位素年龄测定结果，推断为新太古代。

岩体南侧的关坻、山顶庙一带，岩性以黑云母斜长片麻岩为主，夹有斜长角闪岩、黑云角闪变粒岩、薄层石英岩，局部地段有长英质条带混合岩，局部可见变质基性岩脉（斜长角闪岩）贯入太古代地层中。这套变质较深（角闪岩相）的变质岩系与邻近的中、新元古代及古生代地层均呈断层接触，而与燕山期的侵入体普遍呈侵入接触，局部为断层接触。依据变质相理论和接触关系，该变质岩系应属于新太古代。

二、中元古界

在周口店地区主要分布在磁家务-南大寨、一条龙-房山及黄院西南地段，自下而上分为长城系常州沟组、串岭沟组、团山子组、大红峪组，蓟县系雾迷山组上部、洪水庄组、铁岭组。岩石普遍轻微变质，局部地段受房山复式岩体的影响变质程度加深。

1. 常州沟组（Pt_2ch）

仅在南大寨及东流水一带出露。地层岩性为灰白色中厚层石英砂岩，含少量斜长石，交错层理发育。厚23～30m，与下伏新太古界官地杂岩呈断层接触。

2. 串岭沟组（Pt_2c）

该组地层分布在磁家务-南大寨一带，未见其顶底。地层岩性为灰黑色薄层砂质板岩和变质细砂岩互层，厚度大于106m。

3. 团山子组（Pt_2t）

分布在北大寨和磁家务一带，地层岩性以灰、灰黑色薄层含砂白云岩、硅质白云岩和厚层纹层或纹带白云岩为主，夹两层肉红色、浅黄色厚层中细粒石英长石砂岩和长石石英砂岩。因含铁高而风化面常呈橘红色。厚度大于97.3m，区内可见其与下伏串岭沟组呈断层接触。

4. 大红峪组（Pt_2d）

零星分布在北大寨一带。自下而上分为三段，下段岩性以砖红色、肉红色、灰白色厚层长石石英砂岩为主，通常含有少量长石和石英砾石，交错层理普遍发育，并见不对称波痕，厚383m；中段岩性以灰白色中厚层-厚层石英砂岩为主，夹有多层长石石英砂岩，局部发育交错层理，厚度为213m；上段为红色厚层长石石英砂岩，厚度为8.5m。

5. 雾迷山组（Pt_2w）

在周口店地区西南黄山店、孤山口一带大面积分布，以孤山口至八角寨一带发育较完整（图12-2）。地层主要岩性为灰色中厚层硅质条带白云岩、泥质白云岩夹褐黄色藻层泥质白云岩，局部含砾白云岩。发育大量波纹状叠层石及锥柱状叠层石，局部可见变形层理。就其岩性特征而言，其层位相当于邻区雾迷山组第三、第四段。

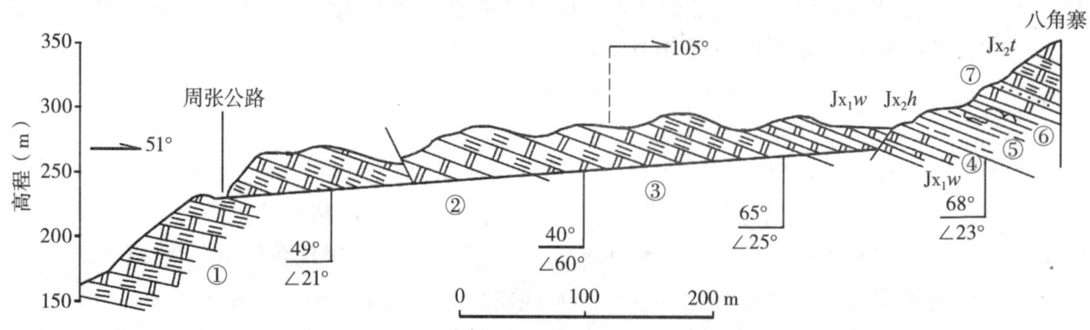

图12-2 八角寨西坡雾迷山组实测剖面

①硅质条带白云岩 ②纹带白云岩 ③硅质条带白云岩 ④板状白云岩夹千枚岩 ⑤黑灰色砂质千枚状板岩 ⑥深灰色千枚状板岩夹灰质白云岩透镜体 ⑦白云岩夹薄层石英岩（或透镜状石英岩）

（据谭应佳等，1987；转引自赵温霞等，2016，有修改）

（1）在区域上，雾迷山组分为四个岩性段，第一段下部为泥质、砂质白云岩、硅质条带白云岩，上部为纹层藻叠层石白云岩、藻团白云岩、硅质条带白云岩；第二段为泥质白云岩及硅质条带白云岩，叠层石发育；第三段以泥质白云岩、含屑白云岩及硅质条带白云岩为主，叠层石发育；第四段以块状藻团白云岩、硅质粒屑白云岩及硅质条带白云岩为主。总厚度为1 616m。

（2）由于普遍发育水平薄纹层和波状藻层，应属一套潮坪沉积，旋回性明显，显现潮下—潮间—潮上有规律的交替。

6. 洪水庄组（Pt_2h）

分布在黄山店、八角寨一带。地层岩性以灰黑色含锰质板岩为主，底部和顶部夹灰黑色薄层含锰质白云岩或透镜体，可见不规则黄铁矿顺层分布，厚38m。区内本组厚度及岩性非常稳定。

由于该组沉积物细，色暗，且发育水平层理及含黄铁矿，反映了宁静、还原的环境，属陆架氧化界面以下的低能沉积。

7. 铁岭组（Pt_2t）

主要分布在黄山店、八角寨一带，一条龙、周家坡等地亦有出露，以八角寨东坡沿公路的剖面最完整（图12-3）。与下伏洪水庄组为整合突变接触。底部为灰色厚层-巨厚层含锰质白云岩夹薄层或透镜状石英岩，交错层理发育；下部为浅灰色厚层-块状结晶白云岩，含少量硅质条带，大型板状交错层理发育；中部为黑色、深灰色薄-中层结晶白云岩夹板岩、片岩，或互层；上部为灰色中-厚层结晶白云岩，含少量硅质条带和硅质透镜体；顶部为灰色中-厚层含叠层石白云岩，叠层石发育，与上覆下马岭组为平行不整合接触，厚186～215m。

铁岭组底部及下部由于单层厚，发育大型交错层理，局部可见内碎屑，且含较高的铁、锰，代表潮下高能环境。中部单层厚度减小，具水平层理，属浅海低能环境，也可能是海侵最大时的堆积产物，上部至顶部单层厚度增大，水平藻纹层和波状藻纹层发育，偶见鸟眼构造，叠层石发育。为一潮下高能-潮坪的海退演化序列。之后地壳一度上升遭到剥蚀，形成了平行不整合。

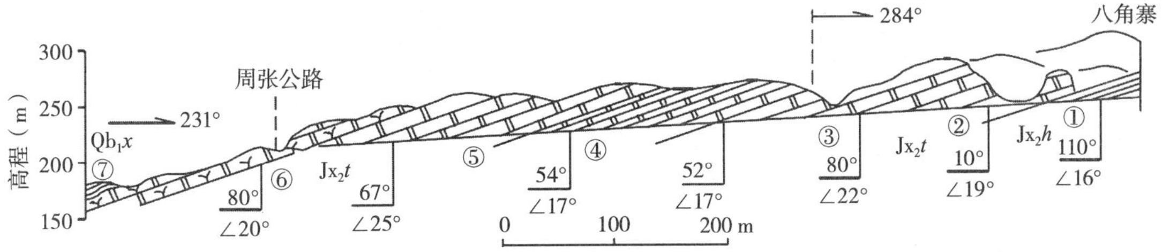

图 12-3　八角寨东坡沿公路铁岭组实测剖面

①黑色千枚岩夹千枚状板岩　②灰色厚层白云岩夹薄层石英岩或透镜状石英岩　③中厚层硅质条带白云岩　④黑色板状白云岩与千枚岩、片岩互层　⑤中厚层硅质条带白云岩　⑥含叠层石白云岩　⑦铁质风化壳及含黄铁矿千枚状板岩

（据谭应佳等，1987；转引自赵温霞等，2016，有修改）

三、新元古界

新元古界青白口群在本区出露齐全，分布在黄院、拴马庄、长流水以及一条龙、山顶庙和房山一带。自下而上分为下马岭组、龙山组和景儿峪组，以长流水西沟剖面发育最全（图 12-4）。

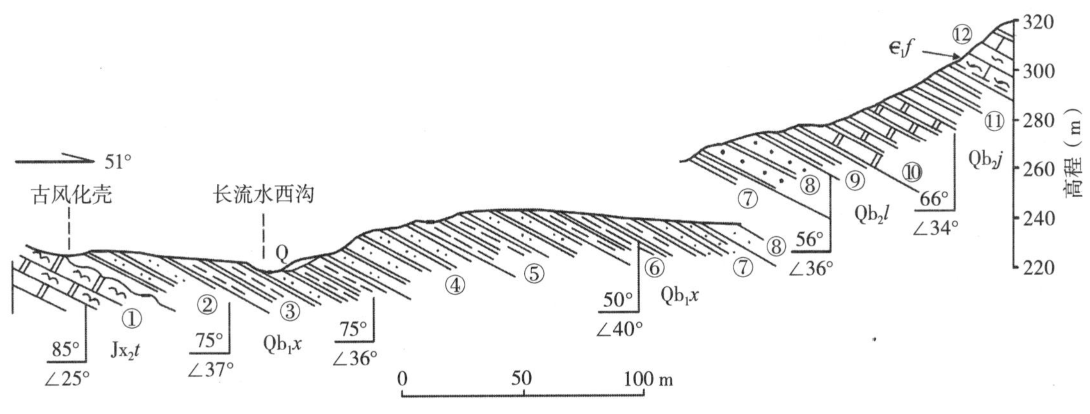

图 12-4　长流水西沟青白口系实测剖面

①含叠层石白云岩　②含黄铁矿砂质千枚岩及千枚状板岩　③砂质千枚岩夹灰色千枚岩　④粉砂质千枚岩　⑤灰色千枚岩夹粉砂质千枚岩　⑥炭质千枚岩　⑦砂质千枚岩夹薄层石英岩　⑧厚层石英岩夹少许粉砂质千枚岩　⑨黄色粉砂质千枚岩　⑩薄-中层大理岩　⑪灰绿色钙质千枚岩夹千枚状板岩　⑫泥质灰岩及豹皮状灰岩夹纹带状灰岩

（据谭应佳等，1987；转引自赵温霞等，2016，有修改）

1. 下马岭组（Pt_3x）

地层厚120～170m，岩性以千枚状板岩及粉砂质板岩为主。明显四分段：底部为褐绿色含磁铁矿千枚状板岩；下部为灰绿、褐绿色千枚状板岩及粉砂质千枚状板岩，由粉砂与泥

质组成的韵律层清楚，每一韵律的间距 1～10cm；中部为暗绿色板岩夹灰黑色、暗色炭质板岩，或互层，含黄铁矿，水平层理发育，反映了一种富含有机质还原的潟湖环境；上部为褐灰色粉砂质板岩夹薄层变质细砂岩，发育低角度板状交错层理和小型双向交错层理（图 12-5），反映了双向水流作用，属潮坪沉积。与下伏铁岭组呈平行不整合接触，不整合面起伏不平，厚度为 1～3m 的褐铁矿质古风化壳是铁岭组沉积后地壳上升遭受长期风化作用导致铁质富集的结果，部分地点可见白云岩角砾形成的底砾岩层（图 12-6）。

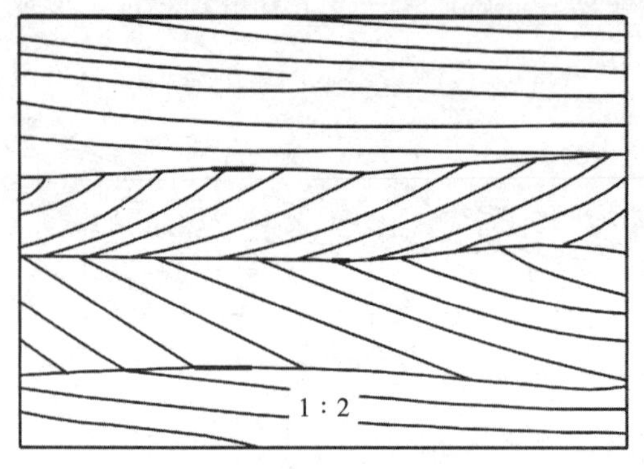

图 12-5　黄院下马岭组石英砂岩的双向交错层理

（据谭应佳等，1987，有修改）

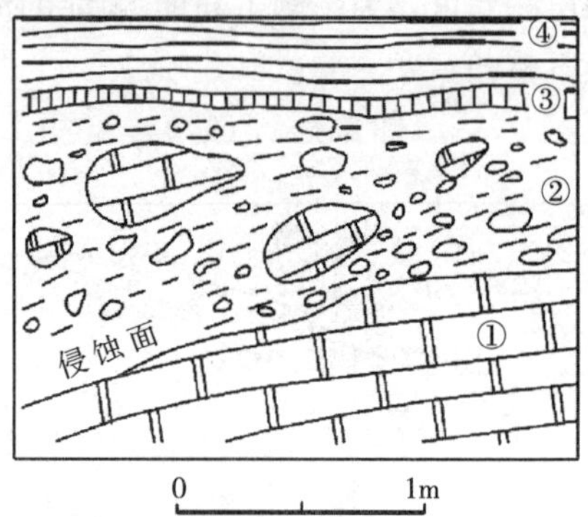

图 12-6　黄山店大北沟下马岭组与铁岭组间的平行不整合接触面

①白云岩　②底砾岩　③紫红色铁质角岩（古风化壳）　④灰绿色含磁铁矿千枚状板岩

（据谭应佳等，1987，有修改）

说明：下马岭组底部风化壳既是“芹峪运动”降升的标志，也是蓟县系和青白口系之间的分界面。下马岭组凝灰岩层锆石 $^{207}Pb/^{206}Pb$ 年代学数据 13.66 亿年，为中元古代（高林志等，2008）。若如此，则下马岭组的归属应下移到中元古界蓟县系上部。

2. 龙山组（Pt_3l）

龙山组也称骆驼岭组。明显分为两部分，总厚大于 20m。下部为灰色-褐灰色厚层变质中粗粒石英砂岩，局部含有海绿石，发育海滩冲洗交错层理、平行层理及波痕，属海滩砂坝沉积。上部为浅灰色千枚状板岩或斑点状板岩，发育水平层理，含黄铁矿，代表较宁静的浅海环境。

3. 景儿峪组（Pt_3j）

下部为白色薄-中层大理岩夹灰黑色薄层大理岩，风化后多呈砂糖状；上部为灰色、灰黄色钙质板岩。发现 *Chauria* sp.（乔氏藻）化石，总厚度为 36～55m，属一套正常浅海沉积。

四、下古生界

周口店地区下古生界只发育寒武系和下奥陶统，其分布较广泛，在周口店、黄院、南窑及磁家务一带均有出露，黄院、长流水等地发育较好（图 12-7）。岩层遭受过轻度区域变质作用，局部受构造变形改造。

1. 下寒武系府君山组（$\epsilon_1 f$）

也称昌平组（$\epsilon_1 ch$）。底部为青灰色薄-中厚层纹层灰岩夹灰色钙质板岩；下部为深灰色中厚-厚层豹皮（或云斑）灰岩夹白云质灰岩；上部为青灰色中厚层纹带灰岩夹豹皮（或云斑）灰岩，产三叶虫 *Redlichia chinensis Walcott*（中华莱得利基虫），厚 25～45m。

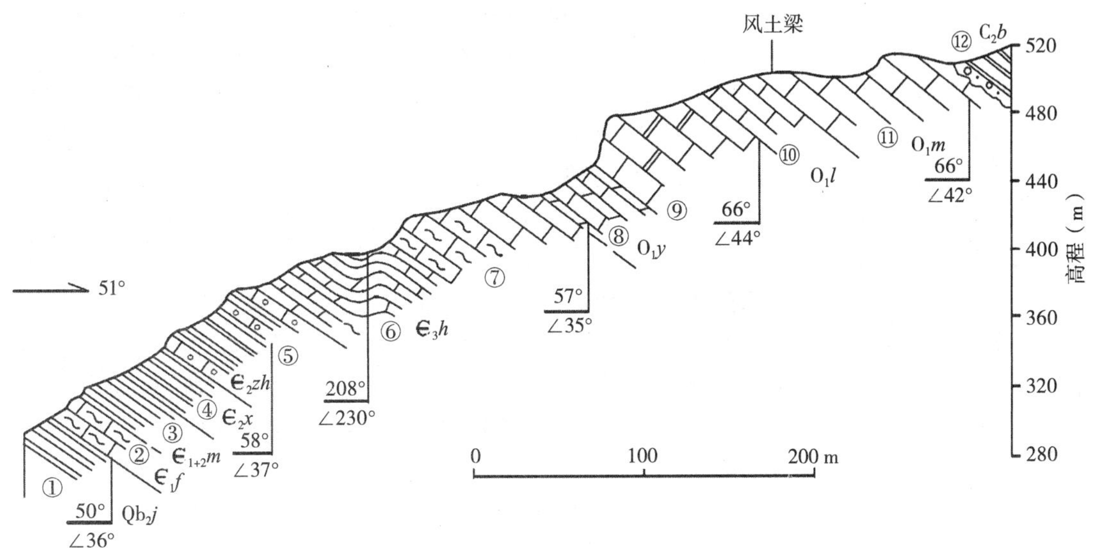

图 12-7　长流水风土梁下古生界实测剖面

①绿灰色钙质千枚岩　②豹皮灰岩夹少许纹带灰岩　③灰色千枚岩　④绿灰色千枚岩夹薄层泥灰岩　⑤鲕状灰岩夹千枚岩　⑥黄灰色条带状泥质灰岩夹少许薄层鲕粒灰岩　⑦豹皮状灰岩及纹带灰岩　⑧泥质、白云质灰岩夹少许灰黄色板岩　⑨白云质灰岩　⑩薄-中层灰岩、白云质灰岩　⑪中-厚层灰岩夹白云质灰岩　⑫含砾变质砂岩及红柱石角岩

（据谭应佳等，1987，转引自赵温霞等，2016，有修改）

昌平组以一层约 5cm 厚的泥质风化壳平行不整合于景儿峪组钙质板岩之上，接触面平整。根据同位素年龄测定，该组年龄小于 6 亿年，而景儿峪组为 8 亿～9 亿年，二者之间缺失了 2 亿～3 亿年的沉积记录。

2. 下中寒武系馒毛组（$\epsilon_{1+2}m$）

周口店地区馒头组及毛庄组界线不易划分，故而合之。岩性为灰色、银灰色、灰黄色、浅灰绿色页岩（也称杂色页岩）夹灰黄色大理岩透镜体。太平山北坡曾采得三叶虫化石碎片，厚 46m。邻区该组下部产早寒武世（ϵ_1）的 *Redlichia* cf. *chinensis*（中华莱得利基虫）和 *Palaeo-lenus* sp.（古油栉虫），属中寒武世（ϵ_2）的 *Shantungaspis* sp.（山东壳虫），*Ptychopariamontoneais*（馒头褶颊虫）。此外，该组上覆徐庄组底部薄层鲕粒灰岩中产属中寒武世（ϵ_2）的 *Bailiella* sp.（雷氏虫），故馒毛组应属跨早-中寒武世的地层单位。

3. 中塞武系徐庄组（ϵ_2x）

灰色千枚状板岩、粉砂质板岩夹中厚层鲕状灰岩和泥质灰岩，顶部板岩中具孔雀石薄膜，产三叶虫 *Bailiella* sp.（毕雷氏虫），厚 41m。

4. 中塞武系张夏组（ϵ_2z）

灰绿色千枚状板岩、粉砂质板岩夹中厚层鲕状灰岩和结晶灰岩，或互层，板岩与灰岩之比为（3～8）：2。产三叶虫 *Damesella* sp.（德氏虫），厚 134m。与下伏徐庄组岩性相比，本组灰岩鲕粒大而明显，鲕粒灰岩层增多，两组为渐变过渡关系。鲕粒发育代表一种水动力较强的潮下高能环境。

5. 上寒武系炒米店组（ϵ_3ch）

也称黄院组，包括原来的崮山组、长山组和凤山组。该组在周口店地区分布广泛，受构造改造强烈。下部为灰、灰黄色薄层泥质条带灰岩，夹少量薄层鲕粒灰岩，局部见少量竹叶状

（砾屑）灰岩；上部为灰色薄-中层纹带状灰岩，总厚度为123m。产三叶虫如 *Blackwelderia* sp.（蝴蝶虫）、*Ptychaspis* sp.（褶盾虫），腕足类如 *Obolus* sp.（圆货贝），时代应属晚寒武世（ϵ_3）。据其总体特征，与邻区业已详细划分的层组无法对比，故《1∶5万周口店幅区调查报告》（1988）以黄院东山梁剖面作为层型，命名为黄院组（$\epsilon_3 h$），在层位上相当于山东张夏地区的崮山组、长山组和凤山组。周口店地区该时期水体较深，以泥质条带灰岩为主，未见叠层石灰岩，竹叶状灰岩也较小，“竹叶状砾石”也细小一些，总体属于潮间带沉积环境。

6. 下奥陶统冶里组（$O_1 y$）

地层岩性浅灰色-青灰色中厚层纹带状灰岩夹少量灰色豹皮状白云质灰岩及灰黄色板岩，产角石如 *Piloceras* sp.（枕角石）、*Cameroceras* sp.（房角石），腹足类如 *Ophileta* sp.（蛇卷螺），古杯类化石如 *Archaeocyathus* sp.（原古杯），厚67m。区域上本组底部是一层灰色钙质板岩（在某些区段因变质程度差异可为钙质千枚岩），而与下伏黄院组区分。

7. 下奥陶统亮甲山组（$O_1 l$）

灰色中-厚层结晶白云岩，夹2～3层灰色膏溶角砾岩，含少量燧石团块，厚70m。白云岩及膏溶角砾岩的存在反映了一种炎热、强蒸发的潮坪环境。

8. 下奥陶统马家沟组（$O_1 m$）

地层岩性以青灰色厚层结晶灰岩、纹带状灰岩为主，夹少量白云质灰岩，局部地段夹灰褐色钙质板岩，产角石如 *Armenoceras* sp.（阿门角石），厚200～300m。

五、上古生界

本区上古生界缺失泥盆系及下石炭统，上石炭统及二叠系主要分布在上寺岭-凤凰山的南、北坡和黄院、升平山及太平山一带（图12-8），岩层遭受过轻度区域变质作用，局部受到岩浆侵入作用的影响。

1. 本溪组（$C_2 b$）

底部普遍发育硬绿泥石角岩及红柱石角岩。下部为杂色（灰-深灰色、黄-黄灰色、褐色、粉红色等）粉砂质板岩及变质粉砂岩。中部为灰色、浅灰色板岩，含黄铁矿假晶构成的压力影构造，也称压力影板岩，产大量海相生物化石，包括 *Aviculopecten* sp.（燕海扇）、*Anthroconsia* sp.（石炭蚌）、*Naticopsis* sp.（似玉螺）、*Fenestella* sp.（网格苔藓虫）、*Isognamma* sp.（等纹贝）。下部和中部之间普遍夹1层灰色、灰黄色泥质生物碎屑灰岩透镜体，含 *Fusulina* sp.（纺锤）、*Fusulinella* sp.（小纺锤）、*Dictyoclostus* sp.（网格长身贝）、*Choristites* sp.（分喙石燕）、*Chaetetes* sp.（刺毛珊瑚）。上部为灰色、灰黑色红柱石角岩，区域上本组顶部可见黑色薄层炭质板岩，含植物化石碎片。由于所含化石大多为晚石炭世早期的代表分子，因此本组应为上石炭统。本溪组总厚54m。

该组与下伏下奥陶统马家沟组之间为平行不整合接触，接触面凹凸不平，普遍存在厚度不等的古风化壳，灰岩表面古岩溶现象较发育，常见有岩溶角砾岩。本溪组底部出现富铁、铝沉积的形成及底砾岩，证明中奥陶世至早石炭世期间，本区经历了漫长的风化、剥蚀作用和准平原化过程。其后地壳下沉，接受海侵，至生物碎屑灰岩层位海侵规模最大，由于大量化石具原生破碎现象，反映了一种能量较高的潮下高能环境。此后发生海退，海退初期，水体多与外界隔离，出现还原、宁静的潟湖环境，生物化石分异度低，只能出现适应能力较强的双壳类和腹足类，富含黄铁矿，压力影板岩属这种条件下的产物。随后海退进一步加强，

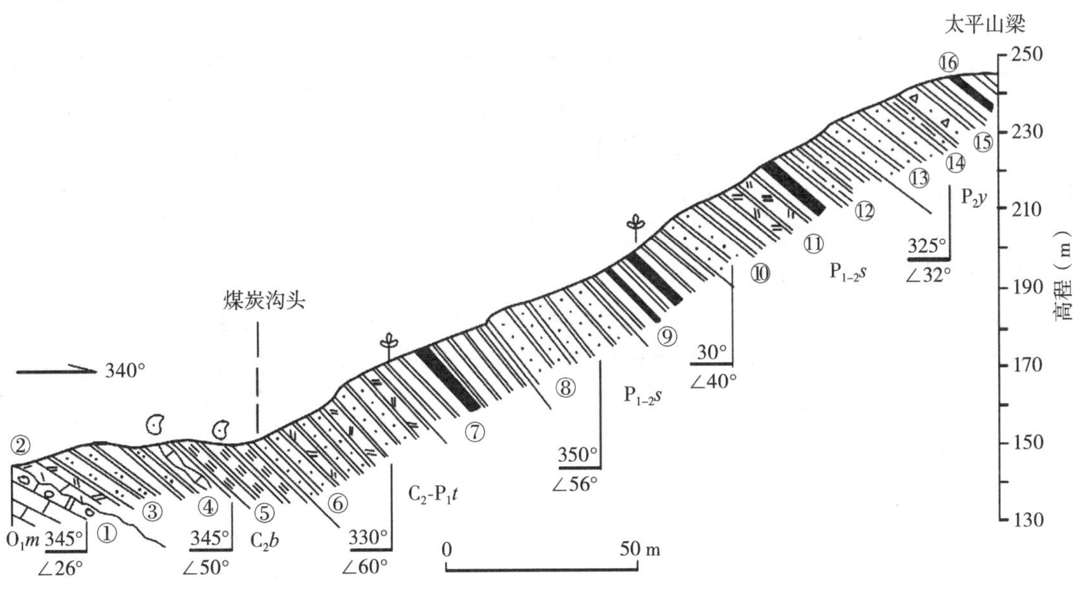

（a）煤炭沟-太平山石炭系和二叠系实测剖面

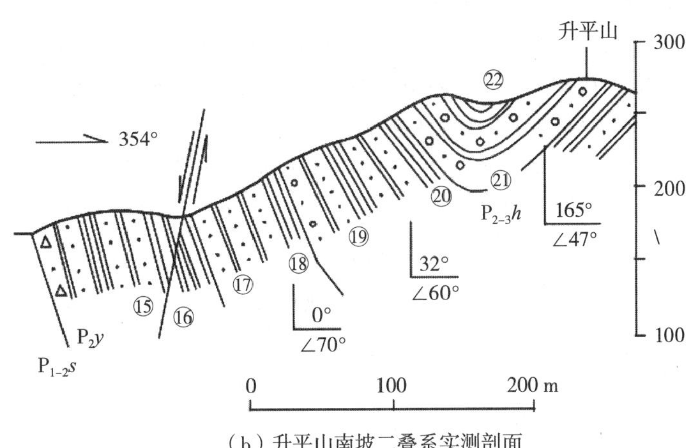

（b）升平山南坡二叠系实测剖面

图 12-8　煤炭沟-太平山石炭系和二叠系及升平山南坡二叠系实测剖面

①砾状白云质灰岩　②硬绿泥石角岩及红柱石角岩　③杂色粉砂岩、砂质板岩　④凸镜体状泥质灰岩　⑤含黄铁矿黑色板岩（压力影板岩）　⑥变质杂砂岩夹红柱石角岩　⑦杂色板岩夹炭质板岩、煤层（煤线）　⑧变质中-粗粒杂砂岩　⑨黑色板岩夹煤层（煤线）　⑩变质砂岩、粉砂岩夹少许黑色板岩　⑪黑色板岩夹煤线　⑫灰色砂质板岩　⑬变质杂砂岩　⑭砂质板岩　⑮灰色厚层状变质复成分角砾岩、变质含砾杂砂岩　⑯黑色板岩　⑰变质中-粗粒砂岩夹黑色板岩　⑱炭质板岩　⑲浅红灰色变质含砾长石石英砂岩夹同色粉砂质板岩　⑳灰色砂质板岩　㉑褐红色-灰黄色变质含砾长石石英砂岩夹同色板岩　㉒灰色-褐灰色砂质板岩与细砂岩互层

（据谭应佳等，1987，转引自赵温霞等，2016，有修改）

出现了本组上部反映近海沼泽环境的、含植物碎片的泥质沉积。

需要说明的是，太平山北坡大砾岩山和小砾岩山一带本溪组和马家沟组之间分布的砾岩，具有分选好、磨圆好、成分单一的特征，因此又称为“三好砾岩”。过去一直把它作为石炭系本溪组的底砾岩。但考虑到华北地区本溪组及其相当的地层中没有类似的岩性，其物源也存在疑问，且无确切的时代证据，故暂不定其时代，将其作为实习区的一个重要地层问题留待进一步研究。

2. 太原组（P_1t）

该组由1～2个沉积旋回组成。旋回的下部主要为灰色、褐灰色中厚层变质细粒石英砂岩夹灰黑色板岩；上部主要为灰黑色、褐灰色薄层粉砂岩、板岩、粉砂质板岩，并夹有薄煤层。产植物化石有 *Neuropteris ovata*（卵脉羊齿）、*N. plicata*（镰脉羊齿）、*N. otozamioides*（耳脉羊齿）、*Lepidodendron oculus*（鳞木）、*Pecopteris* sp.（栉羊齿）。此外在太平山、磨盘山、大杠山一带，本组下部还发现了海相化石如 *Isognamma* sp.（等纹贝），厚64m。

（1）区域上本组下部产类 *Triticites* sp.，时代属晚石炭世，上部产 *Pseudoschwagerina* sp.（假希瓦格），时代属早二叠世，因此，本组为跨石炭纪和二叠纪的地层单位。

（2）每个沉积旋回下部砂岩成分成熟度较高，分选磨圆较好，发育交错层理，所夹板岩内含海相化石，为滨海砂坝及潮上泥质沉积，旋回上部由于以粉砂及黏土质沉积为主，含较丰富的植物化石，代表近海沼泽环境。

3. 山西组（$P_{1\text{-}2}s$）

该组由两个沉积旋回组成。下部旋回底部为褐灰色中厚层变质中粗粒岩屑砂岩，局部底部见含细砾级的角砾岩，与下伏太原组冲刷接触关系明显；向上沉积粒度变小，发育交错层理；旋回上部为黑色炭质板岩夹煤层。上部旋回下部为深灰色中厚层变质中细粒变质岩屑砂岩，上部为黑色炭质板岩、粉砂质板岩夹煤层。

本组植物化石丰富，一般产在旋回上部，主要有 *Lobatannularia sinensis*（中华瓣轮叶）、*Annularia stellata*（星轮叶）、*A. gracilescens*（纤细轮叶）、*Sphenophyllum thonii*（汤氏楔叶）、*S. laterale*（侧楔叶）、*S. oblongifolium*（椭圆楔叶）、*Tingia carbonica*（石炭丁氏蕨）、*Pecoptenis fminaeformis*（镰面栉羊齿）、*P. candoleana*（长舌栉羊齿）、*P. arboresens*（小羽栉羊齿）、*Sphenopteris tenuis*（纤弱楔羊齿）、*Alethopteris* sp.（座延羊齿）、*Neuropteris ovata*（卵脉羊齿）、*Calamites suckowi*（钝肋节木）和 *Cordaites principais*（带科达），总厚90m。

本组各旋回下部砂岩成分成熟度差，岩屑中燧石占10%～15%，分选较好，但磨圆尚差，局部地段具有植物茎干化石，代表平原河流或曲流河河床沉积。旋回上部的炭质、泥质岩代表潮湿气候下的湖沼相沉积，是华北地区的一个重要含煤层位。

4. 石盒子组/杨家屯组（P_2sh/P_2y）

该组与山西组共同构成周口店地区一些主要向斜的两翼或核部，由陆相从粗到细多个沉积旋回组成，以粗碎屑沉积为主。旋回下部为灰色厚层变质中-粗粒岩屑砂岩，含砾岩屑砂岩；上部为灰色中-厚层变质细粒岩屑砂岩、粉砂岩及板岩。本组底部多为灰色厚层变质复成分角砾岩，砾石多为棱角状或次棱角状，颗径一般为5～10mm，成分较复杂，分选差，泥质胶结，杂基含量高。冲刷构造明显，属近距离快速堆积，与其旋回下部的砂岩代表一种山区河流或辫状河河床沉积环境。旋回上部局部可见薄煤层，含植物化石 *Lobatannularia cf. sinensis*（中华瓣轮叶比较种）、*Sphenophllum verticillatum*（轮生楔叶）等，代表了山区河流漫滩及内陆沼泽环境。本组厚70～120m。

5. 红庙岭组（P_3h）

该组在车厂附近有出露，由多个沉积旋回组成。旋回下部主要是土黄色、褐黄色厚层-巨厚层变质含砾长石石英粗砂岩，向上过渡为变质细砂岩，发育板状交错层理及水流波痕；上部为红色板岩、粉砂质板岩、粉砂岩，局部具炭质板岩。本组厚160m，为河流沉积，二元结构清楚，每个旋回构成一个二元结构，下部属河床沉积，上部为漫滩沉积。

六、中生界

包括三叠系和侏罗系。三叠系车厂附近出露较为完整，侏罗系主要分布在上寺岭-凤凰山地区及坨里一带。

1. 三叠系双泉组（T*s*）

下部由灰紫色、灰绿色、黄褐色中-厚层变质中细粒砂岩及板岩组成，全区分布稳定，水平层理发育。底部普遍具一层局部含细砾的细砂岩或粉砂岩，砾石多为紫色变质泥岩及变质粉砂岩。代表了一种水体较稳定的浅水湖泊沉积。

上部以灰色中厚层变质细砂岩为主，夹变质粉砂岩及板岩，泥砾发育。局部层面上具泥裂及波痕，常见小型楔状交错层理，代表滨湖及浅湖环境。本组厚181m。

区域上本组下部产植物化石 *Gigantopteris shangqianensis*（双泉大羽羊齿），属晚二叠世。而本组上部发现的植物化石属三叠纪，因此，本组跨晚二叠世及三叠纪。双泉组下部为湖泊三角洲前缘沉积环境，上部为滨海浅湖泊沉积环境。

2. 侏罗系南大岭组（J_1n）

灰紫色变质玄武岩及拉斑玄武岩，具石英质杏仁状构造，厚度很不稳定，属火山喷出岩。与下伏双泉组呈角度不整合接触，厚91m。

3. 侏罗系窑坡组（J_1y）

灰黑色、浅灰色中厚层变质砂岩夹黑色含炭质粉砂质板岩和千枚岩及数层可采煤，厚321m。为一套滨湖、湖沼及河流沉积。

4. 侏罗系龙门组（J_2l）

该组底部为灰白色巨厚层石英岩质变质砾岩，冲刷面清楚。主要岩性为灰黑色含炭质粉砂质板岩、千枚状板岩及变质砂岩。砂岩岩屑含量50%～70%，本组厚300m。

5. 侏罗系九龙山组（J_2j）

该组底部为灰绿中-粗粒变质砾岩，砾石成分复杂，分选较差。下部为灰白色、灰绿、黑灰色变质凝灰质砂岩，夹变质砾岩；中部为紫红、灰绿色变质凝灰质细砂岩，夹多层变质砾岩、砂岩、板岩；上部为浅灰色凝灰质砂岩、粉砂岩，夹含砾火山岩屑砂岩。本组厚度大于1 000m。

七、新生界

新生界包括第三系上新统和第四新更新统和全新统，大面积分布在本区东部及东南部山前平原地区，山区、丘陵区分布零星。本区内上新统本区上新统主要分布在山前海拔150m的唐县期夷平面上，在山区则残存于同期高位宽谷内，自下而上分为鱼岭组、新庄组和东子岭组，其中，前者为地下岩溶洞穴堆积，而后二者为地表堆积。

1. 上新统鱼岭组（N_2y）

下部为灰黄色、灰色细粉砂层及沙砾层，发育交错层理，含鲀鱼化石，内具侵蚀面，与下伏地层呈角度不整合。上部为杂色（棕黄色、棕红色、灰白色）沙砾层，含有化石 *Viverrapeii*（斐氏大灵猫），与非洲的 *V. leakeyi*（李氏大灵猫）关系接近，时代大概在300万～400万年。本组厚18.2m。

2. 上新统新庄组（N_2x）

本组为红色黏土风化壳，主要分布在山前海拔150m左右倾斜的唐县期夷平面上。太平山南北坡平缓地带保存较好，其余皆分布于山区高位宽谷内。其岩性主要为红色高岭土层、粉砂质黏土及具残余结构的红色高岭土层。本组厚 1.5～4m。

3. 上新统东子岭组（N_2d）

红色沙砾层、红色钙质胶结黏土、粉砂质黏土层，厚 12.5m。

4. 第四系下更新统太平山组（Q_1t）

下部为杂色（灰黑色、棕红色、棕黄色）黏土及粉砂层，具水平层理。上部为红色黏土、亚黏土及含砾砂层，含化石 *Allocricetusehiki*（艾可变异仓鼠）和 *Leptus wongi*（翁氏野兔），发育古冰楔遗迹。本组厚 9.1m。

5. 第四系中更新统周口店组（Q_2zh）

周口店组标准剖面在周口店龙骨山(图 12-9)，剖面海拔最高 128m，最低已发掘到 81m。

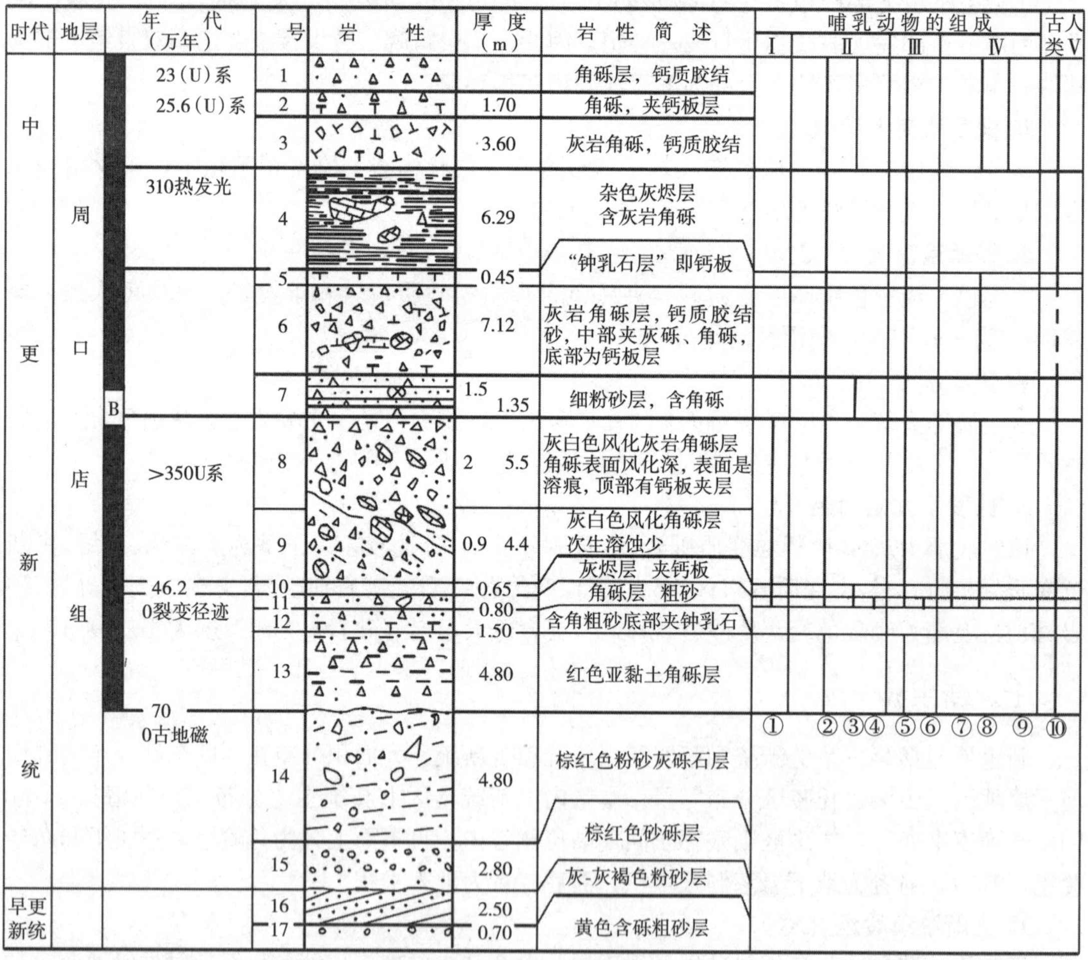

时代	地层	年代（万年）	号	岩性	厚度（m）	岩性简述	哺乳动物的组成 I	II	III	IV	古人类V
中更新统	周口店组	23(U)系	1			角砾层，钙质胶结					
		25.6(U)系	2		1.70	角砾，夹钙板层					
			3		3.60	灰岩角砾，钙质胶结					
		310热发光	4		6.29	杂色灰烬层 含灰岩角砾					
			5		0.45	“钟乳石层”即钙板					
			6		7.12	灰岩角砾层，钙质胶结砂，中部夹灰砾、角砾，底部为钙板层					
		B	7		1.5 1.35	细粉砂层，含角砾					
		>350U系	8		2 5.5	灰白色风化灰岩角砾层 角砾表面风化深，表面是溶痕，顶部有钙板夹层					
			9		0.9 4.4	灰白色风化角砾层 次生溶蚀少					
		46.2	10		0.65	灰烬层 夹钙板					
		0裂变径迹	11		0.80	角砾层 粗砂					
			12		1.50	含角粗砂底部夹钟乳石					
			13		4.80	红色亚黏土角砾层	①	②③④	⑤⑥	⑦⑧⑨	⑩
		70 0古地磁	14		4.80	棕红色粉砂灰砾石层					
			15		2.80	棕红色砂砾层					
早更新统			16		2.50	灰-灰褐色粉砂层					
			17		0.70	黄色含砾粗砂层					

图 12-9 周口店组综合柱状图

Ⅰ. 上新世残存种：①剑齿虎（*Machalrodusinexpectatus*） Ⅱ. 早更新世常见类：②三门马（*Equussameniensis*） ③李氏野猪（*Suslydekkeri*） ④巨副驼（*Paracamelusgigas*） Ⅲ. 中更新世较进步类型：⑤肿骨鹿（*Megaloceros pachyosteus*） ⑥大丁氏鼢鼠（*Myospalax epitingi*） Ⅳ. 新出现的种：⑦洞熊（*Ursus cf. spelaeus*） ⑧狐（*Vulpes* sp.） ⑨ 最后的鬣狗（*Crocuta ultima*） Ⅴ. 古人类：⑩北京猿人（*Homo erectuspekingensis*）

（据《1∶5 万周口店幅区调查报告》，1988，转引自赵温霞等，2016，有修改）

下部包括第15至第12层，主要为棕红色沙砾及含砾细砂层，含受冲刷破碎的脊椎动物化石，为地下洞穴河流堆积；中部包括第11至第8层，为含“北京猿人”化石的角砾层及灰烬层，含丰富的化石及大量石器，故称“下文化层”；上部包括第7至第1层，为灰色角砾层，杂色灰烬层，含灰烬、石器及烧过的兽骨及石块，称“上文化层”。产化石 *Sinonthnopus pekingensis*（北京人）、*Sinomegaceros pachyosteus*（肿骨鹿）、*Hyaena sinensis*（中国鬣狗），总厚37.6m。

6. 第四系上更新统（Q_3）

上更新统分布于坳谷中和河谷斜坡上，主要为残积黄土状堆积层，洪-冲积沙砾层、洞穴角砾层、灰色土层，产 *Homosapiens*（山顶洞人）、*Ursusspelaeus*（洞熊）。周口店山顶洞沉积属本期，角砾中除发现“山顶洞人”外，还有大量石器、骨器、装饰品及赤铁矿粉等。同位素^{14}C年龄测定为1.8万年，厚4～16m。

7. 全新统（Q_4）

全新统在本区分布较零散，主要为残存堆积亚砂土层，洪、冲积沙砾层和土壤层，厚4～20m。

第三节　地质构造

一、大地构造位置与背景

周口店所在地区处于太行山隆起带和燕山隆起带与华北断陷盆地的接壤地带，所在大地构造单元华北陆块燕山板内（陆内）构造带为华北克拉通中部偏北地段（图12-10），依据

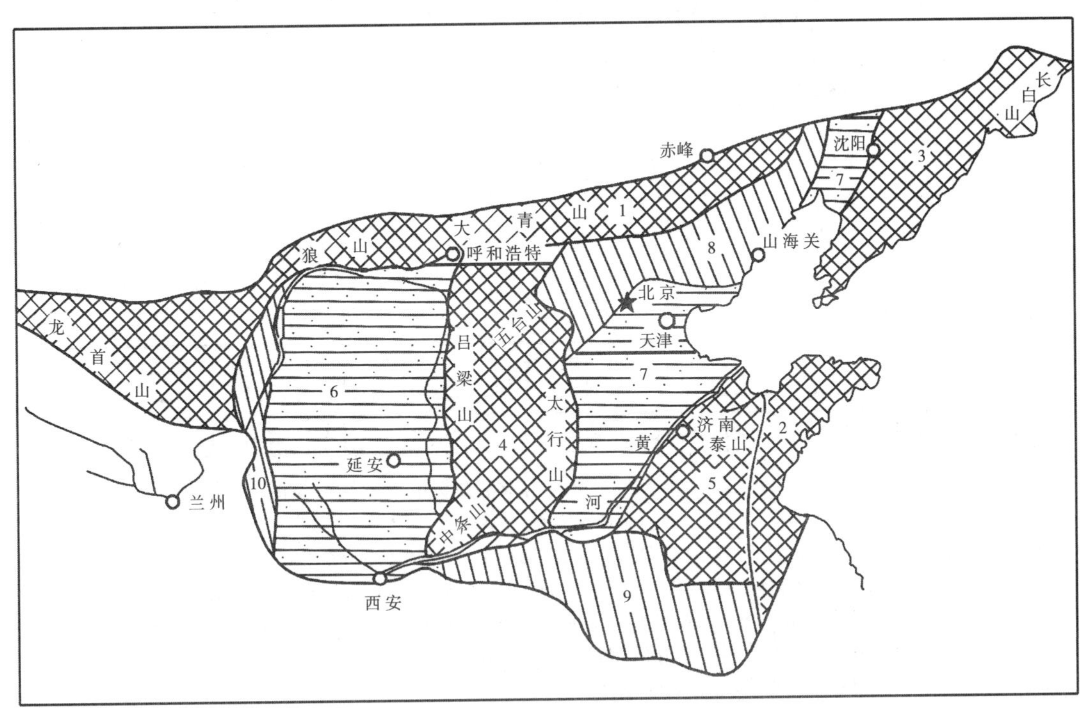

图12-10　周口店所在地区的大地构造位置与背景示意

1. 内蒙地块　2. 鲁东地块　3. 辽东地块　4. 山西地块　5. 鲁西地块　6. 鄂尔多斯构造盆地　7. 辽冀构造盆地　8. 燕山板内（陆内）构造带　9. 豫淮板内（陆内）构造带　10. 贺兰-六盘板内（陆内）构造带

（据谭成轩等，2018，有修改）

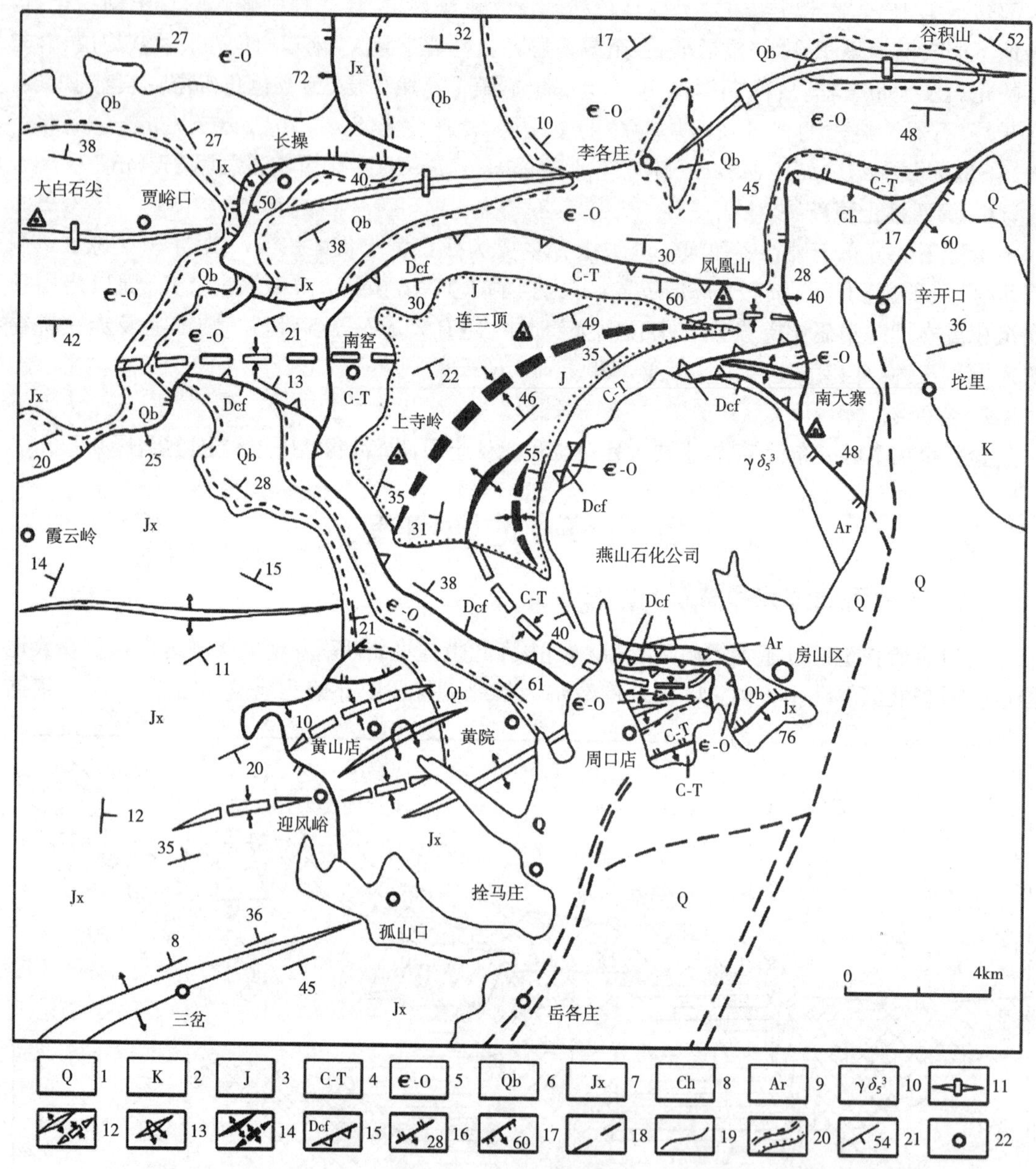

图 12-11　周口店所在北京西山南部地区的地质构造简图

（据赵温霞等，2016）

构造层：1. 新生界第四系山前冲积层　2. 中生界白垩系山前断陷盆地沉积地层系统　3. 中生界侏罗系上叠盆地沉积地层系统　4. 上古生界上石炭统-中生界三叠系板内盖层型褶叠层　5. 下古生界寒武系-下奥陶统板内盖层型褶叠层　6. 新元古界青白口系板内盖层型褶叠层　7. 中元古界蓟县系板内盖层型褶叠层　8. 中元古界长城系外来岩块沉积地层系统　9. 太古宇官地杂岩（结晶基底）

岩浆岩地质体：10. 燕山晚期花岗闪长岩（复式岩体）

构造形迹：11. 箱状背形（D_2）　12. 直立背形及向形（D_2）　13. 倒转背形（D_2）　14. 背斜及向斜（D_4）　15. 剥离断层（D_1）　16. 逆断层　17. 正断层　18. 推测断层

构造界面：19. 地质界线　20. 平行不整合及角度不整合　21. 面理产状（主示 S_0）

其他：22. 城镇及乡村居民点

板块构造观点分析应属于典型的板内（陆内）造山带，在长期演化形成稳定陆块的基础上，后期又被改造而成为中生代和新生代的华北陆块的一个典型活动区，具有独特的大地构造位置和漫长的地质演化历史，不仅保存了不同阶段较为完整的地质事件记录，而且形成了丰富多彩、类型齐全、典型直观，且颇具地学研究意义的各种地质构造现象，如房山侵入岩体及围绕其分布的多期次、多类型的褶皱系和断层系共同组合而呈现出复杂的地质构造景观格局（图 12-11）。

二、变质核杂岩构造

展布于燕山石化厂一带山前丘陵区，构造轮廓近似等轴状，直径约 9km。从地层组合来看，核部为太古宇官地杂岩，上覆和外缘则为厚度大为减薄的盖层地层系统。其地质构造要素包括官地杂岩、基底剥离断层、盖层构造系统和中心部位晚期底辟式就位的房山复式岩体等。变质核杂岩的核心主体是官地杂岩，属于太古宙结晶基底，因遭受强烈动力变质作用而形成一套以变余糜棱岩为主的岩性组合。

变质核杂岩顶部和盖层系统之间的滑脱断层可视为基底剥离断层。断层下盘的变余糜棱岩具有退变质和碎裂岩化现象；断层带内则形成微角砾岩、绿泥石-绿帘石化碎裂岩、狭窄的构造片岩带及断层泥，它们在山顶庙西沟等处均有明显表现。盖层构造系统主要包括与褶叠层构造相关的顺层韧性剪切带（剥离型韧性剪切带）、顺层掩卧褶皱、顺层面理及拉伸线理、黏滞型香肠构造及楔入褶皱等。研究结果表明：这些构造形迹应属于印支或更早期的变形产物。

在房山复式岩体底辟式侵位作用下，变质核杂岩的糜棱面理、基底剥离断层、盖层系统中若干构造面理、岩体接触界面及其内部糜棱面理的产状皆近于一致且从中心向外倾斜，最终导致变质核杂岩穹状隆起的外貌，空间形态显示为一宽缓的穹窿，一些学者称之为“房山穹窿”。对其周围上古生界沉积相进行研究，分析它不但控制了下古生界及以前地层中褶叠层构造的发育，而且可能以古隆起的环境控制了上古生界的沉积及印支主期褶皱格局，故推测其发育时代亦应为印支早期甚或前印支期；此构造的中心又被较后的燕山期房山复式岩体所侵位，说明经历了长期演化过程。房山复式岩体底辟式就位的另一明显效应是由于强力拓宽空间的推挤作用，使原位于变质核杂岩构造核部的变质基底岩系被置于外缘，现仅于岩体东北缘东岭子一带和东南缘官地一带有少许残留。

所谓褶叠层（folding layer），是指在伸展构造体的水平分层剪切流变机制下，地壳较深层次中原生成层岩系发生变形-变质作用而形成的一套基本能按时代新老划分大套层序，但本质上又是经过构造重建的、发育有以顺层韧性剪切带和顺层掩卧褶皱为主的固态流变构造组合。褶叠层的一个重要特征是由于强烈的横向置换作用，形成一系列宏观上呈水平或缓倾斜的新生面状构造替代原始层理（或先期面理）而构成新的地层构造单元（图 12-12）。其主要构造要素在周口店地区常表现出以下特征：

1. 顺层韧性剪切带

与褶叠层有成因联系的顺层韧性剪切带具有多级组合，不同尺度者构成了相应规模的褶叠层的界限，特别是大型尺度者常与剥离断层的发育有关。它们原始产状近于水平，大体上与原生沉积界面平行或低角度相交，区内几个重要地层界面往往是其发育的先存基础。顺层韧性剪切带在发育过程中常导致原生沉积岩系厚度变薄，如一条龙-羊屎沟-牛口峪一带中、

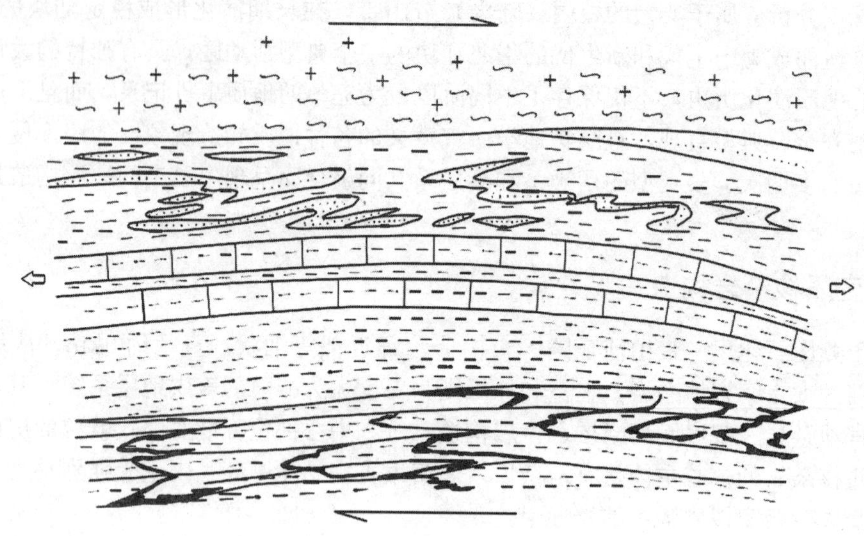

图 12-12　横向构造置换模式
（据单文琅等，1991，转引自赵温霞等，2016）

新元古界和下古生界地层严重缺失变薄，但各组地层分子多有残留且以断片形式依序排列，此种地层效应就是由顺层剪切导致的构造流失现象。带内不对称褶皱、鞘褶皱、矿物拉伸线理、S-L 构造岩等极为发育，据这些伴生构造及指向标志判断，这种顺层韧性剪切带属正断型。

2. 顺层掩卧褶皱

顺层掩卧褶皱在实习区褶叠层系统内广泛发育，表现出被一系列不同尺度的顺层韧性剪切带所限定的层内或建造内的多级组合褶皱群。它们的原始产状大多为轴面近水平的平卧褶皱，由于后期构造变动使得产状各异。但不管其位态如何，它们的轴面与所赋存的层型界面基本上平行一致。顺层掩卧褶皱的规模取决于卷入褶皱的岩系或岩层的厚度及其受限的顺层韧性剪切带的宽度。大中型者以百米计，如黄院所见；小型至露头尺度者限于单个地层组内或某一岩性段内，在周家坡、乱石垅、羊屎沟、太平山南北坡等处中、新元古界及下古生界地层中广泛发育。形态千姿百态，多为翼薄顶厚褶皱，发育完善者为紧闭同斜褶皱，极端者两翼则可拉断而成为层内无根褶皱。

3. 顺层面理及线理

顺层面理在区内主要表现为板理或片理，普遍发育于不同时代的浅变质岩系中。拉伸线理主要有变形砾石（太平山北坡本溪组砾岩）、变形鲕粒（黄院东山梁张夏组鲕状灰岩）。另外尚发育有压力影构造（太平山南坡本溪组板岩）、矿物生长线理（拴马庄下马岭组底部磁铁矿）等。它们多与褶叠层成因有关且具有稳定的、区域性的指向，一般变化在 100°～130° SE 之间。

三、区域褶皱构造

实习区褶皱构造大体划分为近东西向面理褶皱构造和北东向叠加褶皱构造（图 12-13）。近东西向面理褶皱构造是以早期褶叠层的顺层面理、剥离断层、残余原生层理等作为变形面所铸就的东西向印支主期褶皱。褶皱的轴面总体陡倾，但不同区段在形态上则表现出明显差异，主要有穹状隆起外缘向形带、北部箱状背形带、西部平缓褶皱区、西南部三岔复杂背斜构造。北东向叠加褶皱构造主要有北岭北东向上叠向斜构造和周口店北东向褶皱群。

1. 穹状隆起外缘向形带

穹状隆起外缘向形带环其南、西、北边缘分布，展布于北侧者称凤凰山向形，南端周口店附近为太平山向形，向西突出的部分称南窑向形，这三个次级向形均呈近东西向分布，它们交汇的上寺岭-连三顶一带的低应变三角区，是一个下伏于北岭向斜的舒缓向形（图 12-13）。这种构造配置类似一个巨大的压力影构造，即在南北向挤压体制下，穹状隆起作为一个刚性体，它的西侧在其阻隔下形成一低压区而构成向形核部。

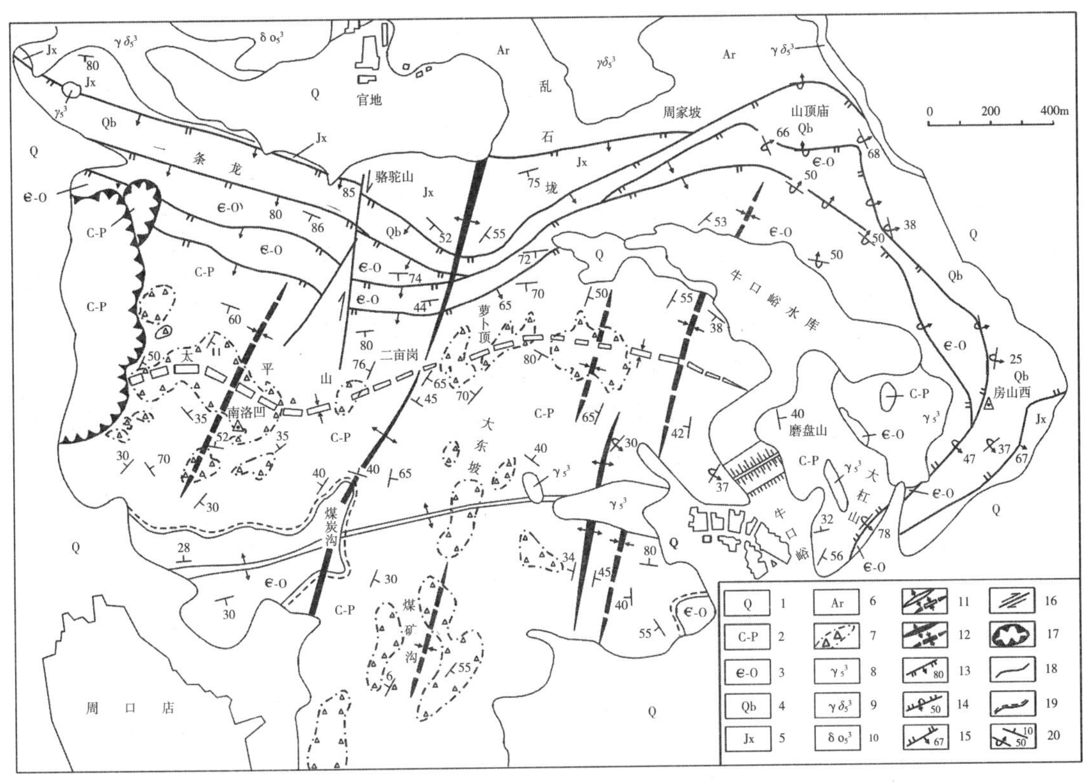

图 12-13　周口店实习区的地质构造略图

1. 第四系　2. 上古生界（本溪组-双泉组）　3. 下古生界（府君山组-马家沟组）　4. 新元古界（青白口群）　5. 中元古界（蓟县群）　6. 太古宇官地杂岩　7. 标志层（杨家屯组下部灰白色复成分角砾岩、砂砾岩）　8. 燕山期花岗岩　9. 燕山期花岗闪长岩　10. 燕山期石英闪长岩　11. 印支期背形及向形轴迹　12. 燕山期背形及向形轴迹　13. 剥离断层　14. 被改造的剥离断层　15. 逆断层　16. 平移断层　17. 滑塌体　18. 地质界线　19. 平行不整合界线　20. 正常及倒转岩层产状

（据赵温霞等，2016）

（1）南窑向形。卷入南窑向形的构造层包括奥陶系及上古生界褶叠层和下马岭组到黄院组褶叠层等构造-地层系统。向形的基本构造特征可以由剥离断层面的弯曲变形显示出来，两翼较陡、中间产状平缓，并有次级凸起。

（2）凤凰山向形。凤凰山向形东西向延伸，东端被南大寨断层所切。剖面形态显示为一个北翼较缓、南翼陡倾甚至倒转的紧闭向形构造。向形核部为双泉组构成，在凤凰山主峰以东的 640 高地北侧可见明显的向形转折端（图 12-14）。虽然向形核部的层理产状多变，但其轴面劈理走向稳定，由西部的EW走向向东渐变为SEE走向，有环绕穹状隆起展布之趋势。

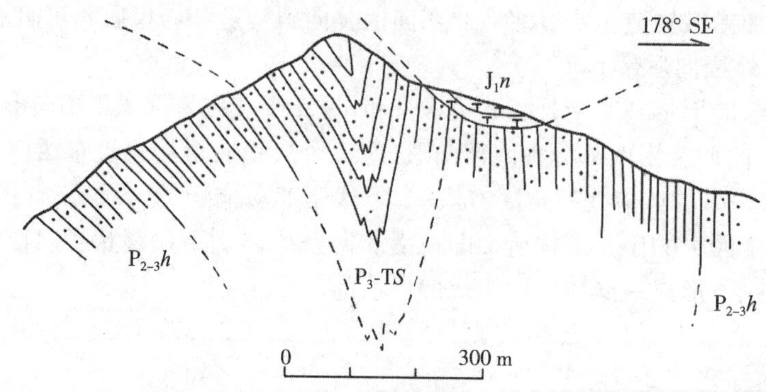

图12-14　凤凰山640高地剖面

J_1n. 南大岭组辉绿岩　P_3-Ts. 双泉组变质细砂岩及板岩夹砾岩　$P_{2\text{-}3}h$. 红庙岭组变质砂岩夹板岩

（据宋鸿林等，1984，转引自赵温霞等，2016，略有修改）

（3）太平山向形。太平山向形位于穹状隆起南缘周口店一带（图12-13），核部为石炭系-二叠系地层，翼部为下古生界至元古宇组成，其北翼马家沟组以下各组地层在三不管沟—羊屎沟区段皆厚度变薄。向形轴迹近东西向，枢纽波状起伏，总体上表现为向东扬起；北翼产状较陡，为50°～80°，南翼倾角较缓，为30°～50°，核部地层在局部地段产状陡倾，甚至直立（图12-15）。在二亩岗-萝卜顶一带，向形核部次级构造发育，有东西向近直立的轴面劈理及一系列近南北向（北北东→北东向）的紧闭褶皱。后者中规模较小的可能与枢纽波状起伏有关，规模大者则属于后期的叠加褶皱。

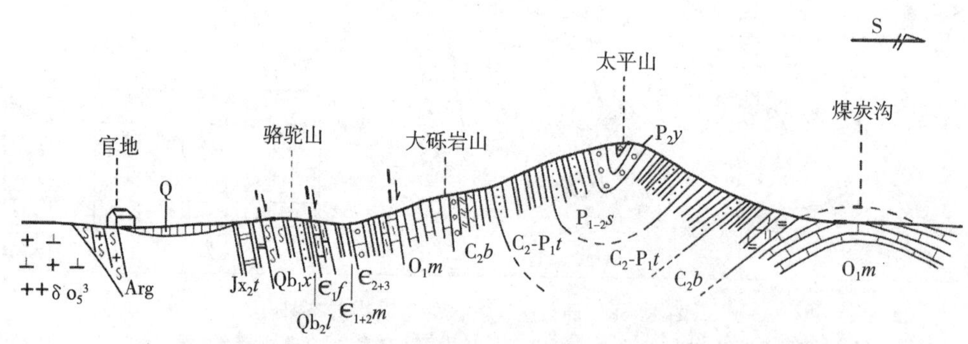

图12-15　官地-煤炭沟地质剖面图

（据中国地质大学周口店实习队，1993，转引自赵温霞等，2016，略有修改）

太平山向形向西延至升平山区段后转为NWW向，在长沟峪一带核部由红庙岭组-双泉组构成，两翼则为杨家屯组；更向西被晚期由侏罗系组成的NE向向斜（北岭上叠向斜构造）所叠置。太平山向形中卷入的早期剥离断层业已形成了断面褶皱，在一条龙-羊屎沟-山顶庙-牛口峪一带的所谓弧形断层带正是褶皱了的早期剥离断层面的显示。自西向东剥离断层由向形翼部至扬起端表现出断面产状由缓变陡甚或翻转之趋势。

2. 北部箱状背形带

呈近东西向展布于北部贾峪口-李各庄-谷积山一线，有人称之为“大白石尖-谷积山背斜带或大白石尖-谷积山箱状背形带”。其西端褶皱轴迹呈短轴斜列式展布，中东端枢纽由于波状起伏之特点而使局部复杂化，如在李各庄一带就形成了近南北向的短轴褶皱构造。在横剖面上，背形总体呈箱状样式，形成较宽缓平坦的转折端及陡倾两翼，但在不同区段或不同构造部位，由于次级褶皱或断裂影响则有所变化。西侧贾峪口附近为背形轴隆处，外貌简单，形似穹状，其变形面产状核陡翼缓（核部倾角为 40°～60°，翼部为 20°～30°），顶部发育有东西向次级褶皱并伴生高角度小型断层，总体变形不强，亦不发育轴面劈理。

箱状背形具有向东倾伏之势，故被卷入的地层由西向东显示出层位渐高的特征：西部大白石尖一带，褶皱核部为蓟县系雾迷山组褶叠层，两翼依次由洪水庄组、铁岭组、青白口系和下古生界各褶叠层所组成；向东至李各庄、谷积山等处，核部仅有青白口系褶叠层出露且面积不大，翼部的下古生界褶叠层则广泛分布。

3. 西部平缓褶皱区

区内西部宝金山-黄院-迎风峪区段岩层产状普遍较为平缓，其中发育有宝金山背形、迎风峪向形、黄院-164 背形及其相间的若干规模较小的褶皱构造。被卷入的地层系统是在该区段广布的雾迷山组-马家沟组褶叠层。其总体特征表现出：

（1）虽然褶皱轴迹在区域上呈近东西向展布，但是，各褶皱自北（北西）向南（南东）仍略有差异，即北侧的宝金山背形轴迹呈东西向，南侧迎风峪向形轴迹呈北东东向，南东侧黄院-164 背形的轴迹则呈北东向（后者至周口店一带又渐变为近东西向）。此种变化似乎反映了前述穹状隆起对其仍有一定控制作用，只是影响程度较其边缘的向形带稍弱。

（2）各褶皱在不同地段形态差异明显，在宝金山-迎风峪一带多为开阔平缓的背形或向形；向西呈舒缓波状起伏，大范围的地层产状呈近水平状态；向东变形渐为强烈，轴面陡倾，形态各异，多形成开阔圆滑的背形和相间的紧闭向形，总体组合特征类似于隔槽式褶皱。

（3）叠加褶皱发育是该类褶皱的另一重要特征，黄院-164 背形即为典型实例。在黄院东山梁剖面以龙山组石英砂岩作为标志层进行追索研究，至少可厘定出 3～4 个填图尺度的（1：5 万）紧闭同斜褶皱；以张夏组鲕状灰岩为标志层则可厘定出数十个露头尺度同类褶皱。这些代表强烈流变的层间褶皱并非黄院背斜的伴生构造，而属于早期褶叠层系统。它们的枢纽亦呈近东西向，实则反映了黄院背形具有共轴叠加变形之特征。向东至龙骨山-太平山南坡即为著名的 164 背斜所在，其核部为马家沟组，南北两翼为本溪组，宏观上构成一开阔圆滑、轴面直立的简单背斜［图 12-16（a）］；然从露头尺度观察分析，在马家沟组灰岩中发育的层内无根褶皱、顺层劈理、拉伸线理、小型顺层剪切带、变形的岩脉和方解石脉等则代表了早期褶叠层的诸多构造要素，其中层内紧闭无根褶皱枢纽和相关线理与 164 背斜枢纽

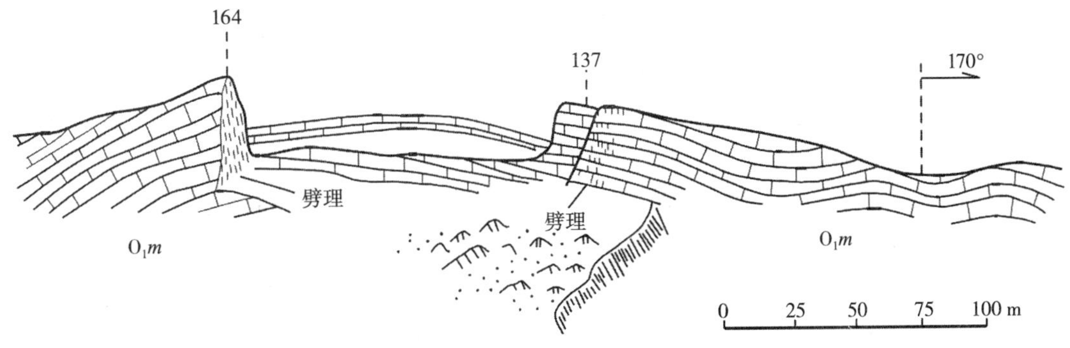

（a）第一采石场信手剖面（主示东西向主期面理褶皱）

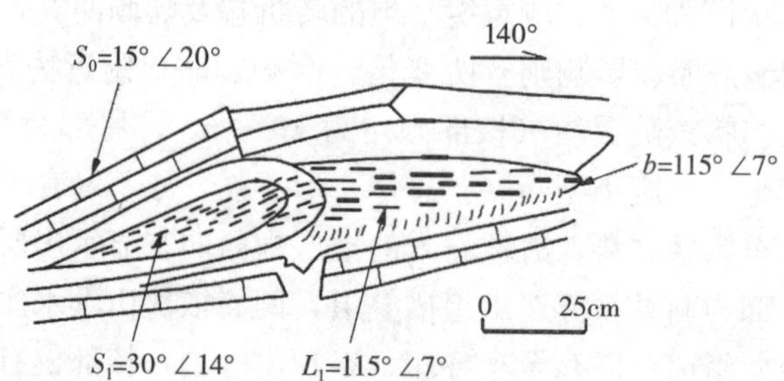

（b）背斜北翼早期层内紧闭无根褶皱（主示其与主期面理褶皱包容叠加关系）

图 12-16　164 高地背斜构造

S_0. 层理　S_1. 轴面劈理　b. 褶皱枢纽　L_1. 滑移线理　O_1m. 马家沟组灰岩

（据中国地质大学周口店实习队，1993，转引自赵温霞等，2016，略有修改）

一致，故也显示了共轴叠加的性质［图 12-16（b）］。

但应指出，与黄院背形构造相比，164 背形被晚期近南北向（北北东→北东向）褶皱叠加作用的干扰更为明显，其形态更为复杂。

4. 西南部三岔复杂背斜构造

孤山口至三岔村一带的褶皱，称为三岔复杂背斜构造。背斜核部及两翼皆为雾迷山组地层，其轴迹呈北东向。核部大致位于三岔村北侧，三岔村至下中院的分水岭处为背斜转折端部位，南、北两翼地层产状分别为SE140°∠45°与NW340°∠40°～65°。背斜在此区段被许多次一级褶皱所复杂化，如在转折端南侧的山脊上可以观察到轴面南倾的斜歪至倒转褶皱，而北侧发育的许多次级小褶皱，其轴面则向北西缓倾斜，故在转折端附近显示出“反扇形”复杂背斜的组合特点。

上中院至孤山口一带为三岔复杂背斜倾伏端的北翼，出现了一系列轴面向北东倾斜的紧闭褶皱。在孤山口火车站两侧的陡壁上，清楚地展示出 3～4 个倒转背斜和向斜的复杂图案。这些褶皱有以下基本特点：①两翼岩层变薄，尤其是处于倒转翼的软弱层（薄层白云质灰岩和钙质千枚岩的互层）变薄甚为明显，而在转折端部位，各类岩层尤其是软弱层则显著增厚；②大一级褶皱两翼及转折端常出现 S、M（W）、Z 形次级褶皱组合；③褶皱翼部强弱相间的岩层中常出现寄生小褶皱；④各类成因的劈理十分发育，因岩性差异或构造部位不同而呈扇形、反扇形组合以及出现劈理折射等，褶劈在局部亦较为发育；⑤张节理常出现在厚层白云岩中，在褶皱转折端部位往往呈扇形张节理，局部可见与共轭剪节理有成因联系的“火炬状”张节理。上述诸特点在露头尺度均可进行详细观察。

三岔复杂背斜总体向北东方向倾伏（孤山口以东）；向南西方向显著加宽，形态也趋于简单，至三岔村及其以西地区岩层渐近水平状态。

5. 北岭北东向上叠向斜构造

北岭上叠向斜是指上寺岭-连三顶一带分布的、由侏罗纪煤系地层构成的向斜构造，它不整合地叠置在东西向印支主期面理褶皱之上，正好位于前述穹状隆起边缘向形带交汇的三角区，是京西几个主要含煤盆地之一。构造展布总体呈 NE 向，仅在东北端转向近东西向。其东南翼较陡倾角，为 60°～70°，局部甚至倒转；西北翼较缓，倾角为 20°～40°，轴面总体向南东倾斜，倾角约 60°。向斜具有宽大的核部，次级构造发育，主体上是由两个向斜和一个相间紧闭的背斜组合而成。

需要指出的是，北岭向斜在某些部位具有紧闭褶皱之特征，但下伏双泉组及其更老地层却未卷入此种褶皱变形之中，二者间存在着明显的不整合界面，在构造层次上表现为叠置关系。从变形角度可称为上叠向斜，而从沉积方面分析则属于上叠盆地，实则体现了地质构造演化过程中叠加褶皱的继承性。

6. 周口店北东向褶皱群

发育在周口店附近萝卜顶、煤炭沟、煤矿沟一带的北东向褶皱群（图 12-13）和北岭北东向上叠向斜同为燕山期褶皱作用的产物，但此处表现特征与上述明显不同：①北东向褶皱是以杨家屯组下部复成分砾岩为标志层进行追索研究而厘定，其层位与构成该区段东西向展布的、印支主期的 164 背形、太平山向形属于同一构造层；②标志层在平面上形成近于等轴状闭合体或呈新月形、蘑菇形和哑铃状等复杂图案，构成了早期近东西向褶皱与晚期近南北向（北北东→北东向）褶皱的“横跨”或“斜跨”干扰格式；③经对早期近东西向太平山向形、164 背形（图 12-15、图 12-16）以及代表北北东向叠加褶皱的萝卜顶-二亩岗区段（图 12-17）和煤矿沟区段（图 12-18）进行构造解析，可分别对其两翼、枢纽、轴面劈理等构造要素进行配置而加以区分。可以看出，周口店一带的北东向褶皱与北岭区段的上叠向斜叠加形式不同而表现为改造型，反映了同类构造在不同地质背景下发育的差异性。

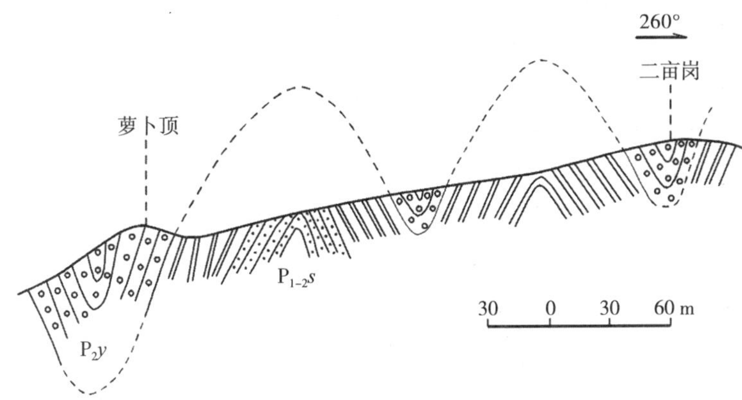

图 12-17　萝卜顶-二亩岗信手地质剖面

（据中国地质大学周口店实习队，1993，转引自赵温霞等，2016，略有修改）

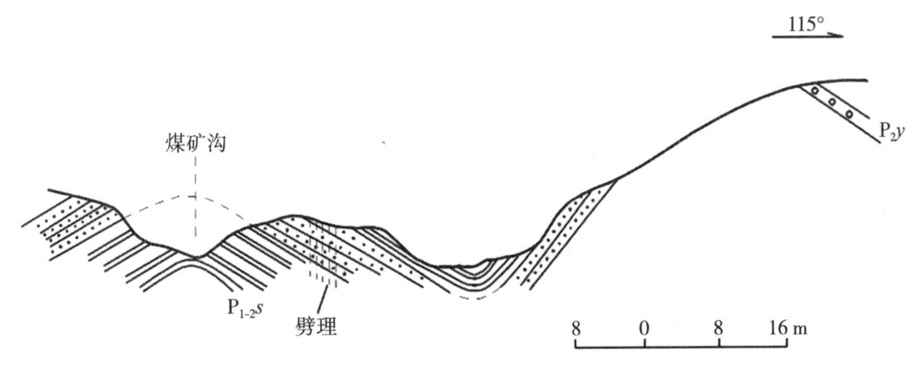

图 12-18　煤矿沟信手地质剖面

（主示 NE-NNE 向叠加褶皱）

（据中国地质大学周口店实习队，1993，转引自赵温霞等，2016，略有修改）

四、区域断裂构造

区域断裂构造包括区域性剥离断层、推覆构造、铲式冲断层和山前正断层等。

1. 剥离断层

这类断层是印支或更早期的主要构造形迹之一。发育在基底与盖层间的基底剥离断层出露于房山复式岩体东北缘东岭子-南观和东南缘羊屎沟-山顶庙两个区段。盖层中的剥离断层限于中新元古界和下古生界褶叠层系统内部，多为沿层系界面分布、次级低角度的正断层或者剥离型韧性剪切带，规模不等，多级组合，相互平行。上下盘常是高度变薄的褶叠层，地层缺失明显。发育在一条龙-牛口峪的弧形断裂带及南窑、凤凰山等处的断层均为其典型代表。

后期岩体底辟就位及褶皱作用可使断层被改造，导致其倾角不再保持初始低角度位态而变陡乃至倒转。尽管如此，在露头尺度上断面与两盘岩层产状却始终几近平行，只有沿其走向追索方能观察到断层切过不同的上盘地层。这些特点在对太平山向形相关描述中已提及。

2. 推覆构造

区内发育的推覆构造主要有霞云岭冲断推覆构造、长操冲断推覆构造及黄山店褶皱-冲断构造等（图 12-13）。现以后者为例简介如下：

该构造展布于黄山店、上方山一带，主要表现特征（图 12-19）：①逆冲断层多沿洪水庄组、下马岭组等软弱层系发育而形成宽大断坪，导致上、下盘地层近于平行，构造形态简单而貌似单斜岩层。只有顺滑动断面追索至断坡部分才能发现更为明显的构造迹象。②总体由两个相互叠置的大型平卧背斜和向斜组成。依据卷入褶皱的早期褶叠层和顺层韧性剪切带等资料综合分析，其形成时代为燕山期。③在地形切割较强的上方山一带，见有由雾迷山组

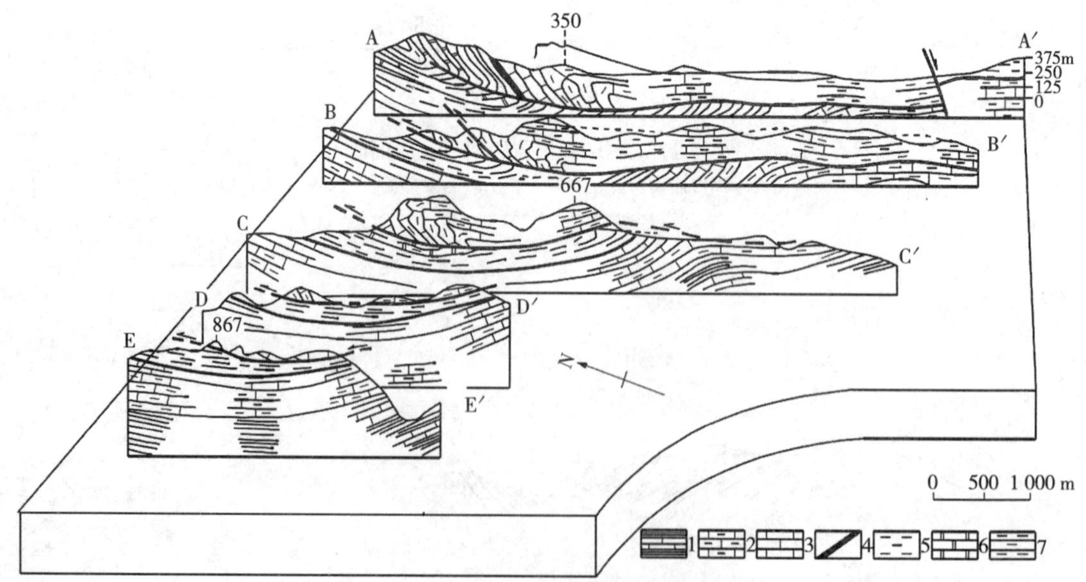

图 12-19 黄山店褶皱-冲断构造联合剖面图

1. 雾迷山组下段 2. 雾迷山组中段 3. 雾迷山组上段 4. 洪水庄组 5. 铁岭组下段 6. 铁岭组上段 7. 下马岭组

（据单文琅，1991，转引自赵温霞等，2016，略有修改）

构成的飞来峰构造。④根据大型平卧褶皱的寄生褶皱和断层伴生构造统计分析，逆冲运移方向为 NNW340°～350°。⑤将横剖面（A-A′剖面）进行长度平衡复位，求得地壳缩短量 $e=-33\%$。再据上下盘同一标志层（洪水庄组）相对断距估算的最大位移距离：剖面 A-A′＝1.75km、C-C′＝2.5km、E-E′＝2.75km。可以看出，位移距离自东而西渐增，说明该构造向东逐渐消失。

3. 南大寨断层带

南大寨断层带是著名的八宝山-南大寨断裂带的西南段，空间展布颇具特色（图 12-13）：南大寨以北，走向由近东西向突变为近南北方向延伸，近东西向区段断层面大致向南倾斜，倾角 20°～40°；近南北向区段断层面大致向东倾斜，倾角 40°～50°。南大寨以南，走向渐变为北东向，与区域上的八宝山断裂带延伸方向趋于一致。剖面上组合为一铲式冲断层系，断面总体向南东东倾斜。主断层上盘主要由长城系构成外来系统，主断层下盘则为印支主期东西向面理褶皱的构造层。两组构造呈明显截切关系：北部谷积山一带，断层切过谷积山背形南翼；中部南大寨一带则切断了北岭向斜转折端；南部牛口峪一带近东西向面理褶皱亦有被改造的迹象。在东部，该构造被辛开口山前正断层（山区和平原的边界断裂）所切断，故断层上盘的外来系统实则变成了一个大型无根的楔状体。

据断层系内断面上运动学标志和断层两盘伴生构造综合统计分析，其逆冲方向为 NW300°～310°；参考地层剖面厚度缺失情况，概略估算逆冲位移量不小于 20km；在牛口峪

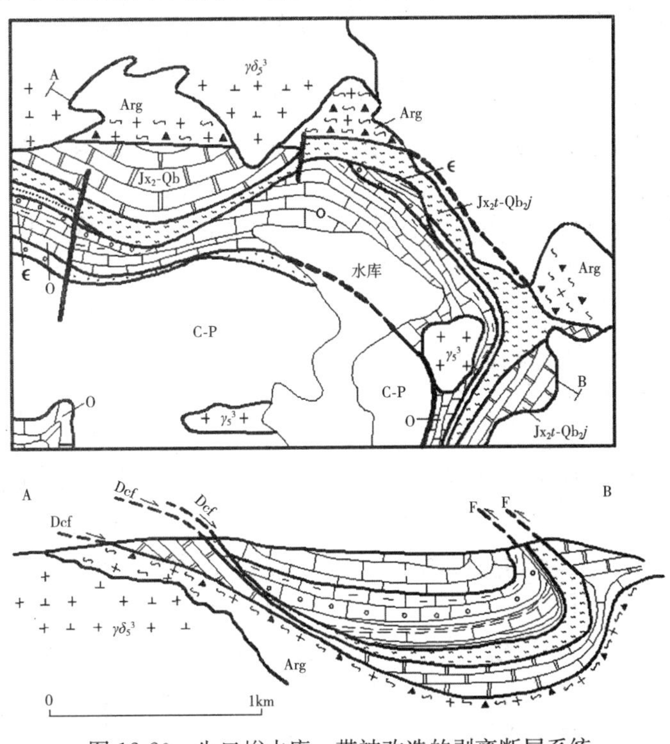

图 12-20　牛口峪水库一带被改造的剥离断层系统

Arg. 官地杂岩（碎裂的长英质及斜长角闪质变余糜棱岩）　Jx_2t-Qb_2j（Pt_2t-Pt_3j）. 铁岭组-景儿峪组大理岩、片岩和石英岩等　ϵ. 寒武系豹皮灰岩、板岩、鲕状灰岩及泥质条带灰岩　O. 奥陶系灰岩及白云岩　C-P. 石炭二叠系　$\gamma_5{}^3$. 花岗岩　$\gamma\delta_5{}^3$. 花岗闪长岩　Dcf. 早期剥离断层　F. 晚期逆冲断层

（据中国地质大学周口店实习队，1993，转引自赵温霞等，2016，略有修改）

等处，该带中的断层角砾岩、碎裂岩发育属于碎裂岩系列，表明其为上部构造层的脆性剪切变形相；又据断层系切过东西向面理褶皱以及又被后期山前断层所截关系，判断分析应为燕山运动产物。

必须指出：该断裂系在南大寨以南区段出现了逆冲断层与早期剥离断层复合的情况，使得该处剥离断层带内发育有断层碎裂岩，代表了因遭受后期逆冲断层影响而再活动之结果，但断面与上下盘地层空间配置仍保持低角度正断层的图面效应；向南在牛口峪一带，二者的复合及逆冲断层对早期剥离断层的改造尤为明显，使得后者断面翻卷且表现出若干逆冲特点（图 12-13 和图 12-20）。南大寨断层和东部辛开口断层在周口店-牛口峪以南被第四系覆盖，但据深部资料证实仍有存在迹象。

第四节　岩浆岩与变质岩

一、侵入岩

中国地质大学赵温霞等（2016）以谭应佳等（1987）、《1∶5 万周口店幅区调报告》（1988）、张吉顺等（1990）和马昌前等（1996）资料为基础，通过教学实践与研究认为：周口店地区岩浆侵入活动以中性和酸性为主，面积最大者为房山复式侵入岩体，在牛口峪、一条龙等处尚有规模较小的侵入体出露；各类岩脉在房山复式侵入体内及围岩中较为发育。房山复式侵入岩体西界车厂，东临羊头岗，北抵东岭子，南至东山口，平面上近于圆形（图 12-21），直径 7.5～9km，面积约 $60km^2$，属中等规模的岩株。岩体与围岩的接触面一般倾向围岩，产状较陡。复式岩体早期侵位的是石英闪长岩体和闪长岩体，后期侵位的是花岗闪长岩体，前者因后者的侵入穿插而破裂成若干小岩体散布于外缘。在官地村北 127.2 高地等处可见石英闪长岩体的流面被花岗闪长岩体切割等现象，可视为复式岩体相继侵入活动的依据。房山复式侵入体以南的这些小型侵入体，其共同特点是较房山岩体酸性更强，色浅，后期有菱铁矿化，围岩因受其热变质作用形成白云母角岩。虽然这些小型岩体之间以及它们与房山复式侵入体之间无直接接触关系，但从岩浆活动一般规律和区域构造背景分析，应属燕山运动产物，其形成可能晚于房山侵入体。

1. 花岗闪长岩体

（1）岩相带（单元）划分。花岗闪长岩体内钾长石斑晶呈有规律的变化。据其大小、含量和环带特征的差异性，将花岗闪长岩体从外向内划分为边缘相、过渡相和中央相，其间无明显分界。据钾长石斑晶含量统计分析与研究，钾长石斑晶的高含量区在过渡相带内。

岩体内部相带（单元）的划分尚有不同观点。张吉顺等（1990）将整个复式岩体从边缘至中央依次分出暗色细粒石英闪长岩（A）、中粒石英闪长岩（B）、似斑状花岗闪长岩（C）和巨斑状花岗闪长岩（D）4 个相带，其中，B、C、D 三个相带分别相当于上述的边缘相、过渡相和中央相；而 A 相带则是较早侵位的石英闪长岩（图 12-21）。周正国等（1992）则认为花岗闪长岩体内部不是相带，而是岩浆多次上涌的产物，并进一步将房山岩体划分为 4 个基本单元。赵温霞等（2016）通过野外观察研究认为现阶段仍以张吉顺等（1990）的划分方案开展教学活动。

（2）岩石定名。由于岩石为粗粒似斑状结构，单凭薄片定名有误，故前人采用野外和室内相结合的方法对斑晶和基质矿物的含量分别进行统计，八个点的统计结果见表 12-1。

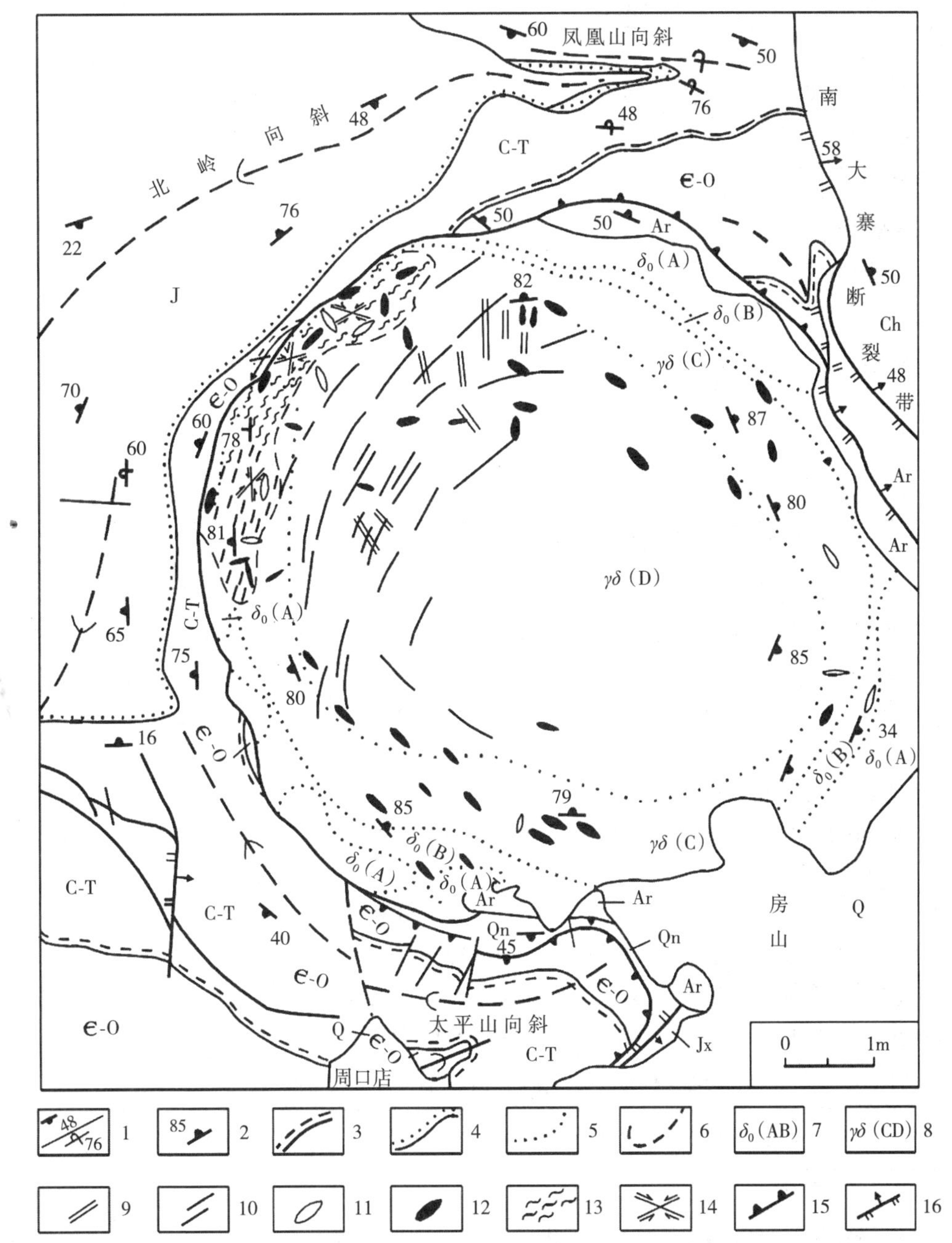

图 12-21　房山岩体地质构造略图

1. 正常与倒转岩层　2. 岩体内面理　3. 平行不整合　4. 角度不整合　5. 岩体相带界线　6. 强变形区边界线　7. 石英闪长岩及相带编号　8. 花岗闪长岩及相带编号　9. 垂直面理的破裂　10. 平行面理的破裂　11. 伟晶岩及细晶岩脉　12. 应变捕虏体（包体）　13. 挤压片理　14. 小型韧性剪切带　15. 剥离断层　16. 逆断层

（据张吉顺等，1990，转引自赵温霞等，2016，略有修改）

表 12-1　花岗闪长岩体各相带矿物成分平均含量（%）

矿物成分	岩相带		
	边缘相	过渡相	中央相
石英	12.6	19.5	21.6
斜长石	46.8	50.0	40.1
钾长石	20.4	17.6	20.8
黑云母	10.4	6.3	9.7
普通角闪石	8.0	5.1	6.3
磁铁矿	0.8	0.7	0.5
榍石	0.4	0.4	0.6
磷灰石	0.3	0.3	0.3
单斜辉石	0.2		
其他	0.1（绿帘石、锆石、褐帘石）	0.1（绿帘石等）	0.1（绿帘石等）
岩石定名	石英闪长岩	花岗闪长岩	花岗闪长岩

注：本表据《1∶5 万周口店幅区调查报告》，1988，转引自赵温霞，2016，有修改。

可以看出，从边缘到中央，造岩矿物的含量具有明显的变化规律：暗色矿物从多到少，石英由少变多，钾长石斑晶含量由无到逐渐增多，后又减少，反映了岩浆从边缘到中央，由较基性向较酸性的演化。经对比分类，岩体的过渡相和中央相岩石的正确命名应为花岗闪长岩，仅在岩体西北部由于钾长石斑晶含量增多而出现石英二长岩；边缘相的基本名称为石英闪长岩，仅在岩体东部丁家洼一带由于钾长石增多也出现石英二长岩种属。

（3）矿物组成。花岗闪长岩的主要造岩矿物为斜长石、条纹微斜长石和石英；次要矿物是绿色普通角闪石和黑云母；副矿物常见者有磁铁矿、磷灰石、榍石、锆石等，偶尔可见褐帘石。

（4）岩石化学特征。根据测试数据（表 12-2）分析，从边缘向中央，SiO_2增加较快，Na_2O和K_2O增加缓慢，而CaO、Al_2O_3、MgO、Fe_2O_3、FeO等则下降，反映了向岩体中心岩石酸性程度增加的一般岩浆演化方向。本岩体另一岩石化学特征是 Si、Na、K 高，Ca、Mg、Fe 低，故应属于正常的、SiO_2过饱和的钙碱性岩类。

表 12-2　花岗闪长岩体各相带岩石平均化学成分（%）

相带	频数	SiO_2	TiO_2	Al_2O_3	Fe_2O_3	FeO	MnO	MgO	CaO	Na_2O	K_2O	P_2O_5	H_2O	总和
边缘相	12	60.57	0.73	17.07	2.17	3.47	0.07	2.39	4.74	4.35	3.44	0.34	0.57	99.91
过渡相	14	62.64	0.72	16.53	2.16	2.90	0.07	2.17	4.06	4.41	3.51	0.30	0.50	99.97
中央相	12	65.45	0.72	16.38	1.78	2.10	0.05	1.42	3.00	4.82	3.63	0.24	0.41	100

注：本表据《1∶5 万周口店幅区调报告》，1988；转引自赵温霞，2016，有修改。

（5）岩体形成温度。根据已获得的中央相全岩化学成分（表 12-2）和中央相斜长石（An_{27}）斑晶含量（平均值为 1%）的实际资料，选用$\rho_{H_2O}=0.1GPa$的斜长石斑晶与熔体交换平衡反应热力学公式（M. Kudo，1970）来估算，中央相开始结晶的温度为 909℃；根据

J. A. Whitny 和 J. C. Stormer（1977）提出的低温系列二长温度公式计算，中央相的成岩温度为 669℃，结果与前人（邓晋福，1978）计算房山岩体接触变质带矽线石形成温度必须大于 800℃的结论吻合。

（6）岩体形成时代。岩体直接侵入的地层为下二叠统，但接触热变质晕影响的地层为中侏罗统龙门组。因此，岩体侵入时代应在中侏罗世以后。据前人同位素年龄资料统计，其值变化在 100 亿～140 亿年之间，为燕山运动晚期的产物（谭应佳等，1987）。

（7）捕虏体（包体）。花岗闪长岩体中捕虏体（包体）主要集中于边缘相和过渡相，长轴多在 10～50cm 之间。处于边缘相中包体因经受强烈的压扁作用而呈铁饼状，其长轴或扁平面大致平行于接触带。它们可大致分为两类：一类为来自围岩的碎块（如大理岩、变质砂岩、角闪岩、各种片麻岩、细粒石英闪长岩等，如官地附近 125.5 高地所见），另一类为深部包体。经研究，从边缘相到中央相捕虏体（包体）具有一定的变化规律：数量由多到少，成分由复杂到单一，形状上从次棱角到纺锤状，界线由截然到不清楚至模糊（微粒暗色者除外），从没有长石变斑晶（交代斑晶）到出现白色斜长石变斑晶及浅肉红色钾长石变斑晶，改造程度由浅到深。

（8）伴生脉岩。岩体内发育有多种脉岩，一般宽几厘米，长数米至几十米不等。根据穿插关系判断，各种脉岩的生成顺序为花岗闪长岩脉→花岗岩脉→细晶岩脉→长英岩脉及伟晶岩脉→煌斑岩脉。岩性以酸性为主。多数岩脉较集中发育于岩体的边缘相及过渡相内，平面上则呈放射状展布。

2. 细粒石英闪长岩体

石英闪长岩体是相对早期侵位的岩体，呈小型零散状分布于羊耳峪、丁家洼、官地及东山口等地（图 12-19）。根据各个小岩体的岩石化学鉴定结果可知：官地一带的岩性为暗色闪长岩，东山口和丁家洼等地的小岩体为石英闪长岩。它们皆以细-中粒等粒结构、颜色深、暗色矿物含量高等特征而区别于花岗闪长岩体边缘相。其造岩矿物特征如下：

普通角闪石：绿色。电子探针分析结果及晶体化学式计算表明属钙质角闪石族的镁角闪石。

黑云母：黑色、暗绿色。电子探针分析结果和晶体化学式计算结果表明属镁黑云母。

斜长石：手标本以乳白色、灰白色为主。电子探针分析其牌号为 30～44 之间，故为中长石。

钾长石：肉红色者常见。无双晶或偶见格子双晶。电子探针分析为中微斜长石和正长石系列。

另外，根据宜昌地质矿产研究所（1988）测得的东山口石英闪长岩体的全岩钾氩法同位素年龄为 1.311 亿年，证明与前已述及的花岗闪长岩基本同时。

3. 复式岩体侵位机制及热动力构造

复式岩体侵位于房山变质核杂岩之内并成为其构造要素之一，在此过程中岩浆不断膨胀并由中心向四周推挤围岩和较早侵位的岩体而占据空间，属于典型的气球膨胀式深成岩体。综合野外观察及章泽军（1990）、张吉顺等（1990）、马昌前等（1996）研究成果，其主要特征有：

（1）复式岩体平面轮廓近于圆形，从边缘向中心，由四个相带构成了明显的同心环状构造（图 12-19）。除最外侧的石英闪长岩与花岗闪长岩之边缘相带具有明显的侵入接触关系外，其他各相带或为渐变过渡关系，或在局部发育黑云母条带。后者可视为相带的间隔标志和岩体脉动侵位的分界线。这些特点与 Ramsay（1981）提出的气球膨胀式侵位机制及相关效应十分吻合。

（2）由黑云母等矿物及扁平状捕虏体（包体）显示的面状组构在复式岩体边缘最为发育，向内渐弱，至中央相则基本消失。通过观察点测量统计，面理一般与岩体接触界面平行，多倾向围岩，一般表现出西北部倾角较陡，而东南部则缓。岩体边缘的面状构造皆为挤压面理或剪切面理，镜下可见明显的晶体破裂、晶格位错等现象，为典型的同侵位变形构造。对捕虏体（包体）进行观察及应变测量表明：边缘相数量多且压扁度高，压扁面与岩体接触面近于平行。愈向中央，数量愈少，压扁度也愈小，至中央相则基本无变形。其平面长宽比一般为（1～50）：1，最大可达 100：1。在龙门口附近，三度空间轴比 $a:b:c=10:7:1$。由 90 多个测点近3 000个长短轴比数据对应变强度的估算，结果显示，应变从中心到边缘由弱变强，岩体西北边缘变形强度最大，东西向的压缩为 40%，这可能反映了岩浆侵位时从东南向西北斜向上升的效应。

（3）岩体边缘，发育韧性剪切带、同构造片麻岩、挤压片理等构造强变形带，车厂-龙门口一带最为发育，该带长约 6km、最宽处达 0.7km，总体呈新月形展布且弧顶指向北西 20°。带内花岗闪长岩、似斑状花岗岩普遍经受不同程度的糜棱岩化和后期重结晶作用而发育片状、片麻状构造。在透入性片理、片麻理基础上又叠加了小型分划性韧性剪切带，它们一般长数米至数百米、宽数厘米至数十厘米，产状近直立，切割了片理和片麻理而构成了新月形强应变带中的局部高应变带。小型韧性剪切带平面组合为雁列式或共轭式。与脆性破裂变形的共轭式节理判断受力方向不同，共轭式韧性剪裂面的钝夹角平分线指示了挤压方向。它们所示挤压方向在新月形变形带内因部位不同略有变化，但总体呈放射状展布且来自岩体中心。强变形带中能够反映韧性变形及剪切指向标志者诸如曲颈瓶状捕虏体、S-C 组构、旋转碎斑、“多米诺骨牌”等现象十分发育，均属岩浆由中心向外扩张过程中形成的侵位构造。

（4）航片解译成果显示出岩体。内部发育有配套的环状和放射状构造。野外验证其为相互近于正交的节理系统或沿裂隙贯入的岩脉。此种节理阵列亦为岩浆在完全固结之前，后续岩浆持续上拱和强力横向拓宽作用而形成的侵位构造。

（5）岩体接触带和临近围岩中发育有与岩体内部节理系统协调一致的环状和放射状节理；临近的围岩中还发育一组倾向岩体、平面上呈环状展布的挤压片理；近岩体的围岩普遍变薄、变陡甚至倒转；早期的地层以及褶皱和断裂被调整改造到同岩体构造一致而呈现出区域构造线平行环绕岩体接触带展布的平面格局。章泽军（1990）对接触带所作的应力场分析表明，主应力中间轴有从岩体中心向外呈放射状分布之态势。

可以看出，岩体的围岩构造特征与其内部诸多反映岩体强力侵位的标志协调一致，似乎反映了最先上涌的（石英）闪长岩体是以热动力作用方式改造围岩且形成了与接触带一致的面理构造；当前者还未完全固结时，新的岩浆即贯入其中并向四周膨胀拓宽，持续脉动，使得早期侵入者不断外移、压扁、改造以及后期岩脉沿先期裂隙充填，从而导致了复式岩体边缘多期变形叠加、多期岩脉活动和边缘相残缺不全的特征。图 12-22 形象地再现了这种侵位过程。

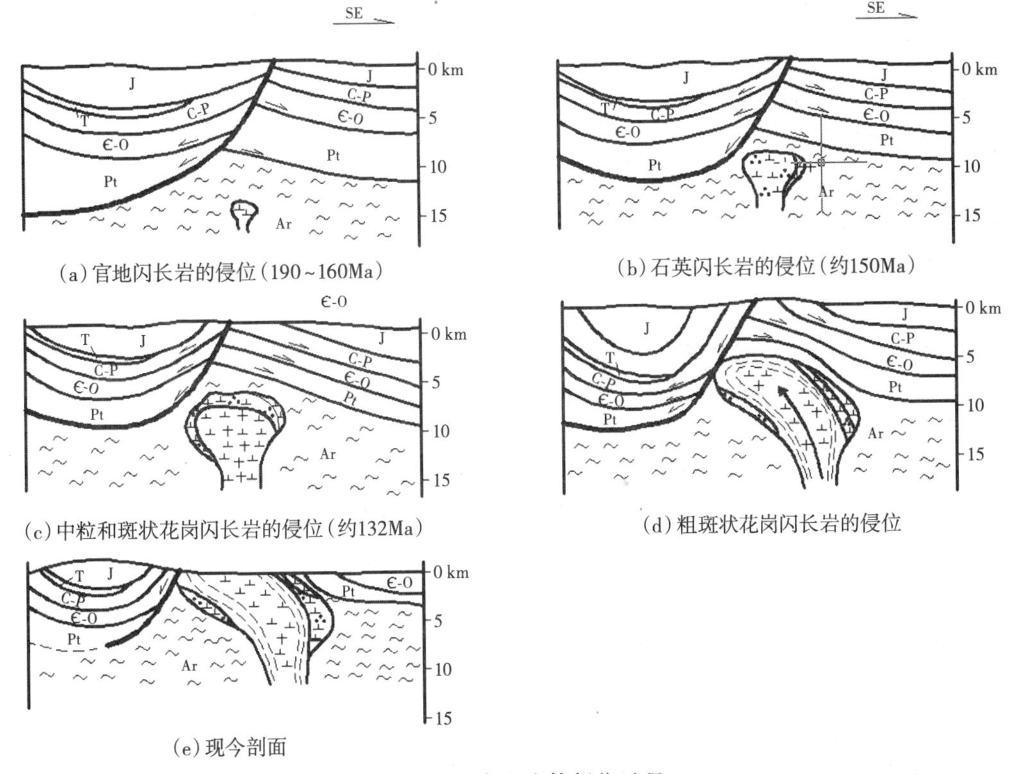

(a) 官地闪长岩的侵位（190～160Ma）

(b) 石英闪长岩的侵位（约150Ma）

(c) 中粒和斑状花岗闪长岩的侵位（约132Ma）

(d) 粗斑状花岗闪长岩的侵位

(e) 现今剖面

图 12-22　房山岩体侵位过程

（据马昌前等，1996，转引自赵温霞等，2016，略有修改）

4. “灯泡”花岗岩体

出露于牛口峪水库一副坝两侧，南北长 400m，东西宽 250m，因平面形态似灯泡而得名。岩体与周围古生界地层均为侵入接触，其中最新地层为石炭系。接触带处往往出现白云母角岩，在大杠山-磨盘山一带表现较为清楚。岩石风化强烈，色浅，细粒。镜下可见较强的绢云母化及菱铁矿化。组成矿物有半自形的斜长石（22.2%）、它形钾长石（46.3%）、它形石英（25.8%）、白云母（交代黑云母，2.2%）及菱铁矿（2.5%）等。

5. “龙眼”花斑岩体

此岩体分布于东山口一条龙西端，因形似“龙眼”而得名。岩体规模不大，长度仅有几十米，侵入于下马岭组地层之中。岩石颜色为黄白色，组成矿物主要有微斜长石（54%）、更长石（An15，10.9%）、石英（30.2%）以及少许黑云母、白云母等。偶见有微斜长石的大斑晶，基质细粒，具显微文象结构，定名为白云母花斑岩。

6. 牛口峪岩体

岩体自牛口峪向西沿沟延伸，长 700 余 m，宽约 100m。岩体侵入于上古生界的砂页岩中，使其变质成为白云母角岩。岩石呈带褐色斑点的灰白色，缺少暗色矿物，细粒结构；绢云母化及菱铁矿化强烈；主要组成矿物有斜长石（50.7%）、微斜长石和条纹长石（21.1%）以及石英（25.9%），另外有少量呈黑云母假象的白云母、菱铁矿。根据其矿物含量应为花岗岩类。

二、变质岩

根据谭应佳等（1987）、《1∶5 万周口幅区地质调报告》（1988）、张吉顺等（1990）、王方正等（1996）和赵温霞等（2016）研究成果，周口店地区多数岩石都遭受了程度不同的变质作用，包括太古宙变质杂岩、元古宙和古生代区域变质岩、岩体周围的接触热变质岩及与构造变形作用有关的动力变质岩。

（一）官地杂岩

主要分布于房山岩体南北两侧及东缘，面积小于 0.5km^2（图 12-21），主要由片麻岩、斜长角闪岩、变粒岩等组成的一套变质岩系。

1. 岩石学特点

（1）黑云母斜长片麻岩。主要见于官地以东、以北等地，为官地杂岩的主要组成岩石。岩石呈浅灰色、灰色，片麻状构造，粒度为中细粒，镜下具鳞片花岗变晶结构，亦见镶嵌变晶结构。主要矿物是斜长石、石英、黑云母，亦可见角闪石、微斜长石和条纹长石。在有的地段由于矿物含量及结构的变化可以定名为黑云角闪斜长片麻岩、角闪黑云斜长片麻岩等。

（2）混合花岗岩。多见于山顶庙西沟及周家坡一带。岩石浅灰色、灰白色，呈不等粒的花岗变晶结构且发育有多种交代结构，块状构造为主，有的具弱片麻状或阴影状构造，曾广泛受到碎裂岩化作用。浅色矿物为各种长石和石英，暗色矿物分布不均且大多变为绿泥石。另外尚有少许黑云母及白云母。

（3）斜长角闪岩。多呈薄夹层或透镜体赋存于不同区段的浅色片麻岩中，在官地东侧打谷场附近及官地-李家坡大路旁有出露。岩石黑色、暗绿色、墨绿色，块状构造为主，偶见弱定向构造。若具有轻度混合岩化时则有条痕状、条带状、树枝状、网脉状、角砾状构造出现。由于混合岩化使岩石总的色调变浅。岩石呈粒状变晶结构到花岗变晶结构，亦见有多种交代结构。主要矿物为角闪石和斜长石。如角闪石含量大于 80%，可称其为角闪石岩。

（4）黑云母、角闪石变粒岩。见于官地、周家坡、山顶庙一带。在房山复式岩体边缘相（官地村西北 125.5 高地）中亦可见此类岩石的捕虏体存在。露头上多呈层状产出，块状构造为主；因经常发育有沿裂隙注入的长英质脉体而具有条带状或网脉状构造。岩石色调变化颇大，具灰绿色、深绿色、墨绿色、褐黄色等，混合岩化加强时颜色变浅而呈浅灰色、浅肉红色；细粒花岗变晶结构；主要造岩矿物为长石、石英、角闪石、黑云母、绿帘石等，含量变化较大。若暗色矿物以黑云母为主时称黑云母变粒岩，角闪石为主时称角闪变粒岩，绿帘石较多时称绿帘黑云（角闪）变粒岩，当暗色矿物含量小于 10%时则称为浅粒岩。白云母亦可见到，其他副矿物可见磁铁矿、磷灰石、榍石等。

2. 关于官地杂岩成因及时代的两种观点

其一认为是太古宙古老变质岩系，其二认为是元古宙乃至下古生代变质沉积岩经房山复式岩体侵入时岩浆混染所致。近年来通过岩石学、岩石化学、副矿物及稀土元素分配特征等方面的研究并结合野外地质产状，多数研究者认为该杂岩时代应为太古宙，属于华北陆块（板块）古老结晶基底的一部分。其依据是：

（1）杂岩与房山岩体呈明显的侵入关系。李家坡-乱石垅区段可见花岗岩岩枝侵入杂岩中，官地村西可见岩体边缘相中有大量片麻岩捕虏体存在。

（2）杂岩与中新元古界及古生界地层皆成断层接触。在周家坡区段即分别与铁岭组、下马岭组呈断层接触。经区域对比研究分析，这些断层是沿基底与盖层间不整合界面发育的剥离断层。

（3）选择混合岩化微弱或基本无混合岩化的岩石类型进行化学分析，斜长角闪岩的样品投点结果，除一个样品外均为正斜长角闪岩，说明其由基性岩浆岩变质而来［图 12-23（a）］；为进一步判别斜长角闪岩的岩石类型，图解投影的结果［图 12-23（b）］得出，两个样品为玄武质科马提岩，而其他四个点属于富镁拉斑玄武岩，其组合属苦橄质-科马提质玄武岩浆系列，而华北地区元古宙及早古生代均无基性岩浆活动，故应为太古宙绿片岩带的产物。

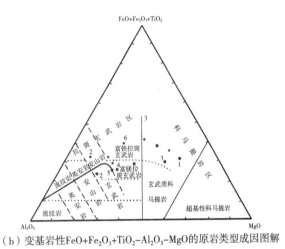

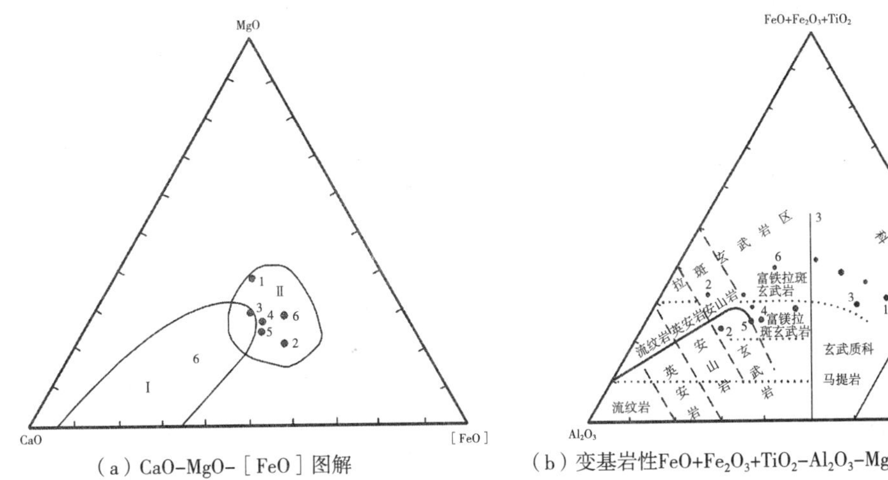

（a）CaO-MgO-［FeO］图解

（b）变基岩性$FeO+Fe_2O_3+TiO_2-Al_2O_3-MgO$的原岩类型成因图解

图 12-23　官地杂岩化学成分图解投影

Ⅰ. 负斜长角闪岩　Ⅱ. 正斜长角闪岩

（据《1∶5 万周口店幅区调报告》，1988，转引自赵温霞等，2016，略有修改）

（4）杂岩中各种片麻岩的稀土分配特点皆与世界太古宙花岗质岩石稀土元素的特征相似。

（5）杂岩中有多期糜棱岩化及碎裂岩化的变形特点，但房山岩体除侵位时有一次糜棱岩化外，其后再无与糜棱岩化相伴的构造运动，故多期糜棱岩化也是古老变质岩系的特点。

（6）杂岩曾叠加混合岩化作用而在某些区段成为混合花岗岩，其中正、反条纹长石的存在代表了区域变质作用时的混合岩化的特点。研究表明，由于房山岩体的侵入作用而导致的围岩接触热变质作用的上限并未达到花岗质低共熔的温度，因此，混合花岗岩及其中的正、反条纹长石的形成与岩浆混染作用无关。

（7）杂岩的副矿物组合特点以锆石含量为高，且锆石经历了变质作用、重结晶作用及溶蚀、沉积作用的复杂历史。而混染成因的副矿物组合应当反映房山复式岩体副矿物的组合特点，即榍石含量占绝对优势且经历简单，这说明杂岩混染成因的可能性不大。另外，获得杂岩中自形锆石的 Pb-Pb 年龄约为 24.49 亿年（Wang 等，1996），亦证明其为太古宙变质岩系。

3. 太古宙变质杂岩的变质相及矿物共生的温压条件

由于太古宙变质杂岩仅以零星露头散布于房山复式岩体的周缘，加之岩石普遍遭受不同程度的混合岩化作用，故为变质相带的划分带来一定困难。经对混合岩化后矿物共生情况等方面综合分析并与经典的变质相进行对比可知，目前看到的太古宙变质杂岩的变质相相当于中压角闪岩相，而遭受动力变质之后则退变为绿片岩相。据混合片麻岩中共存的不同长石的成分，用二长石地温计求知其温度约为 400℃；据斜长石与角闪石的成分，用斜长石和共存的角闪石中 XCa 分配地质温度计，求出其共存的温度为 400～450℃，二者计算结果吻合，说明混合片麻岩的形成温度在 400～450℃之间。另外，利用其他测试手段进行温度计算，结果也都表明是属于中压绿片岩相的温度范围，即代表了遭受动力变质作用之后退变质作用的温压条件。

（二）显生宙区域变质岩

周口店地区 75%以上属显生宙区域变质岩出露区，但在房山复式侵入体周围1 000～1 500m 范围则叠加了接触变质作用。

1. 岩石学特点

（1）板岩。代表性岩石如洪水庄组黑色板岩、下马岭组黑色炭质板岩、景儿峪组灰绿色钙质板岩及太平山南北坡石炭系-二叠系杂色板岩、粉砂质板岩、炭质板岩和压力影板岩等。岩石中普遍见有变余粉砂-泥质结构及变余层理构造，板劈理发育。镜下为显微变晶-隐晶质结构，亦常见斑状变晶结构，变斑晶多为黄铁矿且表现出压力影构造。此类岩石有时由于具有一定的丝绢光泽或板理面上略具皱纹而显示出千枚状构造的某些特征，如下马岭组含磁铁矿千枚状板岩、龙山组上部含灰白色千枚状板岩等。

（2）千枚岩。千枚岩是实习区内广布的岩石类型之一。从元古宇到侏罗系均可见到，但主要发育在元古宙的泥质变质岩中，如洪水庄组黑色千枚岩、下马岭组灰色-灰黑色千枚岩、粉砂质千枚岩、炭质千枚岩、龙山组黄色粉砂质千枚岩、馒头组及毛庄组灰色或黄色千枚岩等。岩石色调较杂，具丝绢光泽，但随颜色加深则光泽变弱。面理上有时呈现皱纹，断面上可见细纹状变余层理。常见的结构是基质为显微鳞片（花岗）变晶结构的斑状变晶结构。变斑晶以红柱石（多发育为空晶石）为主，基质主要成分是绢云母、石英以及少许绿泥石和黑云母。

（3）变质砂岩。变质砂岩亦为实习区常见岩石类型，尤以太平山南北坡石炭系-二叠系中分布较多。岩石色杂，常呈暗灰、灰黄、浅灰、灰黑等色。镜下则可见变余砂状结构。主要矿物成分为长石和石英；暗色矿物多系胶结物变质而成，如黑云母、绿帘石等。根据观察研究，其原岩既有长石砂岩、石英砂岩，也有杂砂岩，其中以岩屑砂岩最多。在某些区段可见含砾变质砂岩或变质砂砾岩。

（4）片岩。主要出露于一条龙、羊屎沟、骆驼山一带，是构成下马岭组的主体部分。以灰色、灰黑色、黑色者为多。岩石一般呈鳞片花岗变晶结构或花岗鳞片变晶结构，有时见斑状变晶结构。本区片岩以不含或少含长石为特征，主要矿物有黑云母、白云母、石英、红柱石、矽线石、石榴石、十字石、堇青石和磁铁矿等。主要岩石类型有硬绿泥石绢云母绿泥石片岩、硬绿泥石二云母片岩、硬绿泥石蓝晶石片岩、硬绿泥石十字石石榴石云母片岩、十字石蓝晶云母片岩、十字石石榴石云母片岩、蓝晶石硬绿泥石片岩、硬绿泥石红柱石片岩、红柱石片岩等。其中红柱石片岩见于太原组以下地层中，而含蓝晶石的片岩则与印支期剥离断层空间展布密切相关，含石榴石、十字石的片岩仅在下马岭组地层中见到。

（5）大理岩。常见类型纯大理岩（又可进一步分为白云石质大理岩及方解石质大理岩两类）、石英大理岩、含云母大理岩、透闪石大理岩、滑石大理岩等，赋存于元古宙-早古生代铁岭组、景儿峪组等层位。其成因与区域变质作用及接触热变质作用皆有联系。

2. 岩石化学特点

由于区域变质作用程度浅，变余沉积的结构、构造特征大多有保留，故其原岩恢复仅据肉眼观察即可确定。根据51个显生宙区域变质岩全岩化学分析结果可知（《1∶5万周口店幅区调报告》，1988），区内板岩、千枚岩、片岩类岩石，除钙质片岩和少许硬绿泥石片岩外，所有样品都属于SiO_2饱和、过饱和类型，且多显示出Al_2O_3过剩而K_2O不足的特点，说明原岩大多数为K_2O不足的黏土岩类，仅有少数为砂质沉积岩类。另外，周口店地区大理岩与世界显生宙大理岩相比，其SiO_2、TiO_2、Al_2O_3、Na_2O、K_2O均较接近。

3. 变质带、变质相的划分及相关的温压条件分析

周口店地区变泥质岩及变长英质岩类可明显地分为以下几个变质带：

（1）硬绿泥石带。其矿物共生组合除常见的石英、绢云母、绿泥石等矿物外，主要特点则是以硬绿泥石出现为标志，且不出现黑云母、石榴石等矿物。

（2）黑云母带。该带与前者的不同是普遍出现了黑云母，在某些岩石中亦出现了石榴石或蓝晶石，但它们仍与硬绿泥石共生。

（3）十字石带。该带的特点是以泥质岩出现十字石为特征，且蓝晶石、石榴石继续稳定。但它们均不与硬绿泥石共生。

另外，周口店地区显生宙大理岩类岩石，按其矿物共生组合可以分为两套：

（1）石英、绢云母大理岩带与泥质岩硬绿泥石带相当，以碳酸盐中的SiO_2重结晶变成石英或其泥质条带中出现绢云母为特征。

（2）绿帘石、透闪石大理岩带与泥质岩的黑云母带相当。该带以大理岩中出现含水的Ca、Mg硅酸盐矿物如透闪石、滑石以及铝硅酸盐绿帘石等为特征。如果SiO_2含量少则不出现石英。

通过对上述三个变质带矿物组合进行综合分析得知，硬绿泥石带相当于中压绿片岩相的绿泥石带；黑云母带包括两个同类型的矿物组合，一为含蓝晶石的黑云母带，另一个则是与红柱石共生的黑云母带。前者属中压相系，而后者为低压相系；十字石带则属中压相系的低角闪岩相。利用矿物地质温压计定量估算各相应变质带的温压范围如下：

硬绿泥石带：温度350～45℃　　p=?

黑云母带：温度450～575℃　　$p>250$MPa

十字石带：温度575～700℃　　$p>500$MPa

4. 特征变质矿物的时空分布与变质作用及区域构造的关系

前已述及，变质矿物组合可区分出不同的压力类型，说明分属于不同的区域变质作用。根据特征变质矿物和矿物组合在时间上的分布规律，结合变质矿物与变形作用的关系，以及不同变质带空间分布与区域构造的关系，可将周口店地区区域变质作用建立如下序列：

（1）印支（或更早）期热动力区域变质作用。进一步可划分为两个阶段：

A. 以中压相的变质矿物组合的形成为特征，特征变质矿物为十字石、蓝晶石等，其分布与本阶段发生的、具强应变特征的顺层韧性剪切带及剥离断层关系密切。

B. 变质矿物组合以云母类矿物为主，间或有硬绿泥石。本阶段变质作用的空间分布与印支主期面理褶皱的轴面褶劈理发育有密切关系。相对第一阶段的变质作用来说，是一次退级变质作用。

（2）燕山早期低压区域变质作用。本期区域变质作用以形成低压相系的矿物组合为特征，以红柱石型矿物组合为主。变质带的空间分布受燕山期北北东向的构造所控制。

（三）接触热变质岩

周口店地区接触热变质岩主要分布于房山复式侵入体周围。接触热变质作用基本上是等化学变化，其岩石化学特点与相对应的区域变质岩基本相同。经测试分析，SiO_2皆是过饱和且K_2O均不足，总体反映这些岩石的原岩具富铝特性。

1. 岩石学及岩石化学特征结果

由于接触热变质作用叠加在区域变质岩之上，加之大部分接触热变质岩都发育有明显的片理构造，故此种变质作用形成的各种板岩、片岩、大理岩与区域变质岩很难区别，仅能从野外产状及矿物组合上加以鉴别，主要有：

（1）角岩类。在太平山南北坡石炭系-二叠系地层中常见，主要类型有红柱石角岩类和硬绿泥石角岩。红柱石角岩类，暗灰色-黑灰色，块状构造，肉眼可见红柱石变斑晶，大小为2～8mm，无定向排列，有的呈放射状集合体，形似菊花，被称为菊花石。基质为角岩结构的斑状变晶结构，基质亦可见显微鳞片花岗变晶结构或放射状花岗变晶结构。除此之外尚见有十字石、红柱石角岩，硬绿泥石红柱石角岩。

硬绿泥石角岩，新鲜岩石为灰绿到暗绿色，风化后呈褐红色。变斑晶硬绿泥石镜下呈蒿束状集合体，无定向排列。基质以炭质尘点及细粒石英为主。硬绿泥石含量达90%时则称硬绿泥石岩。

（2）接触片岩。在羊屎沟等地下马岭组地层中常见，尚可细分为红柱石云母片岩和矽线石云母片岩。红柱石云母片岩，与区域变质的红柱石片岩明显不同，红柱石粒度大，具环带结构，核心是具有粉红色多色性的红柱石，外环是不带多色性的无色红柱石。红柱石可与矽线石共生，而不与蓝晶石共存。基质中黑云母鳞片较大。其他变质矿物尚有石榴石等。与之相应的岩石可有石榴石红柱石片岩、红柱石白云母石英片岩、红柱石二云母片岩等。

矽线石云母片岩，可以渐变为石榴石红柱石片岩，故有一系列过渡的岩石种属如含矽线石的石榴石云母片岩、石榴石红柱石矽线云母片岩等。岩石呈暗灰色、灰黑色。中细粒纤维-鳞片变晶结构或斑状变晶结构，具片状构造至片麻状构造。

（3）大理岩类。包括两种成因类型：一类为区域变质作用的产物，如景儿峪组大理岩；另一类为与房山岩体的接触热变质作用有关。后者展布于岩体周缘，时代因地而异，在东山口等处以铁岭组为主，在周家坡一带下古生界地层中亦有零星出露。主要岩性有三类：①透闪石大理岩，灰色、暗灰色，中、细粒纤维状嵌晶变晶结构，主要矿物成分为白云石、方解石、透闪石和少许白云母、斜长石，透闪石含量5%～10%甚或更少，一般呈条带或不规则的团块产出，原岩恢复为硅质白云岩。②透辉石大理岩，浅绿、浅黄、浅灰等色，中、细粒柱粒状变晶-嵌晶结构。特征矿物透辉石为柱状晶体，常相对集中成条带或形状各异的团块，其柱粒度在0.3～0.8mm，含量约10%，另有透闪石、绿帘石、黑云母、钙铁榴石、符山石、斜长石等，一般含量不超过5%，原岩可能是含铁泥质的硅质白云岩。③含橄榄石大理岩，呈暗灰色、浅黄褐色，一般为块状构造，可见变余层理，花岗变晶及嵌晶结构，主要矿物方解石约60%，其次是白云石，约20%，其特征变质矿物是镁橄榄石，无色，圆形及它形粒状，粒径为0.1～0.3mm，含量变化较大，在8%～15%之间，经常沿裂隙发生蛇纹石化而形成蛇纹石化大理岩，此外，橄榄石常与透辉石同时出现，形成橄榄石、透辉石大理岩，原岩是含硅质的白云质灰岩。

2. 接触热变质晕、变质相的划分及区域地质背景分析

离房山复式侵入岩体越近，接触变质强度越强。根据不同原岩和有新矿物或新矿物组合出现，房山岩体周围接触热变质晕由远到近进行对比后可依次划分出以下几个带：

（1）红柱石-黑云母带。主要岩石类型是角闪岩、变质砂岩及大理岩。与区域变质作用形成的绿泥石带区别是出现红柱石及黑云母两种变质矿物。该带之泥质岩及长英质岩矿物共生组合如图 12-24（a）所示。变质岩及长英质岩中常见金属矿物是磁铁矿，有些组合中还有石墨与其共生。考虑到钙质岩及基性岩情况，其矿物组合则用图 12-24（b）示出。

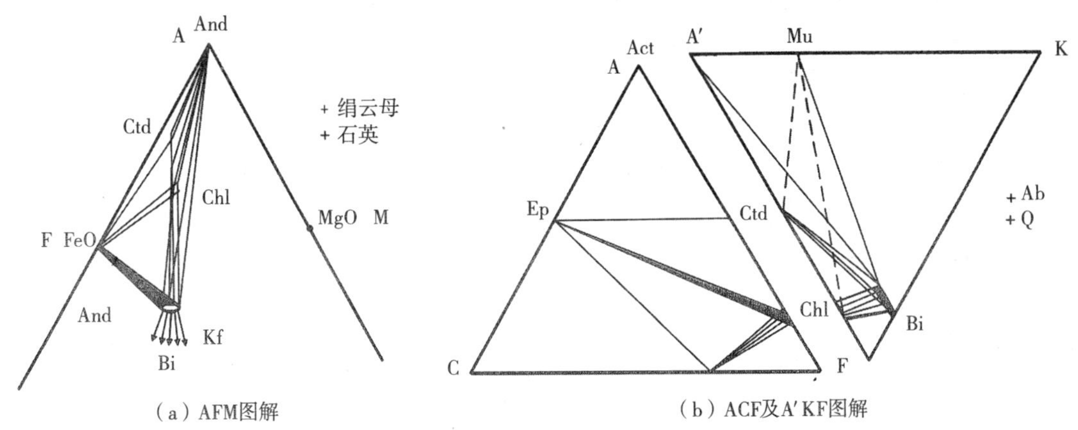

（a）AFM图解　（b）ACF及A′KF图解

图 12-24　接触热变质岩红柱石-黑云母带矿物共生图解

（据《1∶5 万周口店幅区调查报告》，1988，转引自赵温霞等，2016，略有修改）

该带在空间上远离岩体，房山岩体西部及西北部距离岩体接触带 200～250m 之外，而南侧羊屎沟一带则离岩体约 400m 之外，向外一直延伸到距岩体 500～800m 处，逐渐过渡为区域变质的硬绿泥石带。

（2）石榴石-十字石带。主要包括各种接触变质岩及各种角闪岩、大理岩，以出现十字石、石榴石、铝直闪石、普通角闪石为特征，在长英质岩及基性程度较高的岩石中出现角闪石、黑云母、白云母、绿帘石等矿物。其变质泥岩及长英质碎屑岩矿物共生组合见图 12-25（a）；如果将变泥质岩、变长英质岩及钙质岩矿物共生情况综合图解则如图 12-25（b）所示。在房山岩体西北及西部该带一般距离岩体接触带约 200m 以内，在南侧离岩体较远，约在 400m 以内。

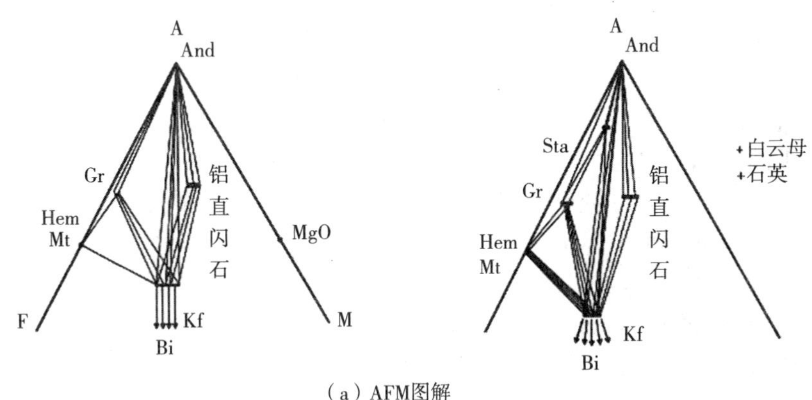

（a）AFM图解

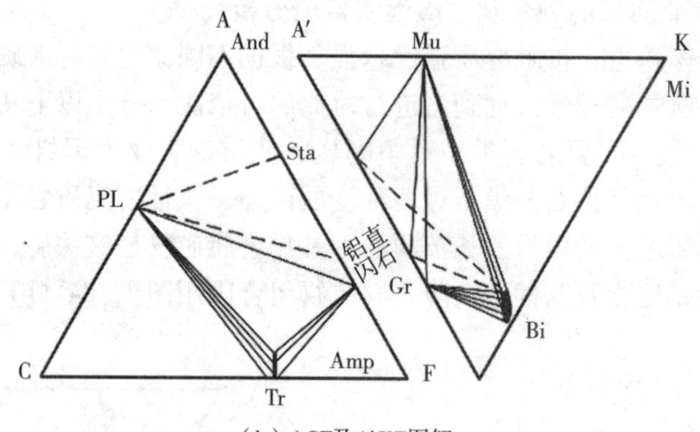

（b）ACF及A′KF图解

图 12-25　接触热变质岩石榴石-十字石带矿物共生图解

（据《1∶5 万周口店幅区调查报告》，1988，转引自赵温霞等，2016，略有修改）

（3）矽线石带。在变泥质、砂质岩中该带以出现矽线石为特征，大理岩及钙质岩中则出现镁橄榄石、透辉石、符山石和钙铁榴石等。常见的岩石是接触片岩、片麻岩及各种大理岩和钙硅酸盐角岩。变泥质岩及长英质岩类和大理岩及钙硅酸盐角岩类的矿物共生组合情况见图 12-26。

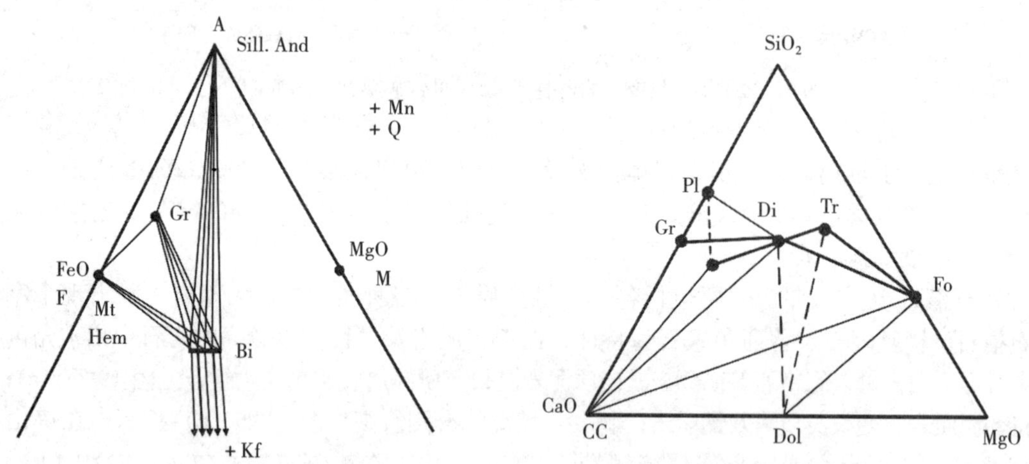

（a）泥质岩及长英质岩矿物AFM图解　（b）大理岩类及钙硅酸盐角岩矿物共生的SiO_2-CaO-MgO图解

图 12-26　接触热变质岩矽线石带矿物共生图解

（据《1∶5 万周口店幅区调查报告》，1988，转引自赵温霞等，2016，略有修改）

实际上，由于各地发育的地层岩性不同，各变质带矿物组合齐全的分带剖面并不多见。如很多地方就不发育矽线石带和镁橄榄石带。石榴石带虽然较普遍存在，但十字石带围绕岩体也是断续出现。发育较齐全的三个变质带位于羊儿峪与车厂之间的地段（图 12-27）。

因为这三个带兼具接触热变质和中压区域变质相的特点，故若将上述三个变质带与经典的接触热变质相对比，它们均不能找出与其完全相当者。红柱石-黑云母带可能相当于接触变质的钠长绿帘角岩相与区域变质中压绿帘角闪岩相的过渡条件。而石榴石-十字石带可能相当于接触热变质的普通角闪石角岩相与区域变质的中压角岩相十字石亚相之间的过渡条件。矽线石带则相当于接触热变质的辉石角岩相与区域变质的中压角闪岩相的矽线石亚相之间的过渡条件。

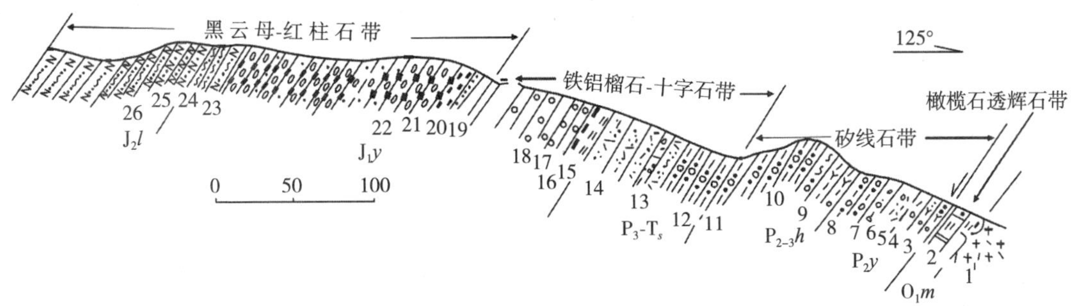

图 12-27 房山岩体西部车厂实测剖面

1. 花岗闪长岩 2. 黝帘透辉大理岩 3. 含十字石黑云红柱矽线石英片岩 4. 红柱灰质片岩 5. 霏细岩脉 6. 炭质空晶石角页岩 7. 石榴空晶石角页岩 8. 白云炭质石英空晶石片岩 9. 矽线红柱黑云石英片岩 10. 红柱白云石英片岩 11. 含矽线石榴红柱白云母石英片岩 12. 红柱石英白云母片岩 13. 黑云角闪变粒岩 14. 角闪绿帘变粒岩 15. 千枚岩 16. 炭质千枚岩 17. 含石榴石十字石铝直闪红柱角页岩 18. 黑云空晶石角岩 19. 空晶石砂质千枚岩 20. 变质长石石英砂岩 21. 红柱千枚岩 22. 红柱砂屑千枚岩 23. 含黑云母变质石英长石砂岩 24. 黑云母角岩 25. 变质石英长石砂岩 26. 变质砾岩

（据《1∶5 万周口店幅区调查报告》，1988，转引自赵温霞等，2016，略有修改）

3. 变质温压条件计算

由于接触变质岩的矿物共生组合与燕山期低压（红柱石型）区域变质矿物组合基本相同，只是接触热变质存在矽线石带。故从石榴石-十字石带进入矽线石带的反应是：

7.6 十字石＋11 石英＝4 铁铝榴石＋32 矽线石＋$3H_2O$

接触热变质的矽线石带上限即为花岗质岩石的初始熔融线。将此反应的单变稳定 $p—T$ 线进行图解和综合研究，得出接触热变质的三个带的温压范围是：

红柱石-黑云母带：450～575℃ $p<0.25$GPa

十字石-石榴石带：575～690℃ $p<0.25$GPa

矽线石带：690～800℃ $p<0.25$GPa

（四）动力变质岩

与韧性剪切带、剥离断层伴生的糜棱岩系列及与脆性断裂伴生的碎裂岩系列在实习区内广泛分布，一般研究者将它们统称为断层岩且视为动力变质岩。但实际上断层岩的分类尚无统一标准。现据其成因、实用性和在区内发育特征，按断层岩的两大系列概述之：

（1）糜棱岩系列，种类繁多，为描述方便，在恢复原岩的基础上，并且考虑到构造特征归纳为碳酸盐质糜棱岩、角闪斜长质糜棱岩、花岗质糜棱岩、花岗闪长质糜棱岩和长英质糜棱岩（变晶糜棱岩）等系列。

碳酸盐质糜棱岩，在 164 背斜冀部、三不管沟、骆驼山等处的铁岭组、马家沟组和寒武系强变形的岩段中均有发育。岩石呈浅灰色、灰色。具细粒、显微细粒结构，定向构造，外观类似于纹带灰岩、纹层状灰岩或纹带状白云岩。这些“纹层”或“纹带”宽 0.5～2.0mm，常发生弯曲，塑性变形特征在岩石风化面上尤为清晰。显微镜下矿物细粒，定向排列；碎斑含量一般小于 30%，呈椭球状；可见碎裂、机械双晶变形、弯曲以及核幔构造。依据矿物组合，可区分为石英大理岩质糜棱岩、石英白云质大理岩质糜棱岩、变泥质大理岩质糜棱岩等。当岩石有较明显的重结晶作用时，可定为碳酸盐质变余糜棱岩。

角闪斜长质糜棱岩，见于山顶庙、乱石垅、东岭子等区段出露的太古宙官地杂岩中。岩石发育透入性的糜棱面理及拉伸线理，形成典型的 S-L 构造岩，外貌呈条纹状，条纹宽 0.2～1.0mm。其中暗色条纹由柱状定向排列的角闪石以及黑云母组成；浅色条带由钠-更长石及石英组成。

花岗质糜棱岩，与角闪斜长质糜棱岩密切伴生，它们宏观结构、构造相似。其中暗色条纹由细小的长英质矿物及黑云母组成；浅色条带则由石英组成。石英已发生显著的静态重结晶，形成由矩形及多边形石英组成的多晶石英条带。石英条带的长宽比达（12～15）：1，最大可达 20：1，镜下呈丝带构造。岩石中常含 10%左右的长石碎斑，其形似眼球，大小为 0.2～2.0mm，常被石英条带环绕而成典型的核幔构造。此种岩石与其他产于太古宙官地杂岩中的糜棱岩类一道多遭受后期再造作用：一是重结晶作用明显而形成各种变余糜棱岩，二是经破碎改造为糜棱岩质碎裂岩或碎裂岩化糜棱岩。

花岗闪长质糜棱岩，发育于房山复式岩体西北缘。岩石具片状构造，中粒糜棱结构，局部为细糜棱结构。斜长石和微斜长石残斑的含量变化为 20%～50%，粒度为 1.00mm×1.75mm，个别达 5mm×10mm；颗粒呈椭圆形、圆形、S 形、眼球形等。原生双晶诸如卡式双晶、格子双晶已变形弯曲。基质由石英、斜长石、黑云母、角闪石组成。石英为长条状应变石英及动态重结晶的矩形细粒石英，前者长宽比为 20：1，它们分布在长石残斑之间，具典型的核幔构造。其内少数角闪石和黑云母颗粒发生香肠化和破裂滑移。

长英质糜棱岩（变晶糜棱岩），与房山岩体西北缘剪切带内长英质岩脉变形相关。具变余糜棱结构，条带状构造。其中石英具带状消光。磁铁矿和榍石由于变形强烈呈定向排列且出现拉断现象。

经研究，上述前三种糜棱岩多与印支期（或更早）顺层韧性剪切或剥离断层有关，后两种类型则为燕山期岩浆热动力变形的产物（李志中，1990）。

（2）碎裂岩系列，区内最常见的碎裂岩有断层角砾岩、碎裂岩和断层泥，在房山西断裂带内发育齐全。可利用其中的断层角砾之形态、研搓磨圆程度、再改造现象及定向排列等特征以及综合碎裂岩、断层泥等资料来分析该断裂带的性质及活动期次。

断层角砾岩，大小砾岩山之间、牛口峪及房山西等地断裂带内皆有断层角砾岩发育。角砾一般在 2mm 以上，角砾及胶结物的成分、角砾形状等特征因地而异。在大砾岩山一带，寒武系与奥陶系之间的走向断层带内发育的碳酸盐质角砾岩，角砾大小悬殊，最大者可达 10cm，角砾及胶结物成分皆为钙质。

碎裂岩，牛口峪水库北侧弧形断裂带内极为发育。其成分与断层两盘岩石密切相关。野外肉眼观察，碎粒一般在 2mm 以下，分布不均匀；基质含量一般为 60%～80%。

断层泥，山顶庙与向源山之间、房山西等地断裂带内断层泥发育，出露宽度为十多厘米到几十厘米。颜色差别较大：房山西断裂带内一般为褐色、褐红色；山顶庙与向源山之间则多为土黄、灰黄色调。用手捻搓有明显粗糙感，肉眼可见碎粒约 10%。

第五节　水文与水文地质

一、地表水与主要河流

周口店地区境内河流属大石河流域。多为季节河，主要有大石河、周口店河、黄山店河等，平时水量一般很少，甚至干涸，雨季水量较大，常常造成水灾。

大石河属拒马河支流，全长 129km，流域面积 1 280km^2，其中山区流域面积占 70%，北京市境内全长 108km，流经该区 9 个乡镇，境内流域面积 919km^2。大石河发源于北京西部百花山的南麓（房山区霞云岭乡堂上村西北二黑林山），向东流至漫水河出山，折向南流入平原，沿途汇入丁家洼河（支流双泉河）、东沙河、马刨泉河、周口店河、夹括河（支流瓦井河、牤牛河），在河北省涿州市入北拒马河。沿河黑龙关、河北村及万佛堂等地多泉水。1958 年之后，在大石河流域修建有鸽子台、大窖、牛口峪、丁家洼、天开、龙门口等中小型水库以及夏村至祖村大堤等防洪工程。

周口店河全长 15km，流域面积 58km^2。周口店河发源于房山区猫斗山东麓周口店镇栗园、长沟峪厂车一带，流经周口店镇和石楼镇，于西沙地汇入大石河。主要支流马刨泉河于石楼镇双柳树村汇入周口店河。另一条支流发源于周口店镇安家园村，于山口村汇入周口店河。此外，在马刨泉河上的牛口峪水库，处于太平山、向源山、房山西之间，现已成为工业废水排泄、净化的场所。西沙河为马刨泉河上游的主要支流。

挟括河全长 17.3km，流域面积 129.5km^2。挟括河发源于房山区猫耳山南麓黄山店的四马沟，流经该区 4 个乡镇，于琉璃河地区汇入大石河。其上游主要支流有牤牛河和瓦井河。瓦井河据说是排洪的一条旱河，只有雨季才见河水，流经拴马庄村。牤牛河上建有天开水库和龙门口水库，库容分别为1 475万 m^3、60 万 m^3。牤牛河在孤山口村以上常年有地表水流，孤山口村至龙泉则成为间歇河段，水流潜入地下，仅在洪水期有地表水，龙泉以下又有常年水流，但开天水库难得有水。

二、地下水资源与水文地质

周口店实习区内地下水资源主要赋存于山区基岩岩溶裂隙、孔隙，砂砾石地层孔隙和平原区第四系砂卵石中。但是，由于大规模过量开发利用，加之厂矿企业废水不同程度污染，使得区内水资源欠佳。因此，当前水文地质工作重点是进一步寻找新的水源，并对其加强保护。

1. 山区地下水资源与水文地质条件

山区地下水主要赋存于元古界及下古生界碳酸盐岩地层中，其富水性不仅与地层岩性有关，同时受地形地貌、地质构造所控制。地下水类型复杂多变，含水层富水性不均一，水位埋深和水位变化幅度大，地下水运动状态复杂，开发利用条件差等。现就含水层岩性及地下水赋存条件，划分为碳酸盐岩岩溶裂隙水、碳酸盐岩夹碎屑岩裂隙岩溶水、碎屑岩裂隙孔隙水和岩浆岩裂隙水四种地下水类型。

（1）碳酸盐岩岩溶裂隙水，即赋存于本区奥陶系、寒武系灰岩及蓟县系雾迷山组等地层的白云岩含水层中的地下水。奥陶系灰岩分布在周口店、南窑、磁家务等地带，岩溶裂隙发育，地下水较丰富，是北京地区比较典型的岩溶含水层，在山前多有大泉出露，受季节影响泉水流量不稳定。如磁家务的万佛堂泉、牛口峪的马刨泉等，丰水期最大流量可达 1m^3/s，枯水期不足 0.1m^3/s。近年来由于在泉内抽水或打井抽水，大部泉水在枯水季节有时断流。隐伏于山前平原区的奥陶系灰岩单井出水量一般为1 000m^3/d，大者可达3 000m^3/d，是平原区理想的基岩含水层。蓟县系雾迷山组白云岩分布于西部，面积较大，地下水赋存于裂隙岩溶中，也是山区主要含水层之一，富水性相对稳定，接受大量降水补给，向山前或河谷地带排泄，以泉的形式出露较多。本区该地层出露泉水较多，但泉流量不大。寒武系灰岩主要分布在北部，多呈条带状分布，面积不大，一般裂隙不甚发育，泉出露不多。但在河北乡有河北泉，出露于下寒武统豹皮灰岩中，泉口高程约120m，1961年7月泉水流量为0.09m^3/s，1981年6月泉水流量为0.068m^3/s。据调查，泉水流量较为稳定，干旱时未断流，雨季时亦未显著增大。

值得注意的是，碳酸盐岩含水层分布区由于补给条件、岩溶裂隙发育程度不同，富水性极不均一，山区地下水一般埋藏较深，开采困难，往往形成大面积的缺水区；但在山前及河谷地带，泉水出露或地下水水位埋深较浅，是地下水开发的理想地带。

(2) 碳酸盐岩夹碎屑岩裂隙岩溶水，即赋存于下寒武统、青白口系景儿峪组、蓟县系铁岭组、杨庄组及长城系串岭沟组等含水层位中的地下水，主要分布在北岭向斜两翼的黄土店、河北村等，含水层岩性为板状灰岩、燧石条带灰岩、白云岩等。含水带多呈条带状分布，受水面积小。裂隙岩溶不发育，泉出露较少，流量一般小于500m^3/d。但铁岭组白云岩与青白口系下马岭组千枚岩接触面附近出露的黑龙关泉，泉水流量较大，1973年12月泉水流量为1.54m^3/s，1981年12月为0.52m^3/s。泉水流量受季节影响较大，矿化度为0.205g/L，pH为7.5，水温13.5℃。下寒武统及长城系串岭沟组主要为碎屑岩，一般含水微弱。

(3) 碎屑岩裂隙孔隙水，即赋存于侏罗系、二叠系、石炭系、青白口系下马岭组、蓟县系洪水庄组等碎屑岩含水层中的地下水。其中石炭系、二叠系及下侏罗统富水性较好，一般具承压性，山区泉水出露较多，但是泉水流量不大，一般泉流量小于300m^3/d，单井出水量100m^3/d，可解决当地农村生活供水。

(4) 岩浆岩裂隙水，分布在实习区东部羊耳峪、歇息岗地区，为房山复式岩体出露处。由于花岗岩风化裂隙发育，地下水主要赋存于表层风化层中，地下水以表层循环为主，大部分就地排泄。单井出水量一般小于100m^3/d，仅能满足农村生活用水。据目前调查，泉水出露不多，仅在皇陵北东侧750m处有小泉出露，泉水流量0.02L/s，水温13℃，总矿化度为0.19g/L。

2. 平原区地下水资源与水文地质条件

平原区的周口店、房山区以东的第四系厚度一般为20～30m，由冲洪积物和山前坡洪积物组成冲洪积扇，地下水主要赋存于第四系孔隙中。

房山东南地区含水层由单一砂卵石组成，属大石河冲洪积扇顶部潜水区的一部分，含水层厚度一般为10～20m。含水层埋藏浅或裸露地表，易接受高水和地表入渗补给，是平原区地下水的主要补给区。含水层颗粒粗，渗透性能强，富水性好，单井出水量为3 900～5 000m^3/d。目前因大规模开发利用使其水位下降，部分区段含水层已处于半疏干状态。

房山以西地区发育山前坡洪积物，含水层分布不稳定，岩性多由碎石、黏砂组成，一般富水性较差。但在山前沟谷出口地带，也有砂卵石含水层分布，单井出水量可达1 000m^3/d。如顾册、房山区一带，单井出水量为1 000～2 000m^3/d。

第六节　区域地质演化简史

一、概述

区域地质构造演化进行分析应建立在查清并收集某一地区沉积记录、构造变动、岩浆活动、变质作用、成矿规律等地质事件以及区域地球物理、区域地球化学等资料基础之上。根据周口店地区相关区域地质资料的综合分析，工作区内地质构造特色概括如下：

（1）区内地层发育较为齐全，大多可与华北地区进行对比。“官地杂岩”代表了基底太古宙变质岩群；盖层岩系从中元古界到古生界各组地层虽经区域浅变质作用及部分糜棱岩化作用，但野外仍能清楚地分辨出其原岩的岩性、层理、层序及所属时代。

（2）岩石类型齐全，三大岩类均有出露，是对岩石学研究并进一步阐明大地构造演化过程的天然野外实验室。

（3）区内经历了多次构造运动和变形改造，不仅在露头尺度，而且小到显微尺度，大到区域尺度皆可观察到各种构造的叠加形式和关系，是研究面理置换、构造叠加和世代划分的典型地区；各具特色的构造类型和样式也反映了其生成时的环境条件和构造层次——地壳下部层次的固态流变构造、中部层次的纵弯褶皱和上部层次的脆性剪切变形等均可在野外鉴别厘定和认识。

（4）既非造山带复杂又非稳定陆块简单而独具特色的地质现象，使得周口店及其邻区成为我国研究板内造山的经典地区之一。

（5）区域地壳演化具有一定的规律，不同时代、不同层次、不同体制下各种地质事件的发生、发展及其相应的产物构成了一个比较完整的区域地质演化序列。

二、基底演化阶段

华北陆块（板块）的基底经历了太古宙及早元古代漫长的演化历史。基底变质岩系在邻区太行山-五台山一带大面积分布，至本区渐变为小规模且彼此孤立的零星露头，如在房山复式岩体缘部出露面积总计不足 0.5km^2的“官地杂岩”，其特征为：

（1）岩石类型复杂，主要有片麻岩、斜长角闪岩、变粒岩等以及各类混合岩。

（2）杂岩中斜长角闪岩岩石学特征显示为亚角闪岩相，属苦橄质-科马提质玄武岩系列，而华北地区元古宙及早古生代均无基性岩浆活动，故应为太古宙绿岩带产物。另外，结合杂岩中锆石 Pb-Pb 年龄值约 24.49 亿年的数据，证实“官地杂岩”代表太古宙古老结晶基底应无异议。

（3）经区域研究对比，印支期的剥离断层和燕山期房山复式岩体的热动力变形构造所形成的糜棱岩均局限于狭窄带内，未普遍发育而呈间隔性；但“官地杂岩”普遍糜棱岩化且糜棱面理具有透入性，故分析杂岩于太古宙即有韧性变形行为而导致糜棱岩发育，总体形成一套以变余糜棱岩为主的包括糜棱岩及碎裂糜棱岩的动力变质岩。在官地、乱石垅和山顶庙西沟等处可观察到透入性糜棱面理及拉伸线理，形成典型的 S-L 构造岩，外貌呈条纹状。尤其是在花岗质糜棱岩中形成由矩形及多边形石英组成的多晶石英条带，其长宽比最大可达 20∶1 以上。

（4）诸多小型韧性剪切带、S-C 构造、片内小褶皱及露头尺度上的糜棱岩流状构造在上述各处的杂岩中普遍发育。

可以看出，“官地杂岩”在实习区分布的面积虽然不大，但作为基底的产物却提供了许多早期该区区域地质演化的信息。从岩性、岩相、变质、变形等特点分析，其从塑性到脆性等方面的构造转化，也代表了华北陆块基底从活动性逐渐转化为稳定性演化的总趋势。

三、盖层发展阶段

经过吕梁运动（18.50 亿年）后，华北陆块的演化进入了从中元古代-三叠纪相对稳定的盖层发展阶段，实习区内发生的各类地质事件与区域地质演化及表现特征总体相似。

(1) 经原岩恢复并排除后期构造因素，区内地层建造显示岩性、岩相、厚度均属于稳定型建造的特点，各时代地层均可在区域上进行对比。

(2) 地壳运动以升降运动为主，此种结论在区内各地层的接触关系均为整合接触或平行不整合接触的关系中得到验证。

(3) 构造变动微弱，尤其是大型全形褶皱或紧闭线型褶皱未有发育。

(4) 迄今为止，实习区及邻区未发现该阶段具有强烈岩浆活动的迹象。

(5) 变质作用，尤其是区域变质作用在此阶段表现不明显。经前人研究，盖层岩系所遭受的诸种变质作用多发生在三叠纪以后。

(6) 该阶段在区内形成的矿产与整个华北地区类同，以相对稳定环境中的沉积矿产为主。

四、板内造山阶段

印支运动之后，燕山地区进入了一个崭新的地质演化阶段，构造运动、岩浆活动等地质事件频繁、强烈，地壳活动性加强，具体表现出陆块“活化”——板内造山之特征。根据这种“活化”的差异性，在时间上可分为印支构造旋回、燕山构造旋回和喜马拉雅构造旋回并且进一步在盖层系统内厘定出该阶段6个世代的构造变形。

1. 印支构造旋回

印支运动在北京西山乃至燕山地区的表现特征及性质自20世纪70年代开始引人关注，20世纪80年代以来已有一系列研究成果问世。印支构造旋回地质构造特征该构造旋回在周口店实习区可明显观察到两期构造变形。

D1：印支早期顺层固态流变构造。此期变形以褶叠层的形成以及剥离断层发育为代表，它们皆为地壳伸展体制下的产物。褶叠层构造的特征在本节第三部分已经介绍过。剥离断层，即基底与盖层之间发育的基底剥离断层出露于太古宙变质岩系外缘，构成变质核杂岩体的顶面。因燕山期岩体侵入上拱，使得剥离断层面弯曲变形，剥蚀后沿岩体边缘呈向围岩倾斜的穹状外貌。下盘杂岩的糜棱岩面理与断面近于平行，而上盘元古宇和古生界层理（或顺层面理）与断面则有微小的交角，故在不同区段表现出基底杂岩与盖层不同时代的地层相接触。如在官地-周家坡一带断面向南陡倾，上盘亦是向南陡倾的下马岭组、铁岭组地层；而在房山复式岩体北部，断层上盘最新地层则为下奥陶统。因此，剥离断层造成地层柱的缺失包括元古界及下古生界总厚约500m。视奥陶系地层水平，恢复后的断面向SEE倾斜，倾角10°或更小，据此估算上盘向SEE正向滑动断距达28km之多。正是此种构造剥蚀作用才使原处于深处的太古宙基底杂岩出露地表。与基底剥离断层同时形成者尚有主断面上盘元古宙-早古生代褶叠层构造系统内部发育的一系列次级剥离断层，如一条龙-山顶庙断层带即为实例。根据该区固态流变构造性质，反映其形成的环境是在地壳较深构造层次，经矿物压力计和温度计的测定及有关变质相反应分析，所处环境温度为300～500℃，压力为300～500MPa，古应力值约60MPa，大致相当于Mattauer（1980）估定的劈理上限深度范围的p—T条件。另外，根据区内“房山穹窿”周围本溪组和其后各组地层的岩相特征，以及年代测定不低于2亿年且已卷入褶叠层构造中的变质岩床或岩脉分析，此次伸展和剥离作用在印支运动之前就似乎表现萌动迹象，后者可能是伴随地壳伸展变薄而发生的岩浆侵位。

D2：印支主期褶皱作为定型构造奠定了实习区基本构造格局，即在近南北向的挤压下形成了一系列近东西向的直立褶皱群如 164 背形、太平山向形等。褶皱成因机制为纵弯褶皱作用，其变形面为印支早期剥离断层之断面、顺层韧性剪带和相关糜棱面理等。纵弯褶皱作用伴有直立的压溶劈理，局部尚伴有压扁作用。该期构造属于中间构造层次且以弹塑性变形为主。在拴马庄、太平山南北坡等处均可观察到主期褶皱呈共轴叠加的形式，包容了早期的褶叠层构造。

就北京西山而言，印支运动存在的主要依据如下：

(1) 接触关系。早侏罗世“南大岭组辉绿岩”为一套低级区域变质成因的变玄武岩系，底部与下伏不同层位相接触：在凤凰山一带，辉绿岩斜卧于双泉组组成核部的向斜之南翼，且二者的产状相交（图 12-15）；在北部色树坟一带，南大岭组时而位于双泉组之上，时而位于红庙岭组甚至石炭系之上，更向北下侏罗统可直接覆盖于下奥陶统之上。另外，在上寺岭西北侧不同出露点上，可见双泉组中发育的石英脉被南大岭组辉绿岩所覆截，双泉组顶部被侵蚀而凹凸不平且被辉绿岩所覆盖等现象，二者显然为非整合接触。

(2) 构造走向和褶皱样式差异。以双泉组顶面为界，上、下两套地层的褶皱轴向和样式存在明显不同。侏罗系以下地层为前已述及的、呈东西向展布的面理褶皱，而侏罗系及其以上地层则为总体呈北东向延伸的层理褶皱，它们应属两期变形，其间为一不整合面。

(3) 岩浆活动。南窖南沟暗色闪长岩呈似层状侵入于亮甲山组地层中，K-Ar 同位素年龄测定结果为 2.07 亿年（转引自《1：5 万周口店幅区调报告》，1988），相当于印支运动产物。

(4) 变质作用。上下构造层之间的变质作用主要存在着两个方面的差异：①变质相带。近年来在北京西山厘定的蓝晶石变质带，其空间展布明显受控于印支期韧性剪切带或剥离断层之构造格局，变质带矿物出现以红庙岭组为限，说明变质作用亦应为印支期。而硬绿泥石变质带和红柱石变质带则严格地被燕山期北东向构造格局所控制。因此，蓝晶石变质带的确认从变质岩石学方面证实了印支运动的存在。②变质程度。双泉组的泥质岩类已普遍变质成具强烈丝绢光泽的板岩，其上窑坡组泥质岩类则为一般页岩；北岭地区石炭纪-二叠纪煤层一般变质较深而成为青灰，不宜作燃料；窑坡组的煤则为无烟煤且构成主要开采层。

印支运动发现的重要意义在于：①由印支运动的研究而启发了众多学者从不同角度重新厘定并建立北京西山地区盖层构造演化序列；认识到吕梁运动以来，盖层并非一直处于相对稳定的升降状态，而是经历了若干次伸展与收缩的构造体制转换及构造变形叠加。②北京西山作为华北陆块的一部分，其盖层活化（板内造山）并非始于燕山期，而是在印支期已有明显表现。③对与历次构造事件相伴的岩浆事件、变质事件有了新认识。印支运动研究成果在成矿作用及控矿构造方面具有现实意义，如侏罗纪煤盆地的构造控制问题，既要考虑到窑坡组含煤建造的沉积环境受控于印支期的构造格局，又要考虑到煤层的构造变形是燕山运动的结果。

2. 燕山构造旋回

随着印支运动结束，实习区区域应力场、地质事件类型和作用方式都发生了重大改变，近东西向的构造格局被北东向的构造格局所取代。这种变革实则是在更大尺度上反映了大地构造背景不同和区域地质演化的差异性，前者似乎与中国南北大陆板块作用的远程效应相联系，而后者则可能与太平洋板块向中国大陆东部边缘的俯冲有关。本旋回可鉴别出三个世代的构造形迹或事件。

D3：裂陷作用。侏罗纪早期本区发生一次扩展裂陷作用，分布在上寺岭一带的侏罗系南大岭组火山岩即为伸展体制下的产物，从其空间展布分析，拉张方向可能为北北西向。

D4：北东向褶皱及推覆构造和逆冲断层。北东向典型褶皱构造是发育于古生界与中生界不整合界面以上的侏罗系地层中的北岭向斜，其变形面为原始层理，褶皱作用为“侏罗山式”。因叠置于印支主期的向斜构造之上，称为北岭上叠向斜，代表了中间构造层次变形特征且以纵弯机制为主。在周口店附近的太平山一带虽未有侏罗系地层分布，但北东向叠加褶皱仍很明显，表现出横跨或斜跨干扰格式。同方向的逆冲推覆构造在西部霞云岭、中部黄山店等处均有发育，而逆冲断层则为著名的南大寨-房山西-八宝山断裂带。它们总体表现出由南东向北西逆冲，并切割了燕山早期北东向褶皱和印支主期东西向褶皱构造。对断层岩和断层附近小型伴生构造进行综合分析，表明这是一期以脆性破裂为主的构造变形，属于上部构造层次的产物。

D5：房山复式岩体底辟式侵位及相关的热动力变形构造。岩体侵入时代为燕山中期(同位年龄为1.32亿年)，侵位机制为典型的气球膨胀式，其构造类型属于岩浆底辟构造。导致房山岩体侵位的区域地质构造事件，经分析应为南大寨-房山西-八宝山逆冲推覆构造。与其相关的热动力构造在岩体边缘，尤其是在西北部边缘甚为明显。

3. 喜马拉雅构造旋回

继燕山期构造定型之后，本区又表现为一种伸展体制下的构造变形。

D6：山前正断层以工作区东侧的辛开口断层为代表，是山区与平原的边界断裂且导致二者差异升降。断裂带在地表为高角度正断层，演化过程中控制了从白垩系至第四系的沉积及内部构造的发育，区域上显示为伸展体制。在山区此期构造表现为一系列贯穿性的区域性节理或使某些前期断裂构造再活动，如房山西断裂带所见。经研究分析，本世代变形属最上部构造层次的脆性剪切破裂变形相。

思考与讨论

1. 周口店地区的基础地质条件是怎样的？对该农业及乡村经济发展具有哪些作用？
2. 周口店地区的资源与环境是如何受区域地质控制的？

预（复）习内容与要求

阅读周口店地区的地质图，了解和掌握周口店地区的区域地质条件，明确野外教学实习的目标。

Chapter 13 **第十三章**

周口店实习路线

路线一　中国地质大学周口店实习站参观路线

一、路线位置

中国地质大学周口店实习站位于北京市周口店镇周口店村北部，京周路的路西，与路东西北方向的周口店北京猿人遗址博物馆呈斜对面分布（图 13-1）。

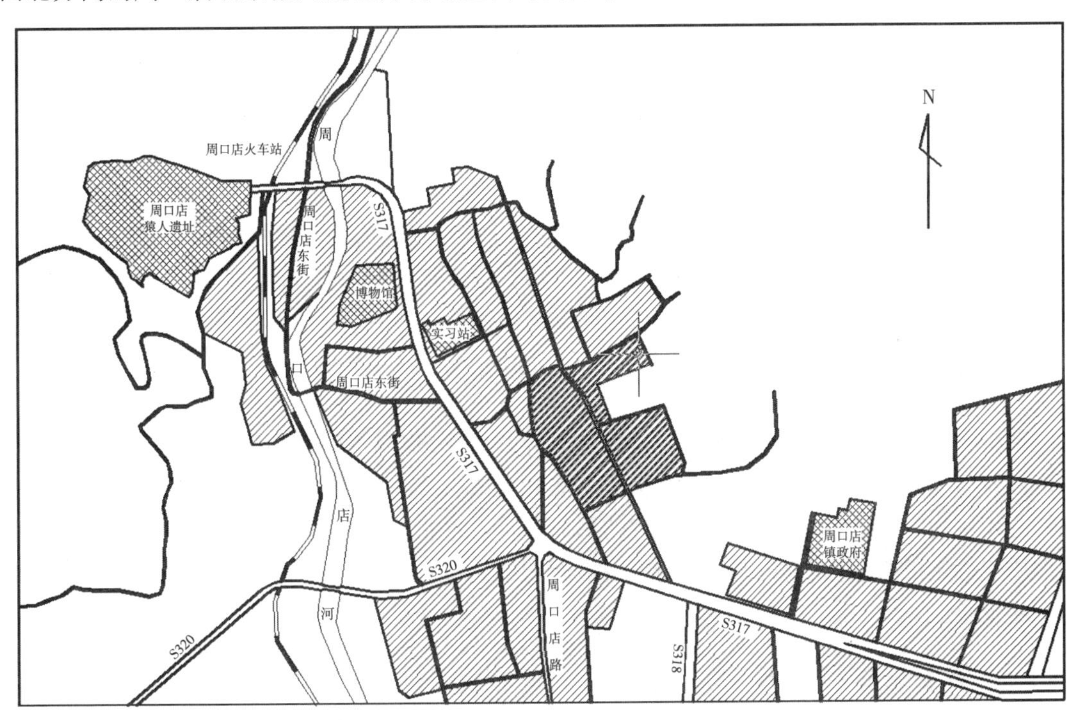

图 13-1　中国地质大学周口店实习站位置与交通

二、教学目的

通过参观中国地质大学周口店实习站的教学设施及资料室和标本室，了解周口店地质教育基地的建设和发展历史，感受地质野外教学实习对实施地质教育的重要意义。

三、教学内容与要求

1. 参观实习站的教学、住宿与食堂。
2. 参观实习站的室外大标本、地质标本室和资料室。
3. 学习实习站的规章制度。
4. 详细学习实习站的思想和文化。

四、教学计划与安排

除安排半天的集中参观外，每个学生尚应利用业余时间进行专项参观和学习。集中参观的重点是地质标本室，其余参观与学习以学生自学为主。

思考与讨论

1. 进行地质野外教学实习的目的和意义是什么？
2. 中国地质教育的历史及其社会地位是怎样的？

预（复）习内容与要求

1. 中国地质大学周口店野外实习站的建设与发展历史。
2. 周口店地区在中国地质教育和人才培养方面的地位与作用。

路线二　龙骨山猿人遗址和矿山地貌地质调查路线

一、路线位置

龙骨山猿人遗址和矿山地质调查路线，即周口店北京猿人遗址-强联水泥厂矿山-强联水泥厂路线，位于周口店村庄西龙骨山上（图 13-2）。路线全长 2.2km，起点至距实习站约 0.8km，终点至实习站约 1.6km。

二、教学目的

了解古人类演化历程和迁徙路径，以及生存与发展环境；了解矿山生产对环境的破坏作用，以及生态环境与恢复治理技术方法、方案和实效。掌握主要沉积岩——石灰岩和洞穴堆积物的识别内容和方法，掌握岩溶发育的形成条件，掌握地貌观察的内容和方法，练习和掌握地质点标定的技术方法，掌握绘制地貌地质图的过程和方法，了解和掌握地质素描或摄影的一般要求。

三、教学内容与要求

1. 北京猿人遗址参观与考察，包括下列地点：

（1）北京猿人遗址核心区内的化石地点，包括第 1（北京猿人）、第 2、第 26（山顶洞人）、第 3（含顶盖堆积）、第 12、第 4（新洞人）、第 15、第 5、第 25 地点，共计 9 个地点。

（2）第 14、第 20、第 9、第 19、第 13、第 7、第 6（鸡骨山）、第 23 地点，共计 8 个地点。

（3）第 8、第 21、第 22、第 24（东坡溶洞）、第 10、第 11 地点，共计 6 个地点。

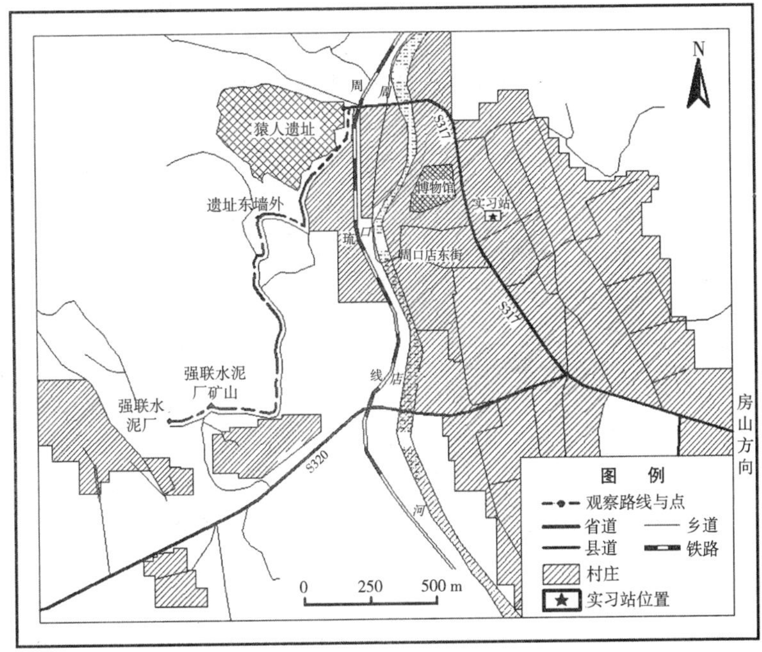

图 13-2　龙骨山猿人遗址和矿山地质调查路线位置

(4) 第 16、第 17、第 18 地点，共计 3 个地点。

(5) 第 27 地点（田园洞人）。

2. 北京市强联水泥厂及其矿山参观与考察，包括下列内容：

(1) 矿山采石厂地质、生态环境及恢复治理项目参观和考察。

(2) 矿山生态恢复技术及主要植物种类、植物恢复年限及效果。

(3) 矿石种类及岩性特征。

(4) 矿山开采对地貌景观的改造作用。

(5) 参观北京市强联水泥厂。

3. 石灰岩丘陵地区土壤与植被观察，包括土壤类型、植物种类及其特征和分布。

四、教学计划与安排

整个路线实习时间需要 1 天，猿人遗址和强联水泥厂各半天时间。

思考与讨论

1. 岩溶发育的条件有哪些？龙骨山的岩溶洞穴有哪些特点？
2. 猿人洞的洞穴堆积物划分为多少层？分层依据是什么？各有哪些特征？
3. 石灰岩的类型和特征各是什么？骨龙山的石灰岩有哪些类型？
4. 矿山开采对环境有哪些影响？如何进行恢复治理和采取预防措施？
5. 碳酸盐岩丘陵地区的土壤类型、植物类型及其岩石的关系是什么？

预（复）习内容与要求

1. 查阅周口店北京猿人遗址资料，学习相关知识。

2. 复习沉积作用与沉积岩、岩溶地质作用与地貌，学习矿山与矿山环境地质。

路线三　房山岩体及其地貌地质调查路线

一、路线位置

房山岩体及其地貌地质调查路线，即东山口村—官地村—迎峰坡村—良各庄村南—向阳峪，位于房山区周口店镇东山口村和良各庄村（图 13-3）。路线全长 4.3km，起点至距实习站约 2.0km，终点至实习站约 3.7km。

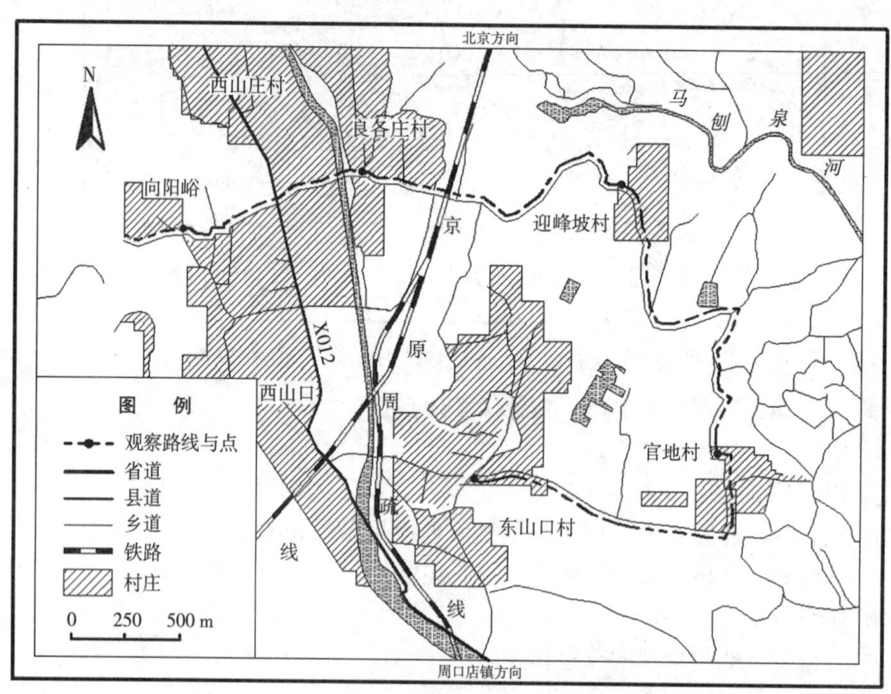

图 13-3　房山岩体及其地貌地质调查路线位置

二、教学目的

了解房山岩体的规模、成因、地质年代和岩相划分，了解岩浆岩风化作用及风化产物特征的观察与描述内容，掌握岩浆岩的野外识别和标本（或样品）采集方法，以及地貌地质剖面图和素描图的绘制方法，练习和掌握地质点标定的技术方法，掌握绘制地貌地质图的过程和方法。

三、教学内容与要求

1. 了解房山复式岩体位置、规模、平面形态及侵入时代，了解观察并描述复式岩体相带或单元划分标志及各自岩石学特征。

2. 观察认识房山岩体的原生构造，并进行测量。观察描述析离体、捕虏体及浆混体（成因不明者可统称包体）发育的位置、含量变化、形态特征并进行岩性鉴定。

3. 观察鉴别不同岩体、岩脉的穿插关系及形成的先后顺序，观察描述岩体与围岩的接触关系。

4. 绘制横穿岩体相带的岩体信手地质剖面图和典型风化壳的信手剖面图，并对典型地貌地质现象进行素描或摄影。

5. 分别按常规方法和 GPS、计算机软件系统在纸质地形图、数字化地形图上标定地质点，并勾绘相带界线及岩体与围岩的接触界线。

6. 对不同岩相带岩石标本和不同风化类型的样品进行系统采集，以便镜下薄片鉴定和利用便携式测试分析仪进行地球化学测试分析工作。

7. 岩浆岩丘陵地区的土壤类型、植被发育和群落特征。

四、教学计划与安排

计划用 1 天时间完成该地貌地质调查路线的实习任务。

1. 东山口村村东和官地村西侧

在该区段可见岩体与围岩呈侵入接触的证据和标志，要求选择 2～3 个详细观察点。①观察描述复式岩体与围岩的接触关系。②岩体在此处露头良好、新鲜，便于观察描述，岩性为石英闪长岩。③围岩为太古宙官地杂岩或寒武系和奥陶系地层及其岩石。其中，太古宙杂岩的岩性为灰色、灰黄色片麻岩，已风化，其中有长英质脉体发育；在接触带上可见寒武系或奥陶系石灰岩因接触变质作用而形成的大理岩。④观察岩体风化特征及其土壤类型和植被群落分布。

同时，完成岩体信手地质剖面图的绘制。

2. 127. 2 高地南侧

该观察点为花岗闪长岩体边缘相与石英闪长岩的分界。观察内容：127.2 高地南侧为花岗闪长岩与石英闪长岩接触关系所在，二者岩性、粒度及颜色的差异、原生构造交切关系、伴生岩脉与二者关系、三者形成顺序等，确定岩性分界点并勾绘地质界线，同时完成绘制地质信手剖面图的学习与练习任务。

3. 磊孤山东南坡或良各庄村东采石场

从 127.2 高地向至北磊孤山东南坡的路线地质中，相距不远有多个采石点，其地质内容皆同且岩石露头均佳，可观察岩体过渡相岩体和岩性特征。若有数个教学班可安排在不同处进行观察。教学进程可依次安排介绍岩体地质概况、岩体工作方法、过渡相岩石观察描述、原生构造的观察与测量、过渡相与边缘相分界、定点及在地形图上勾绘岩相界线，以 127.2 高地为起点开始制作岩体信手地质剖面图。

在该段路线上，除完成过渡相与边缘相的分界任务外，还应安排观察浆混体、析离体、捕虏体由内向外其大小、形状、数量及成分变化的有关内容。另外，在这一带岩浆岩风化而成蘑菇石成群出现，千姿百态、景观秀美，可安排学生在此照相、素描并讨论其成因，引导学生回忆地质风化作用及特征。

4. 迎峰坡

主要教学实习任务安排：①观察花岗闪长岩体中央相的岩性，矿物组成、结构、构造，并对岩石进行准确定名。②观察钾长石巨斑晶（长 4～5cm）的环带构造，统计斑晶的数量。

5. 迎峰坡至向阳峪

主要教学实习任务安排：①以迎风坡为起点绘制信手地貌地质剖面图。②观察周口店河中上游地段的地貌特征及其岩石的关系，划分周口店河的阶地且观察其土地开发利用情况。③寻找房山岩体与古生界围岩的接触面。④沿线土、土壤和植被分布特征。

思考与讨论

1. 通过此路线观察实践，评述个人对岩浆岩石学的知识掌握程度。还需在哪些方面加强？

2. 侵入体的观察研究及工作方法与地层学的工作方法有何差异？

3. 房山复式岩体的期次、岩石学特征、岩体内部相带（单元）划分标志、岩体内部及边缘的各类“包裹体”、岩体的原生构造及岩体与围岩接触关系等地质现象或内容观察及了解程度如何？

4. 试分析复式岩体侵位机制。

预（复）习内容与要求

1. 查阅北京市或周口店地区区域地质图，了解房山岩体相关知识。

2. 复习岩浆作用及岩浆岩的基础知识、岩浆岩风化特征及其典型地貌。

路线四　牛口峪水库地貌地质调查路线

一、路线位置

即牛口峪路口—牛口峪水库—山顶庙地貌地质调查路线（图 13-4）。牛口峪水库位于北京房山区牛口峪村北，距房山区城西约 2km。路线全长 4.7km，起点距实习站约 3.3km，

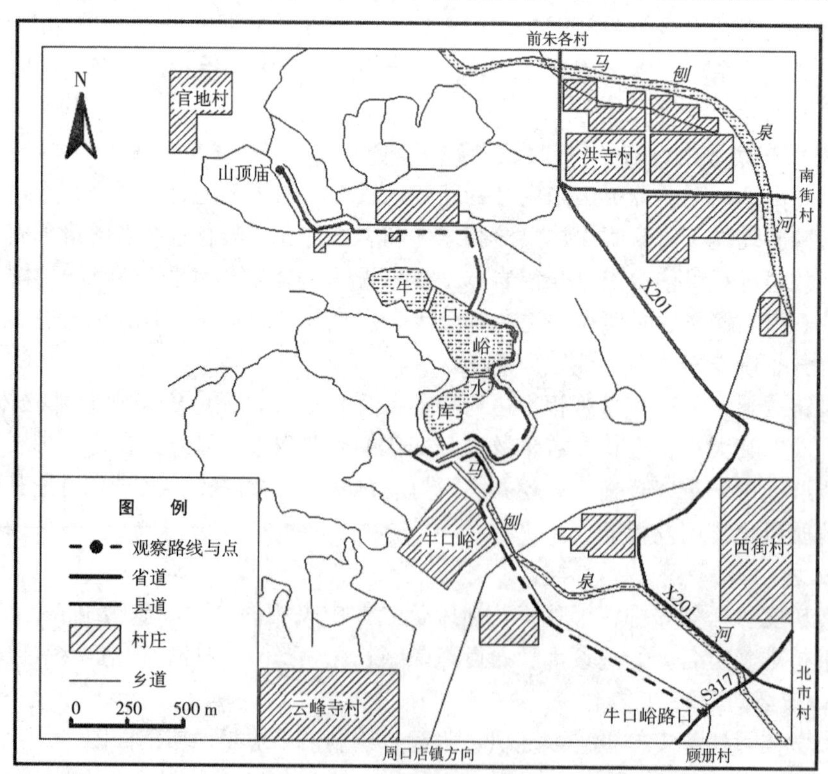

图 13-4　牛口峪水库地貌地质调查路线位置

终点距实习站约2.4km。

二、教学目的

绕牛口峪水库大坝和岸边进行地貌地质调查，目的在于了解牛口峪水库的地貌地质条件及其对水库选址的控制意义，了解和掌握人工湿地的组成，了解燕山石化污水处理厂的基本工艺和效果，掌握三大岩的野外鉴别、描述和记录方法，掌握断层野外观察和识别的方法。

三、教学内容与要求

1. 牛口峪水库区的地形地貌特征观察，包括水库的范围和规模、地形地貌特征、穿越条件、基岩（地层、侵入岩体）出露状况、主体构造类型的性质及发育情况、土壤类型与植被群落发育情况等进行全面了解。

2. 认识水库区域的逆断层及表现特征，观其伴生构造发育状况、类型，要求学会利用伴生构造判定断层性质。鉴定描述相关断层岩类。沿断裂走向追索调查平面展布形态。观察断裂构造多期活动的表现特征，综合分析断裂活动期次。

3. 制作水库大坝纵、横剖面图和典型地质现象素描，并描述记录和摄影。

4. 利用便携式计算机及其软件系统测制编绘断层联合剖面图。

5. 系统采集岩石（包括构造岩、石灰岩、角岩、大理岩、砂岩、泥岩、板岩、花岗岩、黑云母闪长岩、石英岩、片麻岩等）标本。

6. 参观燕山石化污水处理厂和牛口峪湿地。

四、教学计划与安排

计划用1天时间完成下列地貌地质观察点的教学实习任务。

1. 房山西99.7高地南西侧

此处为断裂构造观察点。步测断裂带出露宽度并定出所涉及地层的组名、岩性及层序；观察逆冲断层之断层面上发育的摩擦镜面、擦痕和阶步并判断断层运动方向；观察断裂带中次级断层、节理、劈理、小型揉皱、构造透镜体等伴生构造特征，并掌握其指示断层动向的方法；观察描述破碎带内断层岩的发育情况及类型；测量断层面和伴生构造的有关数据并进行素描照相；根据断裂带中次级断层的表现特征、交切关系并参考区域地质资料，在教员提示下对该断裂构造带的活动期次进行划分。

2. 牛口峪水库一副坝附近

追索“灯泡”花岗岩体边界并观察围岩的时代及岩性；寻找岩体内部的地层残留体并确定其时代和岩性特征；描述花岗岩岩性特征；观察岩体平面展布形态。

3. 房山西110.8高地北侧

此处为人工露头观察点，亦为一断裂破碎带。观察内容及方法同第一点。制作大比例尺构造剖面图，分析两处断裂构造有何联系。

4. 牛口峪水库主副坝-蘑菇山剖面观察

确认该剖面中地层时代、岩性及其组合特征；观察描述蘑菇山北西侧断裂构造特点及下马岭组地层中小型褶皱构造；绘制主坝的纵、横断面地质剖面图。

5. 牛口峪水库管理局附近

对牛口峪水库周围山头的相对位置，植被发育情况、路径分布及穿越条件宏观上进行观察；对地层、岩体大致分布区域、露头发育情况亦进行认真观察，以求对牛口峪一带的地形、地貌、地质等情况有所全面了解，为在此区段独立填图奠定良好基础。

6. 山顶庙与向源山之间

主要观察内容：①龙山组的岩性、产状变化及平面展布形态。②府君山组的岩性、产状变化、平面形态及与相邻地层接触的关系。③馒头组-毛庄组的岩性、产状变化、平面形态及与相邻地层接触的关系。④中、上寒武统的观察内容同上。⑤房山复式岩体的岩性及与围岩的接触关系。⑥断裂带中脉岩岩性及其发育情况。⑦断裂带在平面上分支或汇合现象。⑧中、上寒武统中小型韧性剪切带及层内紧闭褶皱表现特征。

7. 污水净化厂大门附近

此处视野开阔，可对向源山以西地形、地质概况宏观上进行了解，以便独立填图前的路线布置和设计。

8. 山顶庙西沟

主要观察内容：①主剥离断层（此处太古宇官地杂岩与下马岭组直接接触）两盘地层岩性特征、地层缺失情况，断裂带宽度、构造岩发育情况，混合岩化、绿帘石化和硅化表现特征。②官地杂岩中发育的糜棱岩在露头-标本尺度上的表现特征。③房山复式岩体在此区段为何种岩性及与围岩的关系。④第四系及土壤、植被分布情况。

9. 参观与考察任务

参观燕山石化污水处理厂的污水处理工艺和效果，参观牛口峪水库和人工湿地。

思考与讨论

1. 牛口峪水库选址的地貌地质条件是怎样的？各有哪些特征？

2. 牛口峪水库为什么在建成后一段时间内存不住水？对存在渗漏的水库，一般应采取怎样的治理措施，才能防止水库渗漏？

预（复）习内容与要求

1. 查阅牛口峪水库的建设情况，了解牛口峪水库的地貌地质条件。

2. 复习岩石、矿物、地质构造、地质年代部分的基础知识。

路线五　古老变质岩与古生界沉积岩地貌地质调查路线

一、路线位置

该路线即三不管沟—大砾岩山—骆驼峰—乱石垅—官地村地貌地质调查路线（图 13-5），起点在东山口村南三不管沟口，距实习站 1.7km；终点在官地村，距实习站 3.5km；实习路线全长 3.9km。

二、教学目的

了解区域内古老变质岩的类型和分布特征，掌握太古宙杂岩体和新元古界地层岩性的野

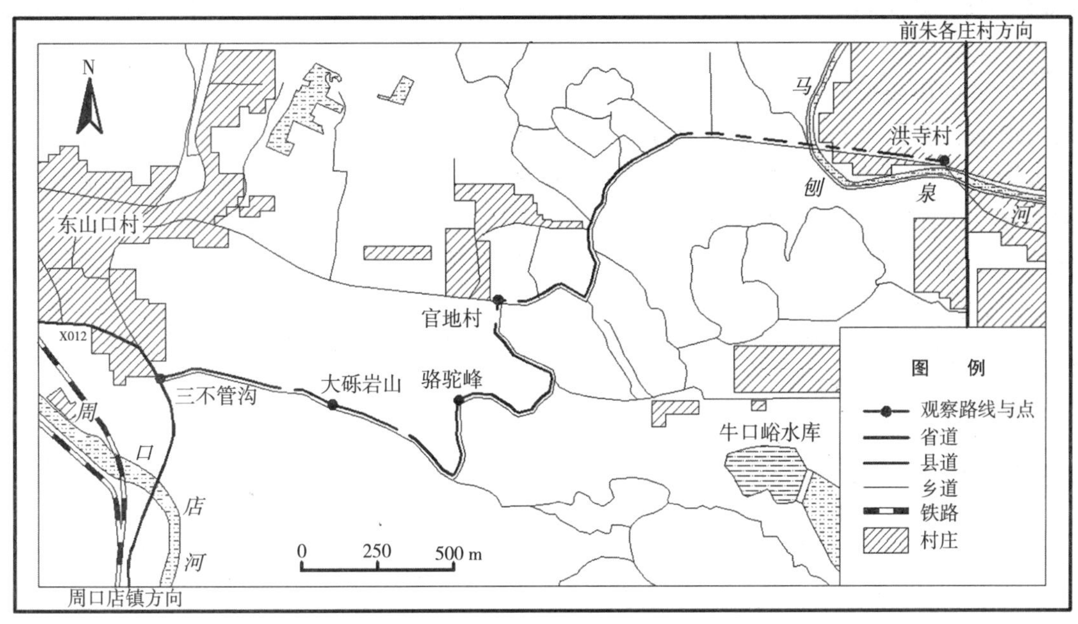

图 13-5　古老变质岩与古生界沉积岩地貌地质调查路线位置

外识别特征和方法；了解区域内古生界地层及岩性特征，掌握古生界地层和主要岩石类型的野外识别特征和方法；掌握房山岩体与围岩接触带的野外识别特征和方法；掌握断层的野外识别特征和方法。

三、教学内容与要求

1. 观察描述太古宇官地杂岩的岩性组合特征及与房山复式岩体接触关系，了解形成时代、区域地质构造位置和成因背景。

2. 观察描述接触热变质岩的岩性特征、岩石类型，分析变质作用条件并划分变质相带。

3. 观察房山岩体及其岩石学特征、各种包体（捕虏体、析离体、浆混体）分布规律及成因、岩体内部相带（或单元）划分标志、不同岩体和岩脉形成相对顺序，以及它们与围岩的接触关系。

4. 观察寒武系、奥陶系、石炭系和二叠系的地层发育与岩性情况，应侧重地层缺失、各层厚度变化及与断层的关系等的观察与研究。

5. 认识剥离断层及其表现特征，识别与其有关的伴生构造。

6. 观察描述沿断裂发育的岩脉的岩性、变形特征及构造意义。

7. 观察土、土壤和植被情况。

8. 制信手地质剖面图，并勾绘路线地质图。

9. 系统采集各种岩石标本和构造定向标本，完成各种典型地质现象素描图和摄影。

四、教学计划与安排

1. 三不管沟口

在三不管沟口（基岩以碳酸盐岩为主）、东山口（基岩以花岗岩类为主）、升平山北侧

(基岩以碎屑岩为主)等地选择并采取土壤样品和水样品，返回实习站后用便携式测试分析仪进行化验对比。

2. 骆驼山南侧至三不管沟

观察描述下马岭组至中上寒武统各组地层的岩性、岩性组合及厚度变化，与已知地层路线进行相应层位对比；分析判断各组地层间接触关系的性质，并了解走向断层引起地层缺失的情况；在教员提示下认识发育于盖层中的剥离断层系统；观察第四系地层及其岩性特征，并绘制第四系地貌地质剖面图或素描图，同时拍摄地质照片。

3. 三不管沟采石场

观察描述该点脉岩的宽度、产状并正确定名；观察岩石的变形特征、产出部位并分析与剥离断层的关系及多期变形依据(中上寒武统与马家沟组之间亦为剥离断层接触，脉岩发育于剥离断层带中，二者在平面上延伸一致)；厘定发育于马家沟组中的小型层内紧闭褶皱，并观察其形态特征和产状特征，分析其构造意义。

4. 骆驼山西北侧

可见铁岭组与下马岭组之间为断层接触。观察断层面的特征并测量产状、断裂带的宽度及构造岩发育状况及类型、断层两盘的鞘褶皱等伴生构造特征及其构造意义，两盘地层厚度变化等，综合诸方面标志判定断层性质。观察描述下马岭组岩性变化及其组合特征，野外鉴定红柱石、石榴石等矿物；鉴定描述石榴石云母片岩、红柱石云母片岩岩性特征及空间分带现象；了解接触热变质作用地质条件及与区域变质作用的叠加关系。

此外，视专业不同，可安排观察煤矿矿山土地复垦与植被恢复情况。

5. 大砾岩山至太平山北坡

观察该段地层发育情况和各组岩性及其组合特征；识别太原组、山西组中次级褶皱构造；绘制信手地质构造剖面图；确定地层分界点并勾绘地质界线。特别应注意观察和研究石炭系本溪组与奥陶系马家沟组之间的一套砾岩层。

6. 羊屎沟沟头

铁岭组出露点。观察描述该组岩性及其组合特征；与八角寨剖面相比其厚度变化情况；识别鉴定透闪石大理岩、透辉石大理岩中特征矿物透闪石、透辉石等。

7. 官地村南 101.3 高地附近

该处可以作为主剥离断层(发育于基底与盖层间)地质观察点。该点零星岩石露头的岩性为糜棱岩，应为主剥离断层活动的产物。除此之外，可用地层效应作为识别断层存在的标志：该点之北为官地杂岩分布区；该点之南约 100m 即为铁岭组地层出露处，其下部洪水庄组、雾迷山组等大套地层缺失。主剥离断层向东延伸到山顶庙西沟，断层许多识别标志更为清楚，有关内容待后续路线学习观察。

9. 乱石垅附近 101.4 高地一带

该地带可以作为变质岩构造观察点。观察和认识官地杂岩中发育的小型韧性剪切带、小型褶皱构造、透入性面理及线理构造，识别糜棱岩并观察认识其宏观结构和构造。

10. 官地村东侧

在官地村东大路旁观察描述太古宇官地杂岩的总体面貌特征并与沉积岩系、岩浆侵入体进行对比；观察变质杂岩与房山复式岩体的接触关系并沿接触界线追索，确定接触类型；观察片麻理构造并测量产状，对变质杂岩的岩性、岩性组合进行观察描述，至少应区分出4～5

种岩石类型并对其进行命名。

思考与讨论

1. 实习区的变质作用类型有哪几种？接触热变质作用的地质背景是怎样的？
2. 主要地层或岩类型及其它们的特征各是什么？
3. 该区的地质构造特点是怎样的？

预（复）习内容与要求

1. 实习区的地层、岩浆岩、变质岩及相关概念。
2. 地质构造类型及相关概念，以及主剥离断层、盖层剥离断层的概念及识别标志。

路线六　青白口系岩石与地貌地质调查路线

一、路线位置

该路线即拴马桩桥—新泗路口—龙宝峪路口（黄院沟口）—黄院东山梁地貌地质调查路线，沿周张路的一段（图 13-6），路线全长 5.2km。起点拴马桩村距实习站 4.5km，可乘公交车直达（拴马桩村东或红苹果庄元小区站下车即到）。终点娄南路口，距实习站 3.3km。

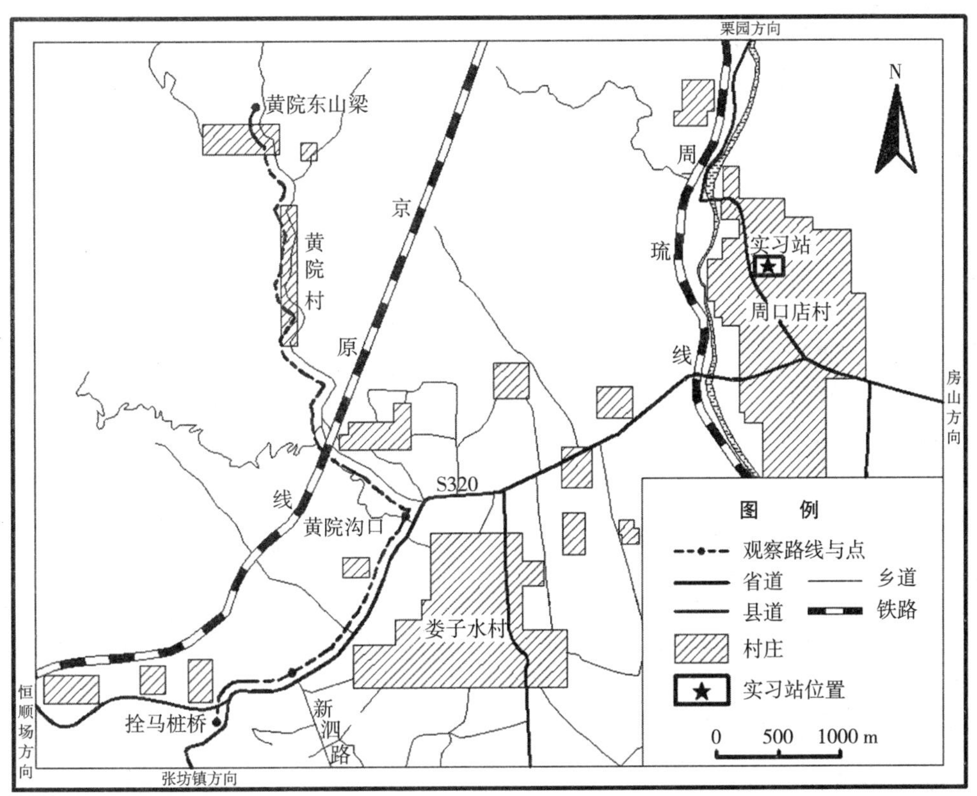

图 13-6　青白口系岩石与地貌地质调查路线位置

二、教学目的

了解和识别新元古界蓟县系、青白口系及其上覆寒武系和奥陶系地层及岩性特征，练习和掌握地质点标定、地质剖面图和河流地貌剖面图测量与绘制等技术方法。

三、教学内容与要求

1. 观察描述新元古界龙山组至下古生界马家沟组地层的岩性及其组合特征、古生物化石情况及地层接触关系。

2. 详细划分地层单位，并按实测剖面精度要求分层。

3. 系统采集地层岩石标本和摄影。

4. 常规方法测制信手剖面图（包括地质剖面和地貌剖面，1∶5 000）和典型地质现象的素描图。

5. 用GPS、便携式电脑及相应软件系统实测地层剖面图（1∶2 000）。

四、教学计划与安排

计划用1天时间完成该地貌地质调查路线的野外教学实习任务，主要观察点安排如下：

1. 拴马桩桥

教学实习内容有：①青白口系骆驼岭组石英砂岩和千枚岩状板岩及其地层观察；②青白口系下马岭组板岩类型观察与识别；③线理、节理和层理的识别及产状测量；④地貌观察，测量和绘制瓦井河拴马村横断面图；⑤系统采集标本和拍摄典型地质现象的照片或绘制素描图。

2. 黄院东山梁

即黄院村下黄院附近（步行到实习站约1h）。观察新元古界和下古生界地层及岩性组成，具体包括新元古界青白口系骆驼岭组（龙山组，Pt_3l/Qb_2l）和景儿峪组（Pt_3j/Qb_2j），下古生界寒武系府君山组（昌平组，ϵ_1f/ϵ_1c）、馒头组（馒头组与毛庄组、徐庄组的合称，$\epsilon_{1+2}m$）、张夏组（ϵ_2zh）和炒米店组（黄院组，ϵ_3ch/ϵ_3c）及奥陶系冶里组（O_1y）、亮甲山组（O_1l）和马家沟组（O_2m）。

此外，观察地形地貌及第四系、植被等情况。如果时间充足，可以选择该点的典型地段进行实测地质剖面练习。

3. 黄院沟口

教学实习观察内容：第四系地层和土壤类型及分布特征，重点在于黄土状土和马兰黄土的识别与特征观察。

思考与讨论

1. 对比变质岩和沉积岩区的地貌特点，分析说明黄院东山梁植被不发育而拴马桩桥两侧山地上植物茂盛的原因。

2. 青白口系变质岩形成的地质作用类型和原岩恢复。

预（复）习内容与要求

1. 学生自学第十五章第二至第四节的内容，要求掌握实习区的地层、变质岩和岩浆岩的类型和野外鉴别特征。

2. 线下熟悉与该地质调查路线有关的典型地质剖面及其地层或岩体的特征。

路线七　164 褶皱构造及其地貌地质调查路线

一、路线位置

此调查路线即 164 采石厂—煤炭沟西山梁—太平山南坡路线（图 13-7）。路线全长 1.2km，起点第一采石场距实习站 0.5km，终点煤炭沟西山梁距实习站 1.0km。

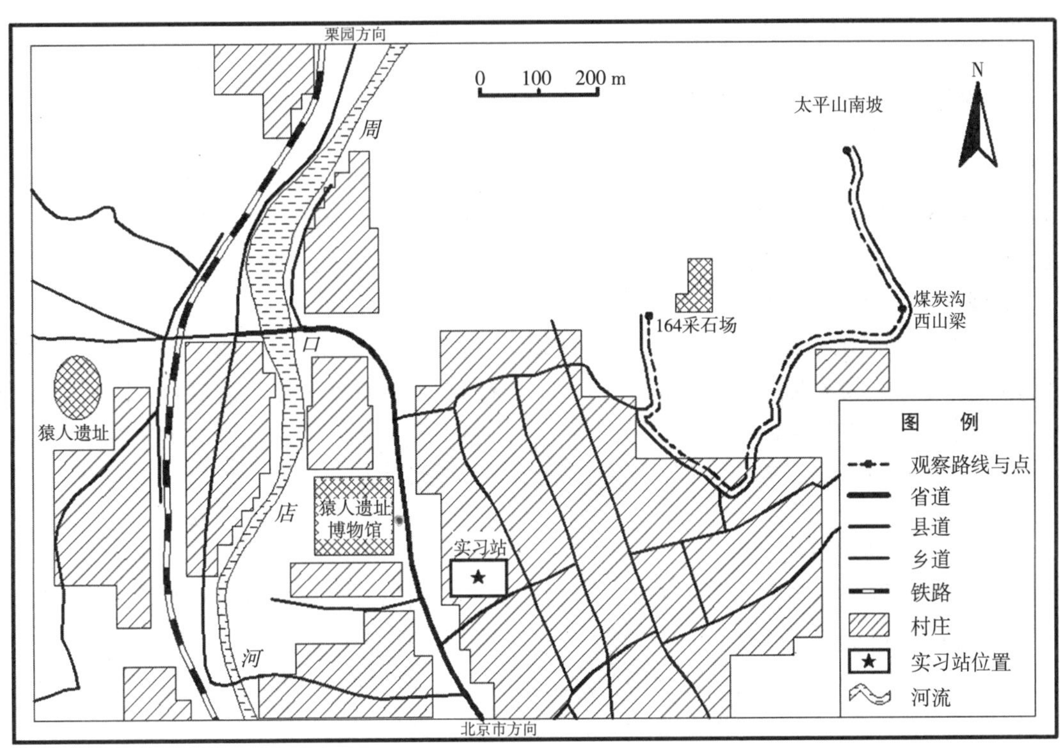

图 13-7　164 褶皱构造及其地貌地质调查路线位置

二、教学目的

掌握褶皱构造及其地貌观察与研究的方法。

三、教学内容与要求

1. 观察确定构成 164 背斜的地层时代、描述岩性及其组合特征和岩层厚度变化，以及观察识别 164 主体背斜构造的形态特征并对其进行描述。

2. 观察鉴别主体背斜不同部位的伴生构造发育状况并分析构造意义。

3. 厘定该路线中的早期构造、主期构造和晚期构造的类型、特征、成因、相互关系并初步进行序次划分。

4. 系统进行各种构造要素的测量及有关野外属性数据、野外图形数据收集存储工作，采集有关构造标本和构造岩标本，制作典型构造素描图和利用数码相机拍摄地质照片。练习远景素描和摄影的方法与技巧。

5. 要求用常规方法和高新技术分别在纸质和数字化地形图上定出主体构造不同部位的构造观察点，且利用便携式计算机及其软件系统标定第四系与基岩分界点，并勾绘第四系地质界线。

6. 观察采石场岩壁上的岩石类型及岩体节理裂隙、岩溶发育特征，确定岩体类型和分析边坡稳定性和破坏方式。

7. 在煤炭沟西山梁练习实测地质剖面，并绘制地质剖面手图和正式图。

四、教学计划与安排

1. 观察164背斜主体构造全貌

在第一采石场西侧开阔地带选择一点，视为164背斜轴迹大致通过处，以便能观其转折端及两翼之全貌。教学程序如下：①教员应对164背斜概况作简要介绍并指出其主要部位，并提示远景素描制作的原理、方法和技巧并进行示范；②学生再通过认真观察、分析、比较和归纳等，最终完成该主体构造全貌景观图。

2. 观察164背斜北翼地层

在162.9高地南侧陡坎下，选择164背斜北翼观察点，按序定出第四系与基岩分界点并勾绘第四系界线；测量北翼岩层产状并标注于景观图相应位置；观察早期层内紧闭褶皱的规模、形态并进行有关线理、面理要素的测量，分析与主期褶皱的关系；判别早期褶皱枢纽与其转折端处发育的线理关系。同时观察岩体节理裂隙和岩溶发育程度，判断坡体稳定性和破坏方式。

3. 观察164背斜转折端

在第一采石场中部背斜转折端及其附近观察转折端的形态并测量枢纽及两翼产状；认识翼部小型伴生构造如阶步、擦痕并进行运动方向的判定；进一步掌握线理（擦痕或滑移线理）倾伏向（指向）和倾伏角、侧伏向和侧伏角诸产状要素的测定方法；判别上述线理和主体背斜枢纽关系。同时观察岩体节理裂隙和岩溶发育程度，判断坡体稳定性和破坏方式。

4. 观察164背斜南翼

在137高地北侧陡坎下，定地质点并勾绘第四系地质界线；测量主体背斜（164背斜）南翼产状并标注于景观图相应位置，观察翼部同构造的次级从属小型褶皱发育情况、形态特征，并分析其构造意义；在此处观察测量与层理近直交的陡倾劈理（该类构造在转折端和北翼均有发育），描述其特征，鉴别其类型，并思考与主期褶皱成因是否有关。同时观察岩体节理裂隙和岩溶发育程度，判断坡体稳定性和破坏方式。

137高地位于164背斜南翼，在该处可指导学生顺序观察早期小型顺层剪切带、早期小型层内紧闭褶皱；主期褶皱的轴面劈理；观察石香肠构造、楔入褶皱、火炬状节理及陡倾劈理等。同时对上述诸多小构造的发育情况、表现特征、规模、形态、产状及构造意义进行详细测量、记录、描述、素描照相，并初步进行成因、配套及期次的研究和划分工作。

5. 观察164背斜倾伏端处

煤炭沟一带为164背斜倾伏端处。要求顺沟在短距离内制作一大比例尺横向构造剖面图，观察背斜核部及两翼地层发育状况并进行对比，及其两翼地层是否对称重复出现。沿煤炭沟东壁追索马家沟组上层界面并系统测量岩层产状，从产状变化规律理解外倾转折的含义。

6. 练习实测地质剖面

在煤炭沟西山梁至太平山南坡，选择一段指导学生完成实测地质剖面的测量任务，要求按岩性对地层进行划分单元，系统采集各类岩石的标本，测量各类岩层的产状。

7. 观察矿山废弃地植被恢复情况

思考与讨论

1. 该路线构造现象典型，内容丰富而复杂，要对各观察点所获得的多种信息联系起来进行综合分析。发育于层内的紧闭褶皱，其轴面劈理和早期小型顺层剪切带显然与总体层理平行（S_1平行于S_0），而在层内紧闭褶皱转折端处发育的滑移线理又与其枢纽产状一致，此种褶皱成因如何？

2. 层内紧闭褶皱的枢纽与164背斜主体褶皱枢纽近于一致，这种现象说明了什么问题？

3. 从164背斜两翼、转折端及枢纽的产状分析，该构造的空间形态如何？

4. 从主体褶皱的伴生构造标志（从属褶皱的倒向、阶步和擦痕的动向等）能否恢复其成因机制？

5. 其他小型构造如近南北向的陡倾劈理、楔入褶皱、火炬状节理等在成因上能否与主体褶皱相联系？

6. 影响矿山植被恢复的主要因素有哪些？

预（复）习内容与要求

1. 认真学习本指南与164背斜有关的基本情况的知识。

2. 线下学习褶皱构造及其期次方面的基础知识。

路线八　周口店河地貌地质调查路线

一、路线位置

周口店河自上而下路线，即车厂村、粟园村—良各庄村—山口村—周口店村—石楼村—西沙地村地貌地质调查路线（图13-8）。路线全长16.7km，起点车厂或粟园村距实习站4.4km，可乘公交车直达；终点西沙地村距实习站9.0km，也可乘公交车直达。

二、教学目的

了解和掌握河流地貌类型及划分标准和意义，掌握河流地貌地质调查内容、方法及成果表达方式、内容和要求，了解河流污染与整治的方式和意义。

三、教学内容与要求

1. 观察周口店河河谷及相邻区段地貌特征，练习划分地貌类和地貌成因分析评价，并编制周口店河流域地貌类型图。

2. 周口店河流第四纪堆积物调查，了解周口店地区第四纪地质概况。重点在于有关坡

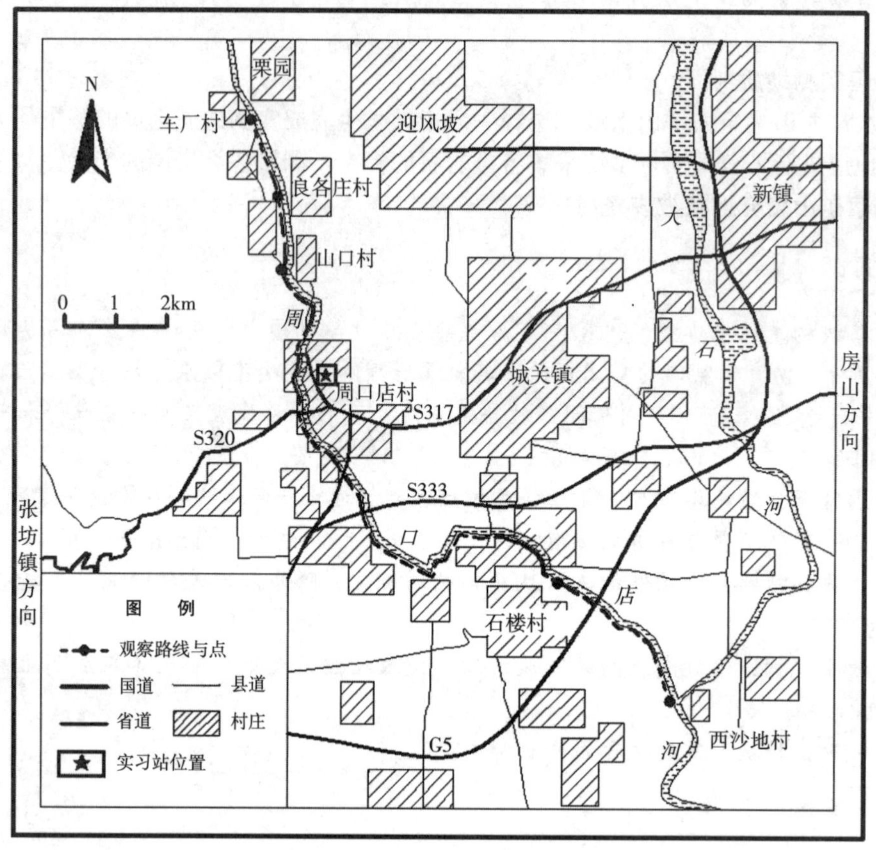

图 13-8　周口店河地貌地质调查路线位置

积物、冲积物、洪积物及这些堆积物为母质的土壤类型和特征等的调查和识别，并进行划分与对比。

3. 按要求利用便携式计算机及其软件系统，测量和绘制周口店河河谷第四系横向联合剖面图及纵向地貌剖面图。

4. 将周口店河流域作为新型国土资源调查及填图试验区，除常规踏勘内容外，还应了解有关环境地质、水文地质、工程地质、灾害地质、旅游地质及农业地质等方面情况。重点地段为中部独立实践区（填图区），包括周口店河河谷区段及其相邻地区。调查和了解区域土地类型和土地开发利用方式及程度，编制土地类型图和土地利用规划图。

5. 了解新型国土资源调查规范要求、图示要素，确定第四系填图单位、路线布置原则。

6. 按要求系统采集第四纪沉积物样品和水样品等，以供便携式测试分析仪测试分析。

四、教学计划与安排

1. 周口店河源头地貌地质调查

西山庄村以上地段的地貌与泉水调查，包括沟谷形态、泉水类型及流量特征等，绘制周口店河源头沟谷与泉水分布图，测量和绘制河阶纵断面图。分别在西山庄村及车厂村与栗园村选择典型横断面各一条，测量和绘制周口店河的地貌地质横剖面图（水平比例尺 1：2 000）。

2. 向阳峪和良各庄村地貌地质调查

选择典型断面线，测量和绘制周口店河向阳峪—良各庄—迎峰坡断面地貌地质图，划分河流阶地及分级，确定各级阶地的成因类型，分析各级阶地的土地开发利用方式和程度。其他地貌地质调查工作安排详见本章“路线三　房山岩体及其地貌地质调查路线”。

3. 三不管沟口地貌地质调查

观察内容有：①观察周口店河上游低山丘陵区地貌特征；②观察周口店河平面形态，即在此点向上游沟谷渐宽，至西庄—东山口一带已宽达 1km 而成为宽谷；③观察低山丘陵区植被和农作物类型及发育状况；④观察阶地发育情况，确定各级阶地的土地开发利用方式和利用程度；⑤选择代表性横断面（如周口店河山口桥处），测量和绘制周口店河地貌横断面图，分析该段河流阶地发育情况；⑥地质调查内容，详见本章“路线五　古老变质岩与古生界沉积岩地貌地质调查路线”。

4. 北京探矿研究所地貌地质调查

观察与学习内容主要包括：①周口店河河谷在此段变窄（谷宽仅 100～150m）而成为峡谷且为不对称的 V 形谷：东岸谷坡陡峻，坡度达 40°～60°，局部近于直立，谷坡皆为基岩；西岸谷坡较为平缓，其上发育较厚的中、晚更新世坡积物。②周口店河东岸为侵蚀岸，由于重力侵蚀不仅使坡度变陡且形成临空面，使得太平山西端形成复杂的滑坡系统（至少由三个滑坡体构成），滑坡面均向西侧周口店河方向倾斜，滑坡体岩块崩落已在坡脚处形成大小混杂的重力堆积而构成倒石堆地貌，已成为地质灾害。可让学生了解滑坡危害性的同时探讨其形成的地质背景。③观察河床及两岸山坡和阶地上的第四系堆积物特征，了解土壤与植被发育情况。④河道整治情况调查。⑤测制该段河谷横剖面图，要求同前点。

5. 龙骨山北京猿人遗址地貌地质调查

观察与学习内容主要包括：①龙骨山至 164 高地一带河谷及两岸较高地段，介绍实习区第四纪地质地貌概况，在目及范围内，引导学生观察太平山、龙骨山、周口店河等处构造剥蚀丘陵区、岩溶化丘陵区和侵蚀堆积河谷区等各类地貌单元及特征。②岩溶地貌观察，包括猿人洞和山顶洞等的形态和洞穴堆积物观察，详见本章“路线二　龙骨山北京猿人遗址和矿山地貌地质调查路线”。③在龙骨山-周口店河猿人遗址桥-164 高地处选择典型横断面，测量和绘制周口店河地貌横剖面图。④观察三级阶地发育状况及表现特征；对比河谷两岸阶地发育的横向差异；向上游至钻探所远观其纵向变化；周口店河水质污染状况并采取水样品。

6. 周口店河平原区地貌地质调查

周口店镇周口村以南呈开阔扇状倾斜洪积冲积平原，观察教学内容有：①了解山前倾斜洪-冲积平原区（房山—牛口峪—云峰寺—周口店村一线以南）地形地貌特征和土地类型、农作物类型及发育状况；②观察点除周口店镇桥、石楼镇桥和西沙地外，学生可自行选择，以达到观察和了解周口店河平原区地貌地质特征目的为准；③按前述要求制作周口店河河谷地貌横剖面图；④在这些点及其附近采取适量水样品和土壤样品，将其化验分析结果和上游各点进行对比。

思考与讨论

1. 地貌类型对土地开发利用的控制作用是什么？
2. 周口店河不同河段的阶地发育情况有什么不同？为什么？

预（复）习内容与要求

1. 查阅周口店河及其流域的水文及地质资料，以便了解周口店河的基本情况。
2. 阅读地质图，熟悉周口店河流域的地貌和地质情况。

路线九　上寺岭地貌地质调查路线

一、路线位置

该路线即黄山店—常流水—上寺岭地貌地质考察路线（图 13-9）。路线全长 8.5km。起点恒顺场距实习站 6.1km，乘公交车可直达；终点上寺岭距实习站 7.7km。

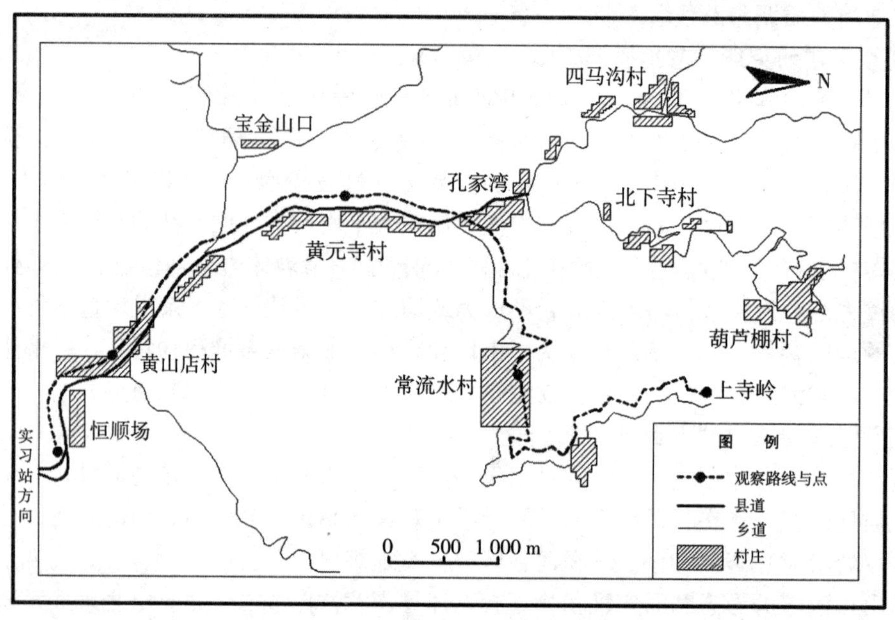

图 13-9　上寺岭地貌地质调查路线位置

二、教学目的

鸟瞰实习区地形全貌，登山训练为主，训练艰苦奋斗、团队协作、野外生存等基本能力；锻炼地质构造观察和识别能力。

三、教学内容与要求

1. 进一步熟悉中元古界、新元古界地层岩性及其组合特征。
2. 识别厘定褶皱-冲断构造，并对其特征及组合样式进行观察研究和描述。
3. 观察认识原生沉积构造、软沉积变形构造表现特征，研究它们在较大尺度构造之不同部位的分布状况及构造意义。
4. 宏观了解北岭叠加向斜构造和其核部的岩石地层单位。
5. 制作构造景观素描图、典型地质现象素描图，并用数码相机拍照。
6. 采集重要地质构造部位和上寺岭主峰岩石标本。

四、教学计划与安排

计划用 1～2 天时间完成野外教学实习任务。如果只有 1 天时间，则不进行登山训练，只进行地质构造观察与识别能力训练。

1. 恒顺场水渠旁

该处为一倒转背斜正常翼所在，出露有雾迷山组厚层状白云岩。观察认识正常层位发育的叠层石、泄水构造、冲刷构造、小型生长断层及扰动层理等原生沉积构造和软沉积变形构造，并对其进行测量、素描、照相和描述。

2. 黄山店村东侧北沟口

此处为黄山店北山倒转向斜正常翼所在，出露为雾迷山组厚层状白云岩，观察认识正常层位发育的叠层石构造。

3. 黄山店小学后侧南沟口

观察描述内容：①向北远观前已述及的黄山店北山大型倒转-平卧褶皱全貌及转折端形态，向学生提示其枢纽呈 NNE75°～80°方向延伸，轴面向 SSE 倾斜。与褶皱相伴的逆冲断层，在更北侧的黄元寺东沟 628 高地附近为其消失点。②在该处业已褶皱的雾迷山组中观察叠层石形态特征。由于冲断层的影响（不排除次一级顺层剪切作用）使得纹层向上穹起的墙状叠层石和柱状叠层石变形歪斜，极端者呈现平卧和倒转的状态（此大型构造标本已采运基地，作为地质展景置放，可进一步在室内观察）。

4. 黄山店村西公路壁

从黄山店村西沿公路观察，依次出露倒转向斜下翼铁岭组薄层状白云质结晶灰岩和核部下马岭组千枚状板岩。观察认识露头尺度的各类小型构造诸如豆荚状褶皱、层劈关系、构造置换等现象并进行测量、描述、素描和照相，同时分析与大一级构造关系。

5. 鸡场

黄山店村西三岔路口至部队营房一段基岩露头连续而良好，仍为倒转向斜下翼铁岭组薄层状白云质结晶灰岩，是一强应变带所在。其中小型紧闭褶皱、肠状褶皱、杆状构造、劈理置换以及露头尺度上的 S-C 组构等现象典型直观，是进行构造解析和小型专题研究的理想场所。该区段与褶皱相伴的较大规模的逆冲断层未见发育，如此强烈变形则是顺层剪切作用所致。

6. 登山训练

登山应选择晴天，时间为 1 天。早上 6 点乘车至常流水村（设置为大本营），各攀登营地负责人先行出发，然后各梯队依序攀登。无论登顶成功与否，下午 3 时所有师生必须返回大本营。

思考与讨论

1. 中元古界、新元古界各有哪些地层特色？
2. 野外如何识别和描述褶皱？

预（复）习内容与要求

1. 查阅实习区地质图，了解该路线基本地质情况。

2. 查阅文献，深入了解元古界地层划分及特征。

路线十　区域地质与旅游地质考察路线

一、路线位置

即孤山口—三岔口——渡（沈家庵村）—三渡—六渡—七渡（孤山寨）—八渡—十渡地貌地质调查路线（图 13-10）。路线全长 42km，全程乘大巴车，到设定的地点下车参观与考察。路线起点孤山口火车站距实习站 8.5km，终点十渡距实习站 30.1km，距保定市 98.5km。

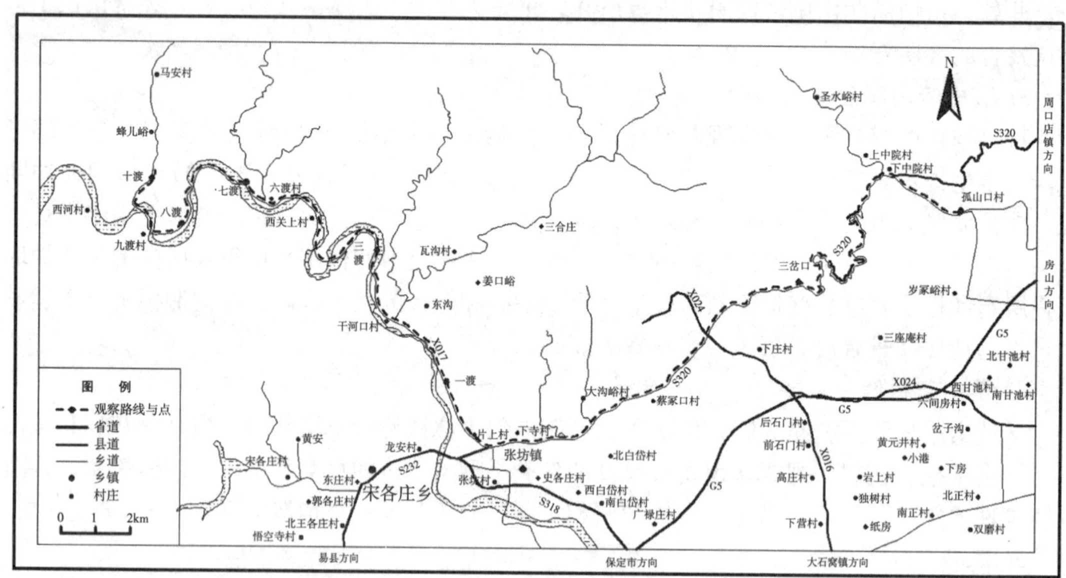

图 13-10　旅游地质与区域地质考察路线位置

二、教学目的

参观实习地区的地形地貌景观，缓解野外实习所造成的疲劳。

三、教学内容与要求

1. 典型地貌和地质构造观察与描述。
2. 了解实习区西部三岔村至十渡一带的区域地质特征，并与实习区进行对比。
3. 理解板内（陆内）造山作用特征及区域地质构造的不均一性。
4. 分析十渡峡谷形成的地质背景并对其旅游资源进行评价。

四、教学计划与安排

1. 孤山口火车站北东侧峭壁褶皱观察

站在铁路南西侧高地上，远观铁路北东侧峭壁褶皱构造总体轮廓，完成构造景观素描图，并用数码相机拍照。从北西到南东顺序观察的要点有：①北西端小型褶皱构造观察，该小型褶皱的三度空间暴露良好，可进行两翼、枢纽、轴面劈理和相关线理等要素的产状测量，在此基础上进行褶皱位态分类。②观察大型褶皱中发育的同构造期次级从属褶皱，大一级褶皱为一向斜构造，两翼发育的次级从属褶皱为不对称性 S 形和 Z 形，转折端发育的褶皱则为对称 W 形或 M 形。③观察滑劈理（褶劈理）的表现特征及间隔大小，并对其结构形态进行分类，同时应注意不同岩性层中劈理发育情况及其组合特征（劈理折射）；劈理与层理的关系并用其判定层序正常或倒转。④观察石香肠构造、楔入褶皱和火炬状节理，注意观察描述它们的表现特征，并分析其构造意义。⑤观察厘定节理的类型及表现特征、产状和排列（扇形、反扇形）特征及其与褶皱构造的关系。

注意：观察褶皱，首先应了解区域地质背景及孤山口复杂褶皱所处的构造位置、地层时代及岩性组合特征。其次，应掌握有关褶皱倒向、褶皱包络面等概念，并加以利用。

2. 孤山口至三岔村复式背斜轴迹观察

组成该复式背斜核部及两翼的地层皆为雾迷山组，其轴向 NE60°左右。自东向西观察：孤山口一带为其倾伏端所在，而孤山火车站北东峭壁复杂褶皱实为倾伏端之北翼。向西纵向追索至下中院与三岔村分水岭处（即 488 高地一带）为复式背斜转折端部位，虽被次一级褶皱复杂化，但由于露头良好仍能清楚地观其全貌；再向西至三岔村一带，背斜总体形态渐变为开阔平缓的构造样式。三岔村向西，背斜轮廓已不明显，岩层呈低角度的波状起伏直至水平。要求分段于孤山口火车站、488 高地一带和三岔村等处制作背斜构造横剖面图（即联合构造剖面图），加深对该复式背斜区域变化特征的认识以及学会剖析大型构造的思路和方法。

3. 三岔村至十渡地貌地质观察

地层：蓟县系雾迷山组（Pt_2w/Jx_1w），岩性以白云岩、白云质灰岩为主，岩层大部近水平或呈低角度的单斜层，构造面垂直的断裂较发育，局部发育开阔平缓的断续褶皱。

地貌：喀斯特峰林地貌景观区，地表峡谷纵横，尤以拒马河大峡谷为最，蜿蜒曲折，两岸奇峰屹立，有“北方大峡谷”“北方小桂林”之称，多被开辟为旅游区，其中有的被用作影视拍摄基地而发挥重要作用。

从峡谷口向内（总体向北）可以选作地貌地质野外实习的观察或参观地点主要有：

（1）一渡，即张坊村至沈家庵村段，为拒马河出山后汇入华北平原地段。教学实习要求：观察识别河流阶地；远观三皇山风景区由水平岩层组成的峰林地貌并绘制景观素描图和照相；在公路旁侧观察发育良好且未变形的大型叠层石。

（2）三渡，即穆家口村地段，该段河床平缓、水流缓慢。教学实习要求：观察岩层与水面近于平行，以加深理解水平岩层的概念；观察缝合线构造、层间张节理、“巧克力方盘式”石香肠构造、挤入褶皱等，并进行素描或照相；观察区域节理的发育状况，并且测量其产状和岩层（两组区域节理分别为 NW320°∠83°、SN120°∠85°，岩层产状为 SE100°∠5°），在此基础上分析拒马河数度弯曲的地质背景。

（3）六渡，即六渡村地段，观察“一线天”旅游景观。其成因分析：大致呈 NE 向展布的煌斑岩脉，经风化剥蚀后构成次级峡谷。

（4）七渡，即七渡村段（包括孤山寨），发育有开宽圆滑的、规模不大的短轴状褶皱构造，由两个背斜和一个向斜组成。褶皱轴向近东西延伸，向南北两侧岩层产状渐缓趋于水平。理解在以水平岩层为主的区域，出现褶皱构造是应变局部化的标志。此种褶皱一般多为断续褶皱，观察时注意产状逐渐变化的特征。

（5）八渡，即八渡村地段，观察局部应变强化而形成的断坪、断坡构造并进行素描和照相。

（6）十渡，即十渡村地段，主要参观由国家民政部授予的爱国主义教育基地——平西抗日烈士陵园，此处已被中国地质大学挂牌辟为德育教育基地。

思考与讨论

1. 从岩层变质-变形较为明显的实习区，经过三岔一带地质构造过渡区，直至十渡未经变质-变形或变形微弱区，这种在区域上由强到弱的地质变化特征说明了什么问题？

2. 拒马河大峡谷地貌地质特点有哪些？分析拒马河大峡谷形成的地质构造因素。

3. 综合分析、评价周口店及其邻区地学旅游资源、自然景观和人文旅游资源，并提出合理开发和规划意见。

预（复）习内容与要求

1. 通过学习本书第十五章第二节内容，了解和掌握该实习路线的区域地质背景，包括地层和地质构造、地形地貌等。

2. 通过查阅资料，了解该实习路线沿线的旅游资源及其开发利用情况。

第三篇 Part 3

地貌地质教学野外实训经典
——石门寨实习区

Chapter 14 第十四章 石门寨地理概况

第一节 地理位置与交通

秦皇岛市位于河北省的东北部，北纬 39°24′～40°37′，东经 118°33′～119°51′，东北接葫芦岛市的绥中县、建昌县及朝阳市的凌源市，西北邻承德市宽城满族自治县，西靠唐山市

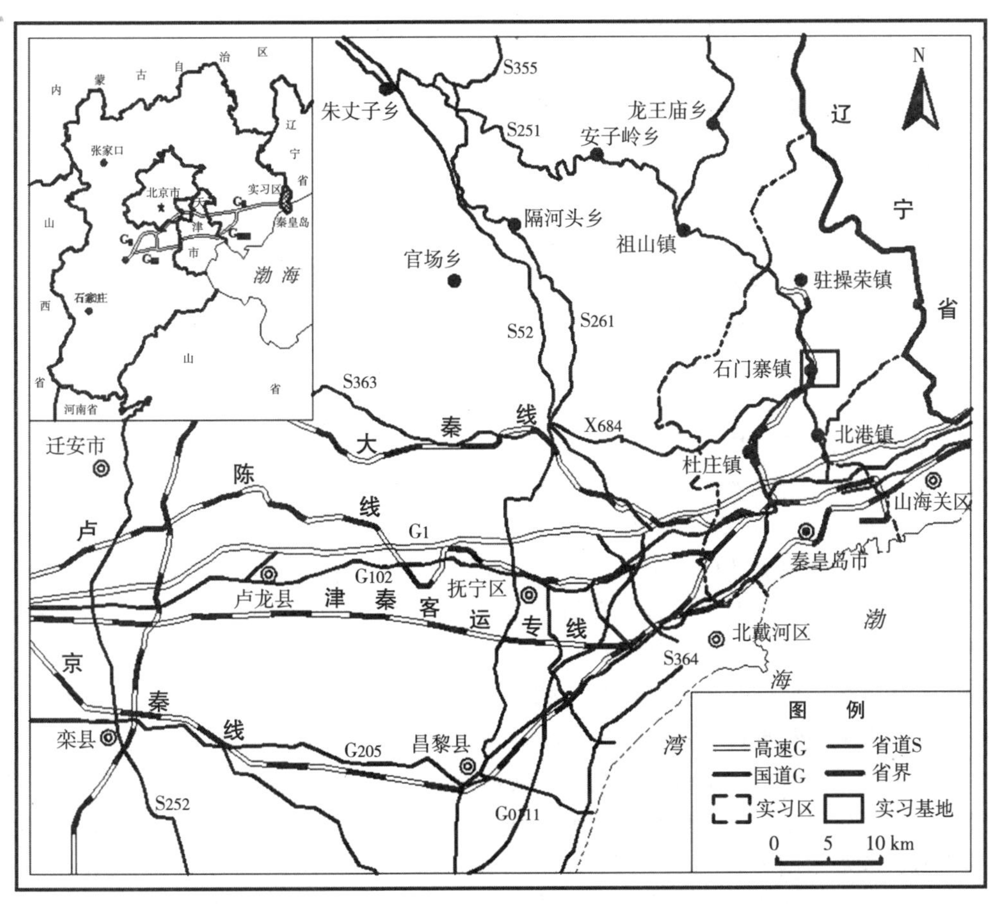

图 14-1 秦皇岛地质野外教学实习基地位置与交通示意图

的滦县、迁安、迁西、滦南四县，南面为渤海湾。北距沈阳市 387km，东距大连市 210km、距锦州市 191km，西距北京市 265km，距天津市 218km，西南距保定市 457km、距石家庄 479km（图 14-1）。

秦皇岛市是全国综合交通枢纽城市，除汇聚了秦沈客运、京哈、津山、大秦和津秦客运五条铁路干线外，还有京哈、津秦和承秦高速公路及 G102 和 G205 国道贯穿全境。境内部形成大字形高速公路网及“三纵六横九条线”的公路主骨架，为构建“秦皇岛市 1 小时经济圈”奠定了基础。其中，大字形高速公路网则由京沈高速公路、沿海高速及承秦高速公路、北戴河连接线构成；三纵包括秦青线、青乐线、蛇刘线；六横指京建线、凉龙线、三抚线、G102、G205、沿海公路；九条线是路网骨架的补充，主要有青龙连接线、双牛线、山海关连接线、出海路复线、京沈高速开发区连接线、南南线、抚留线、卢昌线、燕新线。此外，区内有山海关、北戴河两个飞机场。山海关机场为军民两用机场，位于山海关区；北戴河机场为旅游支线机场，位于昌黎县晒甲坨村。民航开通国内数十条航线，可达上海、广州、哈尔滨、杭州、大连、黑河等城市。

秦皇岛地区野外教学实习的核心区位于秦皇岛市海港区的石门寨镇和现代海岸带，且在石门寨镇上庄坨村设立地质野外教学实习基地（河北省柳江盆地地学实习基地管理服务中心，原秦皇岛煤炭管理干部学校）。该实习基地距海港区政府 19km。秦石（岭）地方铁路贯穿南北并与京哈、大秦等国铁接轨。承秦出海公路及复线、石九公路、祖山东进山旅游公路、村村通水泥路贯通辖区，石门寨镇距京沈高速公路秦皇岛西出口仅 12km，距秦皇岛港口 15km，距山海关机场 20km，交通十分便捷。

第二节　社会与人文

石门寨镇属河北省秦皇岛市海港区管辖，镇政府驻北斜街。人口约 4.6 万，主要为汉族。该区工农业并重。工业主要有以煤、石灰岩、耐火黏土等矿产开采为主的采矿业，以水泥、玻璃和新型建材为主的建材工业，以钢材和铝材为主的金属压延工业，以复合肥为主的化学工业，以汽车配件和铁路道岔钢梁钢结构为主的加工制造业，以电子产品为主的机电工业，以果酒、啤酒、粮食加工为主的食品饮料工业。水泥业曾经是该镇的支柱性产业，共 10 家水泥厂，生产普通硅酸盐水泥，主要有飞驰、秦石、厦牌、朝鹤等品牌，总产量 90 万 t 左右，年设计能力 140 万 t，水泥产品畅销东北、华南、北京市场。页岩资源丰富，在该镇落地的有秦皇岛新型页岩砖厂，可加大页岩砖深加工力度，拓宽周边消费市场，使之成为石门寨镇第二个工业支柱产业。镇域内有 40 多家石场，年产石灰石 200 多万 t，除满足供应石门寨镇水泥厂需求外，还供应其他附近乡镇水泥厂。石门寨煤矿开采历史悠久，主要为无烟煤，局部为劣质煤，柳江煤矿是区内最大的工矿企业，年产 60 万 t。

石门寨镇农业以林果业为龙头，干鲜果产业主要有核桃、板栗、苹果、梨、花椒，粮食种植主要有玉米、小麦、高粱等。围绕“三线富民、八业强县”战略，在东部、西部、北部山区和丘陵地区建立了板栗、热杂果和苹果三大果品基地，在“三浅两花”（即浅水营北村、浅水营中村、浅水营南村、上花野村、下花野村）建立了五个蔬菜基地，同时建立了英武山、北林子、西庄小区三个养猪小区。此外，羊、狐狸、貉子、獭兔等养殖也有一定规模。

旅游业为该区新兴产业，主要旅游区有柳江国家地质公园、板厂峪旅游区等。石门寨镇地处国家级地质公园-柳江盆地中心位置，不仅有秀丽的自然山水风光，更有丰厚的历史文化底蕴，辖区内国家级文物保护单位有万里长城，省级文物保护目标有傍水崖隆庆元年古战场，县级文物保护目标有山羊寨化石洞、北齐长城、侯教谕家墓、宗峰寿塔、太子坟、石门寨城西门等多处，古《临榆县志》推崇的“石门八景”该镇占了七处，另有“榆关十四景”之一“蟠桃停云”也在该镇，浅水营中村有棵古银杏已有2 800年历史，被称为植物活化石，生成于5.3亿年前的地貌奇观——象鼻山，形似非常，就在沙河寨村旁。“北方小黄山”孤石峪、柳观峪的南天门、莲花溶洞。临榆八大名寺之一的白塔寺遗址就坐落在亚洲最大的五佛公园西麓——该镇东塔村，春可赏花、夏可踏青、秋可摘果、冬观雪景的车厂风景区，英武山村是自助游、自驾游、团队游和文学创作、艺术采风的绝好去处。流传甚广的民间故事主要有双侯阮宁芳、金头太子、邓林钓台、铁瓦乌龙殿、亮甲山、饮马河、百印台、关帝庙等。特色民间艺术表演有秧歌、霸王鞭、太平鼓、吹歌、水歌等。该镇的饮食文化更为盛名，如老豆腐、柏椤饼、锅烙几种特色小吃享誉京东地区，南北峪、黑峪沟的花椒以味道纯正、色泽红润而闻名，潮水峪、孤石峪的香椿，以及石岭的薄皮核桃、潮水峪的花梨、上花野的油桃，远销东三省。

第三节　气候与气象

实习区所在地属于暖温带半湿润大陆性季风气候，春夏受海洋东南季风影响，冬季受东北寒流及海洋暖流调节作用影响。气候总体表现为冬季较长偏暖，夏季凉爽，秋季较短，春季而干旱多风。主导风向夏季东南风，冬季东北风，四季分明，与同纬度内陆区相比有夏季凉爽适宜、冬季风小天暖的特点。多年年平均气温 10.1℃，多年年平均降水量 744.7mm。年降水量一般为 400～1 000mm，且集中在每年的 6—8 月份，约占全年降水量的 76%，山洪也主要集中在这个季节。多年平均水面蒸发量约为 777mm，每年 5—6 月份蒸发量最大，约占 30%。全年平均气温 11.3℃，极端最低气温－21.5℃（1959 年 1 月 1 日），极端最高气温 39.9℃（1961 年 6 月 10 日），暑期（6—9 月）气温高于 30℃的天数一般为 15d 左右。10 月中旬有霜，霜期至翌年 4 月份，季节性冻土深 0.8～1.0m，年均积雪深 12cm，无霜期年均 174d。

第四节　资源与环境

一、矿产资源

秦皇岛实习区矿产主要为沉积矿产，如煤、耐火黏土、烧制玻璃的原料石英砂岩、冶炼熔剂用的白云石和萤石、建筑材料及烧制石灰的石灰岩。其中以煤、耐火黏土及石灰岩为主，具有相当的规模，开采历史较为悠久。金属矿产较为分散，规模不大，多无工业价值，仅在柳江盆地周围接触带附近发现铁、铜、铅、锌矿点或矿化点 10 余处，如上平山重晶石、萤石、铅锌矿点，杜庄矽卡岩型铜铁矿点。

1. 煤矿资源

柳江盆地主要含煤地层有上石炭统太原组、下二叠统山西组以及下侏罗统北票组，均分布在柳江向斜两翼。石炭系、二叠系的煤层分布因东翼岩层倾角平缓而较西翼广，侏罗系可采煤层仅分布在义院口一带。石炭系和二叠系中含煤层位有6层，自上而下编号为煤1至煤6，其中煤1至煤4产于二叠系山西组；煤5和煤6产于石炭系太原组。侏罗系含煤层位共有10层，自上而下编号为煤1至煤10。其中具有工业开采价值的煤层有二叠系中的煤2和煤3，石炭系中的煤5，以及侏罗系中的煤8、煤9和煤10。各煤层的厚度为1～4m，以石炭和二叠系中的煤2和煤5及侏罗系中煤10最为稳定。各煤层的特征详见表14-1。煤质由于受岩浆侵入热力作用而产生不同程度的变质作用，局部为劣质煤，西翼由于断裂构造的破坏，给煤矿的找矿勘探带来了困难。

表14-1 柳江煤田煤层特征

地层名称	煤层编号	开采厚度（m）		发育与可开采情况	稳定程度	顶底板特征	
		变化范围	一般厚度			顶板	底板
侏罗系	煤8	0～1.40	1.00	仅夏峪附近可采	不稳定	粉砂岩	粉砂岩
	煤9	0～2.41	1.20	仅夏峪附近可采	不稳定	粉砂岩	粉砂岩
	煤10	0～12.4	2.00～4.00	义院口可采，其他局部可采	较稳定	粉砂岩	火成岩
二叠系	煤2	0～3.71	1.50	夏峪曹山附近可采，其他不可采	不稳定	火成岩	火成岩
	煤3	0～8.09	2.00～4.00	全区发育，只有局部可采	稳定	粉砂岩 火成岩	火成岩
石炭系	煤5	0～3.57	1.00～2.00	由于火成岩破坏，夏峪区有不可开采地段，其他都可采	稳定	粉砂岩 火成岩	铝土质黏土岩与火成岩

注：本表摘自《石门寨地质及教学实习指导书》（杨丙中等，1984）。

区内煤层中有害组分较低（硫含量小于1%，磷含量小于0.09%），属低硫型煤质。区内煤田属小型煤田，年产量约60万t，一般为无烟煤，可作为一般工业用煤和民用煤，还可作为生产化肥的原料。根据抚宁区化肥厂对煤质的要求，含碳量要求大于84%，挥发成分越少越好。因目前除硫设备的限制，仅能除去煤中硫含量的50%，所以，一般要求硫含量为1%较为适宜。

2. 耐火黏土

在实习区柳江向斜东翼石炭和二叠系地层中发育有多层耐火黏土。在层位和岩相等方面均能与唐山开平盆地、本溪太子河流域对比。区内耐火黏土受沉积时期古地理影响，沿走向或倾向常发生相变，可开采层常为大小不等的透镜体状或扁豆体状，主要矿山采区分布在半壁店、石门寨、欢喜岭一带。石炭和二叠系中耐火黏土共7层，自上而下层位编号为A、B、C、D、E、F、G。在我国华北、东北地区，上述7层耐火黏土的具体层位是：A层位于上石盒子组，B层和C层位于下石盒子组，D层位于太原组，E、F、G层位于本溪组。实习区耐火黏土的可采层位有G、F、D及B层，它们的特征如下：

(1) G层。矿体赋存于本溪组底部，靠近马家沟组白云质灰岩顶部假整合面上。G层之下为一紫色含铁质黏土质页岩或菱铁矿黏土，一般厚度为2～3m。G层底部为豆状、鲕状黏土矿，上部为致密块状、角砾状硬质黏土矿，属灰色硬质黏土和高铝黏土，厚0～8.8m。因受相变影响，在欢喜岭矿区为两个透镜体，平均厚度为2m。半壁店矿区G层黏土较为稳定，厚0.8～2m，向北至石岭一带则为砂砾岩代替。G层黏土为本区主要可采层位，属滨海相潟湖沉积，产于海侵层序中。

G层耐火黏土按矿石类型分为三层：上部含水铝石高岭石黏土矿，呈致密块状，隐晶质或细粒结构，有时含鲕及假鲕结构，矿石为高岭石矿物集合体，含少量水铝石；中部水铝石铝土矿，隐晶微晶细粒结构，豆状及鲕状构造，主要为水铝石矿物集合体，也有高岭石集合体，鲕体中心为高岭石；下部含菱铁矿高岭石黏土岩，隐晶质结构，不均匀鲕粒或豆粒，主要为高岭石矿物集合体。下部矿石因含铁量较高而不能作为耐火黏土矿开采。

（2）F层。矿体位于本溪组下部层位，在G层之上3～12m，厚度为0～3.8m。在欢喜岭区厚度不足1.0m，均为透镜体，沉积环境与G层相似，产于海侵层序中。F层的岩性为青灰色半软质黏土岩，隐晶质、细鳞片状结构，主要为高岭石集合体。

（3）D层。矿体位于太原组下部，底板为黏土质粉砂岩。矿体岩性为青灰色黏土岩，隐晶质、细鳞片状结构，主要为高岭石集合体。矿层位稳定，厚度变化大，在欢喜岭矿区厚度为0～4.23m，在半壁店矿区厚度为0.8～8m，属陆相湖泊沉积，夹于陆相地层中。

（4）B层。矿体赋存于山西组顶部。仅在半壁店北西至石岭车站南以北1km左右的地段为可采层位，厚度为0～5m，属硬质耐火黏土。沉积环境属陆相沼泽沉积，矿层中甚至夹有煤线。矿体岩性为高岭石黏土岩，主要为高岭石集合体，多具隐晶质结构，个别为鳞片状结构，含少量水云母，局部受岩浆作用影响蚀变成绢云母。

3. 戴庄-王庄铁矿点

该矿点位于杜庄车站以西约45km，小王庄西山坡上，矿体产于响山岩体与下、中寒武统碳酸盐岩接触带，矿体的延伸方向与接触带一致，呈透镜状、脉状赋存于矽卡岩体内。矿石中的金属矿物有磁铁矿、黄铜矿、黄铁矿、方铅矿、闪锌矿、赤铁矿、褐铁矿孔雀石等。脉石矿物主要有石榴子石、透辉石-钙铁辉石、透闪石-阳起石、绿泥石、绿帘石、石英、方解石、萤石等。矿石呈浸染状角砾状构造。该矿点围岩蚀变发育，在平面或剖面上均具有较明显的分带现象，各蚀变带强弱宽窄不一，并有叠加现象。由内接触带向外依次出现硅化、矽卡岩化（石榴子石透辉石）、透闪石化和大理岩化。根据矿物组合及它们之间的彼此穿切关系，分为两个成矿期、六个成矿阶段：

（1）矽卡岩期，包括：早期矽卡岩阶段，主要由钙铁-钙铝石榴子石、透辉石-钙铁辉石、硅灰石等矽卡岩矿物形成；晚期矽卡岩阶段，主要由透闪石-阳起石、绿帘石、磁铁矿形成；氧化物阶段，主要形成绿帘石、长石、云母及少量石英，金属矿物有磁铁矿及少量赤铁矿。

（2）石英硫化物期，包括：早期硫化物期阶段，主要由绿泥石、绿帘石、石英、萤石等脉石矿物和黄铜矿、少许黄铁矿等矿石矿物形成；铁晚矿期等硫矿化石矿物阶段，主要由石英、方解石、绿泥石等脉石矿物和黄铁矿、方铅矿、闪锌矿等矿石矿物形成；石英碳酸盐阶段，主要形成方解石、石英等细脉。该矿点矿化强度高，但规模小，铁含量为45%～65%，铜含量为0.94%～1.54%。铁可供地方开采，铜品位低，可综合利用。在地表经风化后出现的次生矿物主要有孔雀石、褐铁矿、绢云母、石英等。

4. 上平山重晶石、萤石、铅锌矿矿点

该矿点位于柳江向斜西翼倾伏背斜核部上平山附近，该处背斜核部为下寒武统府君山组豹皮状石灰岩，两翼依次为馒头组、毛庄组和徐庄组，背斜轴走向NE25°，背斜核部各有几条北北东向的纵断层，使背斜成为地垒式构造。东侧为逆断层，倾向北西，倾角为55°～80°；西侧为正断层，倾向北西，倾角为60°～70°。重晶石铅锌矿脉沿背斜轴分布，矿体呈脉状，水平延伸长度达40～400m；出露宽度为2～3m，少数达10～20m。沿背斜轴形成矿化带，矿石为角砾状、晶洞状、脉状构造。围岩蚀变主要为硅化和萤石化。

该矿点的形成与西部响山岩体侵入有关，距响山岩体与灰岩接触带仅 2km，属远离接触带低温热液矿床，形成于燕山运动的晚期。该矿采矿坑大多已废弃，现由上平山村或个体村民开采。

5. 石英砂岩

石英砂岩产于鸡冠山青白口系长龙山组，厚层状，质纯，SiO_2含量达 90%以上，是秦皇岛玻璃厂生产玻璃的原料矿产，露天开采，现已停产。此外，该层位的石英砂岩在实习区的东北部张岩子一带亦有出露。

6. 石灰岩

区内可用于烧制石灰的原料或建筑石料的石灰岩，主要为赋存于下寒武统府君山组厚层石灰岩和下奥陶统的厚层石灰岩，现多为民间开采。

二、地质旅游资源

实习区位于河北地质遗迹国家级自然保护区柳江盆地，地质遗迹资源十分丰富，在较小的范围荟萃了中国北方 20 多亿年以来各个地质历史时期形成的 24 个组级地层单位、六大地壳不整合面和多种典型地质构造与地貌，人称“弹丸之地，五代同堂”，是公认的“天然地质博物馆”。区内三大岩类出露齐全，各年代沉积地层发育良好，底层单位界线清晰，化石丰富多样。主要保护对象包括：由吕梁运动、蓟县运动、加里东运动、海西运动、印支运动和燕山运动所形成的六大不整合面，元古界、古生界、中生界等三套地层，古生物化石组合带，岩浆岩、变质岩、沉积岩三大岩类，不同级别的褶皱、不同性质的断裂及其他构造形迹，金属、矿点、非金属矿化点，岩溶作用形成的象鼻山、溶洞、天井、石芽、溶沟等，流水作用形成的离堆山、跌水、河流阶地等。

保护价值主要体现在：六大不整合面中“加里东运动”不整合面、“海西运动”不整合面、“印支运动”不整合面具有大区域对比意义，而“吕梁运动”不整合面、“蓟县运动”不整合面、“燕山运动”不整合面具有区域对比意义；柳江盆地三套地层及三大岩类分布广泛，均为自然露头，地层完整，界限清楚，岩类齐全，化石丰富，沉积构造发育，是进行野外地质教学实践、科普展示的最佳场所；多种类型的构造形迹对研究区域地壳运动发展史及其力学机制具有重要的意义，提供了一幅幅典型的构造图版；荟萃了众多的内生、外生矿床，虽然这些矿床品种多、规模小，大多不宜开采，但适于科普教学，其成因分析具有重要的地学意义；第四系洞穴堆积可以使人们了解史前生物群落、生境及生物演化，是重要的科研、科普基础材料；现代海洋沉积环境与地质遗迹的对比研究，可以起到认识今天、了解过去、将今论古的作用。

柳江盆地 1999 年 5 月被河北省人民政府批准为“地质遗迹省级自然保护区”，2001 年 12 月 20 日被国土资源部（现自然资源部）批准为“河北省秦皇岛柳江国家地质公园”，由柳江盆地地质景观区、祖山燕塞湖角山-长寿山地质地貌景观区和长城人文历史景观区三部分组成。2002 年 7 月，柳江盆地被批准为“国家级自然保护区”，范围在东经 119°30′～119°40′，北纬 40°02′～40°14′，由 4 个相对独立的分区组成：①东部落-潮水峪-砂锅店区，面积 857km²。东起张岩子村西坡脚，沿 280°轴向至东部落村北 500m 处，南北宽 500～900m；再向西沿近东西走向至石岭村南 500m 处，长3 750m，南北宽 750～2 000m；随后轴向再转为 150°，至砂锅店村东 800m 处，长2 000m，宽 770m。②亮甲山-欢喜岭-瓦家山区，面积 217km^2。东起亮甲山东坡陡崖处，经欢喜岭村东至瓦家山村西山梁上，呈 S 形带状分布，宽 250～850m。③黑山窑-大洼山区，面积 155km^2。东起自黑山窑后村西边，沿轴向 295°至大洼山西山坡，长约2 500m，宽 600～800m。④鸡冠山区，面积 166km^2。东起自八岭沟村北西 350m 处坡脚，向北西向跨越汤河河谷至大平台西侧陡崖。

三、土壤

土壤诊断层有淡薄表层、水耕表层、雏形层、水耕氧化还原层、黏化层，诊断特性有砂质沉积物岩性特征、石质接触面、半湿润土壤水分状况、湿润土壤水分状况、人为滞水土壤水分状况、氧化还原特征、冷性土壤温度状况、温性土壤温度状况。根据土壤基本性状及土壤诊断层、土壤诊断特性土壤类型归属为人为土纲、淋溶土纲、雏形土纲和新成土纲，包括 11 个亚类，它们的分布情况如下：祖山海拔1 200m 以上为普通冷凉湿润雏形土（山地棕壤），海拔1 200m 以下至 400m 为普通简育湿润雏形土（棕壤）、石质简育湿润淋溶土（棕壤）、普通简育湿润淋溶土（棕壤）。丘陵地区（海拔 400m 以下）顶部为普通干润正常新成土（粗骨土、石质土）、普通简育干润雏形土（褐土），底部为石质简育干润淋溶土（褐土）；山间平原为普通简育干润淋溶土（褐土），地势稍低为普通底锈干润雏形土（潮土）；河流中上游高阶地为普通干润砂质新成土（新积土）；普通简育水耕人为土（水稻土）分布面积较小，主要在吴庄背斜北大石河支流沿岸。

四、水资源

石门寨地区水资源较丰富，详见第十五章“第五节　水文与水文地质”部分。

思考与讨论

1. 石门寨地区的资源与环境优势在哪里？如何实现资源开发利用与环境保护的协调一致？

2. 为什么将石门寨地区作为野外地质教学实习的基地？

预（复）习内容与要求

1. 了解石门寨地区的自然地理与人文地理情况。

2. 了解石门寨地区野外实习的历史与发展情况。

Chapter 15 第十五章 石门寨地质概况

第一节　地形与地貌

秦皇岛实习区处燕山山脉的东麓，渤海湾之滨（图 15-1）。实习区西北部山峰最高海拔 780m，一般海拔低于 400m，属于低山丘陵地区，主要山脊走向近南北向。地势北部和西部较高，而且沟壑纵横，脊峰重叠；南部和东部较低，而且坡缓谷阔，波状起伏。只在大石河和汤河中下游发育河谷平原，面积不足全域的 20%。

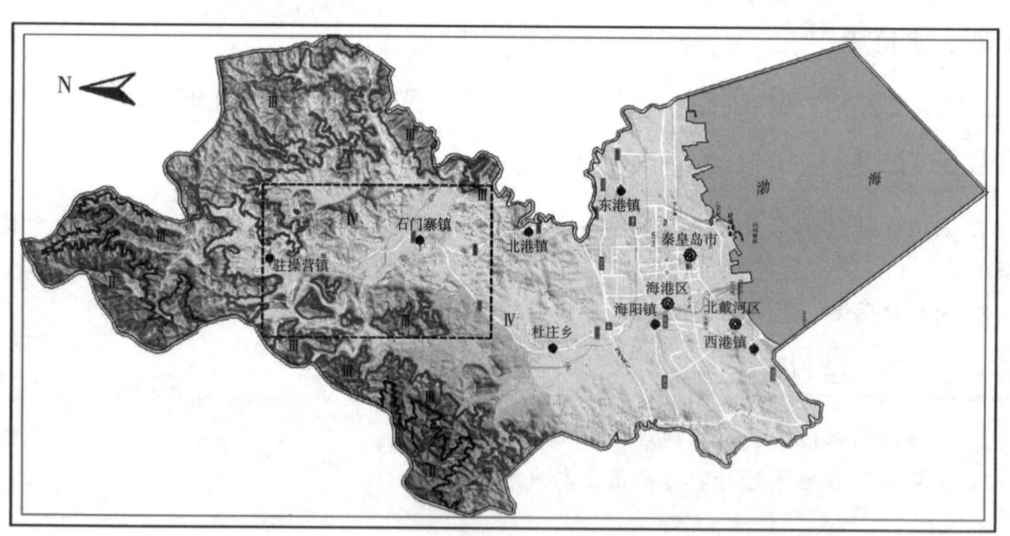

图 15-1　秦皇岛实习区的地貌区位

Ⅰ. 中山区（≥1 000m）　Ⅱ. 低山区（1 000～500m）　Ⅲ. 丘陵区（500～200m）　Ⅳ. 平原区（<500m）

构造运动研究成果表明：新生代以来实习区间歇性升降运动频繁，造成地壳阶梯状上升，同时受风化等外动力地质作用长期剥蚀，形成了自西北向东南表现为阶梯状特征的地形地貌，第四纪堆积物仅在沟谷零星分布，成因复杂，厚度很小。根据成因和地形特征，实习区可划分为五种地貌类型区。

1. 侵蚀构造地貌区

分布在西部的大平台、轿顶山一带，形成时期为第三纪。该区山势险峻，走向近南北，多尖顶或锯齿形山脊，坡度一般为 40°～50°，局部为 70°～85°，海拔 500～780m，基岩主要由花岗岩和部分沉积岩组成。沟谷多呈树枝状展布，形态多呈 V 形谷，山麓多以重力崩塌物和碎石堆积为主。

在该地貌类型区海拔 600m 左右，保留和分布第一级夷平面，分布范围较小，主要在教顶山及其以北的大平台一带。

2. 剥蚀构造地貌区

分布于柳江向斜构造盆地的核部及东部边缘地带，是纵贯南北的山岭，向斜核部为安山岩，岩石坚硬，不易风化，因此构成了向斜成山的逆地貌，形成时期为第三纪晚期。该区山势形态多呈山背岭，少数为单面山，局部呈锯齿形，圆顶形山脊，个别处由于冰川作用而形成角峰、冰斗等冰川地貌。坡度一般为 30°～50°，陡坡为 60°～70°，海拔 400～500m，相对高差 200～400m。西南部秋子峪一带是石河、汤河的分水岭。基岩主要由岩浆岩、碎屑岩组成，以崩塌堆积为主。由于流水的长期冲刷切割，V 形谷发育，谷坡陡峭，形成跌水陡坎重叠的地貌景观。

在该地貌类型区海拔 450m 左右，保留和分布第二级夷平面，主要分布在青龙山、老君顶和大洼山及其以西的地区。

3. 侵蚀剥蚀地貌区

分布在盆地中部及东部的广大地区，山势平缓，此起彼伏，可见一排排南北走向的西坡缓、东坡陡的单面山和两坡近于对称的猪背岭地形，山脊多呈长条垄岗和浑圆状。断裂构造发育，形成大小不等的断块，如鸡冠山地堑、方块山，局部断层崖等。坡度一般为 20°～30°，陡度为 40°～50°，海拔 200～300m，相对高差 50～150m。基岩由碎屑岩、碳酸盐岩和绥中花岗岩组成。在海拔 300m 左右广泛分布夷平面，即第三级夷平面。

受人类长期矿山和农林生产的改造和影响，矿（坑）井、采石场、煤矸石堆、水库塘坝、水渠等人工地貌处处可见。此外，由于区内碳酸盐岩分布广泛，故岩溶地貌发育，且形式多种多样，如溶沟、干谷、落水洞、溶洞等。第四系堆积物以残坡积碎石、沙黏土为主，局部溶穴堆积中发现有脊柱动物化石。

4. 侵蚀堆积地貌区

由于流水剧烈切割沟谷，构成石河、汤河两大水系。上游支流河谷较多，大多呈现为 V 形或 U 形谷，河谷坡度较陡。河床纵坡降约 0.6%，因此河床具有坡降大、水流急的特点，河流出山口处，普遍有松散堆积物，形成冲洪积扇、坡洪积裙、坡洪积锥等地形，柳观峪至汤河西岸是区内最大的洪积扇。河谷地形亦较复杂，河漫滩、河心滩及各种结构类型的阶地均有，但以基座型阶地为主。两河上游谷窄坡陡，谷中仅有一、二级阶地，展布于凸岸，阶地面窄、坎陡、不连续。

5. 海岸地貌区

实习区的海岸线，部分地段向海凸出，另一部分则向陆地凹进，构成了一种弯曲波状的岬湾式海岸。海港区、山海关和北戴河区分别位于岬角位置。在海岬地带，海岸基岩裸露，水深坡陡，波能聚合，是以海蚀作用为主的地段。海水动力（主要是波浪作用）强烈掏蚀撞击岸崖的基岩，在海岸带形成各种海蚀地形。海港区海岸常见的海蚀地形有海蚀洞穴、海蚀崖、海蚀平台（波切台）和海蚀阶地等。在介于山海关、海港区和北戴河之间的海岸部分，凹向陆地，构成实习地区的海湾。在该海岸地段，海浪波能辐散，海蚀作用较微弱，海积作用较盛行，因此，往往海积地形地貌发育，常见类型有海滩、砂堤、砂坝沙嘴和海积阶地等。河口是海岸地形的重要组成部分。在河口地段，河水动力和海水动力交互作用，形成特殊的河口地形地貌，如河口三角洲。随着海岸带的不断上升和海面的不断下降，河口不断向海方向延伸，河口三角洲也不断向海方向推进，并在河口三角洲上形成许多叉河地形地貌景观。

第二节　地层及岩性

石门寨及其邻区地层特征属华北型。除较普遍缺失上奥陶统、志留系、泥盆系、下石炭统、三叠系、白垩系及第三系外，就华北地层而言，该区地层出露较全，化石丰富，各单位地层划分标志清楚，地层特征具有一定代表性。全区范围出露的地层主要有新太古界、新元古界青白口系，下古生界寒武系、奥陶系，上古生界石炭系、二叠系，中生界侏罗系，以及新生界第四系。地层顺序及其接触关系见附录四“石门寨综合地层柱状图”。从老至新简述如下。

一、新太古界（Ar_3^1gn）

属于安子岭片麻岩套和汉儿庄片麻岩套，主要岩性为片麻状花岗岩、片麻状正长花岗岩、片麻状角闪花岗岩和黑云母片麻岩，以及变质花岗伟晶岩和石英伟晶岩等，构成了本区古老的基底。片麻状花岗岩规模大，出露于山海关—秦皇岛—北戴河一线；片麻状正长花岗岩多呈小规模岩体分布于片麻状花岗岩岩体中，在鸡冠山山脚处有分布；片麻状角闪花岗岩和黑云母片麻岩也呈小规模分布于片麻状花岗岩岩体中，在老虎石和联峰山处出露；变质伟晶岩多呈岩脉状分布于片麻状花岗岩及其他岩体中。由于该套岩体最早在绥中地区发现并定名，因此常称之为“绥中花岗岩”。

二、新元古界（Pt_3）

1. 青白口系长龙山组（Pt_3l/Qb_2l）

本区最老的沉积地层，以沉积不整合上覆于新太古界“绥中花岗岩”之上（图 15-2），

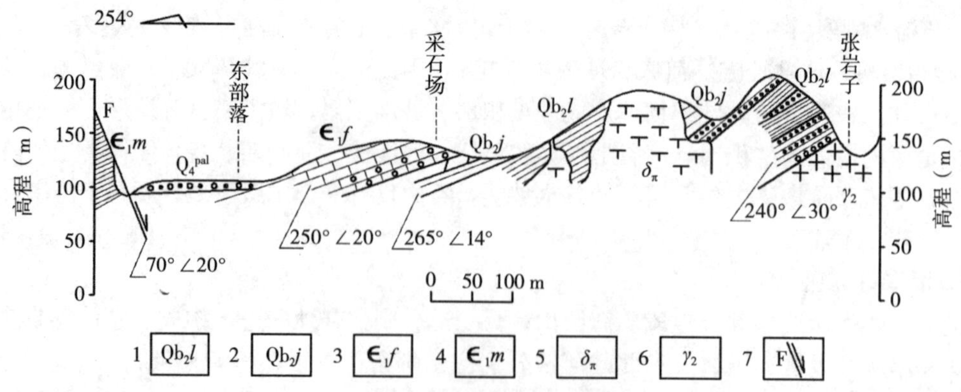

图 15-2　张崖子-东部落地层路线地质剖面

1. 下马岭组砂岩和页岩　2. 景儿峪组泥灰岩和页岩　3. 下寒武统府君山组　4. 下寒武统馒头组
5. 闪长玢岩　6. 绥中花岗岩　7. 正断层
（据周俊杰等，2016，略有修改）

主要分布在盆地的东部张岩子至东部落和南部鸡冠山等地，以张岩子村西一带发育最好，可作该组的标准剖面，厚 91m。

本组由两套砂岩-页岩韵律构成。下部韵律底部是底砾岩，向上为厚层的灰白色含砾粗粒长石石英净砂岩，海成波痕和大型板状交错层理发育；再向上过渡为紫色、黄绿色杂色页岩。上部韵律底部由砂岩组成，多见斜层理、交错层理、波痕、泥裂及海绿石矿物，顶部出现蛋青色泥灰岩。属典型滨海相至浅海相沉积。

2. 青白口系景儿峪组（Pt_3j/Qb_2j）

分布与长龙山组基本一致，在李庄村北出露较全，可以作为本组的标准剖面（图 15-3），厚度为 38m。下部为紫红色、黄绿色薄层状泥岩夹钙质泥岩，水平层理发育；上部为蛋青色中-薄层泥灰岩夹薄层紫红色泥岩。总体自下而上从碎屑岩、黏土岩过渡到碳酸盐岩沉淀，具有海侵沉积特点。景儿峪组与长龙山组呈整合接触，分界标志层是其底部黄褐色或带铁锈色的中细粒铁质（含海绿石）石英净砂岩。

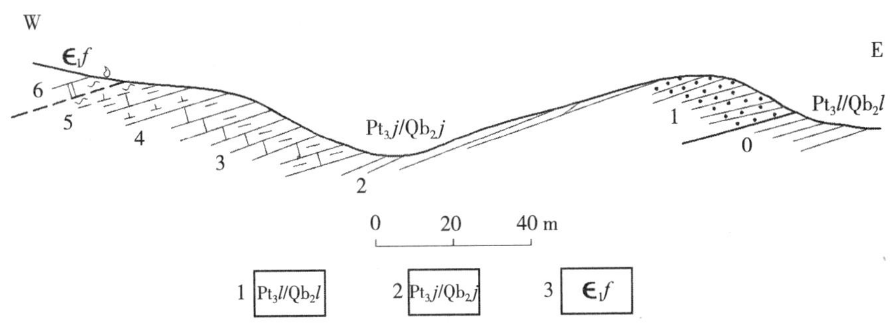

图 15-3　李庄北沟景儿峪组地质剖面

1. 青白口系长龙组　2. 青白口系景儿峪组　3. 上寒武统府君山组

（据杨丙中等，1984，有修改）

三、下古生界

1. 下寒武系府君山组（$\epsilon_1 f$）

主要分布在东部落至沙河寨，西部上平山一带也有出露，东部落剖面出露较全，可作为本区标准剖面（图 15-4），厚 146m。

府君山组岩性特征明显，下部为暗灰色厚层状结晶灰岩，含较多的莱得利基虫，上部为暗灰色豹皮状白云质灰岩夹暗灰色薄层灰岩，含核形石。与下伏景儿峪组为平行不整合接

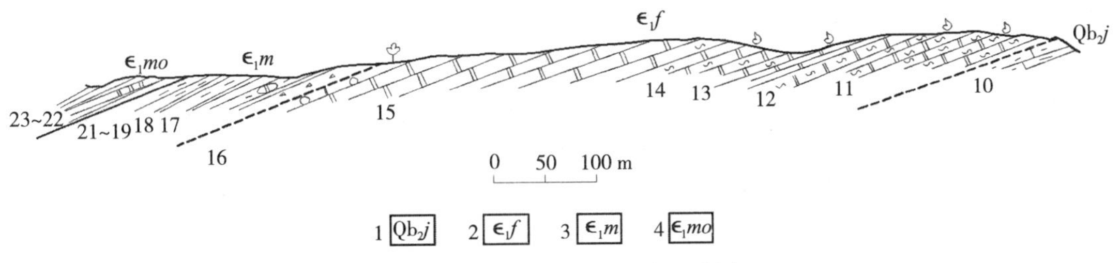

图 15-4　东部落北下寒武统地质剖面

1. 青白口系景儿峪组　2. 下寒武统府君山组　3. 下寒武统毛庄组　4. 下寒武统馒头组

（据杨丙中等，1984，有修改）

触，分界标志是下部暗灰色厚层状结晶灰岩，底部薄层灰岩中局部含有角砾或砾岩。本组属浅海相沉积。

2. 下寒武系馒头组（$\epsilon_1 m$）

分布与府君山组一致，但由于抗风化能力弱而零星出露，东部落村北剖面较好（图 15-3），厚 71m。

岩性以砖红色泥岩、页岩为主，向上过渡为粉砂质页岩夹白云质灰岩透镜体。泥岩底部具角砾或砾岩，粉砂质页岩中含石盐假晶。与下伏府君山本组呈平行不整合接触，分界标志是其底部角砾状薄层灰岩。本组属于干旱条件下滨海相或潟湖相沉积，含幕府山虫化石。

3. 下寒武系毛庄组（$\epsilon_1 mo$）

分布与馒头组基本一致，出露较好的地方是沙河西山，化石较丰富，可作为本区标准剖面（图 15-5），厚 102m。

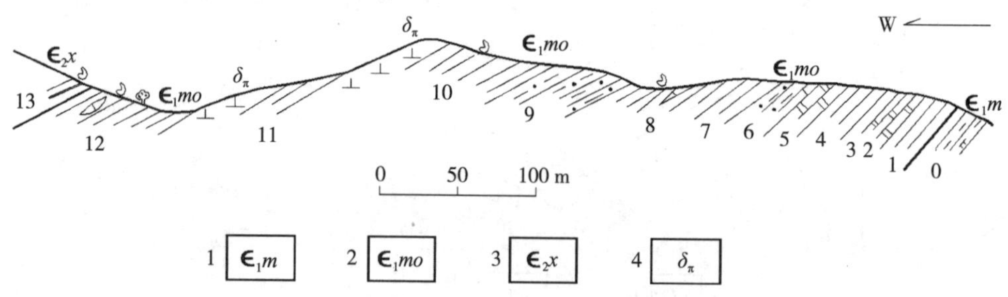

图 15-5 沙河寨西毛庄组地质剖面

1. 下寒武统毛庄组 2. 下寒武统馒头组 3. 中寒武统徐庄组 4. 闪长玢岩

（据杨丙中等，1984，有修改）

毛庄组岩性以紫红色粉砂岩、页岩为主，页岩中含少量白云母片，颜色要比馒头组暗一些，俗称为猪肝色，但要比上覆徐庄组的暗紫色新鲜些。底部以出现的黄绿色钙质页岩与馒头组分界。中部和上部夹两层白云质灰岩透镜体。灰岩透镜体中产辽西虫、幕府山虫等。顶部为页岩，夹含核形石（葛万藻）的灰岩透镜体。与下伏馒头组呈整合接触，分界标志是其底部的黄绿色钙质页岩。属滨海相潮上带沉积，其中白云质灰岩为潟湖相沉积。

4. 中寒武系徐庄组（$\epsilon_2 x$）

比毛庄组分布更为广泛，在柳江向斜两翼均有出露，东翼在东部落及揣庄的上花野和下花野等地出露较好，西翼在吴庄至秋子峪、上山一线出露较齐全，其中东部落最为典型，化石较丰富，可作为本组的标准剖面（图 15-6），厚 101m。

徐庄组岩性以黄绿色含云母片粉砂岩、页岩夹暗紫色粉砂岩和少量鲕状灰岩透镜体为主。产井上虫、兰氏毕利氏虫、拟小奇蒂特儿虫化石。与下伏毛庄组呈整合接触，岩性分界以徐庄组底部黄绿色粉砂岩与暗色粉砂互层为标志。本组属浅海相沉积。

5. 中寒武系张夏组（$\epsilon_2 z$）

张夏组受到破坏和覆盖较少，是柳江盆地分布最广的寒武系地层之一，主要分布在东部落、288 高地、揣庄、张庄、赵家峪、上平山及吴庄等地。其中以揣庄北 288 高地东山脊露头最好，地层发育较为齐全，可作为本组地层的标准剖面（图 15-7），厚 130m。

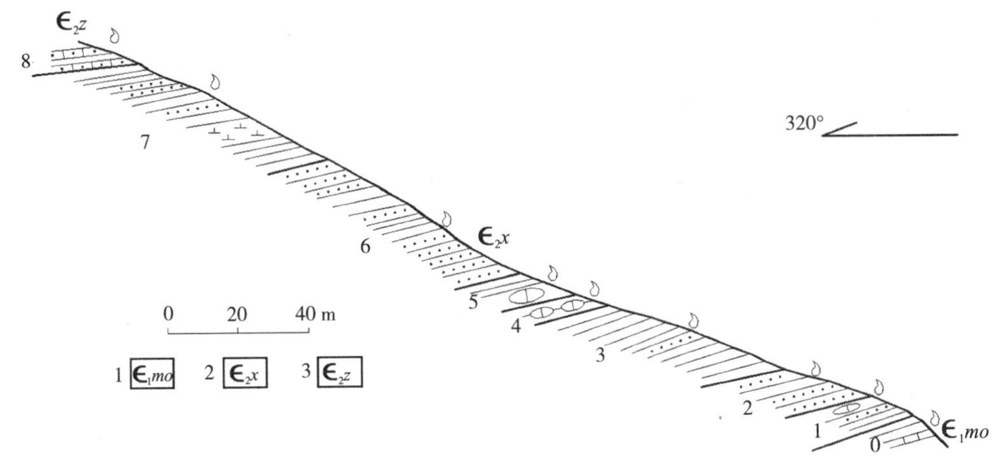

图 15-6 东部落徐庄组地质剖面

1. 下寒武统馒头组 2. 中寒武统徐庄组 3. 中寒武张夏组

（据杨丙中等，1984，有修改）

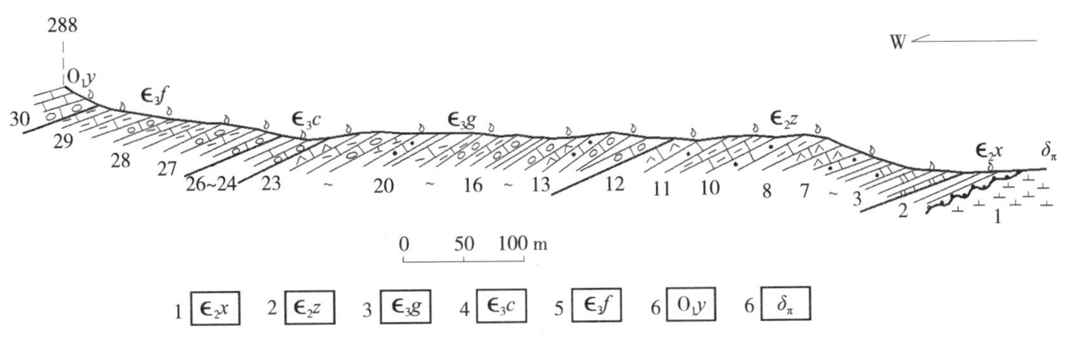

图 15-7 揣庄北 288 高地中上寒武系地质剖面

1. 中寒武统徐庄组 2. 中寒武张夏组 3. 上寒武统崮山组 4. 上寒武统长山组 5. 上寒武统凤山组 6. 闪长玢岩

（据杨丙中等，1984，有修改）

张夏组岩性明显分为三段：下部为鲕状灰岩夹黄绿色页岩，中部为含叠层石灰岩及白云质灰岩和薄层鲕状灰岩互层，上部为泥质条带灰岩和生物碎屑灰岩混质条带灰岩。页岩、灰岩中含大量三叶虫（如德氏虫、双耳虫、叉尾虫、沟颊虫等）化石。本组属浅海相沉积，与下伏徐庄组呈整合接触，岩性分界以张夏组底部厚层鲕状灰岩为标志层。

6. 上寒武系崮山组（ϵ_3g）

本区崮山组分布与张夏组一致，主要分布于柳江盆地内侧，露头较好，发育齐全，以王家峪南山牛圈至揣庄 288 高地出露最全（图 15-7），厚 102m。

崮山组岩性特征十分明显，以紫色调为主。下部紫色页岩、粉砂岩，夹砾屑灰岩；中部灰色灰岩（藻灰岩、鲕状灰岩、泥质条带灰岩）；上部紫色砾屑灰岩与紫色粉砂岩互层，顶部为灰色厚层藻灰岩。三叶虫化石较丰富，主要有帕氏蝴蝶虫、蝙蝠虫、光壳虫、劳伦斯虫等。底部以紫色砾屑灰岩与下伏张夏组泥质条带灰岩呈整合接触，似有水下冲刷面存在。本组属滨海相至浅海相沉积。

7. 上寒武系长山组（ϵ_3c）

本组分布与固山组相似，在揣庄北288高地东山脊上出露最好（图15-7），厚18m。

长山组属浅海相沉积，岩性特征：底部以生物碎屑灰岩为主，含海绿石。向上为粉砂岩，砾屑灰岩和页岩互层，夹藻灰岩，顶部为厚层藻灰岩。产三叶虫化石（主要有长山虫、庄氏虫、蒿里山虫）及原始的腕足动物化石。本组与崮山组呈整合接触，崮山组顶部为灰色厚层状藻灰岩，而长山组底部为紫色生物碎屑灰岩，两者分界清楚明显。

8. 上寒武系凤山组（ϵ_3f）

其分布与崮山组、长山组一致，在实习核心区的北侧、西侧均有出露，其中在揣庄北288高地东侧出露较好（图15-7），厚92m。

凤山组下部为薄层泥质条带灰岩，向上依次为生物碎屑灰岩、钙质页岩、鲕状灰岩互层，泥质成分增加，容易被风化，风化后呈黄色土状，碎屑呈小团块状，俗称疙瘩状。底部以青灰色砾屑灰岩直接与长山组岩层接触，长山组顶部的紫色粉砂岩紧伏于其下。产有褶盾虫、济南虫、华氏方头虫、杂索克氏虫等三叶虫化石。本组与下伏长山组呈整合接触，属浅海相沉积。

9. 下奥陶统冶里组（O_1y）

冶里组分布与上寒武系凤山组一致，主要分布在实习区东部，揣庄以北288高地至小王山以及石门寨北亮甲山均有出露。288高地可作为本区标准剖面（图15-8），厚126m。

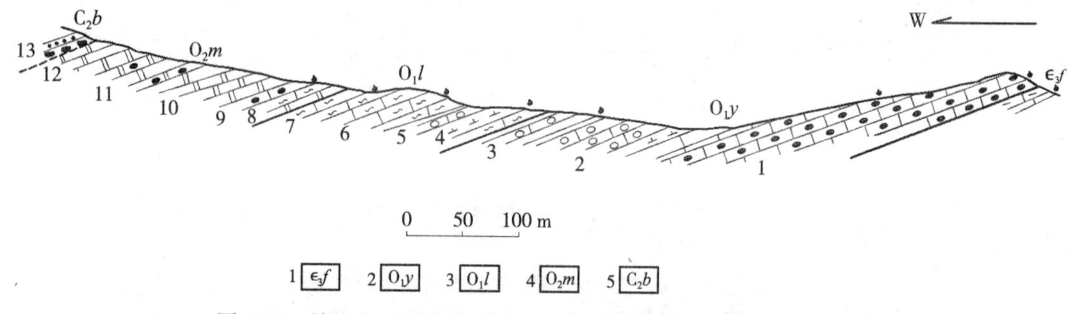

图15-8 揣庄北288高地至小王山东坡采石场下奥陶统地质剖面

1. 上寒武统凤山组 2. 下奥陶统冶里组 3. 下奥陶统亮甲山组 4. 中奥陶统马家沟组 5. 中石炭统本溪组

（据杨丙中等，1984，有修改）

冶里组岩性分两段：下部为灰色纯质泥晶（或微晶）灰岩，夹少量砾屑灰岩及虫孔状灰岩，在地形上常形成陡砬子。上部为灰色砾屑灰岩夹黄绿色页岩，与下伏地层呈整合接触，以灰色薄层砾屑灰岩（厚度不足0.5m）与凤山组分界。灰岩中产贵小克因虫、小栉虫、宽光盖虫和田师府虫等三叶虫化石，页岩中产无羽笔石化石以及古介形虫化石，还有正形贝化石和腹足类化石——蛇卷螺。本组属浅海相较深水环境沉积。

10. 下奥陶统亮甲山组（O_1l）

亮甲山组主要分布在亮甲山、小王山、潮水峪等地。亮甲山为该组的命名地点，可作为本区标准剖面（图15-9），厚118m。

亮甲山组以中厚层豹皮状灰岩为主，下部夹少量砾屑灰岩和钙质页岩，是本区烧制石灰、水泥的主要原料；上部有少量白云质灰岩及含燧石结核、燧石条带灰岩。产头足动物满洲角石、腹足动物蛇卷螺及古杯海绵等化石。亮甲山组与冶里组呈整合接触，分界标志层是亮甲山组底部出现的中厚层豹皮状灰岩。本组属浅海相沉积。

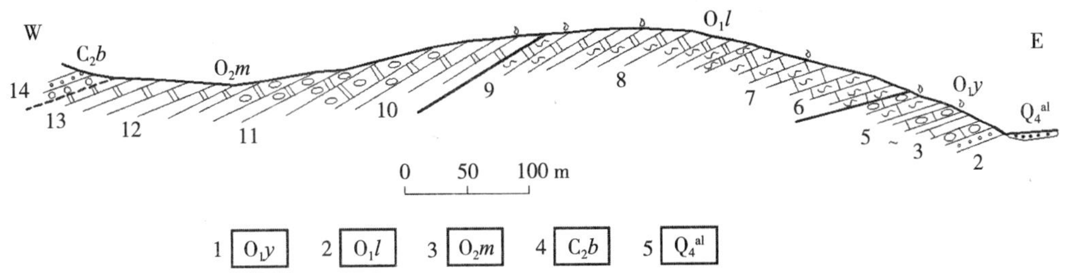

图 15-9　亮甲山下奥陶统地质剖面

1. 下奥陶统冶里组　2. 下奥陶统亮甲山组　3. 中奥陶统马家沟组　4. 中石炭统本溪组　5. 第四系全新统冲积物

（据杨丙中等，1984，有修改）

11. 中奥陶统马家沟组（O_2m）

本区马家沟组分布同亮甲山组，其中，以亮甲山（图 15-9）及北部茶庄北山（图 15-10）发育较好，在亮甲山剖面厚度为 115m。

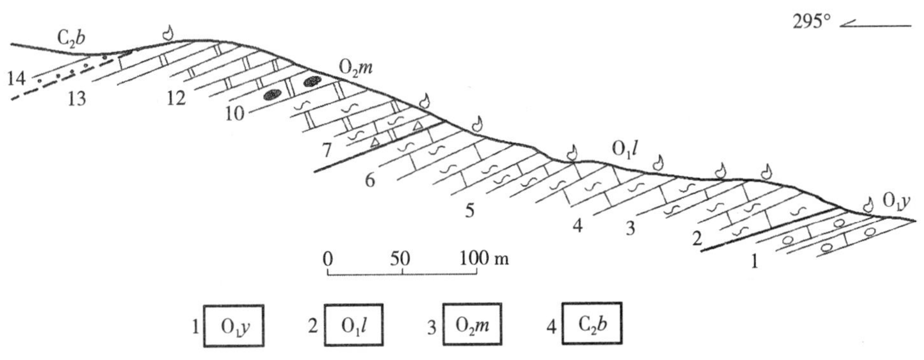

图 15-10　茶庄北山下奥陶统地质剖面

1. 下奥陶统冶里组　2. 下奥陶统亮甲山组　3. 中奥陶统马家沟组　4. 中石炭统本溪组

（据杨丙中等，1984，有修改）

马家沟组底部以具微层理及含角砾、燧石结核黄灰色白云质灰岩与亮甲山组分界。主体岩性主要为暗灰色白云质灰岩，夹部分白云岩、含燧石结核豹皮状白云质灰岩，其中白云岩具典型“刀砍纹”，有的具砾屑、燧石条带；顶部为含泥质灰岩，风化后呈黄色，俗称“黄皮子”灰岩，在华北其他地区多存在此层，标志明显。出产阿门角石、链角石、灰角石、多泡角石等头足动物化石，以及马氏螺、三叶虫化石、古等称虫等腹足动物化石。本组与亮甲山组呈整合接触，属浅海相较深水环境沉积，晚期海退。

四、上古生界

1. 中石炭系本溪组（C_2b）

本溪组在本区柳江向斜东翼半壁店 191 高地、小王山一带发育较好。小王山剖面可作为本区标准剖面（图 15-11），厚度为 82m。石门寨西门至瓦家山剖面厚度为 70.7m（图 15-12）。

本溪组岩性下部为陆相铁质砂岩或褐铁矿（山西式铁矿）、黏土矿（G 层耐火黏土），平行不整合于马家沟组之上，马家沟组顶部为白云质灰岩；上部为细砂岩、粉砂岩、泥岩、页岩，泥岩和页岩为湖泊、沼泽相，夹 3～5 层海相泥灰岩透镜体，含 F 层耐火黏土。

陆相粉砂岩中含植物化石如鳞木、科达、芦木、轮叶、脉羊齿。泥灰岩中含䗴类化石如小纺锤䗴，腕足动物化石如马丁贝、帅尔文贝，双壳类化石如古尼罗蛤、小花蛤、燕海扇等。本组属海陆交互相沉积。

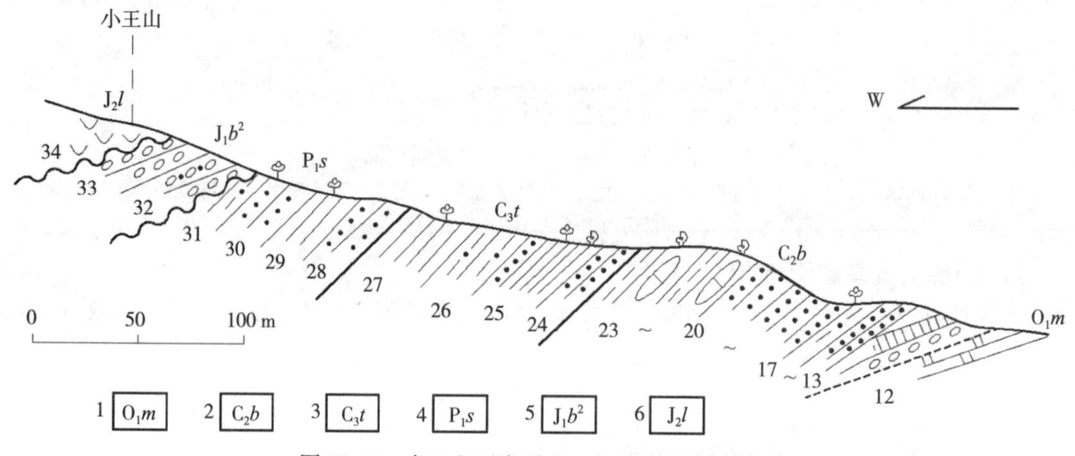

图 15-11　小王山石炭系至二叠系地层地质剖面

1. 中奥陶统马家沟组　2. 中石炭统本溪组　3. 上石炭统太原组　4. 下二叠统山西组　5. 下侏罗统北票组第二段　6. 中侏罗统蓝旗组

（据杨丙中等，1984，有修改）

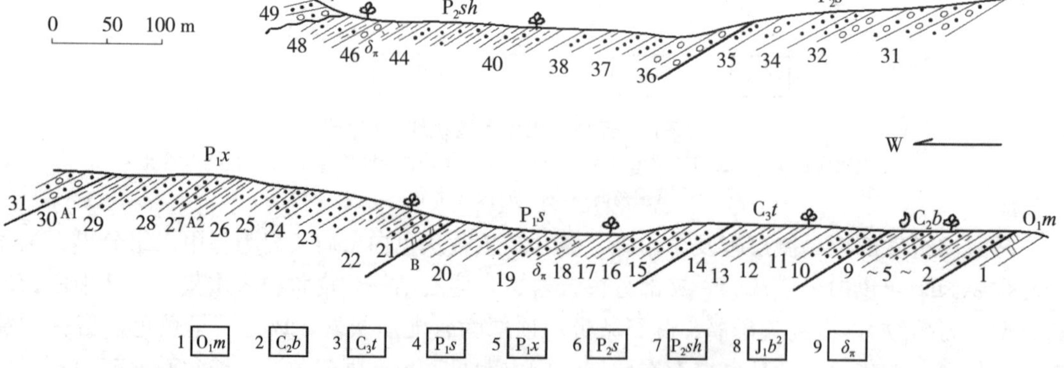

图 15-12　石门寨西门—瓦家山路线地质剖面

1. 中奥陶统马家沟组　2. 中石炭统本溪组　3. 上石炭统太原组　4. 下二叠统山西组　5. 下二叠统下石盒子组　6. 中二叠统上石盒子组　7. 中二叠统石千峰组　8. 下侏罗统北票组第二段　9. 闪长玢岩岩脉

（据杨丙中等，1984，有修改）

2. 上石炭系太原组（C_3t）

太原组在本区与本溪组一致，半壁店、小王山一带发育良好，厚度在小王山剖面为 51m（图 15-11）；石门寨西门至瓦家山剖面为 47.5m（图 15-12）。

太原组划分为上、下两个沉积韵律：下韵律底部为青灰色含铁质中细粒长石岩屑杂砂岩，风化后呈黄褐色，具大型球状风化，向上过渡为青灰色页岩夹 D 层黏土或泥质灰岩透镜体；上韵律底部为薄层细粒岩屑杂砂岩，具小型球状风化，往上为青灰色细粒砂岩夹泥灰岩透镜体及少量煤线。该组产大量植物化石：脉羊齿、栉羊齿、楔叶、鳞木。动物化石有腕足类（网格长身贝、载贝）和双壳类（古尼罗蛤、裂齿蛤）。太原组与下伏本溪组呈整合接触，分界标志明显，标志层是底部的巨大型球状风化青灰色含铁质中细粒长石岩屑杂砂岩，风化后具小孔，分布稳定，本区称云山砂岩，在山西称晋祠砂岩，在辽宁太子河区则称黄旗砂岩或小孔砂岩。本组属海陆交互相沉积。

3. 二叠系山西组（P_1s）

山西组主要分布在石门寨西门、小王山、黑山窑等地，以石门寨西门至瓦家山剖面最好（图 15-12），是本区重要的含煤、黏土矿层位，厚度为 61.8m。

山西组岩性由灰色、灰黑色中细粒长石岩屑杂砂岩、粉砂岩、炭质页岩及黏土岩构成两个沉积韵律：下韵律底部为灰色、灰白色长石岩屑杂砂岩（称北岔沟砂岩），含较多砾，单层厚度大，顶部为黏土矿或煤层（可采煤层）；上韵律顶部为 B 层黏土层位。该组含植物化石种属较多，如轮叶、楔叶、栉羊齿、芦木、带羊齿。本组与下伏太原组呈整合接触，以山西组底部灰色、灰白色长石岩屑杂砂岩为分层标志，但在横向上有时变为含砾中粗粒或中细粒长石岩屑杂砂岩，颜色由灰白色变为黄灰色，层位稳定。本组属大陆近海沼泽相沉积。

4. 二叠系下石盒子组（P_2x）

下石盒子组在本区黑山窑、石门寨西门、石岭等地一带，发育较好的剖面在牛毛岭一带，石门寨西可作为标准剖面（图 15-12），厚 115m。

下石盒子组岩性主要为灰色中粒长石岩屑杂砂岩、细粒岩屑杂砂岩、泥质粉砂岩、黏土质粉砂岩，构成三个沉积韵律：第一韵律顶部为灰绿色含云母泥质粉砂岩，第二、第三韵律顶部分别为 A_2 和 A_1 层黏土，颜色分别为紫色和紫灰色。粉砂岩中产植物化石：带科达、中芦木、多脉带羊齿。

下石盒子组与山西组呈整合接触，分界清楚，山西组顶部为 B 层黏土矿，而下石盒子组底部为黄褐色含砾粗粒岩屑长石杂砂岩，俗称“小豆砂岩”，在山西称“骆驼脖子砂岩”，两者区别十分明显。该组属河流相、湖泊沼泽相沉积。

5. 二叠系上石盒子组（P_2s）

上石盒子组出露局限性较大，以柳江盆地向斜东翼石门寨西门—欢喜岭—瓦家山一带较好（图 15-12），厚度为 72m。

上石盒子组岩性为灰白色中厚层状含砾粗粒长石砂岩，夹紫色细粒砂岩及粉砂岩，由 1～2 个沉积韵律构成。与下石盒子组呈整合接触，分界标志为上石盒子组底部灰白色中厚层状含砾粗粒长石净砂岩，具大型斜层理，此层厚度大，分布稳定，俗称“南山砂岩”，与下石盒子顶部紫色 A_1 层铝土矿区别明显。本组属河流相沉积。

6. 二叠系石千峰组（P_3sh）

千石峰组出露十分有限，仅在黑山窑、欢喜岭一带出露较好（图 15-12），厚度为 150m。

石千峰组是一套河流相紫色岩石，底部为含砾砂岩和砾岩，往上为细粒砂岩、粉砂岩及部分黄绿色泥岩。本组与下伏上石盒子组呈整合接触，分界标志是上石盒子组顶部灰白色含砾岩屑长石净砂岩，其上为石千峰组紫色含砾岩屑杂砂岩，主要区别在于颜色上的变化。粉砂岩中产栉羊齿、轮叶、楔叶、丁氏蕨植物化石及腹足动物化石，多代表干旱条件下的陆相河流沉积。

五、中生界

1. 三叠系黑山窑组（T_1h）

三叠系在本区只发育上三叠统黑山窑组，典型剖面位于本区西南的付水寨黑山窑后村西侧（图 15-13），厚度为 162m。

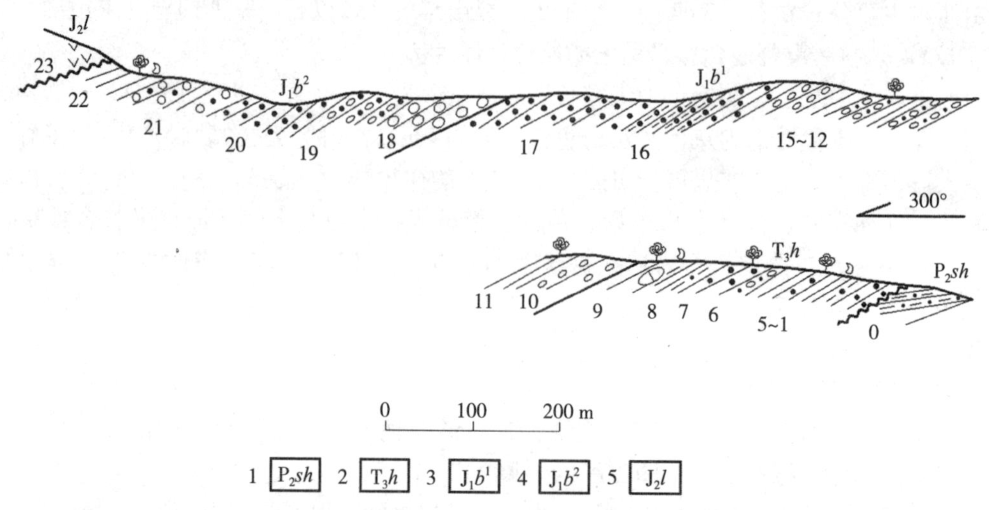

图 15-13 黑山窑后村-大岭上三叠统和下侏罗统地质剖面

1. 中二叠统石千峰组 2. 上三叠统黑山窑组 3. 下侏罗统北票组第一段 4. 下侏罗统北票组第二段 5. 中侏罗统蓝旗组

（据杨丙中等，1984，有修改）

黑山窑组岩性主要为灰白色中粗粒长石石英砂岩、黑色炭质页岩、粉砂岩和煤线，产大量植物化石及少量双壳类。植物化石有卡勒莱新芦木、楔羊齿、网叶蕨、似银杏、狭细舌叶等。与下伏石千峰组为角度不整合接触，分层标志为黑山窑组底部灰白色中粗粒子长石石英砂岩，与石千峰顶部黄绿色泥岩的区别明显。本组属于湖泊相沉积环境，发育有湖泊三角洲和滨岸沼泽环境。

2. 下侏罗统北票组（J_1b）

在本区分布面积较广泛，主要分布在中部地区，以黑山窑—大岭一带出露较好(图 15-13)。北票组含丰富的植物化石，常见长叶松形叶化石、华丽似刺葵化石及纤细拜拉银杏化石等，其次是双壳类和昆虫类动物化石等。北票组呈角度不整合于石千峰组之上，以北票组底部的底砾岩同石千峰组分界，上、下岩层产状差别很大。该组划分为上、中、下三个岩性段：

下段（J_1b^1）：岩性以灰白色中粗粒长石石英杂砂岩、黑色炭质页岩、粉砂岩及煤线为特征，厚度为 161.8m。其中含有大量的植物化石和少量昆虫及双壳类等动物化石，属湖泊相沉积环境，其中发育有湖相三角洲和湖泊滨岸沼泽。

中段（J_1b^2）：岩性以砾岩及含砾粗砂岩为主，夹少量粉砂岩和页岩，厚 287m，与北票组下段呈整合接触，分层标志为砾岩。属大陆湖泊、河流、沼泽相沉积。

上段（J_1b^3）：岩性由灰黄色大砾岩、含砾粗砂岩、粉砂岩、黑色炭质页岩组成，含煤线，厚度为 215m，以底部大砾岩与中段分界。沉积环境同中段。

北票组三个岩段岩性特征明显，分界清楚。但南北厚度变化大，在瓦家山、傍水崖、义院口等地，北票组覆盖在古生界不同时代层位上，并有超覆现象。在黑山窑，北票组呈南北走向，覆盖在走向东西的石千峰组紫色粉砂岩之上，两组岩层走向近于直交。该组所夹煤系，仅在义院口、夏家峪等处可以开采。

3. 中侏罗统蓝旗组（J_2l）

以一套火山岩系，分布在柳江盆地中部老君顶至大洼山一线（柳江盆地的核部），在上庄坨、傍水崖一带出露较好，厚度在1 000m 以上。蓝旗组与北票组等老地层呈角度不整合接触。

根据岩性组合和喷发旋回，蓝旗组分为下、中、上三部分：下部为偏酸性的灰绿、黄绿色安山质火山角砾岩及集块岩，流纹质集块岩夹凝灰岩及火山熔岩，厚度为 300m 以上；中部以中性火山熔岩为主，灰绿色安山质、角闪安山质、粗安质火山熔岩夹集块岩、火山角砾岩互层，厚度为 400m 左右；上部为中基性火山熔岩（黑绿色、紫红色、青灰色碱性玄武岩，玄武安山质、辉石安山质火山熔岩）和熔结集块岩、集块岩互层，夹少量火山角砾岩及凝灰岩，厚度在 600m 以上。

4. 上侏罗统孙家梁组（J_3s）

分布局限于实习区东南部蟠桃峪一带，未见与其他地层的直接接触。从区域资料上看，孙家梁组与下伏蓝旗组呈角度不整合接触，厚度在 350m 以上，是一套灰色酸性中碱性火山熔岩和火山碎屑岩，包括流纹质、粗面质和粗安质火山熔岩、凝灰岩、火山角砾岩与集块岩。

六、新生界

石门寨地区新生界仅有第四系零星分布，且主要为河流阶地松散堆积物，没有胶结成岩，主要为河流冲积、洪积物，其次为坡积物，分布在黄土营、山羊寨、李庄、茶庄等地石灰岩溶洞中，为砂砾、黏土堆积物，已开始固结变硬。洞穴中脊椎动物化石有狼成时代为第四纪中更新世。

1. 下更新统（Q_1）

该区下更新统仅在大石河的三、四级阶地上零星分布。

2. 中更新统（Q_2）

以洞穴堆积物为主，分布于海拔 180m 左右的溶洞中。在黄土营和山羊寨一带的洞穴中出露较好。地层岩性：下部主要为流水堆积的砂砾石层，上部主要为崩塌堆积的砾石层。含有丰富的脊椎动物，如狼、熊、鹿等化石群，其与周口店动物群相似。黄土营北的程庄 192 高地灰窑洞穴剖面（图 15-14），厚度约为 7m，自下而上分五层描述如下：

（1）黄褐色含角砾黏土层，砾石粒径小于 3mm，含量小于 10%，棱角状，磨圆度差，角砾岩性成分主要为石灰岩和煌斑岩等。黏土干强度大，半固结状态，未见底，出露厚度约为 0.40m。

（2）浅黄褐色含卵砾石砂层，具有层理，卵砾石磨圆度好，粒径小于 10mm，含量为 20%左右。卵砾石成分主要为脉石英、石英砂岩和灰岩等。胶结较好，具斜层理，厚度约为 1.05m。

（3）红褐色含黏土的碎石层，颗粒大小混杂，分选差，碎石粒径一般小于 8cm，含块石（粒径最大可达 600mm），棱角状，磨圆度差；颗粒成分主要为石灰岩；含有熊的骨头化石和较多的肢骨化石，厚度为 2.05m。

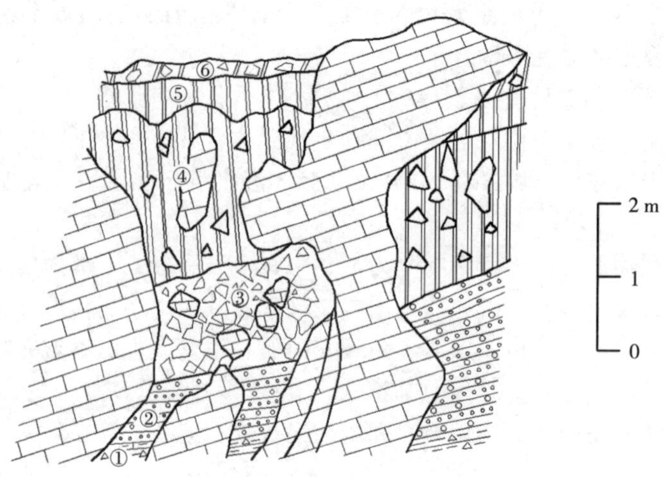

图 15-14 程庄石灰窑中更新统洞穴堆积地质剖面

（据杨丙中等，1984，有修改）

（4）黄褐色含碎石黏土层，碎石粒径小于 50mm，含有块石（粒径最大为 400mm），棱角状，碎石岩性成分为石灰岩，厚度为 2.50m。

（5）红黏土层，与下伏黄褐色含碎石黏土层之间接触面凹凸不平，厚度为 1.00m。

（6）残积碎石土层，厚度为 0.50m。碎石粒径最大为 200mm，成分为石灰岩，表层为土壤层。

3. 上更新统（Q_3）

分为上下两段。下段为冰碛层，最大厚度为 35m，为一套橘红色砂砾石堆积，分布在黄土营、沙锅店、山神庙和下花野一带，典型剖面在黄土营（图 15-15）。上段为冲洪积层，岩性为砂砾石、粉砂和黄土，在东塔、上平山一带出露较好，厚度可达 9m，典型剖面在东塔（图 15-16）。

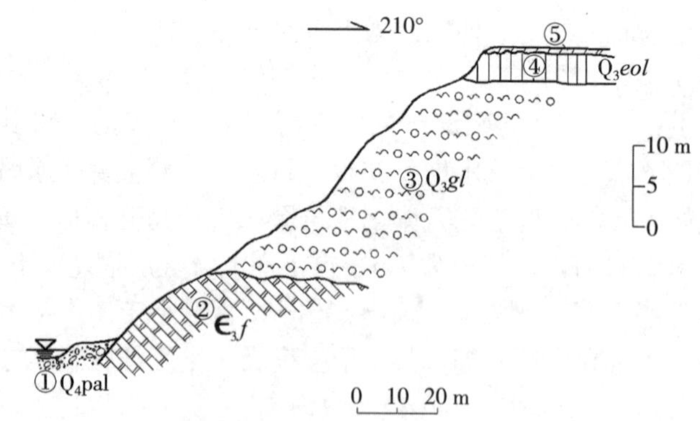

图 15-15 黄土营上更新统下段（Q_3^{1}）冰碛物地质剖面

①河床相砂砾石层 ②下寒武统府君山组 ③冰碛物 ④黄土 ⑤土壤

（据杨丙中等，1984，有修改）

4. 全新统（Q_4）

为一套河流相砂砾石层，广泛分布于大石河和汤河及其支流的河漫滩和一级冲积阶地上，厚度一般为 3～5m。

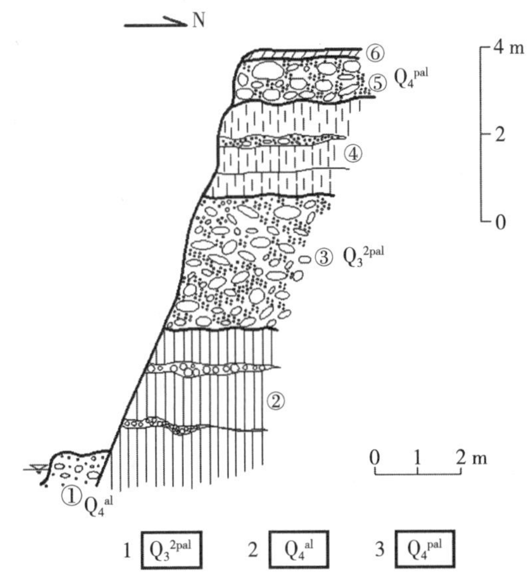

图 15-16　东塔上更新统上段（$Q_3^{\ 2}$）冲洪积物地质剖面

1. 晚更新统后期冲积洪积层　2. 全新统冲积层　3. 全新统冲积洪积层　①河床相砂砾石层　②黄土层夹薄层砾石层　③砾石层夹薄层砂层　④含砾粉土质黄土　⑤砾石层夹粉质黏土层　⑥土壤层

（据杨丙中等，1984，有修改）

第三节　地质构造

一、大地构造位置与背景

实习地区位于华北地台（I_2 中朝准地台）燕山台褶带山海关台拱区（III_2^8）。燕山台褶带（II_2^2）为准地台上活动性较强的一个Ⅱ级构造单元，向东延伸进入辽宁省。北、西、南三侧分别为内蒙地轴（II_2^1）、山西断隆（II_2^3）和华北断坳（II_2^4），彼此分界线均为深大断裂。该台褶带自太古宙-古元古代结晶基底形成以来，基本上处于沉降状态。中元古代至新元古代早期，形成近东西向的带状海槽，中心地区沉积厚度近万米。在古生代，海域范围缩小，海水变浅，浅海相及海陆交互相沉积发育。三叠纪以来，地壳活动性增强，大量的岩浆侵入、喷出，构造变形强烈，盖层普遍褶皱，故称“台褶带”。

山海关台拱（III_2^8）为燕山台褶带（II_2^2）东段的一个Ⅲ级构造单元，北、西、南三侧均以断裂为界，平面略呈指向西南的锐角三角形，向东延伸进入辽宁省。西界北北东向的青龙-滦县大断裂在中元古代是燕山海槽东部边缘一条重要的同生生长断裂，在断裂以西地区呈大幅度拗陷状态。以东的山海关台拱区则主要保持上升状态，直到新元古代中期才遭受海侵。该台拱区主要由新太古宙花岗岩构成，整体为一硕大的花岗岩穹窿，直径为 60～70km。

在地质发展过程中，本区经历了加里东运动、海西-印支运动和燕山运动的影响，根据各次构造运动所造成的区域不整合面，并考虑到各地质时期的地质建造发育情况，可划分为两个主要构造层：一是震旦纪-古生代构造层，另一个是中生代构造层。两个构造层构成不明显的角度不整合接触，构造线以北北东向为主。受北北东向构造所控制，无论在地形上还是构造上，实习地区为一不对称的向斜构造。

二、褶皱构造

实习地区的褶皱构造主要有柳江向斜及其周围发育的次一级褶皱，规模大小不一，规模较大的有柳观峪-秋子峪背斜、张赵庄-吴庄背斜、秋子峪西向斜、义院口背斜和沙河寨东褶皱。此外在驻操营、伍庄、教军场等地发育一些规模较小的次一级褶皱。

1. 柳江向斜

柳江向斜（参见附录一中的附图1-2“石门寨地区地形地质图”）北北向不对称展布，北起城子峪，南到石龙山、南林子一线，长达20km；东起娃娃峪西沟、张岩子和黄土营，西到五庄、山羊寨一线，宽约8km，面积约为160km^2，占实习地区的2/3。该向斜的轴线位置大至在黑山窑—傍水崖—老君山—板厂峪—线靠近西翼区，轴面向西倾斜，倾角为60°～75°。枢纽波状起伏，总体趋势向北扬起。西翼区构造复杂，发育几个北北东向高角度逆断层，因此，地层受南北向逆冲断层影响而发育不全；东翼区面积占比较大（约为整个向斜面积的2/3），地质构造简单，地层出露较全，断层以北北东向和北西向为主，其次为近南北向和近东西向。在柳江向斜西南缘发育上平山背斜，属于次一级的地质构造，轴面向北北东方向倾伏，在山羊寨一带与柳江向斜相接。在傍水崖附近，因受西部构造影响而柳江向斜中部发生扭曲，其垂直方向上发育次一级的褶皱构造，主要有纳子峪向斜、教军场背斜及苏庄背斜。柳江向斜转折端在南部付水寨、黑山窑线，总体为一不对称的南北向短轴向斜。

柳江向斜由新元古界-中生界地层构成。核部地层主要为二叠系，且大多被侏罗系火山岩不整合覆盖，两翼主要为寒武系、奥陶系和石炭系地层。西翼地层向东倾斜，倾角一般大于50°，个别地段大于80°，甚至直立或倒转。东翼向西倾斜，倾角通常为10°～25°。由于西翼地层中发育南北向的陡倾逆断层，使局部地层直立、倒转，甚至造成地层的缺失。东翼地层发育齐全，倾角较缓。

柳江向斜的基底为新太古宙古老变质岩，在东翼寒武系出露地带发育一系列的侵入岩株，这些岩株与其他小岩床对围岩扰动不大，与围岩一起形成向斜，共同成为柳江向斜的组成部分。西翼外缘与燕山期花岗岩基直接接触，接触带上主要为中寒武统徐庄组，且变质作用明显，岩层强烈被揉皱（图15-17）。

图15-17　柳江向斜西翼伍庄垭口中寒武统徐庄组小褶曲
（据周俊杰，2016）

2. 柳观峪-秋子峪背斜

该背斜为柳江西翼的一个叠加褶皱（参见附录一中的附图1-2“石门寨地区地形地质图”），分布在柳观峪以东，秋子峪以南，呈北北东向延伸，出露长度达1.8km，宽度为0.3km。受南北向挤压断层和北东、北西两组扭性断层切割影响，背斜北端挤压紧密，两翼地层不对称（图15-18），其中，西翼倾斜较缓（倾角为15°～26°），东翼倾斜较陡（倾角为66°～86°）；背斜南端则比较宽阔，两翼基本对称，倾角均为25°～28°。

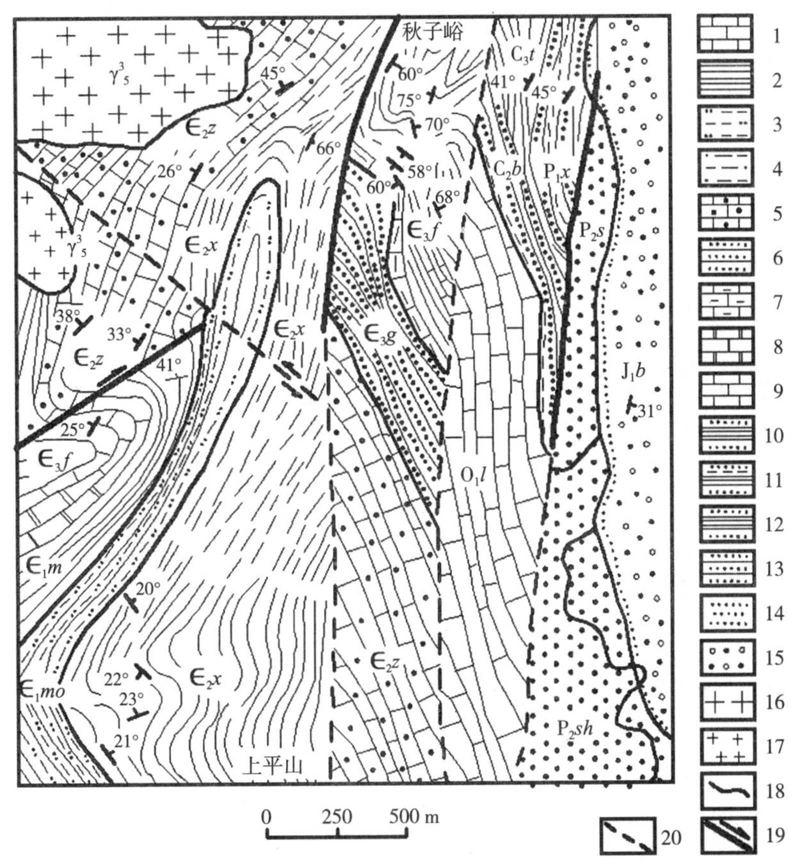

图15-18　柳观峪-秋子峪背斜平面

1. 府君山组（$\epsilon_1 f$）　2. 馒头组（$\epsilon_1 m$）　3. 毛庄组（$\epsilon_1 mo$）　4. 徐庄组（$\epsilon_2 x$）　5. 张夏组（$\epsilon_2 z$）　6. 崮山组（$\epsilon_3 g$）　7. 长山组（$\epsilon_3 c$）　8. 凤山组（$\epsilon_3 f$）　9. 亮甲山组（$O_1 l$）　10. 本溪组（$C_2 b$）　11. 太原组（$C_3 t$）　12. 山西组（$P_1 s$）　13. 上石盒子组（$P_1 s$）　14. 石千峰组（$P_2 sh$）　15. 北票组（$J_1 b$）　16. 花岗岩　17. 花岗斑岩　18. 地层界线　19. 断层（明确）　20. 推测断层

（据杨丙中等，1984，有修改）

背斜核部在柳观峪以东由府君山组地层组成（沿裂隙发育有重晶石脉），向北北东方向延伸到汤河北岸时出露毛庄组紫红色页岩和粉砂岩，并逐渐倾没。在柳观峪以东，背斜两翼由馒头组、毛庄组和徐庄组、张夏组地层组成。其中，西翼被一条NE45°方向的顺扭断层切割，地层产状改变为330°∠25°～335°∠40°；东翼地层产状为80°∠28°～90°∠23°。在汤河以北，两翼由徐庄组和张夏组地层组成。其中，西翼地层产状分别为278°∠41°～290°∠26°，向北逐渐转为342°∠15°；东翼地层产状为84°∠34°，由于受南北向挤压断层切割，地层产状变为73°∠80°～141°∠66°。

3. 张赵庄-伍庄背斜

展布在张赵庄、伍庄、花厂峪一带（参见附录一中的附图 1-2“石门寨地区地形地质图”），近南北向延伸，为柳江盆地向斜西翼的叠加构造，出露长度达 45km，宽度为 0.5km。因受南北向挤压影响，背斜东翼地层产状直立或倒转。受花场峪-王庄北西向断层切割的影响（图 15-19），背斜北段张夏组鲕状灰岩向北西移动一距离之后在花场峪北背斜核部倾伏。

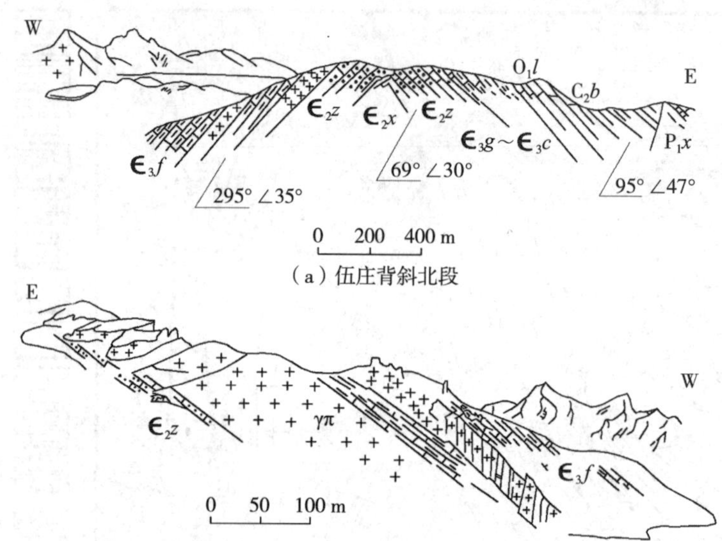

1 2 3 4 5 6 7 8 9 10 11 12

（b）伍庄背斜西冀

图 15-19　张赵庄-伍庄背斜地质剖面

1. 下石盒子组（P_1x）　2. 太原组（C_3t）　3、4. 本溪组（C_3b）　5、6、7. 下奥陶统　8. 凤山组（$∈_3f$）　9. 崮山-长山组（$∈_3g$-$∈_3c$）　10. 张夏组（$∈_2z$）　11. 徐庄组（$∈_2x$）　12. 花岗斑岩

（据杨丙中等，1984，有修改）

在张赵庄南，背斜核部由寒武系徐庄组地层组成，向南倾伏。两翼地层为张夏组鲕状灰岩和凤山组泥质条带灰岩。因受南北向挤压断层切割和岩体破坏影响，两翼地层出露不全，缺失固山组和长山组地层。西翼地层产状为 250°∠41°，东翼地层产状为 90°∠53°。

在伍庄-刘家房一带，核部仍然是徐庄组，两翼由张夏组鲕状灰岩及崮山组、长山组、凤山组地层组成。西翼产状为（265°～229°）∠（28°～43°），东翼产状为（29°～100°）∠（15°～47°），两翼地层产状变化较大。

4. 秋子峪西向斜

该向斜展布在秋子峪西山梁上，发育在张夏组鲕状灰岩中，规模不大，东西长约 400m，南北宽约 100m，两翼基本对称，倾角约 30°左右，轴面近直立，枢纽产状 270°∠14°（图 15-20）。

5. 义院口背斜

该背斜位于义院口煤矿公路旁，规模较小，由二叠系深灰色、灰黑色砂质页岩、砂岩及含砾砂岩组成，岩层连续弯曲，属柳江向斜北端的次一级褶皱。核部为砂质页岩，两翼地层为砂岩和含砾砂岩（图 15-21）。枢纽向北东东倾伏，转折端岩层产状为 65°∠40°；北翼较缓，产状为5°∠25°；南翼较陡，产状为140°∠60°。转折端圆滑，并发育向核部收敛的放射状节理。

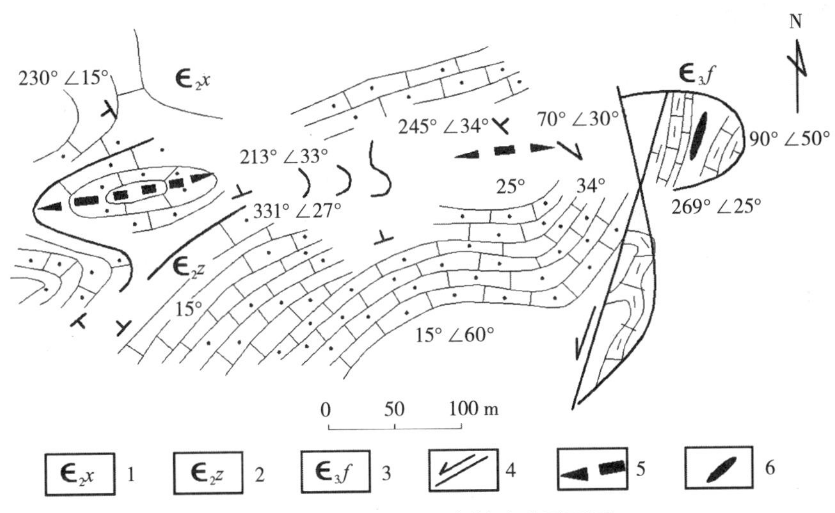

图 15-20　秋子峪西向斜地质平面图

1. 徐庄组灰岩　2. 张夏组灰岩　3. 凤山组灰岩　4. 正断层　5. 向斜核部　6. 背斜核部

（据周俊杰等，2016，有修改）

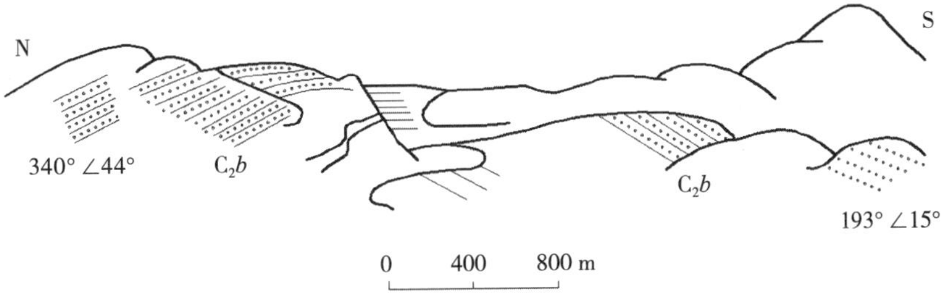

图 15-21　义院口背斜素描图

（据杨丙中等，1984，有修改）

6. 沙河寨东褶皱

在沙河寨东河床西岸发育有东西向平缓褶皱，由府君山组石灰岩和馒头组砖红色页岩组成，轴面产状为356°∠80°～202°∠84°（图 15-22）。

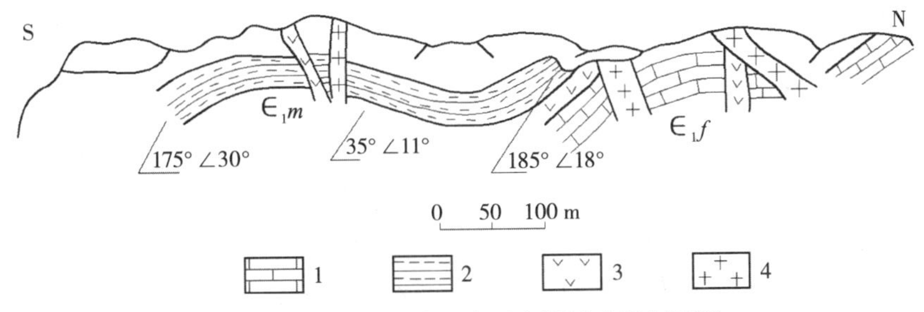

图 15-22　沙河寨东河床西岸褶皱地质剖面图

1. 府君山组灰岩　2. 馒头组页岩　3. 中性岩脉　4. 酸性岩脉

（据杨丙中等，1984，有修改）

三、断裂构造

实习地区的断裂属柳江向斜的次一级构造（参见附录一中的附图 1-2“石门寨地区地形地质图”），主要分布在柳江向斜周围，具有种类较多、规模较小、形成时代不一等特点。除断层之外，在实习区各类岩石中普遍有节理发育，主要为剪节理，其次为张节理。按节理的延伸方向，可分为北东向、北西向、南北向和东西向 4 组，其中前两组最为发育。在断层带内及两侧，节理更为发育。

1. 上平山-南林子-南刁部落逆断层

该断层分布于柳江向斜的南端（参见附录一中的附图 1-2“石门寨地区地形地质图”），走向东西，规模较大，由上平山经石龙山向东延伸至南林子、南刁部落，从东向西展布，长约 10km。在南林子，断层面产状为 170°∠74°，上盘为绥中花岗岩，向北逆冲到长龙山组之上（图 15-23），在南刁部落可见长龙山组逆冲在馒头组徐庄组、张夏组之上（图 15-24）。断层面舒缓、波状，断裂带具片理化现象。此外，该逆断层相伴生的尚有北西断层与北东向扭性断层。沿石龙山向西追索，可以发现该断层未切割北票组地层，北票组明显与下伏二叠统石千峰组地层呈角度不整合接触，推断该层形成于印支运动。

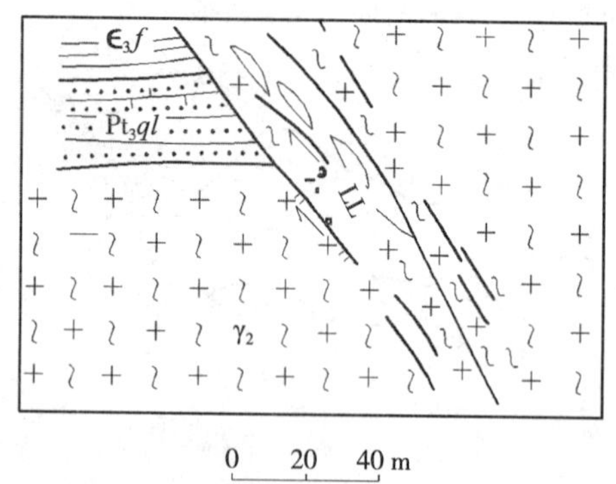

图 15-23 南林子东西向构造岩性图

（据长春地质学院，1981，有修改）

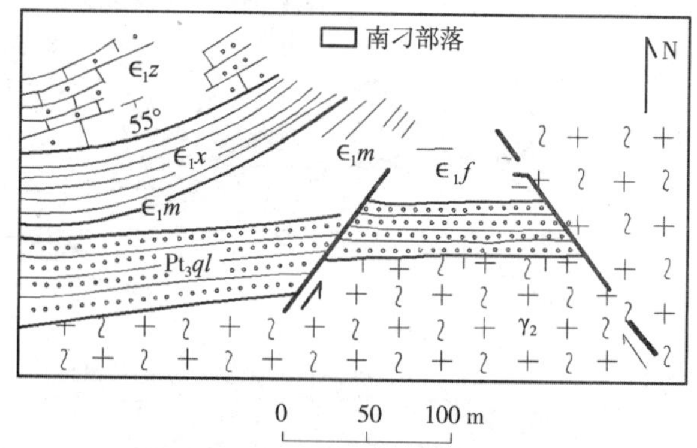

图 15-24 南刁部落东西向构造岩性图

（据长春地质学院，1981，有修改）

2. 石嘴子-沙河寨-大峪口正断层

该断层走向近东西，从石嘴子向西延伸到沙河寨和大峪口（参见附录一中的附图 1-2“石门寨地区地形地质图”），长达 4km。在石嘴子，断层面向北倾斜，倾角为 60°左右，上盘（北盘）为府君山组地层，下盘（南盘）为下马岭组石英砂岩。在下沙河寨北，断层面向南倾斜，倾角为 75°左右，上盘（南盘）为府君山组地层，下盘（北盘）为太古宙混合花岗岩，断层附近岩体破碎成角砾状结构，破碎带宽 2m 左右（图 15-25）。在沙河寨，断层面北倾，上盘为毛庄组，下

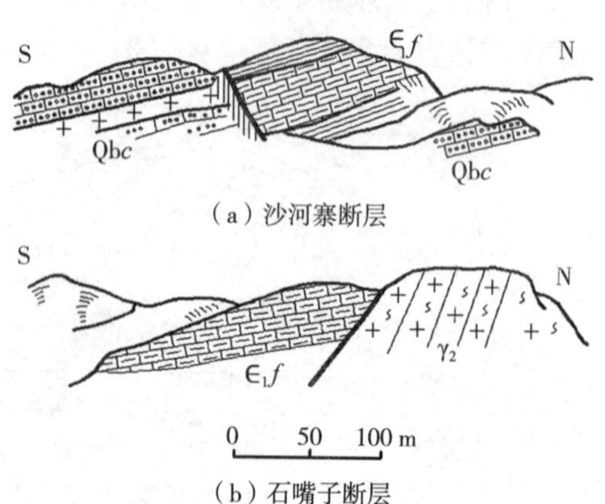

图 15-25 石嘴子-沙河寨东西向正断层地质剖面图

（据杨丙中等，1984，有修改）

盘为徐庄组。在大峪口，该断层转变为逆断层性质，上盘为馒头组和毛庄组，下盘为张夏组。

3. 柳江向斜西翼区逆冲断裂带

断裂带发育在响山岩体与柳江向斜西翼之间，长约10km，宽200～300m，走向南北，断层面向西倾斜，倾角为60°～75°，断层附近岩层直立或倒转，构造透镜体及断层带劈理发育，断层切割了古生界和侏罗系。该断裂带是由于响山岩体侵入挤压地层而形成，形成时代与响山岩体就位时间一致。

4. 北林子-潮水峪断层

该断层出露在柳江向斜东翼，从潮水峪向南延伸到浅水营北、北林子西侧，总体为一呈南北向延伸的断层。

南段：出露在石门寨-北林子一带。在126.6高地北采坑（图15-26），走向15°，向西陡倾（倾角61°）。断层带宽约15m，靠断层带东侧发育的岩脉由东向西依次为正长斑岩、硅化角砾岩和石英岩，岩脉最宽约3.5m。在断裂带中可见断层角砾岩，角砾多呈菱形或方形，大小不等，主要为石灰岩，硅质胶结，在地面上突出于地表面呈锯齿状近南北向延伸。断面呈锯齿状和断面上的竖直擦痕，以及断面间断层泥、片理化等现象表明该断层张性活动后曾遭受过挤压。西盘（上升盘）为张夏组鲕状灰岩，岩层产状为270°∠45°；东盘（下降盘）为奥陶系亮甲山组薄层泥质条带石灰岩夹薄层竹叶状灰岩，岩层产状为295°∠65°。

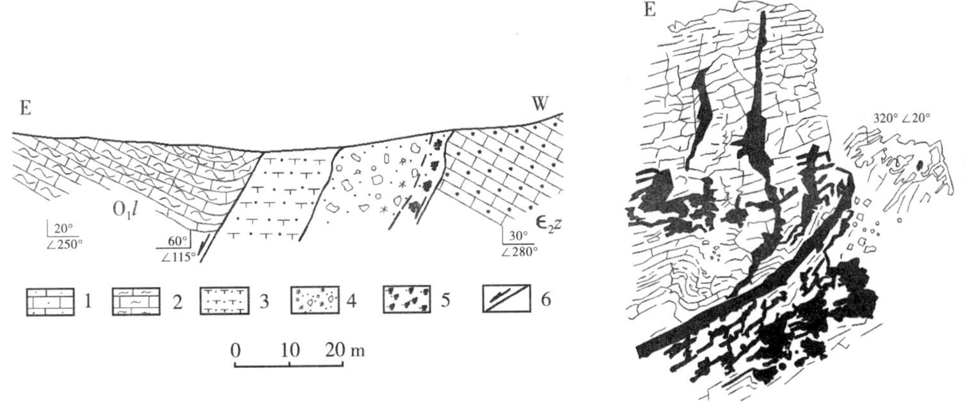

图15-26　石门寨东南126.6高地北采坑断层素描图

1. 张夏组鲕状灰岩　2. 亮甲山组豹皮灰岩　3. 正长斑岩　4. 硅化角岩　5. 石英脉　6. 正断层

（据杨丙中等，1984，有修改）

北段：出露在潮水峪公路水井边的西侧小路旁，走向近南北，断面产状为270°∠(80°～85°)。断层面无论在倾斜方向还是在走向方向均表现为舒缓波状，可见镜面、竖直擦痕、阶步、羽状小裂隙以及断裂带内挤压透镜体、断层泥等压性构造现象。在断层面走向的垂直方向上可见三条大致平行排列且被断层断开的岩脉，它们都沿着300°～310°方向的张性断裂带侵入，每条岩脉的宽度一般为0.5～1.0m，间隔较近，但延伸较远。断层下盘（断面西侧）为冶里组厚层石灰岩，岩层产状一般为245°∠30°；上盘（断面东侧）为风山组泥质条带灰岩，岩层产状为275°∠27°（图15-27）。

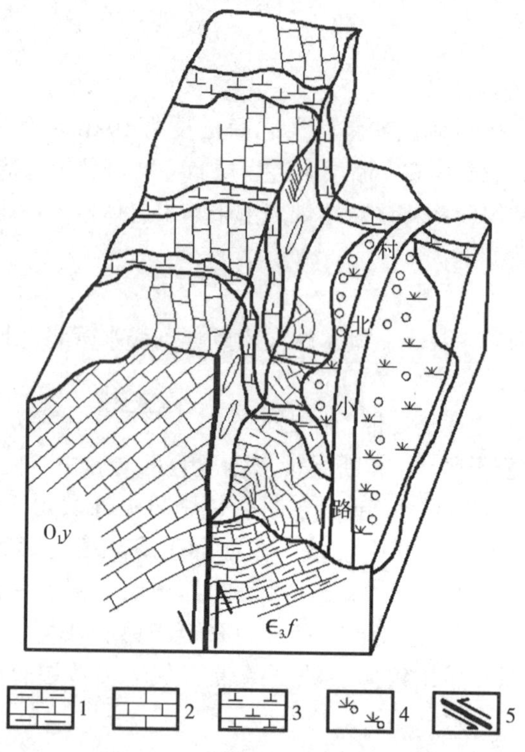

图 15-27　潮水峪逆断层素描图

1. 府君山组泥灰岩　2. 冶里组灰岩　3. 闪长玢岩　4. 第四系　5. 逆断层

（据杨丙中等，1984，有修改）

5. 汤河地堑

即以汤河河谷为共用下降盘的鸡冠山-上平山多条正断层组合而成的地堑，亦称鸡冠山地堑（图 15-28）。主要由 4 条断层组成，其中，大平台、小平台各 1 条，鸡冠山西北侧 2 条。4 条断层向西南方向收敛，向东北方向发散，近南北走向，延伸不远。汤河两岸震旦系景儿峪组石英砂岩相对上升，中间（汤河河谷）石英砂岩下降，断层面陡倾或近直立，河东断层向西倾斜，河西断层向东倾斜，河谷为地堑构造的中心部位。

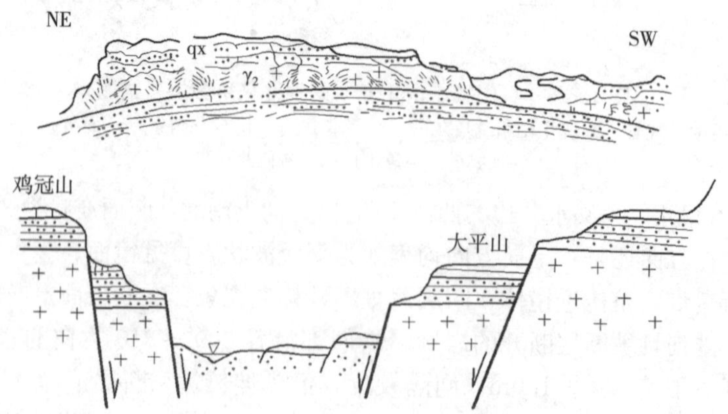

图 15-28　鸡冠山-太平山断层组合（汤河地堑）素描图

（据杨丙中等，1984，有修改）

6. 黄土营-安子岭正断层

该断层从黄土营向南经下英武山到安子岭，延伸长度为 8km 左右（详见附录一中的附图 1-2“石门寨地区地形地质图”和附录三“石门寨地质构造纲要图”）。断层面向西倾斜，倾角为 70°～80°；上盘由府君山组、馒头组和毛庄组地层组成；下盘则由下马岭组石英砂岩组成，但在东部落东山垭口处，发现府君山组地层。在断层旁侧，发育有一系列轴向北西向牵引褶皱，因此，该断层又具有顺扭性质。

7. 北西向断层

柳江向斜中，北西向断层比较发育，其中，规模较大、延伸较远的有大刘庄-娃娃峪西沟、罗峪-陈家沟、白云山-温庄北、查庄-王家峪、半壁店-潮水峪、黄土营-张崖子北和夏家峪等断层（图 15-29）。

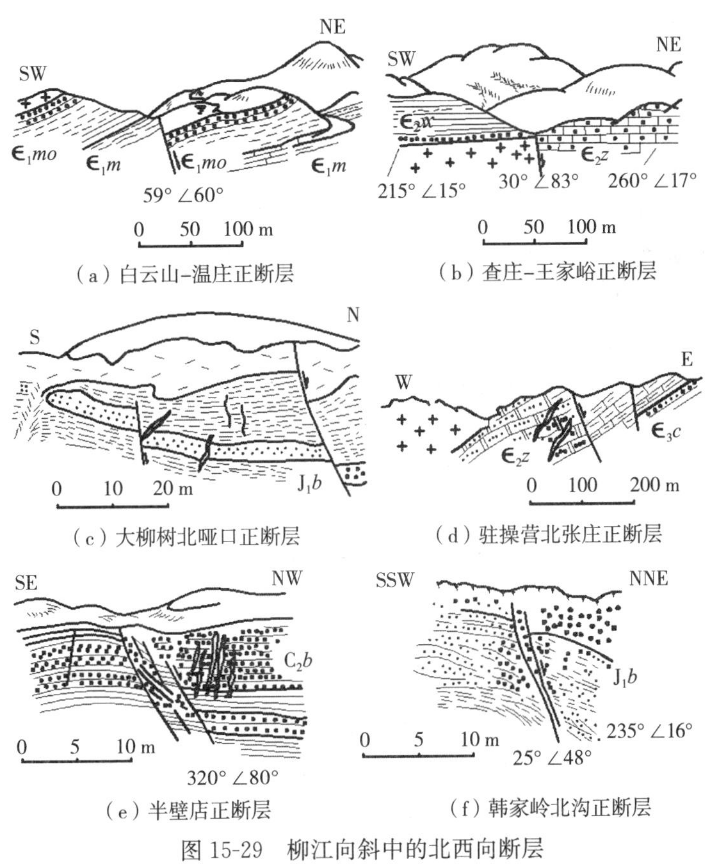

（a）白云山–温庄正断层　（b）查庄–王家峪正断层

（c）大柳树北哑口正断层　（d）驻操营北张庄正断层

（e）半壁店正断层　（f）韩家岭北沟正断层

图 15-29 柳江向斜中的北西向断层

（据杨丙中等，1984，有修改）

从图 15-29 中可以看出北西向断层：

（1）走向一般为 310°～320°，倾向为 25°～59°，倾角为 48°～80°，陡倾者居多。

（2）切割了柳江向斜最新时代地层是北票组煤系，最老时代地层为前震旦系混合花岗岩和元古宙青白口群下马岭组石英砂岩。

（3）均为正断层，但从断层面擦痕所表现的方向上看，这些断层一般具有顺扭性质。

（4）断层内不仅无岩脉或岩墙，而且切割与破坏了区域内各种类型的脉岩。

8. 北东向断层

在柳江向斜的西部区，北东向断层一般为顺扭断层，北西盘向北东错移。如柳观峪以东，北东向顺扭断层切割了柳观峪-秋子峪背斜，断层面走向为45°左右，向北西倾斜，倾角较大，上盘为徐庄组和张夏组，地层直立或倒转。在近断层旁侧，张夏组鲕状灰岩发生一系列牵引褶皱，显示出该断层具有顺扭性质。断层下盘为馒头组、毛庄组地层，产状为335°∠40°。另一条北东向断层是伍庄-车厂顺扭断层，其从车厂向北东方向延伸到伍庄和牌坊砬子北端，与南北向逆断层相交，延伸长度达2km，断层面产状为335°∠45°，断层上盘为徐庄组地层，推覆到亮甲山组和凤山组地层上；下盘地层直立倒转，且发生一系列牵引褶皱，依据牵引褶皱与主断面的关系确定该断层为逆断层，且具有顺扭性质。

柳江向斜中和东部区域，北东向断层很不发育，仅在安子岭垭口处发现一条北东向逆断层，断层面近直立，断层旁侧馒头组地层强烈变动，形成系列挤压褶皱（图15-18）。

第四节　岩浆岩与变质岩

一、岩浆岩

该实习地区的岩浆岩相当丰富，类型和产状多样，特别是脉状岩体的岩石类型更加丰富。根据岩浆演化特征、与围岩接触关系及同位素测年资料分析，该地区新太古代和中生代岩浆活动较频繁。从方式上，实习地区的岩浆活动有深成侵入、浅成侵入、溢流熔岩及火山喷发等多种形式。从时间上，深成侵入岩有两次大活动时期，即前震旦纪和中生代末的晚白垩世；浅成侵入岩则有活跃于中生代晚期之势。从空间上，深成侵入体主要出露在柳江向斜的两翼，且东老西新；浅成侵入岩则广泛分布于向斜的两翼，东翼更甚，依存于不同构造期的裂隙之中。

岩浆喷出活动则主要集中在向斜核部，随着时间的推移，有向北、向东扩展之势。此外，在柳江向斜的核部中侏罗统蓝旗组和东南部晚侏罗统孙家梁组地层中广泛发育火山碎屑岩岩层，火山碎屑岩类型有火山碎屑集块岩、火山角砾岩和凝灰岩等。

1. 新太古代侵入岩

在实习地区，新太古代侵入岩分布广泛，且以深成岩体为主，浅成岩体则多呈脉状侵入深成岩体。区内侵入岩体属于绥中花岗岩体或秦皇岛花岗岩体的一部分，东与辽西绥中花岗岩体相接，西向抚宁、卢龙一线延展，总体呈北东向展布，与区域构造线方向一致，构成山海关隆起的主体部分。在柳江向斜周围、山海关、鸡冠山、联峰山、山东堡-老虎石一带均有大面积出露。岩石类型主要有黑云母花岗岩、二长花岗岩、正长花岗岩、碱长花岗岩、闪长岩及各种伟晶岩脉、花岗质岩脉和石英脉，其中花岗岩的同位素年龄为（24.12±0.52）亿年至26亿年。黑云母花岗岩、二长花岗岩和正长花岗岩为本区新太古代侵入岩的主体，分布范围广，侵入体规模大，大部分裸露于地表，风化强烈，岩石中发育各种包体。包体多见于体的边缘部位，主要有变粒岩、斜长角闪岩、片麻岩等的残留体或捕虏体和暗色闪长质岩浆包体等。在正长花岗岩中还发育早期黑云母花岗岩的包体。包体形态各异，大小不同，大者达10多km^2，小者仅有几平方厘米。在北戴河海滨一带，包体形态以长条形、椭圆形为主，大小从数十平方米到几平方厘米均有发育。碱长花岗岩分布局限，在小东山-金山嘴一带有出露，亦发育有片麻状闪长质包体。闪长岩呈大的侵入体，主要分布于实习地区外北西部的牛心山-双山子一带，在实习地区主要以包体的形式发育在二长花岗岩和碱长花岗岩中，包体说明本区新太古代侵入岩的岩浆混合、同化混染等特征。另外，各种岩脉主要分布在花岗岩体中，反映岩浆活动晚期有富含流体的残余岩浆或后期产生的热液活动。主要岩石特征描述如下：

（1）黑云母花岗岩。黄褐色，中粗粒花岗结构、粒状变晶-花岗鳞片变晶结构，块状或似片麻状构造。主要矿物成分：石英含量约25%，它形粒状；钾长石含量35%～60%，半自形；斜长石含量20%～35%，半自形或不规则状，晶体普遍绢云母化，常被钾长石交代成港湾状、蠕虫状、缝合线状等。部分斜长石被钾长石所取代，仅剩微量残留，有的被石英所交代。次要矿物成分主要有黑云母含量的5%左右，鳞片状，常褪色变为白云母（有时轻度褪色，具绿帘石化）。副矿物有辰砂、磷灰石、磁铁矿等。次生矿物有绢云母等。新鲜的岩石坚硬，风化强烈的呈松散砂粒状。

（2）二长花岗岩。灰白-深灰色，中粗粒半自形-它形粒状结构或似斑状-不等粒花岗结构，块状构造，局部片麻状构造。主要矿物成分：石英含量18%～25%，他形粒状，大小2～4mm；钾长石含量10%～35%，半自形，粒径1～6mm，大多数为3～6mm，微斜长石具格状双晶；斜长石含量45%～60%，半自形，粒径4～6mm，具环带构造，有时晶体内有微细的自形斜长石，成分偏基性。次要矿物为黑云母和角闪石，两者含量为5%～15%，黑云母的形成晚于角闪石，前者大多在后者的裂隙中分布。岩石交代作用明显，钾长石强烈交代斜长石，见有净边结构、蠕虫状结构等。副矿物主要有榍石、磁铁矿、磷灰石等。次生矿物有绿帘石、绢云母等。

（3）正长花岗岩。浅肉红色-黄褐色，中细粒变余半自形粒状-似斑状花岗结构块状构造，局部似片麻状构造。主要矿物成分：石英含量为23%～30%，它形粒状-不规则状，粒径1～3mm；钾长石（微斜长石）含量为50%～5%，晶内常有不规则斜长石的残留斑晶，粒径为2～5mm；斜长石含量为10%～15%，粒径为2～4mm，具绢云母化、高岭土化。黑云母含量为1%～5%，鳞片状，往往褪变为白云母，粒径一般为0.5～1mm。按矿物生成顺序，可分为两个世代：第一世代为斜长石、黑云母、微斜长石、石英，第二世代为绢云母、白云母、绿帘石等。副矿物有磁铁矿、磷灰石、锆石等。在鸽子窝等地有出露，多呈小规模岩体侵入于上述黑云母花岗岩之中。

（4）碱长花岗岩。浅肉红色，主要矿物成分：石英，含量为25%～30%；钾长石（微斜长石），含量为56%～62%；斜长石，含量为5%～10%。次要矿物成分：黑云母，含量为2%～8%；绿帘石，含量为0.5%～2%；白云母，含量为0.5%～1%。副矿物成分：榍石、磷灰石和磁铁矿，总含量为0.1%～0.5%。分布范围小，在小东山等地有出露。

2. 中生代深成侵入岩

（1）响山花岗岩体。呈岩基状产出，分布在实习地区以西的平市庄至响山一带，平面上呈长轴北北东向的不规则椭圆状，长轴延伸长达25km，总面积217km^2。实习地区仅见其东部边缘，侵入于寒武系中，围岩接触变质明显，主要为角岩化和大理岩化，在岩体内接触带有较多捕虏体。受岩浆期后热液活动的影响，岩体中形成多处中低温热液成因的Cu、Pb、Zn、重晶石、萤石等矿点或者矿化点。响山花岗岩体中心相为灰白色中粗粒碱性花岗岩，边缘相为肉红色斑状花岗岩，中心相和边缘相为渐变过渡关系。

中心相碱性花岗岩，镜下具花岗文象结构（微斜长石和少量正长石与石英呈文象连生，个别为斑晶），主要矿物成分：钾长石含量为 60%～65%，斜长石微量，石英含量小于 35%，角闪石含量小于 5%。副矿物成分有磁铁矿、磷灰石等。边缘相斑状花岗岩，中细粒，镜下鉴定具斑状结构，斑晶为微斜长石、奥长石；基质为花岗结构。主要矿物成分：钾长石含量为 45%，钠-奥长石含量为 15%，石英含量为 30%，黑云母含量小于 10%。副矿物成分有磷灰石、磁铁矿、锆石等。

1975 年，中国地质科学院地质力学研究所在响山岩体中心相碱性花岗岩中取样，用 K-Ar 法测得长石生成年龄为 1 亿年，即早白垩世燕山晚期侵入体。

（2）后石湖山岩体。在山海关北 4km 处，呈岩株状侵入于上侏罗统孙家梁组火山碎屑岩中，平面上呈近圆形，出露面积 45km²。火山碎屑岩呈环形或半环形分布在岩体周围。岩体与火山碎屑岩为侵入接触关系（图 15-30）。围岩蚀变不明显，仅见有轻微的硅化和局部的黄铁矿化。

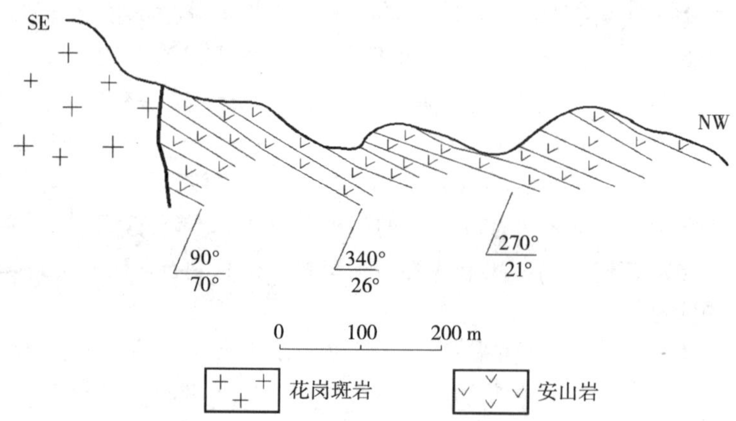

图 15-30　蟠桃峪南沟东侧后石湖山岩体与孙家梁组侵入接触关系

（据柳成志等，2006，有修改）

后石湖山岩体岩浆分异作用不明显，仅在岩体南侧出现不足 3km² 的碱长斑状花岗。边缘相结晶粒度略有变细，时而出现斑晶，并有安山岩捕虏体出现，为灰白色中粗粒碱长花岗岩。中心相碱长斑状花岗岩呈肉红色，似斑状结构，镜下鉴定特征同响山岩体边缘相，矿物组成：钾长石，含量为 57%～65%；石英，含量为 20%～25%；角闪，含量小于 20%；含少量黑云母、微量斜长石。边缘相中粗粒碱长花岗岩呈灰白色，具花岗结构，显微镜下鉴定特征同响山花岗岩体中心相，矿物成分：钾长石，含量为 60%～65%；石英，含量为 20%～30%；角闪石，含量小于 20%；黑云母少量、斜长石微量。

后湖山岩体在区域上与之性质相同的昌黎岩体在北东侧，都与上侏罗统白旗组（J_3b）呈侵入接触，因此可推测这两个岩体形成时代应在上侏罗统形成之后。据上述区域构造、岩性、地层对比和接触关系分析，实习地区的这两个岩体应属燕山期侵入体，与区域上的白垩纪岩浆活动三个阶段的第二阶段相吻合，即均属于燕山运动第三期侵入岩体。

3. 中生代浅成侵入岩

实习地区浅成侵入岩体的规模不大，主要呈岩床、岩墙、岩株、岩脉产出，岩性从基性到酸性均有，主要浅成岩体特征描述如下：

（1）辉绿岩或辉绿玢岩。辉绿岩或辉绿玢岩呈岩墙、岩床、岩脉分布在潮水峪、亮甲山、鸡冠山等地，侵入于早中生代沉积岩或变质岩中。

辉绿岩：灰黑色、灰绿色或黑灰色，显微镜下鉴定为斑状结构或无斑细晶-隐晶结构。基质为细粒或辉绿结构至隐晶结构，个别具球粒结构，气孔构造。

辉绿玢岩：灰绿色，块状构造，斑状结构，斑晶为辉石，多已绿帘石化或碳酸盐化。基质为隐晶质，显微镜下鉴定为辉绿结构，呈岩墙、岩床或岩脉产出，见于亮甲山、潮水峪等地，在亮甲山上的辉绿玢岩岩墙中见有围岩捕虏体。

（2）闪长玢岩。闪长玢岩呈岩株、岩枝、岩脉产出，如分布在东部落南的老炼炉岩株，浅水营-上花野的岩枝，潮水峪、沙河寨、288 高地的岩脉或岩株。

老炼炉闪长玢岩岩株：该岩株出露面积约 3km^2，侵入于下寒武统-中寒武统地层中，围岩蚀变不明显。依据矿物成分、结构、构造可分为中心相和边缘相，两岩相为渐变过渡关系。中心相闪长玢岩，灰绿色，斑状结构，斑晶为自形的普通角闪石、少量的斜长石、辉石，基质为细粒-微晶结构的斜长石、角闪石及少量的辉石、黑云母，块状构造。边缘相石英黑云母闪长玢岩，绿灰色，风化后为灰黄色、灰褐色、灰白色，斑状结构，斑晶为普通角闪石和斜长石，角闪石已绿帘石化，尤其在岩体南部绿帘石化强烈，斜长石为中长石，还有少量的黑云母。岩体北侧出现较多的黑云母为斑晶，基质为细晶，而南侧基质为微晶，构成南北两侧边缘相岩石的不同特征，基质矿物成分主要为斜长石、半自形的角闪石以及少量的黑云母、它形的粒状石英。

潮水峪闪长玢岩岩脉：潮水峪见有三条闪长玢岩岩脉，沿北西向断裂充填，岩脉一壁平直，另一壁舒缓波状，延伸较远。岩脉沿走向 290°方向侵入于下古生界上寒武统至下奥陶统地层中，明显晚于辉绿岩或辉绿玢岩形成的时代。闪长玢岩，灰白色，风化面灰黄色，斑状结构，角闪石斑晶少于斜长石，显微镜下鉴定斜长石为中长石，基质为辉绿结构。根据控制闪长玢岩岩脉的断裂性质判断，该期闪长玢岩岩脉侵入与实习区北西向构造有成因关系。

（3）正长斑岩-闪长玢岩或正长斑岩-二长斑岩。岩体呈岩株状产出，分布在张岩子村西南、牛鼻子山、蟠桃峪、石门寨、上平山、赵家峪、潮水峪等地。

牛鼻子山岩体：地表出露东西长1 200m，南北宽 700m，呈椭圆状侵入于小刘庄东南寒武系灰岩中。岩体南侧致密块状隐晶质灰岩受侵入体影响，表现出微弱的绿色蚀变。岩体北侧与围岩呈断层接触。岩体可大致划分为中心相和边缘相，两者呈渐变关系。中心相岩石为肉红色二长斑岩，斑状结构，斑晶为酸性斜长石和正长石，含量各占总体的 20%左右，有时见有黑云母斑晶，基质为细粒-隐品质结构，主要矿物有钾长石、斜长石，石英含量在10%以下，块状构造。边缘相黄色、灰黄色正长斑岩，斑状结构，斑晶为正长石和少量黑云母、角闪石以及斜长石，基质为细粒-隐晶质的正长石、石英，亦有少量黑云母、角闪石微晶，显流动构造及斑杂构造。据岩石化学成分计算结果分析，牛鼻子山岩体属铝过饱和类型、过碱性至弱碱性岩石。区域上与牛鼻子山岩体相同类型的立木沟岩体侵入于上侏罗统张家口组（相当于孙家果组）。据此推断，牛鼻子山岩体形成的时代略晚于响山岩体，属白里纪中期。

张岩子村西南岩体：出露面积为1 000m×500m，呈北北东南北向延伸，侵入新元古界青白口系碎屑岩中。岩体北侧、西侧局部与下寒武统府君山组灰岩呈断层接触。在张岩子实测剖面上，岩体由北东向南西岩相变化比较明显，因此划分为中心相和边缘相。中心相石英二长斑岩，灰白色，具斑状结构，斑晶为少量的斜长石和正长石，并有少量石英；基质为细粒或微晶结构，主要矿物为斜长石、正长石、石英以及少量黑云母等，局部具流动构造。边缘相二长斑岩，灰黄色、肉红色，具斑状结构，斑晶为斜长石和正长石，并有少量黑云母，斑晶占总体积的20%，富含玻基，流动、气孔构造发育，气孔内有方解石石英充填物。据岩石化学成分计算结果分析，张岩子岩体属铝过饱和类型，碱性至弱碱性岩石，与牛鼻子山岩体属同期产物，岩相略有不同。

(4) 花岗斑岩。主要分布在沙锅店东山、蟠桃峪、揣庄、赵家峪、小王山东等地，呈岩墙、岩株状产出。沙锅店、小刘庄两处花岗斑岩岩性一致，风化面红褐色，新鲜面灰黄色，斑状结构，由肉红色钾长石、石英作斑晶，基质细粒。镜下鉴定长石为微斜长石，石英（假象）被熔蚀，基质为显微隐晶质，块状构造。

(5) 石英正长斑岩或石英斑岩。126 高地北采石坑石英正长斑岩，呈岩脉产出，岩石呈块状构造和斑状结构，斑晶中条纹长石多于石英。条纹长石呈半自形，石英呈它形，基质为微晶结构、微文象结构。沙锅店东山石英斑岩侵入于下奥陶统石灰岩中，呈岩墙产出，走向50°，宽5～8m，岩石灰黄色，块状构造、斑状结构，斑晶石英含量为15%～20%，普遍具熔蚀现象，钾长石含量5%，已风化为黏土矿物，基质为隐晶质。实习地区石英正长斑岩或石英斑岩与浅成岩侵入体（如288高地和石岭碱性岩脉、牛鼻子山岩体等）属同期产物。

4. 喷出岩

主要分布于柳江向斜核部和后石湖山周围，为中侏罗统蓝旗组和上侏罗统孙家梁组。中侏罗统蓝旗组喷出岩的岩石类型较多，主要喷出岩类型特征描述如下：

(1) 杏仁状角闪安山岩。斑状玻基交织结构，杏仁状构造。杏仁体不规则状，含量25%左右，由方解石充填。斑晶含量为10%左右，主要由棕色角闪石和少量辉石、斜长石组成。基质由条状微晶斜长石、角闪石和脱玻化隐晶长石及微量磁铁矿组成。副矿物主要为磁铁矿。

(2) 角闪安山岩。斑状交织结构，块状构造。斑晶含量35%，由斜长石、角闪石和少量辉石组成，角闪石和辉石两者含量约占15%。基质由隐晶长石、角闪石和少量磁铁矿组成。斜长石微弱绢云母化。

(3) 辉石安山岩。灰色，斑状结构，基质玻基交织结构，杏仁状或块状构造，斑晶含量一般为25%～30%，由0.3～1mm的斜长石和辉石构成，个别辉石被绿泥石所交代，基质由条状斜长石、玻璃质（已脱玻化为隐晶长石）及微量磁铁矿构成。副矿物为磁铁矿。

(4) 安山玄武岩。紫色，块状构造，斑状结构，基质似粗玄结构，斑晶为30%左右，主要由斜长石和少量辉石、橄榄石组成，后两者合计约占10%，斜长石斑晶具环带构造。基质由斜长石和少量磁铁矿组成，长石多呈较短的板条状和粒状，磁铁矿分布其间，呈似粗玄结构。橄榄石被蛇纹石铁质所取代，斜长石具碳酸盐化。副矿物有磁铁矿等。

此外，在本区东南角蟠桃峪一带有所出露上侏罗统孙家梁组的喷出岩，岩石类型有流纹质、粗面质和粗安质火山熔岩等。

5. 其他脉岩

(1) 煌斑岩脉，出露于亮甲山灰岩、傍水崖蓝旗组火山碎屑岩、伍庄花岗岩、瓦家山煤坑口西坡等地。岩石呈灰绿色，风化后土黄色，斑状结构，块状构造，斑晶为闪石和少量黑云母，基质为闪石、斜长石、黑云母。

(2) 霏细岩脉，呈岩墙、岩床穿插在寒武系、奥陶系地层中，白色，块状构造，霏细结构，由细粒镶嵌的钾长石、斜长石、石英等组成。有的岩脉具有球粒结构和流纹构造，如伍庄垭口一带。

（3）伟晶岩脉，主要分布在北戴河海滨和联峰山公园内的混合花岗岩中，块状构造，伟晶结构和文象结构，岩石类型主要为石英伟晶岩、微斜长石伟晶岩、花岗伟晶岩。

二、变质作用与变质岩

变质岩是由变质作用形成的。变质作用可分为动力变质作用、接触变质作用、区域变质作用和区域性混合岩化作用等类型，实习地区变质作用类型主要为后三种。

1. 接触变质作用

接触变质作用是伴随着岩浆侵入作用而发生的一种变质作用。围岩因受岩浆散发的热量及挥发分影响，发生重结晶或交代形成一种新的岩石。根据岩浆作用于围岩有无交代作用分为热接触变质作用和接触交代变质作用。

（1）热接触变质作用。主要在刘家房、花场峪一带的响山花岗岩与下寒武统毛庄组和中寒武统徐庄组、张夏组的页岩、泥灰岩和灰岩接触带上，见有不同程度的热变质作用（没有物质成分的带出或带入），有明显重结晶现象，泥质岩石受热变黑、变硬，密度变大，变余层理清楚可见，绝大多数已经达到了角岩化。如在刘家房见到的泥质岩变成堇青石角岩，局部地段灰质泥炭变成钙硅酸岩角岩，部分石灰岩重结晶变成大理岩。

（2）接触交代变质作用。主要见于杜庄至小王庄一带的响山花岗岩岩体与实习区中下寒武统碳酸盐岩接触带上，以透辉石榴子石矽卡岩为代表，此外有硅化灰岩、透闪石大理岩、起石大理岩、硅灰石大理岩，并有磁铁矿化和铜、铅、锌矿化，有的接触带以萤石矿化为特点。透辉石榴子石矽卡岩主要矿物有钙铁榴石、透辉石-钙铁榴石及磁铁黄铜矿等金属矿物，有些石子石、透辉石被绿帘石、透闪石-阳起石、绿泥石、方解石、石英交代。

2. 区域变质作用

区域变质作用是在大面积范围发生，并由温度、压力以及化学活动性流体等多种因素引起的变质作用，常与强烈构造运动有密切联系，并伴随大规模形变、岩浆活动和混合岩化等作用。实习地区见到的区域变质岩仅以大小不等的包体（捕虏体、暗色岩浆包体）产于新太古代花岗岩和中生代花岗岩中。主要岩石类型如下：

（1）斜长角闪岩，绿黑色，中细粒粒状变晶结构，片麻状构造，主要矿物成分：普通角闪石，含量大于40%；绢云母化斜长石，含量小于60%；少量辉石、绿泥石化黑云母等。

（2）闪石岩，黑绿色，粒状变晶结构，块状构造，矿物成分：普通角闪石，含量大于80%；辉石，含量10%；少量黑云母、斜长石、磷灰石等。

（3）角闪斜长片麻岩，绿黑色，中粗粒变晶结构，片麻状构造，矿物成分：斜长石（钠长石-更长石），含量为45%～60%；绿帘石、黝帘石、化角闪石（含变余辉石），含量为15%；少量分布在角闪石周围的黑云母和石英。

3. 区域性混合岩化作用

混合岩化作用即超深变质作用，它是由变质作用向岩浆作用转变的过渡性地质作用当区域变质作用进一步发展，特别是在温度很高时，岩石受热而发生部分熔融并形成酸性成分的熔体，同时由地下深部也能分泌出富含钾、钠、硅的热液。这些熔体和热液沿着已形成的区域变质岩的裂隙或节理渗透、扩散、贯入，甚至和变质岩发生化学反应，形成新的岩石，这就是混合岩化作用。通过混合岩化作用形成的岩石称为混合岩。

混合岩的组成物质一般包含两部分：一部分是变质岩，称为基体，一般是变质程度较高的各种片岩、片麻岩，颜色较深；另一部分是从外来的熔体或热液中沉淀的物质，称为脉体，其成分是石英、长石，颜色较浅。混合岩中，脉体与基体的相对数量关系及其存在状态不同，反映了混合岩化的不同程度，相应的有不同程度的混合岩。当脉体呈斑点状分散在基体之中时，则称之为斑点状混合岩；当脉体呈条带状贯入基体之中时，则称之为条带状混合岩；当脉体呈肠状盘曲在基体之中时，则称之为肠状混合岩；当长英质熔体或富含钾、钠、硅的热液彻底交代原来岩石时，原来岩石的宏观特征完全消失，岩石特征类似花岗岩时，称这种岩石为混合花岗岩，是混合岩化作用程度极高时的产物。

第五节　水文与水文地质

一、地表水与主要河流

实习地区包括石河流域大部和汤河流域小部，境内主要河流有大石河、汤河、东宫河、鸭水河等，其中大石河为境内最大的一条河流，其发源于河北省青龙县，流经柳江盆地后汇入渤海，全长约 70km，仅下游 12km 河段流经平原，其余河段流经盆地内山区，有 9 条支流汇入，故大石河为山区型河流。河床组成主要为砾石，并伴有少量粗砂和中砂。大石河流域植被茂盛，覆盖率达到 50%以上，因此柳江盆地内水土流失不严重，土壤蓄水性较好，河床也较稳定。大石河的年平均径流量多达 1.68 亿 m^3，但季节性变化明显，补给来源主要为大气降水，因此平时流量不大，但雨季暴雨后河水水位立即上涨，多次发生山洪、崩塌、滑坡、泥石流等次生灾害。

东宫河和鸭水河都是大石河的较大支流。东宫河发源于海港区李庄东沟，全长 15km，流域面积约 $89km^2$，最大洪峰流量 $630m^3/s$。鸭水河发源于海港区韩家岭，全长 9km，流域面积约 $28km^2$，最大洪峰流量 $400m^3/s$。两条支流在蟠桃峪村北汇入大石河，南流汇入燕塞湖后，从海港区小陈庄村西流出，向南经过亚龙湾，最后入渤海。

汤河流经柳江盆地西南部。汤河有三个源头，东支发源于海港区柳观峪村西北；西源（也称头河）发源于海港区温泉堡西南，中源发源于弧石峪村西北。三源南流至海港区八岭沟村西汇合，继续南流经海洋镇，至白塔岭村，最终注入渤海，全长约 28.5km，流域面积为 $184km^2$，年平均径流量3 680万 m^3，最大洪峰流量2 $000m^3/s$。2002 年秦皇岛市在海港区和平桥北修建橡胶坝一座，将汤河分为坝上游饮用水区和坝下游景观娱乐区，2004 年又将汤河口防潮蓄水闸改建为橡胶坝，使城市环境更加和谐。

燕塞湖即大石河水库，是区内最大的水库，始建于 1972 年，历时 3 年于 1975 年建成。主坝体长 365m，高 41.6m，河床平均高程 24m，水面积为 $560km^2$，水域面积为 $4.6km^2$，设计库容为 1.03 亿 m^3，调节库容为 0.038 亿 m^3，设计年农业供水量为 380 万 m^3，年工业供水量为 640 万 m^3。主要接收季节性河流补给，雨期 7—9 月份降水量大，河流水量丰富，故雨期为主要补给期。但由于大石河水库蓄水能力不足，2000 年以后仅满足于秦皇岛和山海关两区的供水需求。

二、地下水资源与水文地质

地质构造特征与河流切割地貌、第四系沉积物的组合，塑造了实习地区的基本水文地质条件和地下水资源分布特征。首先，受柳江向斜构造和地层近似南北分带、东西两侧重现分布格局的控制和影响，实习地区含水层空间格局也具南北走向分带的特征。其次，稳定沉积多套沉积岩和火山岩发育孔隙、裂隙、溶洞等储水构造，使实习地区具有多层组合的含水层系统结构特征。

1. 地下水类型及含水层组

区内广泛分布赋存岩溶水、裂隙水、孔隙水 3 种类型的含水层。岩溶水主要赋存于寒武系和奥陶系灰岩地层，裂隙水主要赋存于岩浆岩和以砂岩为主的碎屑岩地层，孔隙水则赋存于第四系堆积物。根据地层岩性和地下水赋存特征，划分为 8 个含水层组和 3 个相对隔水层（表 15 1）。景儿峪组（Pt_3j/Qb_2j）泥灰岩地层中含有泥岩、页岩夹层，易于风化，但是溶蚀裂隙少见，渗透性低；寒武系馒头组（ϵ_1m）和徐庄组（ϵ_2x）以含煤页岩、泥岩为主，可视为相对隔水层。

图 15-1　实习地区含水层组与地下水类型

序号	地层		含水层组及地下水类型
1	第四系	Q	砂砾石土层，孔隙水
2	侏罗系龙山组-白旗组	$J_2l—J_3b$	火山碎屑岩，孔隙-裂隙水
3	下石盒子组-下花园组	$P_1x—J_1x$	砾岩、砂岩、粉砂岩，孔隙-裂隙水
4	本溪组-山西组	$C_2b—P_1s$	泥岩、页岩、铝土岩，隔水层
5	冶里组-马家沟组	$O_1y—O_2m$	碳酸盐岩，裂隙-岩溶水
6	张夏组-凤山组	$\epsilon_2z—\epsilon_3f$	碳酸盐岩夹非碳酸盐岩，裂隙-岩溶水
7	馒头组-徐庄组	$\epsilon_1m—\epsilon_2x$	泥岩、页岩，隔水层
8	府君山组	ϵ_1f	碳酸盐岩，裂隙-岩溶水
9	景儿峪组	Pt_3j/Qb_2j	泥岩、页岩，隔水层
10	长龙山组	Pt_3/Qb_2c-l	砂岩，裂隙水
11	新太古界	Ar_3	岩浆岩、混合岩、片麻岩，裂隙水

实习地区的岩溶地下水划分为张夏组至马家沟组（$\epsilon_2z—O_2m$）岩溶水和府君山组（ϵ_1f）岩溶水两个大系统。前者又可以分为大石河岩溶水子系统和向斜西翼岩溶水子系统两个可能具有紧密联系的子系统，总面积约为 127km^2；后者可以划分为两个相对独立的东部落岩溶水子系统和沙河寨岩溶水子系统，面积分别为 9km^2 和 2km^2（图 15-31）。大石河岩溶水子系统与向斜西翼岩溶水子系统之间的分水线目前并不清楚，可能位于柳江向斜核部近似与南北向的构造轴线平行。

2. 地下水补给与排泄

石门寨地区地下水补给主要为大气降水，补给区在该地碳酸盐岩裸露区的丘陵地带，在灰岩裸露区基岩面凹凸不平，表层松散层分布不均匀，厚度一般小于 1m，有利于大气降水留存和入渗补给地下水。另外，碳酸盐岩一般发育两组陡倾裂隙和一组层面裂隙，但未发现落水洞等灌入式补给通道以及地下暗河之类的管道式集中排泄通道。石灰岩节理裂隙有利于大气降水垂直入渗和地下水侧向径流。根据地下水的补给、径流和排泄条件，将实习地区地下水划分为 4 个区：

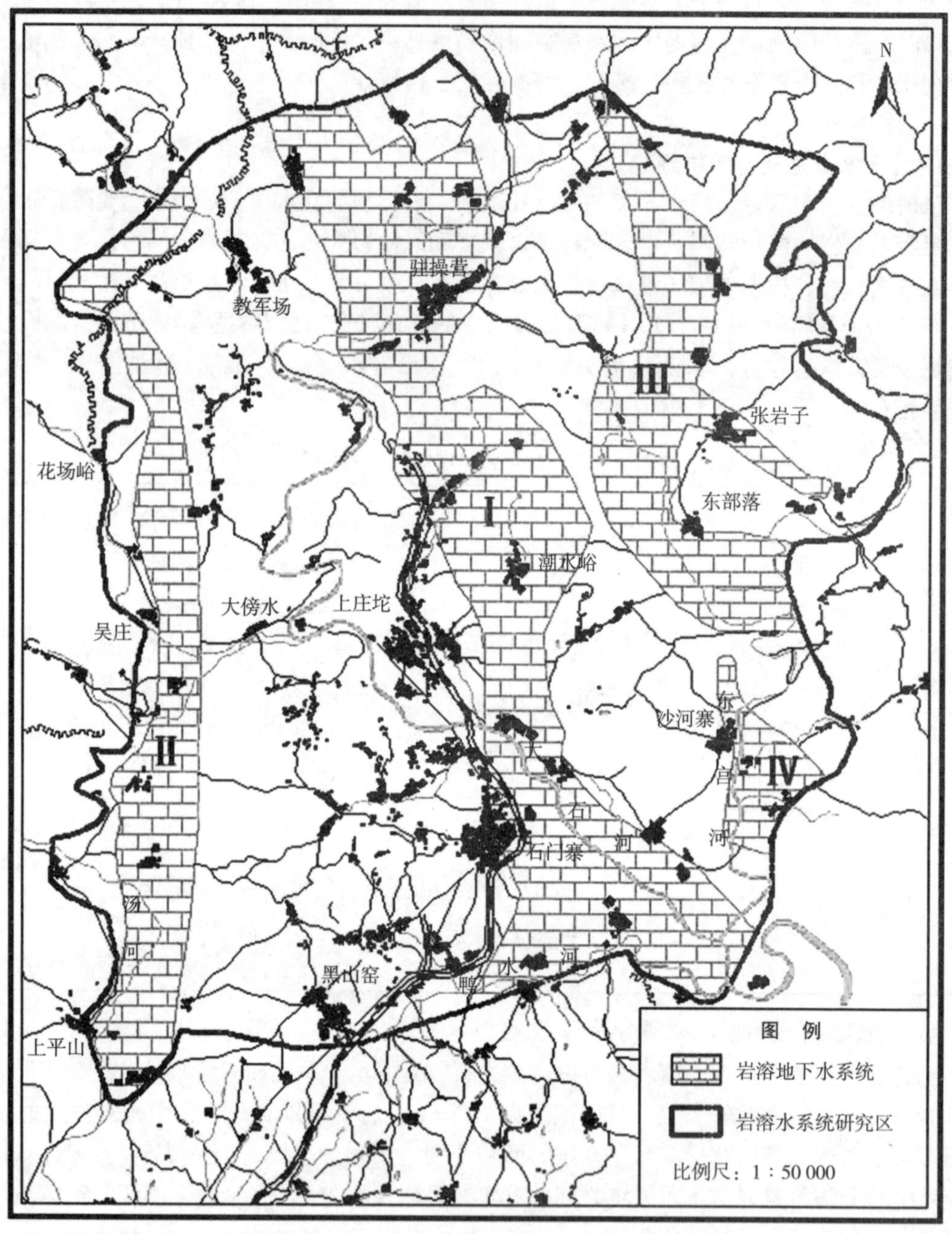

图 15-31　石门寨地区地下水含水系统分区图

Ⅰ. 大石河岩溶地下水系统　Ⅱ. 柳江向斜西翼岩溶地下水系统　Ⅲ. 东部落岩溶地下水系统　Ⅳ. 沙河寨岩溶地下水系统

（据武雄等，2017，有修改）

(1) 大石河岩溶水系统（Ⅰ区），面积约 $43km^2$，约 40%为隐伏型岩溶水。由柳江向斜东翼的奥陶系和寒武系碳酸盐岩含水层构成，出露或覆盖第四系。东侧隔水边界为寒武系张夏组与徐庄组的地层分界线；西侧边界为隐伏岩溶水的地下分水岭，属于动力学零通量面边界，暂且假设与老君顶—大洼山一线的地貌分水岭一致；南侧隔水边界为柳江盆地与太古界混合花岗岩的接触带；北侧与驻操营幅的碳酸盐岩相连，接受来自北侧的岩溶水侧向补给。

地下水总体从四周向石门寨地区大石河的河谷及东南刁部落附近大石河的河谷流动，深部岩溶水垂直向上补给第四系地下水，且以泉的形式向大石河排泄。寒武系碳酸盐岩夹碎屑岩含水层在东部山区获得补给之后（还接受少量边界以东山区侧向径流的补给），地下水以多层结构承压水的形式向西流动，浅层水向沟谷直接排泄，深层水通过越流补给到奥陶系碳酸盐岩含水层。大石河是该岩溶水子系统的最终排泄途径。

（2）柳江向斜西翼岩溶水系统（Ⅱ区），出露和被第四系覆盖部分的面积约 $17km^2$，约一半为隐伏型岩溶水，由柳江向斜西翼的奥陶系和寒武系碳酸盐岩含水层构成。东侧边界可能为老君顶—大洼山一线的地貌分水岭，属于动力学零通量面边界；西侧边界比较复杂，总体上是柳江向斜褶皱与混合花岗岩的接触带，局部为寒武系徐庄组发生倒转褶皱形成的相对隔水边界；南侧边界主要为碳酸盐岩与元古界碎屑岩和太古界混合花岗岩的接触带；北侧边界与驻操营幅碳酸盐岩相接，此处碳酸盐岩地层陡倾，发育大量南北向的断裂，形成总体上自北向南的优势流动方向。地下水不仅接受大气降水补给，也能接受来自西侧山区的侧向径流和隐伏岩溶之上碎屑岩裂隙水的垂向越流补给。该岩溶水系统发育两个排泄带，一是吴庄—秋子峪之间的河谷地带，汇入大石河，另一个是上平山一带的河谷，汇入汤河。

（3）东部落岩溶水系统（Ⅲ区），浅部开放型岩溶水系统，由寒武系府君山组灰岩含水层构成。东侧边界基本为景儿峪组或侵入体岩构成的相对隔水边界，西侧边界总体上是隐伏断裂错动带、侵入体接触带或寒武系馒头组地层界线构成的相对隔水边界，南侧由于断层错动和侵入岩而阻断。该岩溶水系统的补给主要来自北部和东部接受的降水入渗，然后向南部和西部流动，在东部落村东侧山前一线溢出成泉，在东英武山一带直接排泄进入河沟，还有少量岩溶水在东部落村西部形成承压水，沿西侧接触带上升越流补给东宫河。

（4）沙河寨岩溶水系统（Ⅳ区），由寒武系府君山组灰岩含水层构成，分布面积很小，为浅部开放型岩溶水系统。边界基本为地层界线，局部为断层错动带或侵入体阻隔。补给区为沙河寨北部和东南部的灰岩出露山区，形成潜水和局部承压水（在被上部页岩覆盖的地带），由于灰岩展布空间较为狭小，岩溶发育强度低，地下水经短距离渗流之后排入沙河寨附近的东宫河，与第四系潜水混合。

实习地区第四系潜水饱和带厚度一般小于 15m，只在石门寨河谷区能达到 30～50m，主要接受大气降水入渗、基岩裂隙水侧向径流或岩溶水的侧向径流、垂向越流补给，经短距离渗流向附近沟谷排泄成地表水。

3. 地下水位及其动态

实习地区的岩溶地下水流向总体上自北向南。大石河与柳江向斜西翼岩溶水系统的地下水位 58～180m，南部大石河附近水位最低，柳江向斜西翼地下水位略高于向斜东翼。在深部埋藏型灰岩中存在自西向东流动的承压水。东部落地区岩溶地下水位 110～150m，南部东宫河附近水位最低。沙河寨岩溶地下水位 76～110m，在南端河流附近最低。

地下水动态变化主要受大气降水控制，井孔地下水位升降变化基本属于入渗-径流型动态，少数属于开采型动态。地下水位夏高冬低，每年一般从 5 月开始回升，6—9 月为丰水期，地下水位最高，10 月随着降水减少水位持续下降。在枯水期，河谷平原区地下水位埋深一般为 3～8m，年变幅一般为 2～5m。相对而言，第四系潜水对降水变化比较灵敏，而岩溶水存在一定的滞后效应。

此外，受地层岩性分布影响，不同地段的地下水位动态变化有所不同。如黄土营属于东部落岩溶地下水系统，水位很稳定，年变幅不到1m，但存在小幅度的锯齿状波动，可能是降雨过程中岩溶水接受了快速入渗补给造成的。大石河河谷平原北部第四系阶地地区，水位变幅超过4m，秋季和冬季水位在缓慢的地下水排泄过程中平缓下降，夏季水位抬升较快。石门寨镇与大石河之间灰岩浅埋区，地下水位的年变幅小于3m，水位在7—10月比较平稳，说明存在比较稳定的侧向径流补给或深部岩溶水补给，该处地下水位在某些时期快速下降，可能受到周边间接性地下水开采的影响。驻操营镇可能受到了地下水开采的影响，地下水位逐渐下降，年变幅约2m，有地下水开采引起的陡升陡降现象。侏罗系火山岩分布山区，地下水位比较稳定，年变幅约1.5m，6—10月地下水位在较高处平缓，其他月份则在低处平缓变化。驻操营河谷平原的岩溶水径流区，地下水位存在约2m的变幅，可能受到了间歇性的地下水开采影响，有陡升陡降行为，否则地下水位可能会表现很稳定。

第六节　石门寨地质演化简史

石门寨地区位于华北地台燕山台褶带的东段，地质发展历史与华北地台发展史基本一致，曾经历过基底形成、盖层演化、构造变形改造等几个重要阶段。不同阶段，具有不同的地层和地质构造特点。

一、区域地质演化简史

太古代-早元古代是华北地台结晶基底形成时期，经历漫长地槽发展阶段，吕梁运动造成地槽褶皱回返，形成了华北地台统一的结晶基底。实习地区虽然未见有大面积太古界-早元古界变质岩系的出露，但尚能见到新太古界绥中花岗岩。

自吕梁运动以后，华北地台进入了一个相对稳定的盖层发展阶段，但在中、新元古代，特别是中元古代，地形起伏比较明显，地台北部燕山地区发育北东东向狭长海槽，并有隆起带相间。实习地区缺失中元古界，是因为与台拱区西界的青龙-滦县大断裂密切相关。该断裂为基底型断裂，古元古代初期至新元古代早期，该断裂两侧呈明显的差异升降活动，西盘持续下降，堆积了厚达数万米的海相地层；东盘（即台拱区）则不断隆起，沉积间断，遭受剥蚀，并为西盘提供了沉积作用的物源。在新元古代中期，华北地台整体下降，海侵范围急剧扩大，向东越过青龙-滦县大断裂，直达山海关一带，在实习地区形成了滨浅海相的青白口系长龙山组和景儿峪组。在新元古代晚期，即8.0亿～5.7亿年的震旦纪，华北地台主体部分上升成陆，在实习地区因此而没有接受沉积。

从寒武纪至中奥陶世末期，华北地台总体处于海侵环境，地壳运动主要发生在海盆内部。早寒武世华北地台再度下降，在实习地区表现为下寒武统府君山组假整合于青白口系景儿峪组之上。早寒武世府君山期，石门寨区地壳又开始上升，曾一度出现沉积间断，即馒头组与下伏府君山组呈假整合接触；而其余时期，虽有短期上升，但沉积连续，地层之间为整合接触关系。

中奥陶世晚期，华北地台再次全面上升成陆，转入长期遭受风化剥蚀的地史时期，因此，实习地区同华北地台其他地区一样，缺失这一时期的沉积，并形成广泛分布的古风化壳。在古风化壳上形成了残积型为主的山西式铁矿和铝土矿。

到了中石炭世，华北地台开始再次缓慢沉降，中、晚石炭世沉积主体为一套海陆交互相的含煤碎屑岩。晚石炭世末期地壳又复上升，致使华北地台的主体基本脱离海洋环境，转为陆地环境。早二叠世沉积为一套以河湖相、沼泽相为主的含煤碎屑建造，晚二叠世沉积一套不含煤的河湖相碎屑建造。早-中三叠世，实习地区处于上升阶段，缺失沉积。中三叠世末的印支运动在东邻辽宁省内比较强烈，往西进入实习区明显减弱。印支运动造成了实习地区下侏罗统北票组与下伏古生界之间呈角度不整合接触关系。

侏罗纪的燕山运动对我国东部地区影响极为强烈。燕山运动Ⅰ幕较弱，在本区表现为由局部掀动而造成的中、下侏罗统之间的弱角度不整合接触关系。中侏罗世以来，地壳活动进一步发展，基底断裂继承性活动，发生了裂隙式火山喷发，并有岩浆侵入，在本区形成了中侏罗统蓝旗组中性火山岩。中侏罗世末的燕山运动Ⅱ幕比较强烈，在北西-南东向挤压应力作用下，广泛发育轴向以北东向为主的褶皱，基底断裂复活并产生新断裂，在实习地区初始形成柳江向斜形态，可能当时的轴向是北东向或北北东向，两翼倾角都是比较平缓，并且接近相等的。晚侏罗世为华北地区地壳剧烈活动时期，火山活动有中性和酸性岩浆喷发，在实习地区形成了上侏罗统孙家梁组火山岩。晚侏罗世末的燕山运动主幕——第Ⅲ幕，造成了区域性的强烈构造变形和大规模岩体侵入，在实习地区表现为大规模的酸性深成侵入活动，形成响山花岗岩基和后湖山花岗岩株，它们浸入于孙家梁组及更老的地层中。位于柳江向斜南端西侧的响山花岗岩岩基侵入时对周围产生侧向挤压，导致柳江向斜进一步变形。柳江向斜南端西侧受到由西向东的挤压力，造成褶皱轴向由近北东向或北北东向变为近南北向，向斜西翼地层产状变陡，发育南北向逆断层，局部地层直立、倒转或缺失；而东翼地层受影响很小，倾角较缓，南北向逆断层不发育。

燕山运动Ⅱ、Ⅲ幕形成了区域主体构造格局，在实习地区形成了柳江向斜和一些断裂，且使老断裂重新活动。从白垩纪开始，区域构造运动强度总体上逐渐减弱，全区总体上升遭受剥蚀，局部地区出现裂谷系和断陷盆地。实习地区地壳上升运动明显，且西北部抬升幅度大于东南部，全区缺失白垩纪-新近纪的沉积，在古近纪-第四纪早期发育三级夷平面，海拔分别为600m、450m、300m的在第四纪形成了多级河流阶地和溶洞。

由此可见，侏罗纪燕山运动，特别是晚侏罗世末的燕山运动Ⅲ幕，对实习地区的地质演化过程起到至关重要的作用。燕山运动Ⅲ幕奠定了实习地区现今构造格局的基本轮廓，以后的地质作用只是在此基础上进行改造而已。

二、石门寨地区的构造形成时期

在地质调查实践中，一般通过区域性角度不整合面与构造的相互关系分析，或已知时代的岩体和地层与构造的相互关系分析，或组成构造的地层厚度、岩性岩相在构造的不同部位发生的变化分析，或不同方向、不同活动方式和力学性质的构造组合及其相互关系分析等确定构造形成与演化时期。根据以上四点，实习地区构造形成演化划分为三个主要阶段(图15-32)。

第一阶段：发生于古生代末期-晚三叠世以前的构造，大致相当于印支期的构造运动。形成了南刁部落-南林子-太平山东西向逆断层、火神庙以东混合花岗岩中的东西向逆断层，以及走向北东45°的伴生反扭断层，如火神庙西南的北东向断层；走向北西315°的伴生顺扭断层，如南刁部落村东的北东向断层。

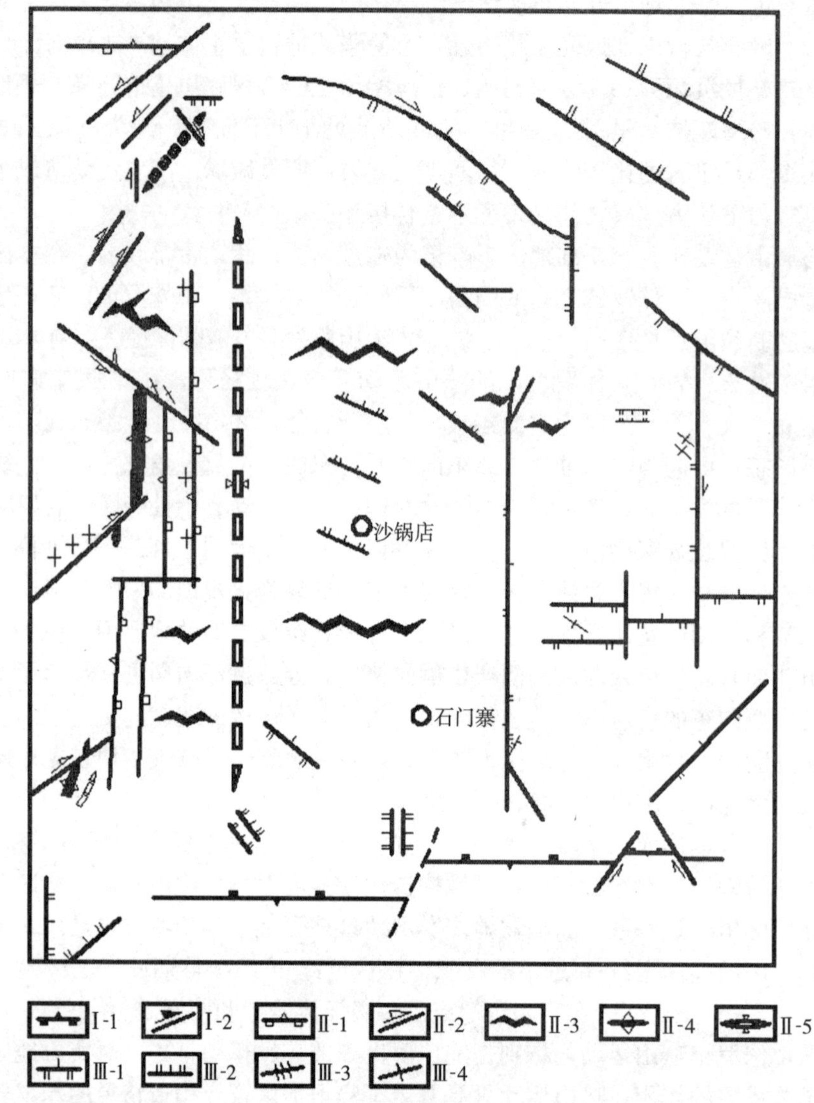

图 15-32　石门寨地区构造形成阶段示意

Ⅰ. 海西晚期-印支期构造　Ⅱ. 燕山运动早期构造　Ⅲ. 燕山运动晚期构造

Ⅰ-1. 东西向逆断层　Ⅰ-2. 扭断层　Ⅱ-1. 南北向逆断层　Ⅱ-2. 扭性断层　Ⅱ-3. 东西张裂　Ⅱ-4. 南北向北斜　Ⅱ-5. 南北向向斜　Ⅲ-1. 南北向、北西向逆断层　Ⅲ-2. 正断层　Ⅲ-3. 小挤压带　Ⅲ-4. 小褶皱带

（据杨丙中等，1984，有修改）

第二阶段：发生于中侏罗世前至早侏罗世末期，大致相当于燕山运动早期。形成了张赵庄-伍庄背斜、柳观峪-秋子峪背斜和柳江南北向向斜。同时，又形成了从大柳树到山羊寨的三条南北向逆断层带，以及其相伴生的北西向反扭断层，如花场峪-王庄断层；北东向顺扭断层，如柳观峪以东不顺扭断层等。

第三阶段：发生于中侏罗世以后，即发生于燕山运动晚期以后。该阶段的地质构造除了在老构造的基础上进一步叠加了大洼山-老君顶不对称向斜和拿子峪平缓向斜外，主要表现以断块差异性升降运动为主，在本区中东部形成了北西向的阶梯状构造和南北向的高角度断层。同时形成了鸡冠山地堑、付水寨西采石场的小型地垒等。

思考与讨论

1. 石门寨地区的基础地质条件是怎样的？对该农业及乡村经济发展具有哪些作用？
2. 石门寨地区的资源与环境是如何受区域地质控制的？

预（复）习内容与要求

阅读石门寨地区的地质图，了解和掌握周口店地区的区域地质条件，明确野外教学实习目标。

Chapter 16 第十六章
石门寨实习路线

路线一　上庄坨—半壁店—揣庄地貌地质调查路线

一、路线位置

该路线即上庄坨—槐树店—半壁店—石岭—小刘庄—揣庄路线（图 16-1），路线全长 4.3km，起点距实习基地约 1.0km。

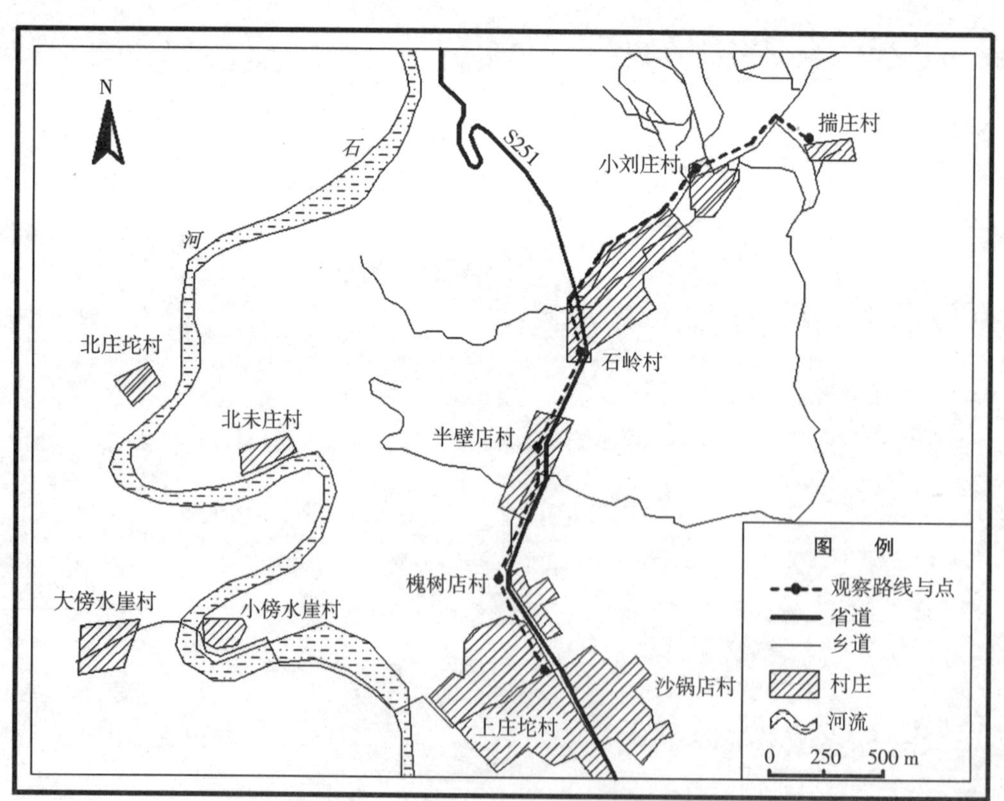

图 16-1　上庄坨—半壁店—揣庄地貌地质调查路线示意

二、教学目的

了解和熟悉野外地质调查基本工作的过程、方法和技术要点。

三、教学内容与要求

通过上庄坨大石河地貌观察、半壁店和揣庄 288 高地古生代地层及相互接触关系观察与识别的野外实践教学，完成下列野外地质调查基本工作方法的学习和训练：

1. 地质点和路线选择，要求了解和掌握野外地质调查观察点和路线的一般方法和原则。

2. 地质点标定，要求了解和掌握地质点标定的方法和程序。

3. 地质点观察、描述与记录内容的选择，要求了解和掌握野外地质点观察、描述与记录的一般内容、方法、标准和要求。

4. 地质体和地质构造观察，要求了解和掌握地质体和地质构造的观察内容、方法和基本原则。

5. 地形地貌观察，要求熟悉地形地貌观察的内容、方法和地貌类型划分的原则。

6. 标本或样品采集，要求熟悉标本或样品采集的布置、数量、质量、标签、保存与运输等的基本原则，以及相关注意事项。

7. 地质素描和摄影，要求了解和掌握地质素描和摄影的基本要求和技术。

8. 绘制河谷地貌横剖面图，要求了解和掌握选择典型河谷地貌剖面线及绘制剖面的技术准则。

四、教学计划与安排

野外调查实践训练时间计划需要 1d。

1. 观察大石河上庄坨河谷地貌

从上庄坨村西至 196 高地，选择适宜断面位置和观察点，观察大石河河谷全貌和弯曲情况，同时观察弯曲河段、顺直河段的流水特征及各段的河床、河漫滩、岸坡和阶地、分水岭等的形态特征和发育情况，并绘制大石河河谷地貌横断面图。实践教学重点主要有：

（1）河流侵蚀与堆积作用，注意观察不同河段河岸与河床的侧蚀、下蚀、堆积特征，研究和分析河曲和凹凸岸变化的原因和发展历程。

（2）河流堆积作用，注意观察不同河段河谷中堆积物的特征（包括堆积物的类型、空间分布、岩相组成等）及河床中漂石、卵石和砾石的排列方式与流水方向的关系，并进行比较和分析。

（3）河流阶地的类型及成因，注意观察河流谷坡的形态特征，识别河流阶地类型，划分河流阶地级别，测量阶地的高度、宽度和阶坡的坡度，研究阶地形成与发育过程，并根据阶地发育情况研究和分析区域构造运动情况。

2. 观察半壁店石炭系-侏罗系地层

从魏岭的路口到 190 高地，选择下列地点进行地层观察和量测：

（1）魏岭的路口向西 230m 处至半壁店村西，观察和识别侏罗系蓝旗组和侏罗系北票组顶部地层的岩性特征，研究和分析北票组和蓝旗组的地层接触关系类型；观察和识别侏罗系北票组、二叠系下石盒子组和山西组的地层岩性特征，特别注意观察和识别北票组底部底砾岩的特征及下石盒子组与北票组、山西组与下石盒子组的地层接触关系。

（2）半壁店去往潮水峪的路上，观察和认识二叠系太原组、石炭系本系组的地层岩性特征，同时研究和分析它们彼此的地层接触关系。

3. 观察揣庄寒武系-奥陶系地层

在揣庄北 288 高地上，选择下列地点或路线进行地层观察：

（1）288 高地东山脊，自东向西，观察和识别寒武系徐庄组、张夏组、崮山组、凤山组和奥陶系冶里组的地层岩性特征、分层标志及变化情况，同时注意观察和识别它们的地层接触关系，绘制路线信手剖面图。

（2）288 高地南侧至小王山东坡采石，自东向西，观察和识别奥陶系冶里组、亮甲山组、马家沟组和石炭系本溪组的地层岩性特征、分层标志及变化情况，同时注意观察和识别它们的地层接触关系，绘制路线信手剖面图。

思考与讨论

1. 河流地貌对土地类型和土地开发利用有哪些影响？
2. 大石河的河流阶地类型及其成因是怎样的？
3. 简述柳江向东翼地层发育情况及其岩性特征。
4. 野外地质调查工作内容、技术方法各有哪些？
5. 如何选择地质点和观察路线，才能省时、省力，并且效果好？

预（复）习内容与要求

1. 野外地质调查基本工作方法和技术。
2. 查阅文献，详细了解大石河，包括流域、流河谷及堆积物、地质作用等方面。
3. 阅读指南，查阅文献，熟悉该地质路线的基本地质情况。

路线二　上庄坨—傍水崖—祖山地貌地质调查路线

一、路线位置

该路线即上庄坨—小傍水崖—大傍水崖—周吴庄—北杨庄—车厂—祖山风景区东门路线（图 16-2），路线起点为上庄坨村西大石河南岸，距实习基地 1.2km；路线终点到祖山风景区东门口（车厂村），距实习基地 14.0km。路线全长 13.0km。

二、教学目的

了解和认识柳江向斜两翼及核部的地层、构造和燕山期花岗岩岩体，同时对野外地质调查基本工作方法进行独立操作和训练。

三、教学内容与要求

要求学生独立完成地层与地层接触关系、河流地貌类型划分与特征、侵入岩体、地质构造等的观察、识别、描述与记录等工作，以及独立完成绘制地质剖面图、地质素描和摄影、

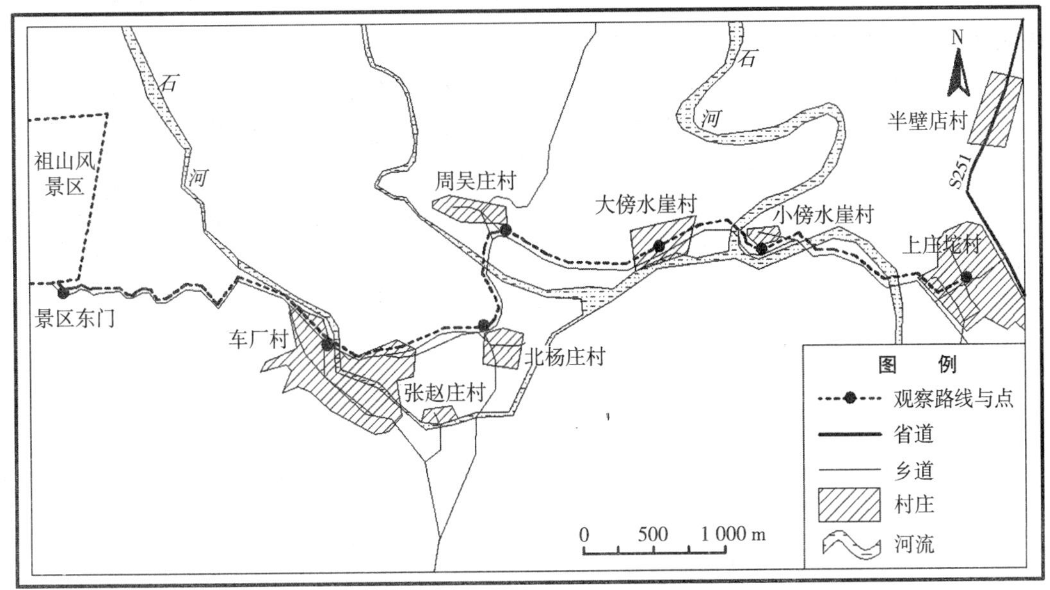

图 16-2 上庄坨—傍水崖—祖山地貌地质调查路线示意

采集标本或样品等地质工作，教学内容与具体要求如下：

（1）大石河地貌与地层观察，要求观察上庄坨大石河南岸、上庄坨至小傍水崖段大石河地貌和地层及大石河支流小傍水崖—周吴庄段河流地貌和地层，研究和分析河流地貌与地层岩性的关系。

（2）傍水崖至车厂村地层与地貌观察，以及祖山侵入岩体、地质构造及其地貌的观察与识别。学习和掌握侵入岩体的岩性、岩相及其与围岩接触关系的识别与观察方法。

（3）以实习小组为单位，要求每组学生应独立完成冶里组、亮甲山组、马家沟组、本溪组、太原组、山西组、下石盒子组、北票组、蓝旗组等地层的识别和观察任务，同时确定各地层之间的接触关系。

四、教学计划与安排

计划在 1d 内完成下列地质调查实践：

1. 实习基地院内

在西南角的小山坡上：

（1）观察山西组与下石盒子组分界标志层，以及石盒子组下部的岩石组合特征，描述和记录地层及其岩性特征，采集标志层标本。

（2）测量地层产状，绘制地层接触关系剖面图。

2. 上庄坨村北

（1）观察和描述下石盒子组顶部存在的一层鲜红色的厚层泥岩（A_1黏土岩），并采集标本。

（2）在小顶上观察和描述地层及其岩性，研究确定其地质年代。

3. 上庄坨抽水站

（1）在抽水站东侧点，观察和描述蓝旗组与北票组接触关系（喷出接触或角度不整合接触）；观察和描述蓝旗组底部的安山凝灰岩、凝灰熔岩、辉石安山岩；观察北票组顶部岩石的变质情况及各种小褶曲构造，绘制素描图或拍摄照片。

（2）在抽水站西第二个小山顶，观察和描述角闪安山岩、安山岩。

（3）在抽水站西第三个小山顶，观察和描述角闪安山岩、安山岩、安山凝灰岩及小型断层现象。

（4）向西至大石河边，观察和描述安山岩中的流动构造及气孔、杏仁构造，观察火山集块岩。

4. 上庄坨村西大石河南岸

从上庄坨大石河南岸向西行至小傍水崖：

（1）观察和识别奥陶系马家沟组，石炭系太原组和本溪组，二叠系山西组、下石盒子组和石千峰组等的地层岩性特征和接触关系。

（2）在观察大石河河床及其西岸地貌特征，研究和分析地层岩性对大石河岸边地貌的影响。

5. 柳江向斜核部地层及构造观察

从小傍水崖，经傍水崖、周吴庄，至北杨庄：

（1）在小傍水崖大石河西岸，观察和描述柳江向斜核部（北面后山的山坳处可能是轴部）地层及其岩性。

（2）在傍水崖西崖下及其西沿途，观察和描述蓝旗组火山岩系的熔岩集块岩、蓝旗组与北票组的分界及岩性特征、小侵入岩的岩性特征、北票组岩层（包括砾岩）及小型褶曲构造特征、石炭系和亮甲山组地层及岩性特征。

6. 伍庄村东北

观察和描述吴庄背斜及其两翼和核部地层及岩性特征、相关断层和褶皱构造：

（1）在伍庄垭口处，观察和描述徐庄组地层及岩性特征（包括蚀变现象的识别）、岩床和岩墙的岩性组成和特征、垭口两侧小型褶曲构造特征，绘制素描图或拍摄照片，分析小型褶曲成因。

（2）在伍庄村东北桃园（或伍庄垭口东北角），观察和描述亮甲山组与张夏组的地层及其岩性特征、两者断层接触关系，寻找断层存在证据，确定断层面位置和断层性质；观察和描述地层不正常缺失现象、断层岩类型及特征、基性岩脉充填特征；观察和描述叠层岩特征；观察和识别张夏组岩层中的鲕状灰岩特点。

（3）在伍庄村东北桃园向北 300m 的采石场，观察和描述地层及岩性和化石，测量地层产状，利用 V 形法则对地层进行研究和分析。

（4）在伍庄村东北桃园向北 500m 左右，观察和描述奥陶系和石炭系的平行不整合接触面及接触面上下地层的岩性特征，测量地层产状，绘制不整合接触面的剖面图，研究分析它们的形成环境。

7. 秋子峪村北 700m 左右公路西采石场

（1）观察和描述秋子峪背斜及其伴生构造，包括褶皱、断层和节理观察。

（2）徐庄组和张夏组地层及岩性、化石、风化等特征。

（3）测量地层产状，绘制背斜构造素描图。

8. 厂车村西南民居旁的公路边

观察和描述第四系松散堆积物的特征，确定其类型，并定名；分析其成因、形成环境和物源。

9. 祖山风景区东门

包括大老峪村东南侧崖壁、祖山风景区东门两侧和东门内微波域（苇子峪林场）西200m左右的路北侧，观察和描述：

（1）寒武系徐庄组、张夏组、崮山组、长山组、风山组等的地层及岩性特征，同时识别它们的分界和分界标志。

（2）响山花岗岩体岩性组成和岩相特征与划分。

（3）侵入岩与围岩接触带的变质特征及变质作用类型识别。

（4）各岩体中节理、断层、褶皱发育特征。

（5）地形地貌、土壤和植被。

（6）山区河流及其地质作用特征。

思考与讨论

1. 野外如何识别沉积岩与侵入岩？
2. 片流、洪流、河流形成的堆积物各有什么特点？有哪些不同？
3. 地层接触关系类型有哪些？野外如何进行识别？
4. 野外如何识别断层和褶皱？

预（复）习内容与要求

1. 复习地质构造、沉积岩、岩浆岩、喷出岩的基础知识。
2. 查阅文献和阅读本指南，详细了解柳江盆地地层、地质构造、地貌、河流等方面知识。

路线三　沙锅店—潮水峪—揣庄地貌地质调查路线

一、路线位置

该路线即上庄坨—沙锅店—沙锅店东山—潮水峪—北河—揣庄（图16-3），路线全长5.3km，起点沙锅店石灰窑距实习基地0.5km，终点揣庄距实习基地5.8km。

二、教学目的

了解柳江向东翼地层、岩性及分布，地形地貌特征，以及断层和节理构造发育特征。学习和锻炼地形地貌、地层及其岩性、侵入岩、地质构造、土壤、植被等的观察和描述，不整合接触面的识别方法，以及地层和其他结构面产状测量方法。

三、教学内容与要求

1. 观察和描述古生代寒武系和奥陶系地层及其岩性特征，测量地层产状，研究确定地层接触关系类型。

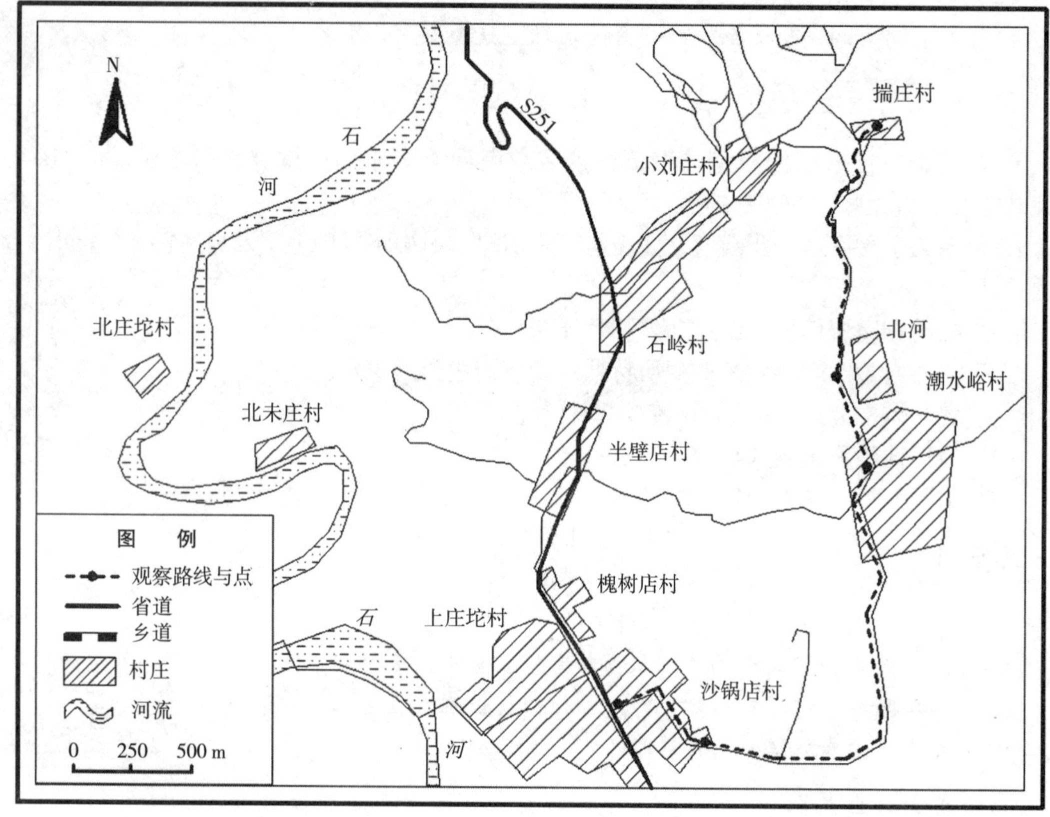

图 16-3 沙锅店—潮水峪—揣庄地貌地质调查路线示意

2. 观察和描述断层构造类型及特征。

3. 观察和描述侵入岩体的岩石组成及其与围岩的接触关系和变质作用情况。

4. 观察和描述岩溶地貌，研究分析地下水的地质作用形式。

5. 观察和描述不同岩石的地貌特征、土壤和植被特征。

四、教学计划与安排

计划用 0.5d 时间完成该路线地貌地质调查教学实践与训练任务。

1. 沙锅店石灰窑

（1）观察地质体的天然露头和人工露头的岩石类型及特征。

（2）观察和描述石灰岩岩层及其层理、节理发育情况；观察和描述节理的形态特征；测量岩层和节理产状，确定层面和层底及节理的类型。

（3）观察石灰岩中的化石（东北角石、蛇卷螺等）。

2. 沙锅店石灰窑东山

（1）观察岩浆岩体的产状，研究确定岩浆岩体与围岩的接触面带特征，包括接触面产状、围岩变质特征、接触带的宽度等。

（2）观察和描述断层，研究确定断层的错动方向及其对岩墙的错断作用，绘制断层构造素描图或拍摄地质照片。

（3）观察和描述石灰岩特征及其发育的溶沟、落水洞、溶洞等岩溶地形特征。

（4）观察和描述生物碎屑岩的特征，研究确定其类型和名称。

3. 潮水峪村

（1）在村南小桥旁和路边，观察岩层状变陡情况，研究确定断层存在的证据；观察和描述奥陶系冶里组地层及其岩性特征，寻找小断层位置。

（2）在村北路边，观察和描述地层及其岩性特征；观察和识别断层（包括断层面和两盘岩性）的特征，确定断层性质、断层面位置和错动方向；观察和描述地形地貌特征；观察岩脉的特征和识别岩脉的岩石类型；观察沟谷中泉水及其出露点的地貌地质特征；观察岩体中节理发育情况；绘制素描图或拍摄地质照片。

（3）潮水峪村西北下路旁，观察和描述冶里组和亮甲山组岩层及其岩性特征，研究确定两者的接触关系类型及特征。

（4）潮水峪村西南的小山梁上，观察和描述亮甲山组和马家沟组岩层及岩性特征，研究确定两者的接触关系及特征。

（5）潮水峪村到沙锅店村小山梁上的小路旁，观察和描述马家沟组和本溪组岩层及岩性特征，研究确定两者的地层接触关系类型及特征；观察不整合接触面存在的证据。

（6）潮水峪村西去往半壁店的路上，观察和描述石炭系本溪组岩层及岩性特征，识别本溪组顶部和山西组底部岩层的岩性特征；沿小路继续向西，观察和描述石炭系太原组地层及其岩性特征，识别太原组顶部和山西组底部地层及其岩性特征，研究两者的地层接触关系。

思考与讨论

1. 该路线中主要有哪些不整合面？它们存在的标志各是什么？
2. 该路线中主要有哪些组的地层？它们的分界标志层各是怎样的？

预（复）习内容与要求

1. 复习地层年代表和地层接触关系知识。
2. 阅读本指南，详细了解柳江东翼地层和地质构造情况。

路线四　杨家坪—沙河寨地貌地质调查路线

一、路线位置

该路线即上庄坨—杨家坪村—北河村—浅水营北村—水库—沙河寨地貌地质调查路线（图 16-4），起点杨家坪村距实习基地 2.5km，终点沙河寨距实习基地 5.6km，路线全长 6.7km。

二、教学目的

学习和练习地貌、地层、侵入岩、断层等的观察与描述方法，同时学习和练习地貌剖面图和素描图的绘制。

三、教学内容与要求

1. 观察大石河地貌及第四系堆积物，包括阶地发育、第四系堆积物、植被景观等的特征。

2. 观察山区小型水库的平面组成，分析水库建设选址的条件。

3. 观察和描述奥陶系和石炭系地层层序及岩性特征、接触关系和分层标志等。

4. 观察和描述侵入岩体产状及其与围岩的接触关系和变质现象。

5. 观察和描述毛庄组地层层序、岩性及分层标志。

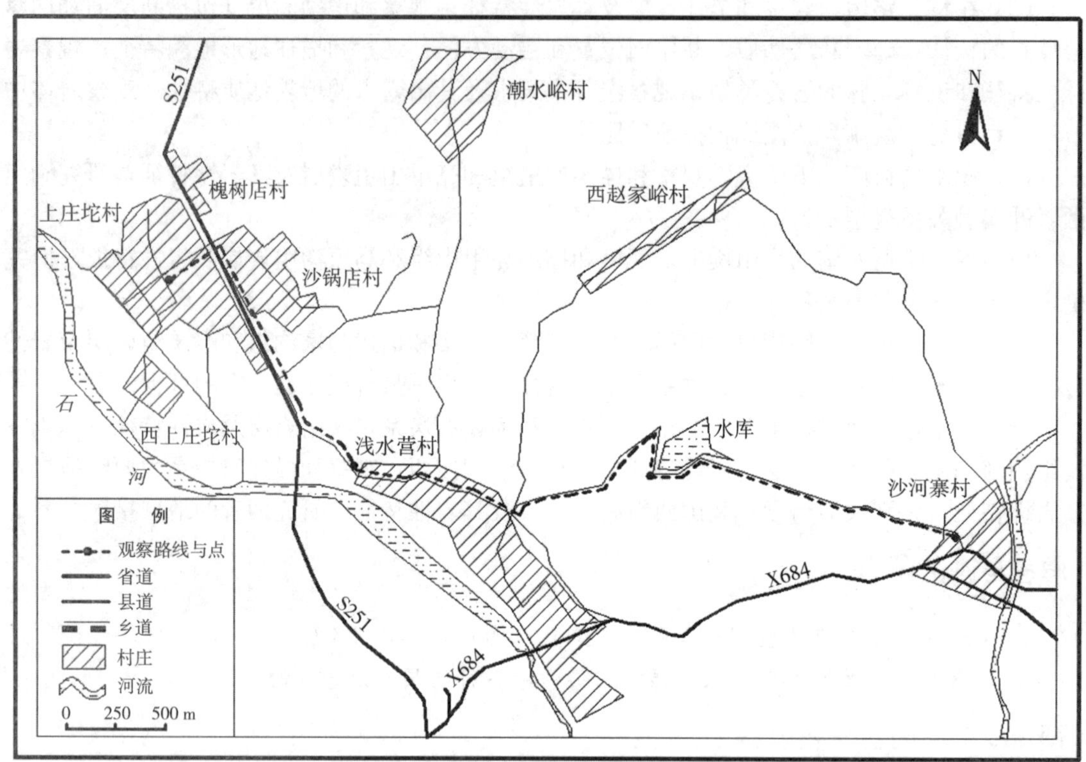

图 16-4 杨家坪—沙河寨地貌地质调查路线示意

四、教学计划与安排

计划用 0.5d 时间完成该路线全部教学实践任务。

1. 杨家坪村

(1) 村南亮甲山山下陡崖处，观察和描述岩浆岩及奥陶系冶里组地层的岩性特征及产状；寻找岩体与围岩的接触面，确定接触带的宽度和变质特性。

(2) 向西走至亮甲山的半坡处，观察和描述奥陶系冶里组和亮甲山组地层及其接触关系，研究和确定分层标志，绘制信手剖面图。

(3) 在亮甲山山顶及附近，观察和描述亮甲山组、马家沟组、本溪组等地层层序、岩性、分层标志及接触关系；观察和识别岩浆岩体与围岩的接触关系；绘制信手剖面图和素描图。

2. 北河村—浅水营北村

观察大石河地貌及其阶地发育情况，选择适宜位置测绘大石河地貌横剖面图。

3. 沙河寨村西约 1.5km（即水库东北端）

(1) 观察和识别毛庄组地层及岩性特征，确定其上下界限和分层标志。

(2) 观察岩浆岩体及其岩性特征，寻找与围岩的接触面，并进行观察和描述。

(3) 观察水库的建设和现状情况，分析水库建设选址的条件。

思考与讨论

1. 冶里组、亮甲山组和马家沟组地层岩性各有哪些特征？它们的区别在哪里？
2. 调查中发现了哪些侵入接触带的特殊现象？
3. 水库建设选址时，需要考虑哪些地质条件？

预（复）习内容与要求

1. 复习地层接触关系、河流地貌及第四系堆积物知识。
2. 详细阅读本指南，充分了解该路线的地貌地质情况。

路线五　瓦山—石门寨地貌地质调查路线

一、路线位置

该路线即上庄坨—北赵庄（牛毛岭）—瓦山—欢喜岭—石门寨西门路线（图 16-5），起点北赵庄（牛毛岭）距实习基地 3.7km，终点石门寨西门距实习基地 7.2km，路线全长 7.2km。

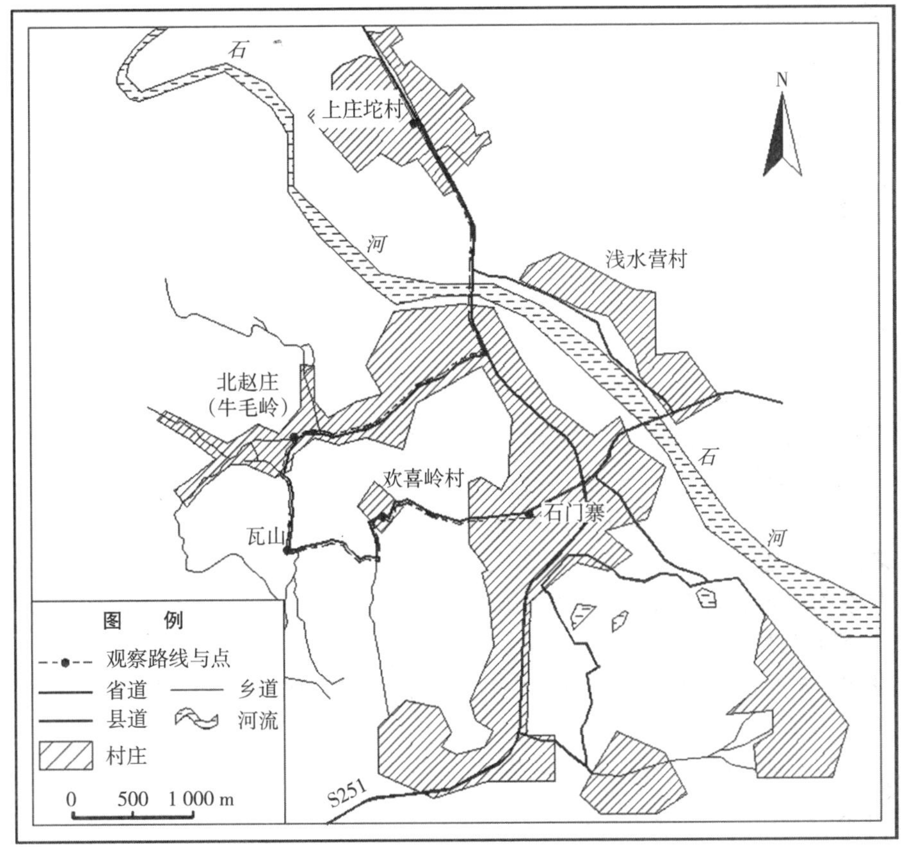

图 16-5　瓦山—石门寨地貌地质调查路线示意

二、教学目的

了解柳江向斜东翼地层层序、岩性、地质年代及地层分布特征，学习和练习野外地貌地质调查基本方法。

三、教学内容与要求

1. 划分奥陶系亮甲山组-下侏罗统北票组地层，并观察和描述各地层及其岩性特征。
2. 观察和描述古风化壳特征，研究确定地层不接触关系。
3. 观察断层，对重要断层现象进行描述和绘制素描图或拍摄地质照片。
4. 观察和描述碎屑岩和铝土矿、煤矿等矿产的特征。

四、教学计划与安排

1. 牛毛岭

（1）牛毛岭向西200m处，观察和描述石千峰组地层及其岩性特征，识别角度不整合面（石千峰组与北票组的地层接触面），绘制地质素描图或拍摄地质照片。

（2）牛毛岭上，观察石千峰组、上石盒子组地层及其岩性特征，研究确定两组的分界及分界标志。

2. 牛毛岭向东行走

沿途观察山西组和太原组地层及其岩性特征，寻找山西组与太原组分界标志，同时注意观察和描述：

（1）煤层及数量、化石。

（2）山西组顶部的铝土质页岩（B层）的岩石特征。

（3）石盒子组底部含砾砂岩的岩石特征。

3. 四方台

（1）观察和描述本溪组地层及其岩性特征，同时对G、F层铝土矿所在的层位进行观察和描述。

（2）观察和描述云山砂岩的特征。

（3）观察和描述云山砂岩的球状风化现象，绘制其素描图和拍摄地质照片。

4. 铝土矿采场旁边

（1）观察和描述本溪组和亮甲山组地层及其岩性特征。

（2）观察和描述褐铁矿结核（山西式铁矿）的特征。

（3）观察和描述本溪组和亮甲山组地层接触关系，绘制其素描图和拍摄地质照片。

5. 石门寨西门外100m

（1）从铝土矿采场去石门寨西门的路上，沿途观察和描述亮甲山组地层及其岩性特征和岩脉发育情况。

（2）在石门寨西门外100m，观察和描述亮甲山组地层及其岩性、断层特征。

思考与讨论

1. 如何识别断层？主要标志有哪些？

2. 如何识别地层分界？举例说明。

3. 如何识别河漫滩堆积物？河漫滩堆积物有哪些特点？

预（复）习内容与要求

1. 通过阅读本指南、查阅相关文献、在线学习等方式，深入了解奥陶系亮甲山组-下侏罗统北票组地层特征。

2. 复习风作用和风化壳知识。

路线六　潮水峪—东部落—张岩子地貌地质调查路线

一、路线位置

该路线即上庄坨—半壁店—潮水峪—东部落—张岩子路线（图 16-6），起点实习基地，终点张岩子村东小路陡坎距实习基地 10.6km，路线全长 10.6km。其中，上庄坨—半壁店—潮水峪部分的教学实践详见路线一和路线二，该路线重点放在潮水峪—东部落—张岩子路段。

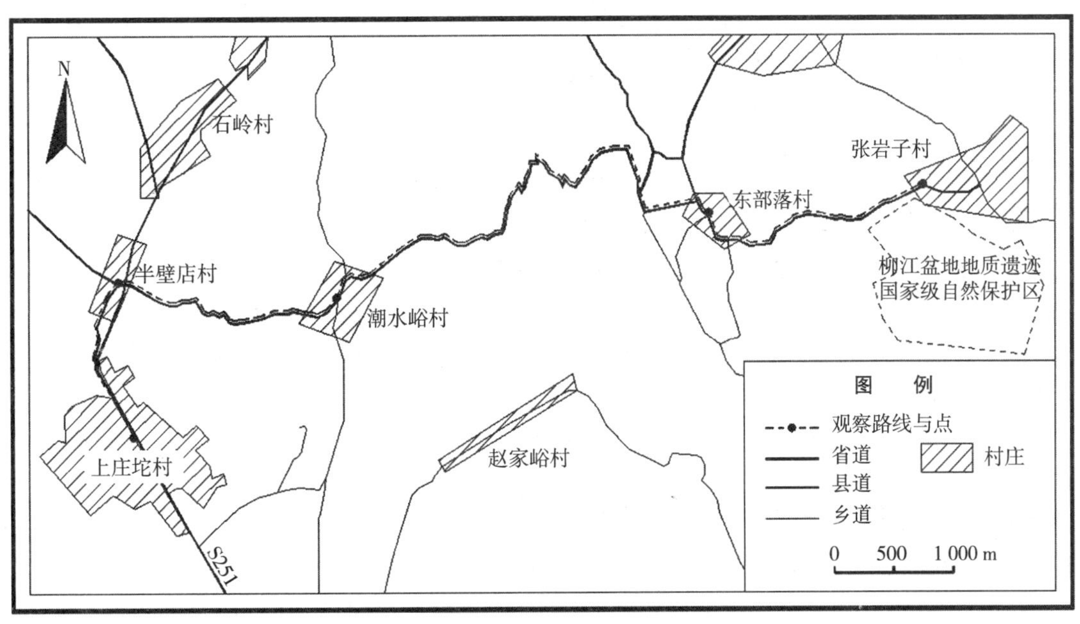

图 16-6　潮水峪—东部落—张岩子地貌地质调查路线示意

二、教学目的

了解柳江向斜东翼地层层序、岩性、地质年代及地层分布特征，以及侵入岩、断层和褶皱构造的分布和特征。学习和练习野外地貌地质调查基本方法，包括地层、地质构造、地貌、地质灾害等的观察和识别方法。

三、教学内容与要求

1. 观察和描述新太古代侵入岩，包括花岗岩、混合花岗岩、片麻状花岗岩等的岩石特征及其风化特征，以及观察它们的分布区的地形地貌、土壤和植被等特征。

2. 观察和描述新元古界青白口系长龙组、景儿峪组的地层层序及岩性特征和接触关系。

3. 观察和描述寒武系馒头组、毛庄组、徐庄组、张夏组、崮山组、长山组和凤山组，奥陶系冶里组、亮甲山组和马家沟组，石炭系本溪组和太原组，二叠系山西组和下石盒子组，以及侏罗系北票组和蓝旗组地层层序、分界和岩性特征等。

4. 观察和描述侵入岩与其各时代围岩的接触关系及其变质情况。

5. 观察各时代地层或岩体中断层、节理和褶皱发育情况和特征。

四、教学计划与安排

计划用1d时间完成该路线的全部教学实践活动。其中，上庄坨—半壁店—潮水峪部分的教学实践计划与安排详见路线一和路线二，其余部分的教学计划与安排如下：

1. 潮水峪—东部落

从潮水峪村北小路陡崖开始，沿小路向东越过东部落西山，到达东部落东山小路，沿途教学实践计划与安排如下：

（1）潮水峪村北小路陡崖处，观察和描述潮水峪断层特征，包括断层上下盘及其岩性组成、断层面（带）及其岩性等特征，绘制信手地质剖面图、断层地质素描图或拍摄地质照片，采集地层和断层带岩石标本。

（2）向东上山升至山口 100m 陡崖处，观察和描述凤山组和冶里组地层岩性、分层标志和接触关系，绘制信手地质剖面图。

（3）沿小路继续上山至距山口 30m 左右，观察和描述长山组和凤山组地层岩性、分层标志和接触关系，绘制信手地质剖面图。

（4）东部落西山山梁处（偏东坡），观察和描述崮山组和长山组地层岩性、分层标志和接触关系，绘制信手地质剖面图。特别应注意观察崮山组顶部砾屑灰岩和藻灰岩的观察和描述。

（5）向东部落方向下山再行走 100m 左右，发现叠层石灰岩（即崮山组底部），观察和描述崮山组和张夏组地层岩性、分层标志和接触关系，绘制信手地质剖面图。

（6）继续向山下再行走 50m 左右，观察和描述张夏组和毛庄组地层岩性、分层标志和接触关系，绘制信手地质剖面图。

（7）东行至东部落村西—河沟西侧的下山小路上，观察和描述毛庄组和徐庄组地层岩性、分层标志和接触关系，绘制信手地质剖面图。

（8）东部落西山的河沟处，观察和描述断层，包括断层上下盘及其岩性组成、断层面（带）及其岩性等特征，绘制信手地质剖面图、断层地质素描图或拍摄地质照片。

2. 东部落—张岩子

（1）东部落东山小路旁的陡坎处，观察和描述寒武系府君山组底部和青白口系景儿峪组顶部地层及岩性特征和接触关系。

（2）沿小路向东至山沟处，观察和描述景儿峪组底部和长龙山组顶部地层及其岩性特征和地层接触关系情况。

（3）继续向东到达山梁处，观察和描述岩浆岩的岩性及其产状特征、与围岩景儿峪组和长龙山组的侵入接触带的特征。

（4）西距东部落村西陡崖下小路 100m 北侧水沟处，观察和描述长龙山组层及其岩性特征，识别其第二韵律层底部岩层。

（5）西距东部落村西陡崖50m的水泥路旁，观察和描述新太古代侵入岩（包括岩脉）及新元古代青白口系长龙山组底部地层的岩性特征，观察侵入岩与围岩的接触带及变质现象。

（6）张岩子村西陡岸下，观察和描述新太古代侵入岩及地其貌特征。

思考与讨论

1. 柳江向斜东翼地层层序和分布特点有哪些？

2. 侵入岩与围岩的接触关系有哪些类型？如何进行识别？

3. 地层层序和分界是如何建立起来的？

预（复）习内容与要求

1. 复习地质年代和确定地层新老关系的原理。

2. 阅读本指南及在线学习该路线地质知识，详细了解路线所经过的地质体和地质现象的特点。

路线七　花厂峪—柳观峪地貌地质调查路线

一、路线位置

该路线即花厂峪—刘家房—张赵庄—秋子峪—山羊寨—柳观峪路线（图16-7），起点花厂峪距实习基地8.1km，终点柳观峪距实习基地10.0km，路线全长9.2km。

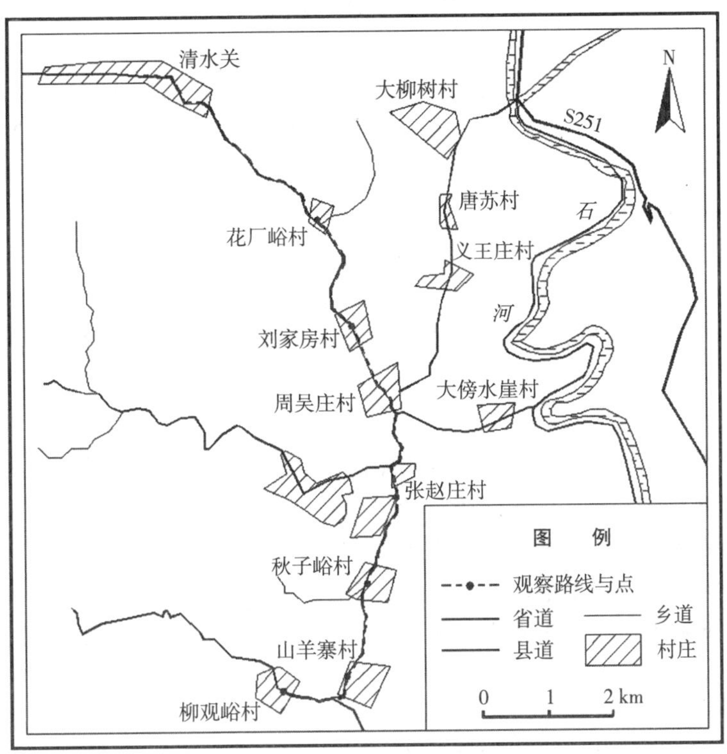

图16-7　花厂峪—柳观峪地貌地质调查路线示意

二、教学目的

了解和认识柳江向斜西翼地层、侵入岩（燕山期花岗岩，又称响山花岗岩）的岩性特征、分布和相关关系，以及断层和褶皱构造特征；了解向斜类型岩石的地貌、土壤和植被特征。

三、教学内容与要求

1. 观察和描述侵入岩岩性特征、产状及其与围岩的接触关系。
2. 观察和描述寒武系-二叠系地层及其岩性特征和地层接触关系。
3. 观察不同类型岩石地貌、土壤和植被特征。
4. 观察山区河流地貌发育特征。
5. 观察岩溶地貌类型及特征。

四、教学计划与安排

1. 花厂峪长城附近

（1）观察和描述燕山期花岗岩（响山花岗岩）的岩石类型和特征、节理裂隙发育特征、与围岩的接触带和变质岩特征。

（2）观察花岗岩的风化和地貌特征、土壤和植被特征，拍摄相关地貌地质照片或绘制地质素描图。

2. 刘家房村

（1）选择适当东西向路线位置，观察和描述寒武系至二叠系地层及其岩性特征，绘制信手地层剖面图。

（2）在刘家房西大石河西岸，观察和描述岩层内部的褶曲的特征，绘制地质素描图。

（3）在刘家房西大石河西岸，观察和识别河口洪积扇和洪积物，绘制洪积扇地貌素描图。

3. 张赵庄—秋子峪

（1）识别和观察断层，绘制断层素描图和拍摄地质照片。

（2）观察地貌与植被；观察和描述残坡积黄土、土壤和古土壤、洞穴堆积物。

（3）选择适宜东西向路线，观察和描述寒武系至二叠系地层及其岩性特征，绘制信手地层剖面图。

4. 柳观峪

（1）在柳观峪村北约300m处，观察和描述燕山期花岗岩及与围岩的接触关系，包括岩石风化特征、节理发育情况、接触变质带的岩性特征、地貌特征、土壤和植被特征。

（2）观察寒武系至二叠系地层及层内褶曲和断层情况。

（3）观察汤河河谷及阶地地貌。

（4）在山羊寨村南采石，观察和描述岩溶地貌，包括岩溶洞穴及洞穴堆积物。

思考与讨论

1. 柳江向斜西翼的地层有哪些时代？各有什么特点？

2. 岩溶地貌类型有哪些？各有什么特点？柳江向斜西翼岩溶发育情况是怎样的？

3. 柳江向斜的地貌类型有哪些？它们的形成机制各是什么？

预（复）习内容与要求

1. 复习地下水地质作用及其地貌类型。

2. 阅读本指南和在线学习，深入了解柳江向斜西翼地层、地质构造、地貌、土壤与植被等的特征（包括分布特征）。

路线八　石门寨—鸡冠山地貌地质调查路线

一、路线位置

该路线即石门寨东南 126.6 高地—潘庄—柳江—黑山窑后—韩家岭村北—三义村（上平山）—蒋家洼（鸡冠山）—八岭沟村北路线（图 16-8），起点石门寨东南 126.6 高地距实习基地 3.9km，终点八岭沟村北距实习基地 13.3km，路线全长 11.0km。

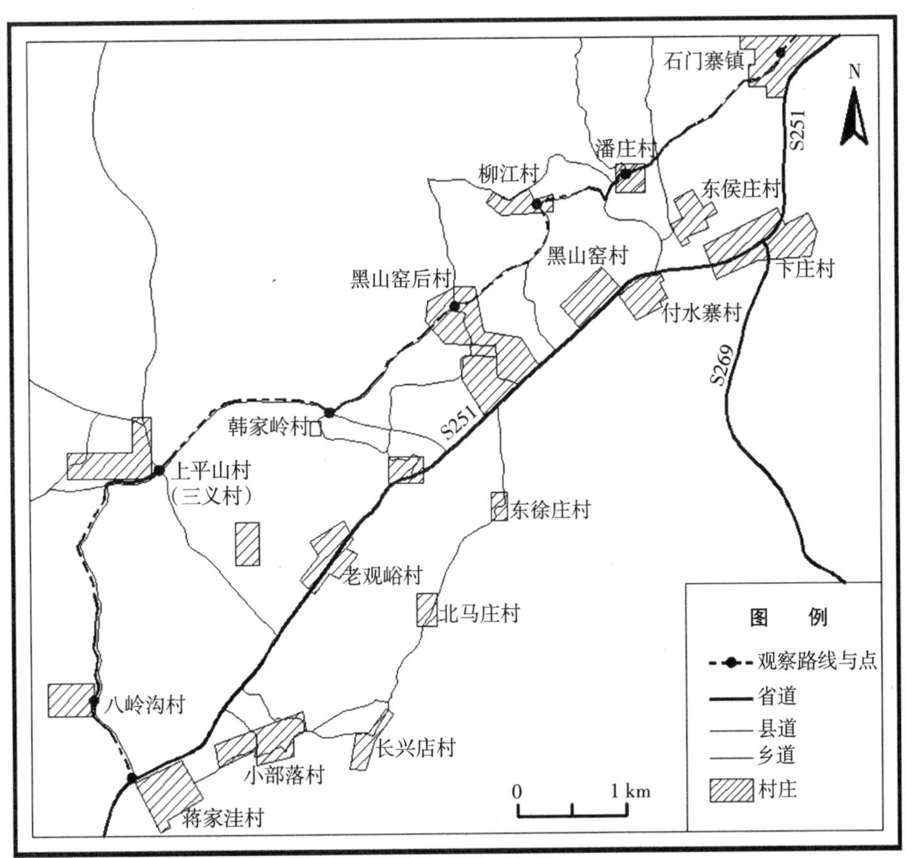

图 16-8　石门寨—鸡冠山地貌地质调查路线示意

二、教学目的

了解柳江向西翼南部地层、地质构造、地貌、土壤和植被等的特征和分布，学习和练习地层和岩石、断层和褶皱、地貌和土壤等的识别、观察和描述方法。

三、教学内容与要求

1. 识别和观察新太古界“绥中花岗岩”及其与围岩的接触关系。
2. 识别和观察奥陶系和侏罗系地层层序、岩性、分界、分界标志和接触关系。
3. 识别和观察地堑构造及小型断层、褶曲，同时进行观察和描述。
4. 识别和观察地形地貌及其与岩石类型的关系。
5. 识别和观察汤河河谷地貌、第四系堆积物、土壤和植被。

四、教学计划与安排

1. 石门寨向西南沿小路至潘庄

(1) 观察和描述奥陶系冶里组、亮甲山组和马家沟组地层及其岩性特征、地层分界及标志、地貌类型及土壤和植被分布。

(2) 石门寨东南 126.6 高地北采石场，观察和描述断层及牵引褶曲特征，判断断层的类型，研究确定牵引褶曲与断层的关系。

2. 柳江村

(1) 柳江西侧亮甲山采石场，观察和描述冶里组石灰岩和薄层泥质灰岩及其岩脉特征，绘制地质素描图或地质剖面图。

(2) 柳江村北小山至对面山坡，观察和描述二叠系下石盒子组碎屑岩（包括砂砾岩）特征，采取标本和拍摄地质照片或绘制地质素描图。

(3) 观察地形地貌、第四系类型和分布、土壤和植被特征。

3. 黑山后村西

(1) 村西地质公园石碑旁，观察和描述二叠系和侏罗系地层及角度不整合接触关系，绘制地层接触面关系地质剖面图或素描图。

(2) 村西约 400m 的小路旁，观察和描述北票组地层层序及岩性特征，研究确定其与石千峰组的地层接触关系。观察煤层层位及其与地形地貌的关系。

(3) 村西约 500m 大岭的半山坡，观察和描述北票组和蓝旗组地层特征和接触关系，绘制信手地质剖面图。

4. 黑山窑后村向西经韩家岭村北（大洼山南坡）至上平山

(1) 观察和描述侏罗系北票组、蓝旗组和孙家栋组地层及其岩性特征、分界与分界标志、地层接触关系和特征。

(2) 识别和观察断层和褶曲，观察汤河河谷地貌、第四系堆积物、土壤和植被分布特征。

5. 鸡冠山

(1) 观察和描述“绥中花岗岩”和景儿峪组地层的岩性特征与分布；观察和描述它们的接触关系类型，绘制地质素描图或拍摄地质照片；观察岩体的风化和节理裂隙发育情况和特征；观察地层的层理构造及其类型。

(2) 观察和描述小型正断层（包括断层带和断层岩）、平移断层、逆断层和牵引褶曲特征，研究确定上下盘相对位移的方向。

(3) 观察和描述地堑构造特征，绘制地堑构造剖面图或地质素描图。

(4) 观察地貌类型、第四系堆积物及土壤和植被分布特征。

思考与讨论

1. 地堑和地磊有什么区别？如何识别地堑和地磊构造？
2. 柳江向斜两翼地层和地质构造有什么不同？

预（复）习内容与要求

1. 复习地质年代及确定方法、地质构造类型及识别方法。
2. 阅读本指南和在线学习该路线地貌地质，深入了解柳江向西翼南部及该地貌地质调查路线的地层、地质构造、地形地貌、土壤和植被情况。

路线九 燕塞湖上下游大石河地貌地质调查路线

一、路线位置

该路线即上庄坨村西—沙锅店村东—浅水营南村—上花野村—下花野村—鸭水河村—蟠桃峪村—东连峪村—朝阳寺村—秦皇岛望峪柳园度假村—望峪村—疙瘩峪村—燕塞湖大坝（小陈庄村北）（图 16-9），路线全长 24.3km，起点上花野村距实习基地 5.3km，途径浅水营南村，至上花野村；终点燕塞湖大坝（小陈庄村北）距实习基地 24.3km。

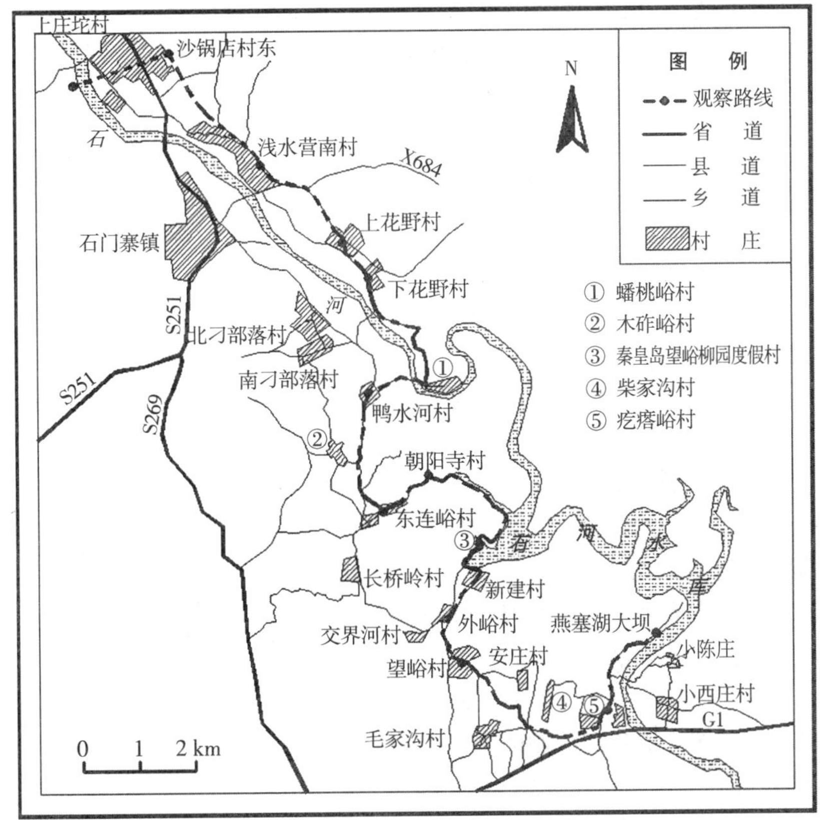

图 16-9 燕塞湖上下游大石河地貌地质调查路线位置示意

二、教学目的

了解大石河出山前后的地形地貌特征、地质构造及地质灾害和居民点的分布特征，同时达到检验大学生身体素质和意志品质的目的，为选拔优秀人才提供依据。

三、教学内容与要求

1. 观察弯曲段、顺直段河谷地貌和流水的特征，以及河流弯曲段的凸岸、凹岸发育规律及形成条件，同时研究分析河流多弯曲的原因。

2. 划分河床、河漫滩、心滩和边滩、河流阶地，研究阶地的类型和形成过程。

3. 河流冲积、洪积物的类型、分布观察与识别。

4. 河谷地貌地质横剖面、水库大坝横断面的测量与绘制。

5. 河流资源与环境的评价。

四、教学计划与安排

计划用 1d 时间完成该路线地貌地质调查任务，同时应注意该地貌地质调查的综合性特点。

沿途认真观察和识别大石河河曲及河谷两岸的地形地貌、地质构造、地质灾害、第四纪堆积物等的特征，观察居民点建设与文明发展情况，具体安排如下：

1. 上庄坨村大石河西南岸 196 高地至沙锅店村东

（1）观察河谷及其两岸的地貌、第四系堆积物、河床与凸凹岸、阶地与土地资源开发利用等。

（2）上庄坨村西 196 高地，注意观察单面山的形态、物质组成和植被特征。

（3）沙锅店村东沿小路至山坡，观察和描述冰碛物及其地形地貌的特征。

（4）调查洪水位，研究洪水灾害及其对土地资料的影响。

（5）选择适宜位置，测量和绘制河谷地貌地质剖面图。

2. 浅水营村

（1）观察河谷及其两岸的地貌、第四系堆积物、河床与凸凹岸、阶地与土地资源开发利用等。

（2）调查洪水位，研究洪水灾害及其对土地资料的影响。

（3）选择适宜位置，测量和绘制河谷地貌地质剖面图。

3. 北刁部落至上花野村

（1）观察和识别大石河河床、心滩、牛轭湖、河漫滩、阶地等河谷地貌类型。

（2）观察和描述牛轭湖堆积物的特征与分布。

（3）调查洪水位，研究洪水灾害及其对土地资料的影响。

（4）选择适宜位置，测量和绘制河谷地貌地质剖面图。

4. 鸭水河一带

（1）观察和描述断层构造地形地貌，呈线状排列的断层三角面，绘制地质素描图。

（2）观察大石支主流汇合带的地貌特征。

5. 蟠桃峪村一带

(1) 观察大石河河曲地貌。

(2) 观察大石河南岸山坡上的跌水陡坎。

(3) 调查洪水位，研究洪水灾害及其对土地资料的影响。

(4) 登蟠桃峪村北 169 高地，向东南眺望，观察蟠桃峪滑坡全貌；向西眺望，观察和识别有重叠的三级夷平面。

(5) 观察和描述滑坡地形地貌，识别滑坡要素，研究其形成条件和发育过程。

6. 大石河西北岸（东连峪村东至望峪柳园度假村段）

(1) 观察河谷形态及西北岸山坡地貌特征。

(2) 调查洪水位，研究洪水灾害及其对土地资料的影响。

(3) 观察水库回流现象。

7. 疙瘩峪村至燕塞湖大坝（小陈庄村北）

(1) 观察和描述冲洪积扇和冲洪积物的特征，研究分析其形成和发育过程。

(2) 选择最高点观察水库全貌。

(3) 参观水库大坝，并选择适当位置，测量和绘制大坝横断面图。

思考与讨论

1. 根据野外观察和对地形图、地质图的分析，大石河及其支流展布的平面特征有哪些？该河流属于哪种类型的河谷？大石河及其支流的展布与地质构造有何关系？

2. 牛轭湖和心滩是怎样形成的？为什么在北刁部落至上花野村一带大石河发育这些地貌？

3. 大石河及其夷平面的形成和发育过程是怎样的？

预（复）习内容与要求

1. 复习地表水及其地质作用部分。

2. 阅读本指南和在线学习大石河流域地貌与地质现象知识。

路线十　秦皇岛海岸地貌地质考察路线

一、路线位置

该路线即山海关区老龙头—大石河桥—河北农业大学海洋学院—东山码头—山东堡海滩—燕山大学西校区—鸽子窝—联峰山—碣石山—七里海路线（图 16-10），路线全长 94.1km，起点山海关老龙头距实习基地 35.4km，终点滦河三角洲七里海距实习基地 79.5km。

二、教学目的

了解滨海海洋地质作用及其特征、海岸环境与分带、海岸地貌类型及其特征。

三、教学内容与要求

1. 观察和描述海水运动方式及其地质作用和特点。

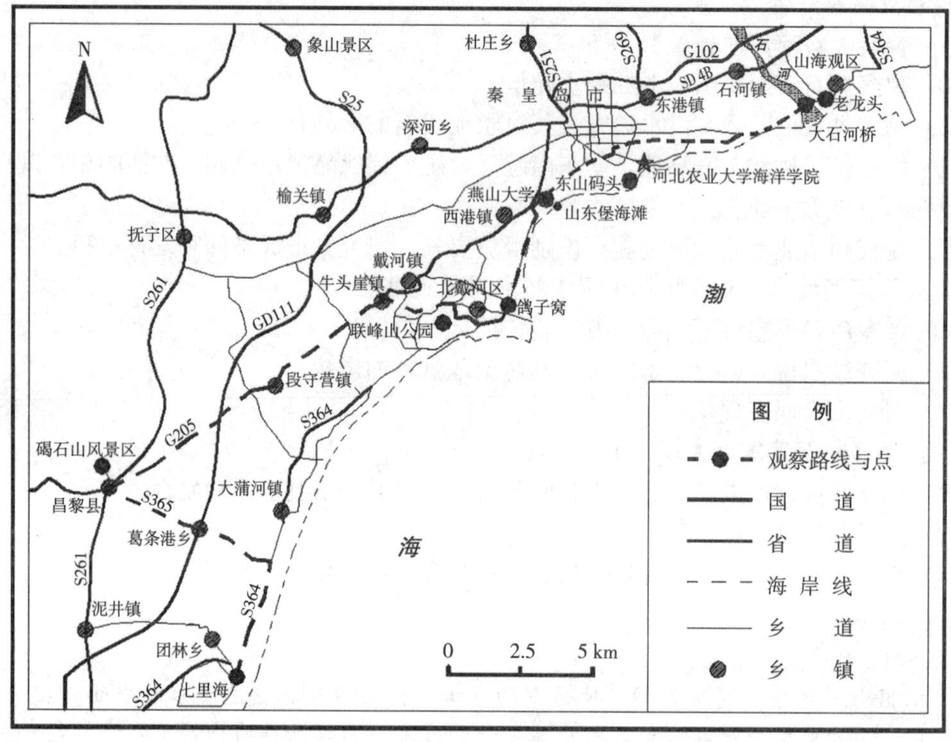

图 16-10 秦皇岛海岸地貌地质考察路线位置示意

2. 观察和描述岩质海岸及现代砂质海岸的地貌特征，划分海岸地貌类型。
3. 观察和描述现代滨海堆积物的特征。
4. 观察和描述海岸岩石及其风化壳的特征。
5. 观察海岸阶地特征。

四、教学计划与安排

计划用 1d 时间完成该路线的全部地质调查任务，具体安排如下：

1. 山海关区老龙头海岸地貌地质考察

在老龙头外海岸：①观察海岸地貌特征，识别海蚀阶地和海积阶地，划分阶地级次，并绘制海岸阶地地貌素描图或地貌地质剖面图；②观察海岸岩土组成及其特征，研究分析海洋地质作用强度。

2. 大石河河口地貌地质考察

在海港区滨海公路石河大桥及大石河入海口，观察大石河河口辫状河三角洲：①大石河河口三角洲的总体轮廓，包括三角洲前缘的环境和沉积特征；②河口三角洲上河流分叉及其地貌发育情况，包括河床、心滩、边滩和河岸地貌发育情况；③三角洲堆积物类型及分布；④残余砂砾石堤特征及其分布情况，研究分析大石河堆积物向海推进的过程；⑤观察海浪作用的特点及其水下沙坝、沙嘴的分布，识别波浪作用对三角洲形成和分布的影响，了解三角洲的破坏作用和建设作用及沉积与再沉积过程；⑥观察三角洲土壤与植被特征。

3. 海蚀地貌地质考察

可选择东山码头、鸽子窝或联峰山，观察海浪运动特征及海蚀地貌地质特征。

（1）在东山码头海岸平台及崖下，观察海蚀地貌类型及其特征，以及浅水区波浪的变化及波浪的侵蚀、搬运和沉积作用特征，研究和分析海蚀阶地的形成过程。

（2）在北戴河区鸽子窝公园中，观察和识别鹰角石的岩石构成、海蚀地貌类型及特征，研究和分析海蚀地貌的形成与发育过程，包括海平面升降周期特征。

（3）在北戴河联峰山公园中望海亭（155 高地）和联峰山山顶，观察和识别海蚀沟槽、海蚀阶地等海蚀地貌的物质组成、形态特征及成因和演化过程，同时俯瞰北戴河、秦皇岛一带滨海平原的宏观地貌景观和渤海海岸线景观。

（4）在秦皇岛西外环燕山大学立交桥附近西侧的陡坎上，观察海岸新太古界混合花岗岩的风化特征，划分风化带，并绘制风化壳剖面图。

4. 现代堆积海岸地貌地质考察

可选择海港区山东堡、北戴河区老虎石海滩、南戴河金马浴场等地点观察现代海岸，区分现代海岸环境，如海岸、前滨、后滨等，按不同海岸分带，分别观察海岸分带的宽度、地貌特征、海水运动方式及其地质作用特点、海水能量、沉积作用及其堆积物的特征、沙床特征和堆积物表面构造特征等，同时选择适当位置绘制海岸剖面图。

5. 赤土河入海口地貌地质考察

沿鹰角石向西，便到赤土河（也称新河）河口，考察内容与前面的“大石河河口地貌地质考察”内容基本相同，但应特别注意考察赤土河拦水坝对三角洲发育的影响观察与识别，以及赤土河三角洲堆积物的特征、底栖生物类型及活动特点。

6. 七里海海岸地貌地质考察

七里海位于滦河三角洲以东，属于沙质海岸，自陆地向海可以划分为潟湖、滨海沙丘、海滩和下水岸坡等四个沉积单元。因此在这个地点应以不同地貌单元的识别与观察为主：①观察七里海的总体轮廓及展布，包括组成要素；②七里海堆积物的类型和特征；③滨海沙丘的形态、物质组成和分布特征；④海滩类型及物质组成特征；⑤水下岸坡形态特征及坡度变化、堆积物特征及分布规律。

7. 碣石山古海岸地貌地质考察

昌黎碣石山主峰仙台顶（海拔 695m，是秦皇岛渤海近岸最高峰），主要考察：①碣石山地貌特征，划分海岸上升阶地，寻找渤海古海岸变迁的地貌地质证据；②碣石山的岩土组成及特征；③碣石山的气候与土壤、植被特征。

8. 爱国主义教育

主要参观考察点有：①参观山海关，回顾抗倭英雄戚继光的故事及山海关保卫战的革命历史故事。②在山海关瞻仰毛主席诗句“不到长城非好汉”，诵读毛主席诗词《清平乐·六盘山》；在鸽子窝公园，瞻仰毛主席雕像，诵读领袖的诗篇《浪淘沙·北戴河》，感悟伟人的英雄气概。③在五峰山风景区，瞻仰李大钊雕像，诵读他的马克思主义论著和诗篇，感悟李大钊同志的爱国主义情怀。

思考与讨论

1. 如何划分海岸带环境？秦皇岛地区海岸可以怎样分带？
2. 海岸类型有哪些？秦皇岛地区海岸有哪些类型？
3. 海岸地质作用类型与海水运动方式有什么关系？

4. 秦皇岛发展的优势与问题各是什么?

预(复)习内容与要求

1. 复习理论课“海洋地质作用及其地貌部分”。
2. 查阅文献了解秦皇岛的发展历史情况和秦皇岛海岸基本情况。

附录一 实习区地形地质图

一、周口店地质图

1∶50 000 周口店地形地质图（附图 1-1）由北京地质调查大队提供。

附图 1-1 周口店地形地质图（彩图）

二、石门寨地质图

1∶50 000 石门寨地形地质图（附图 1-2）主要依据长春地质学院（1989）和河北省地质矿产局（1987）等资料及本校多年实习成果编绘而成。

附图 1-2 石门寨地形地质图（彩图）

附录二　实习区综合地层柱状图

一、周口店综合地层柱状图

周口店综合地层柱状图（附表 2-1，见书后折页）主要依据北京地质调查大队、中国地质大学（武汉）周口店实习站等提供的资料及本校多年实习成果编绘而成。

二、石门寨综合地层柱状图

石门寨综合地层柱状图（附表 2-2，见书后折页）主要依据长春地质学院、河北省地质矿产局等提供的资料及本校多年实习成果编绘而成。

附录三 地质年代表

一、中国华北地层、岩浆岩及其地质时代表

地层单位表：宙	界	系	统	代号	地质年代表：宇	代	纪	世	花岗岩时代表			同位素年龄(万年)
显生宇PH	新生界K_z	第四系Q	全新统	Q_4^2	显生宇	新生代	第四纪	全新统近期	喜山期			<0.75
				Q_4^1				全新统早期				1.3
			上更新统	Q_3				晚更新世				12.8
			中更新统	Q_2				中更新世				71
			下更新统	Q_1				早更新世				200～300
		第三系R：上第三系N	上新统	N_2			第三纪：晚第三纪	上新世		晚期	γ_6^2	510
			中新统	N_1				中新世				2 460
		下第三系E	渐新统	E_3			早第三纪	渐新世		早期	γ_6^1	3 800
			始新统	E_2				始新世				5 490
			古新统	E_1				古新世				6 500
	中生界M_z	白垩系K	上白垩统	K_2		中生代	白垩纪	晚白垩世	燕山期	晚期	γ_5^3	14 400
			下白垩统	K_1				早白垩世				
		侏罗系J	上侏罗系	J_3			侏罗纪	晚侏罗世		早期	γ_5^2	21 300
			中侏罗系	J_2				中侏罗世				
			下侏罗系	J_1				早侏罗世				
		三叠系T	上三叠系	T_3			三叠纪	晚三叠世	印支期		γ_5^1	24 800
			中三叠系	T_2				中三叠世				
			下三叠系	T_1				早三叠世				
显生宇PH	古生界Pz：上古生界Pz_2	二叠系P	上二叠系	P_2	显生宇	古生代：晚古生代	二叠纪	晚二叠世	海西期	晚期	γ_4^3	28 600
			下二叠系	P_1				早二叠世				
		石炭系C	上石炭系	C_3			石炭纪	晚石炭世		中期	γ_4^2	36 000
			中石炭系	C_2				中石炭世				
			上石炭系	C_1				早石炭世				
		泥盆系D	上泥盆系	D_3			泥盆纪	晚泥盆世		早期	γ_4^1	40 800
			中泥盆系	D_2				中泥盆世				
			下泥盆系	D_1				早泥盆世				
	下古生界Pz_1	志留系S	上志留系	S_3		早古生代	志留纪	晚志留世	加里东期	晚期	γ_3^3	43 800
			中志留系	S_2				中志留世				
			下志留系	S_1				早志留世				
		奥陶系O	上奥陶系	O_3			奥陶纪	晚奥陶世		中期	γ_3^2	50 500
			中奥陶系	O_2				中奥陶世				
			下奥陶系	O_1				早奥陶世				
		寒武系C	上寒武系	C_3			寒武纪	晚寒武世		早期	γ_3^1	54 200
			中寒武系	C_2				中寒武世				
			下寒武系	C_1				早寒武世				

（续）

地层单位表					代号	地质年代表				花岗岩时代表			同位素年龄（万年）
宙		界	系	统		宇	代	纪	世				
隐生宙CR	元古宙PT	新元古界 Pt_3	震旦系	上震旦系	Z_2	隐生宇 元古宇	新元古代	震旦纪	晚震旦世	吕梁期	晚期	γ_2^2	85 000
				下震旦系	Z_1				早震旦世				
			青白口系		Q_b			青白口纪					
		中元古界 Pt_2	蓟县系		Jx		中元古代	蓟县纪					
			长城系		Ch			长城纪			早期	γ_2^1	180 000
		古元古界 Pt_1	滹沱系		Ht		古元古代	滹沱纪		五台期		γ_1	250 000
	太古宙AR	新太古界An	五台系		Wt	太古宇	新太古代	五台纪		阜平期			280 000
		中太古界Am	阜平系		Fp		中太古代	阜平纪					320 000
		古太古界Ap	迁西系		Qx		古太古代	迁西纪					360 000
		始太古界Ae					始太古代						380 000
冥古宙HD		雨海界Rg				冥古宇	雨海代						385 000
		酒神界Sr					酒神代						392 000
		原生界Pr					原生代						415 000
		隐生界Ce					隐生代						460 000

注：1. 时代不明的变质岩为M，前寒武系为 A_{nC}，前震旦系 A_{nZ}。

2. “震旦系”一词限用于湖北长江三峡东部剖面为代表的一段晚前寒武系地层，分上、下两统。

3. 我国北方晚前寒武系地层划分仍有不同意见，为便于工作，自上而下可沿用长城系、蓟县系、青白口系三个年代地层单位名称。

二、国际地质年代表（2019 年版）

附图 3-1　国际地质年代表（2019 年版，彩图）

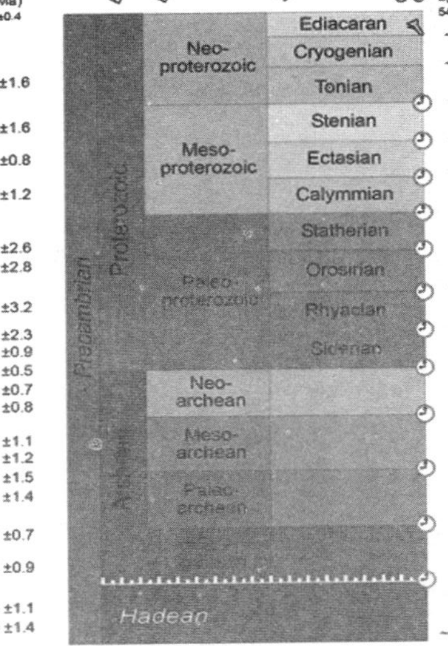

INTERNATIONAL CHRONOSTRATIGRAPHIC CHART

IUGS www.stratigraphy.org International Commission on Stratigraphy v 2019/05

Eonothem / Eon	Erathem / Era	System / Period	Series / Epoch	Stage / Age	numerical age (Ma)
Phanerozoic	Cenozoic	Quaternary	Holocene U/L	Meghalayan	present 0.0042
			Holocene M	Northgrippian	0.0082
			Holocene L/E	Greenlandian	0.0117
			Pleistocene	*Upper*	0.126
				Middle	0.773
				Calabrian	1.80
				Gelasian	2.58
		Neogene	Pliocene	Piacenzian	3.600
				Zanclean	5.333
			Miocene	Messinian	7.246
				Tortonian	11.63
				Serravallian	13.82
				Langhian	15.97
				Burdigalian	20.44
				Aquitanian	23.03
		Paleogene	Oligocene	Chattian	27.82
				Rupelian	33.9
			Eocene	Priabonian	37.8
				Bartonian	41.2
				Lutetian	47.8
				Ypresian	56.0
			Paleocene	Thanetian	59.2
				Selandian	61.6
				Danian	66.0
	Mesozoic	Cretaceous	Upper	Maastrichtian	72.1 ±0.2
				Campanian	83.6 ±0.2
				Santonian	86.3 ±0.5
				Coniacian	89.8 ±0.3
				Turonian	93.9
				Cenomanian	100.5
			Lower	Albian	~ 113.0
				Aptian	~ 125.0
				Barremian	~ 129.4
				Hauterivian	~ 132.9
				Valanginian	~ 139.8
				Berriasian	~ 145.0

Eonothem / Eon	Erathem / Era	System / Period	Series / Epoch	Stage / Age	numerical age (Ma)
					~ 145.0
Phanerozoic	Mesozoic	Jurassic	Upper	Tithonian	152.1 ±0.9
				Kimmeridgian	157.3 ±1.0
				Oxfordian	163.5 ±1.0
			Middle	Callovian	166.1 ±1.2
				Bathonian	168.3 ±1.3
				Bajocian	170.3 ±1.4
				Aalenian	174.1 ±1.0
			Lower	Toarcian	182.7 ±0.7
				Pliensbachian	190.8 ±1.0
				Sinemurian	199.3 ±0.3
				Hettangian	201.3 ±0.2
		Triassic	Upper	Rhaetian	~ 208.5
				Norian	~ 227
				Carnian	~ 237
			Middle	Ladinian	~ 242
				Anisian	247.2
			Lower	Olenekian	251.2
				Induan	251.902 ±0.024
	Paleozoic	Permian	Lopingian	Changhsingian	254.14 ±0.07
				Wuchiapingian	259.1 ±0.5
			Guadalupian	Capitanian	265.1 ±0.4
				Wordian	268.8 ±0.5
				Roadian	272.95 ±0.11
			Cisuralian	Kungurian	283.5 ±0.6
				Artinskian	290.1 ±0.26
				Sakmarian	293.52 ±0.17
				Asselian	298.9 ±0.15
		Carboniferous (Pennsylvanian)	Upper	Gzhelian	303.7 ±0.1
				Kasimovian	307.0 ±0.1
			Middle	Moscovian	315.2 ±0.2
			Lower	Bashkirian	323.2 ±0.4
		Carboniferous (Mississippian)	Upper	Serpukhovian	330.9 ±0.2
			Middle	Visean	346.7 ±0.4
			Lower	Tournaisian	358.9 ±0.4

Eonothem / Eon	Erathem / Era	System / Period	Series / Epoch	Stage / Age	numerical age (Ma)
					358.9 ±0.4
Phanerozoic	Paleozoic	Devonian	Upper	Famennian	372.2 ±1.6
				Frasnian	382.7 ±1.6
			Middle	Givetian	387.7 ±0.8
				Eifelian	393.3 ±1.2
			Lower	Emsian	407.6 ±2.6
				Pragian	410.8 ±2.8
				Lochkovian	419.2 ±3.2
		Silurian	Pridoli		423.0 ±2.3
			Ludlow	Ludfordian	425.6 ±0.9
				Gorstian	427.4 ±0.5
			Wenlock	Homerian	430.5 ±0.7
				Sheinwoodian	433.4 ±0.8
			Llandovery	Telychian	438.5 ±1.1
				Aeronian	440.8 ±1.2
				Rhuddanian	443.8 ±1.5
		Ordovician	Upper	Hirnantian	445.2 ±1.4
				Katian	453.0 ±0.7
				Sandbian	458.4 ±0.9
			Middle	Darriwilian	467.3 ±1.1
				Dapingian	470.0 ±1.4
			Lower	Floian	477.7 ±1.4
				Tremadocian	485.4 ±1.9
		Cambrian	Furongian	*Stage 10*	~ 489.5
				Jiangshanian	~ 494
				Paibian	~ 497
			Miaolingian	Guzhangian	~ 500.5
				Drumian	~ 504.5
				Wuliuan	~ 509
			Series 2	*Stage 4*	~ 514
				Stage 3	~ 521
			Terreneuvian	*Stage 2*	~ 529
				Fortunian	541.0 ±1.0

Eonothem / Eon	Erathem / Era	System / Period	numerical age (Ma)
			541.0 ±1.0
Precambrian: Proterozoic	Neoproterozoic	Ediacaran	~ 635
		Cryogenian	~ 720
		Tonian	1000
	Mesoproterozoic	Stenian	1200
		Ectasian	1400
		Calymmian	1600
	Paleoproterozoic	Statherian	1800
		Orosirian	2050
		Rhyacian	2300
		Siderian	2500
Precambrian: Archean	Neoarchean		2800
	Mesoarchean		3200
	Paleoarchean		3600
			4000
Precambrian: *Hadean*			~ 4600

Units of all ranks are in the process of being defined by Global Boundary Stratotype Section and Points (GSSP) for their lower boundaries, including those of the Archean and Proterozoic, long defined by Global Standard Stratigraphic Ages (GSSA). Italic fonts indicate informal units and placeholders for unnamed units. Versioned charts and detailed information on ratified GSSPs are available at the website http://www.stratigraphy.org. The URL to this chart is found below.

Numerical ages are subject to revision and do not define units in the Phanerozoic and the Ediacaran; only GSSPs do. For boundaries in the Phanerozoic without ratified GSSPs or without constrained numerical ages, an approximate numerical age (~) is provided.

Ratified Subseries/Subepochs are abbreviated as U/L (Upper/Late), M (Middle) and L/E (Lower/Early). Numerical ages for all systems except Quaternary, upper Paleogene, Cretaceous, Triassic, Permian and Precambrian are taken from 'A Geologic Time Scale 2012' by Gradstein et al. (2012), those for the Quaternary, upper Paleogene, Cretaceous, Triassic, Permian and Precambrian were provided by the relevant ICS subcommissions.

Colouring follows the Commission for the Geological Map of the World (www.ccgm.org) CCGM CGMW

Chart drafted by K.M. Cohen, D.A.T. Harper, P.L. Gibbard, J.-X. Fan

To cite: Cohen, K.M., Finney, S.C., Gibbard, P.L. & Fan, J.-X. (2013; updated) The ICS International Chronostratigraphic Chart. Episodes 36: 199-204.

URL: http://www.stratigraphy.org/ICSchart/ChronostratChart2019-05.pdf

附图3-1 国际地质年代表（2019年版）

附录四　地质代码与图例图式的标准要求

一、基本要求

编绘地质图、地貌图应采用国家行业管理规定的代号、代码、图例、图式和用色。野外实习过程中，图件绘制涉及的国家标准主要有：

《国家基本比例尺地图图式　第 3 部分：1∶25 000、1∶50 000、1∶100 000 地形图图式》(GB/T 20257.3—2017)

《地质图用色标准及用色原则（1∶50 000)》(DZ/T 0179—1997)

《区域地质图图例（1∶50 000)》(GB/T 958—2015)

《区域地质及矿区地质图清绘规程》(DZ/T 0156—1995)

《1∶50 000 地质图地理底图编绘规范》(DZ/T 0157—1995)

《海洋地质图图例图式及用色标准》(DZ/T 0301—2017)

二、代号与代码

代号（code name）是指代替正式名称的别名、编号或字母。代码（code）即一组由字符、符号或信号码元以离散形式表示信息的明确的规则体系。野外实习编汇地质图、地貌图时，应按照国家标准《区域地质图图例（1∶50 000)》(GB/T 958—2015）进行训练。

三、图例

图例（legend；symbol）是指在地质图上，用点、线、面状要素表示地质属性的符号或代号的总称，它是图上用符号、代号、图案，以及纹饰、色彩表示特征、表示方法的释义和说明。

图例框的大小宜用 12mm×8mm 或 15mm×10mm 的矩形框，框线选用粗细为 0.15mm。图例样式与要求一般以《区域地质图图例（1∶50 000)》(GB/T 958—2015）为准，必要时可参考其他标准。

四、图式与用色

图式（format）是指测绘地质图所依据的各种符号注记的格式标准，包括地质图上所用符号的式样、尺寸和颜色，注记字体和排列，以及地质图整饰形式和说明等。用色（color）是指图上表示不同图例、指标及其量值等级所配置的各种用色标准，主要包括点色、线色、面色及不同色标号等方面。地质图的图式和用色应符合国家标准的要求。

1. 平面图图式与要求

平面图主要包括实际材料图、地质图、地貌类型图或分区图、地质构造纲要图等。标准图幅的图式应按国家相关标准编绘。野外实习可适当简化，但应符合下列要求：

(1) 完成的平面图一般由图名、图幅代号、比例尺、主图、图例、责任表等部分组成，地质图尚需要配有综合地层柱状图、图切地质剖面图、图幅结合表等主要部件。

(2) 图框应为矩形，一般由外框和内框组成，内外框间距可采用 12mm，外框线粗为

1.5mm，内框线采用 0.15mm，均为实线。

（3）图例一般应置于主图的右侧。

2. 剖面图图式与要求

剖面图包括实测剖面图、图切剖面图。

（1）实测剖面图由导线平面图和地层剖面图两部分组成，其图式如附图 4-1 所示。

导线平面图应用细实线绘制，线宽 0.15mm。导线平面图上的总导线方向一般用注有方向角的水平箭线表示，且应以导线的北西或南西方向为左端，以导线的南东或北东为右端。以此为基准，依次绘制出各分导线的长度和方位，同时标出分导线首尾点号、地质点号、地层单位代号（包括分层号）、岩层产状、地物及地物名称、地层分界线等。

在地层剖面图上，地形轮廓线应用中粗实线绘制，线宽为 0.25mm。在地形轮廓线上，应标出分导线首尾点号及地质点、化石采集点、标本或样品等的编号和剖面经过的地物名称。在地形轮廓线上下方，绘制地层界线和岩性纹饰，其中，地层分界线应用粗线，线宽为 0.25mm，一般层间的分界线长度宜为 20mm，组或段的分界线长度宜为 25～30mm；岩性纹饰线用细线，线宽 0.15mm，长度一般为 10mm。地层单位代号（包括分层号）、岩层产状（包括断层）均标注在相应地层或断层位置处。

图名、图例、比例尺（水平线段比例尺或数字比例尺）绘制在地层剖面图上方，图例绘制在地层剖面图的下方。

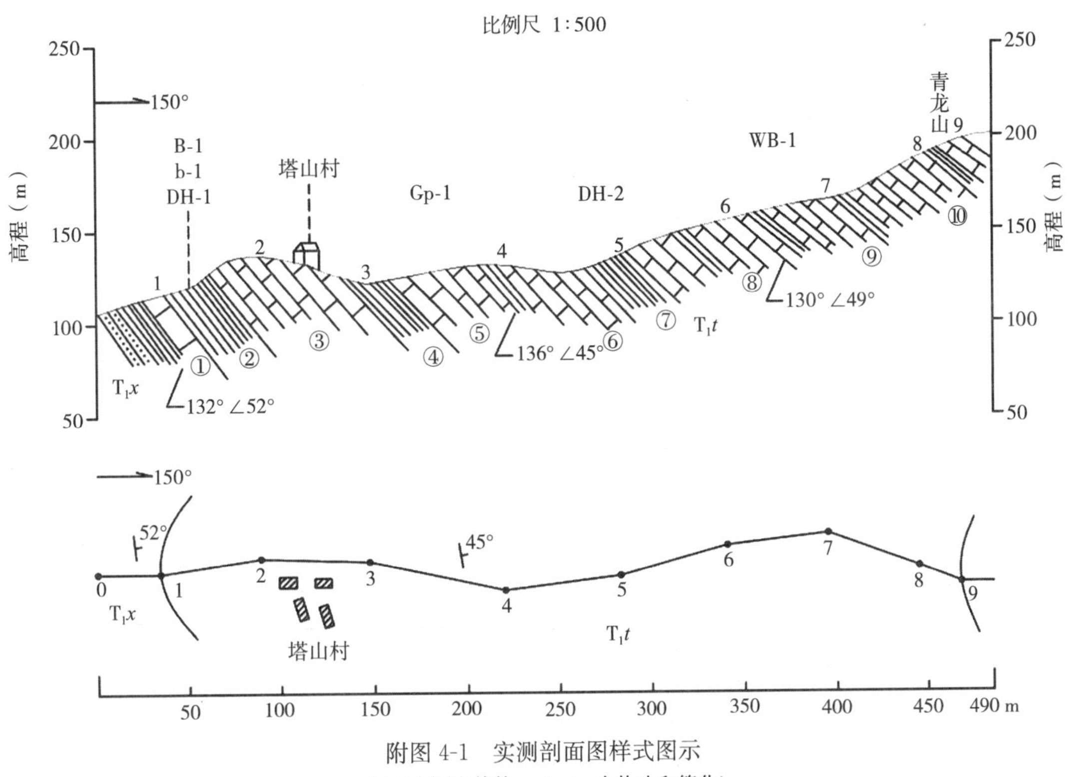

附图 4-1 实测剖面图样式图示

（转引自谭应佳等，1987，有修改和简化）

（2）图切剖面图（附图 4-2）只有地层剖面图，一般作为地质图主图的附属图件，且置于地质图主图的下方适当位置。其地形轮廓线、地层分界线、图名、比例尺等的配制要求同实测地层剖面图的一般要求，但不单独配制图例。

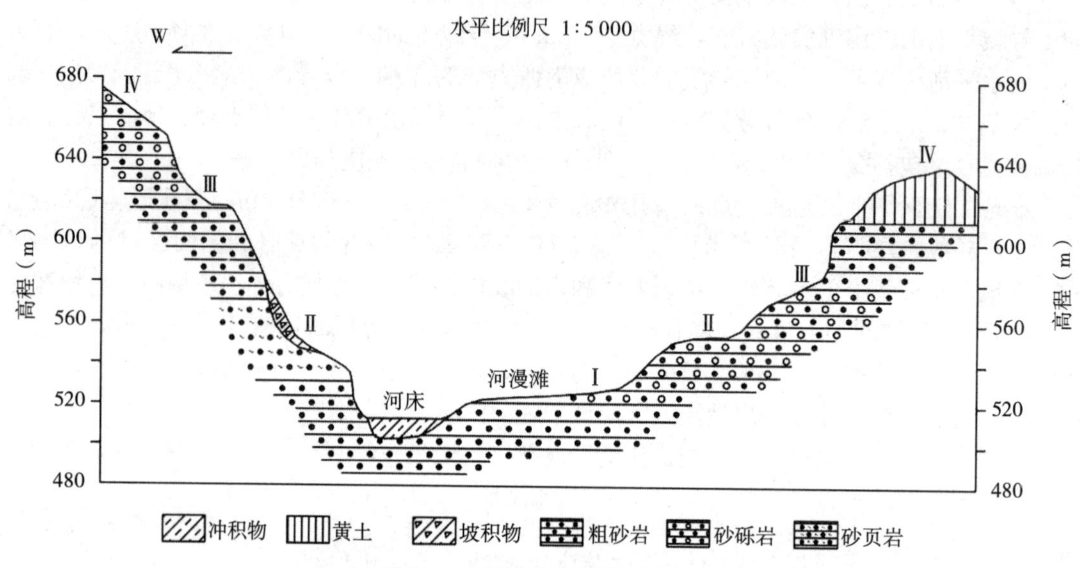

附图 4-2　图切剖面图样式图示

3. 责任栏样式与规格

一般非标准图幅的地质图和地质剖面图，均需要配置图件的责任栏（图签），责任栏的样式和规格如附图 4-3 所示。责任栏应安排在图幅左下角位置。

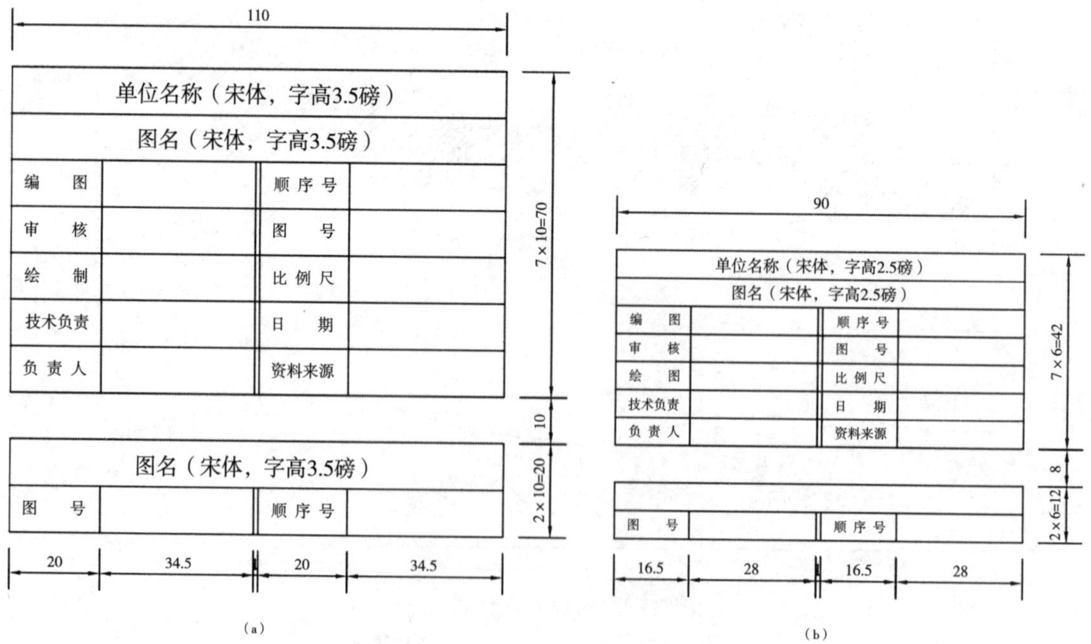

附图 4-3　责任栏样式与规格图示

（1）图签大小依图幅大小而定，一般分 110mm×（70＋10＋20）mm 和 90mm×（42＋8＋12）mm 两种情况。外框线用中粗实线，线宽 0.25mm；框内线用细实线，线宽 0.25mm。

（2）图签内单位名称一般署单位名全称＋部门名称，如“×××大学×××学院”，字号同主图字号，一般可选用 3.5 磅或 2.5 磅。

（3）图签的负责人可填写单位负责人，也可填写部门负责人或项目负责人。

（4）图签内的图名的字体和字号同单位名称，其他字的字体均用宋体字，大小可选用 2.5 磅或 2.0 磅。

主要参考文献

池漪，2017. 地质素描与绘画表现［M］. 北京：中国地质大学出版社.

丁俊，肖渊甫，2014. 区域地质调查基础教程［M］. 北京：地质出版社.

多里克 A V 斯托，2017. 沉积岩野外工作指南［M］. 周川闽，高志勇，罗平，译. 北京：科学出版社.

国家测绘地理信息局，2018. 国家基本比例尺地图图式　第 3 部分：1∶25 000 1∶50 000 1∶100 000 地形图图式：GB/T 20257.3—2006［S］. 北京：中国标准出版社.

河北省地质矿产局，1989. 河北省北京市天津市区域地质志［M］. 北京：地质出版社.

加德纳 V，达科姆 R，1988. 地貌野外手册［M］. 北京：科学出版社.

揭毅，2016. 地质地貌野外实习指导［M］. 武汉：华中师范大学出版社.

李永军，梁积伟，杨高学，2014. 区域地质调查导论［M］. 北京：地质出版社.

马坤元，李若琛，龚一鸣，2016. 秦皇岛石门寨亮甲山奥陶系剖面化学地层和旋回地层研究［J］. 地学前缘，23（6）：268-286.

马千里，许欣然，杜远生，2017. 北京周口店三好砾岩的时代、物源背景及其古地理意义：来自沉积学和碎屑锆石年代学的证据［J］. 地质科技情报，36（4）：29-35.

马杏垣，1965. 北京西山的香肠构造［J］. 地质论评（1）：13-28.

覃家海，2013. 地质勘探安全规程读本［M］. 北京：煤炭工业出版社.

青岛海洋地质研究所，2017. 海洋地质图图例图式及用色：DZ/T 0301—2017［S］. 武汉：中国地质大学出版社.

邵先杰，褚庆忠，马平华，等，2017. 秦皇岛地质实习指导书［M］. 北京：石油工业出版社.

王家业，2004. 北戴河地质认识实习简明手册［M］. 北京：中国地质大学出版社.

王青春，胡胜军，史继忠，等，2016. 秦皇岛地质认识实习教程［M］. 2 版. 北京：地质出版社.

王冉，肖宙轩，林靖愉，等，2018. 石香肠构造的多种地质构造背景［J］. 大地构造与成矿学，42（5）：777-785.

吴振祥，焦述强，樊秀峰，2016. 工程地质野外实习教程［M］. 北京：中国地质大学出版社.

徐树建，任丽英，董玉良，等，2015. 土壤地理学实验实习教程［M］. 济南：山东人民出版社.

颜世永，2018. 野外地质素描基础教程［M］. 北京：中国石化出版社.

杨丙中，李良芳，徐开志，等，1984. 石门寨地质及教学实习指导书［M］. 长春：吉林大学出版社.

杨士弘，2019. 自然地理学实验实习［M］. 北京：科学出版社.

张树明，2011. 基础地质学实习教程［M］. 北京：原子能出版社.

张树明，2013. 区域地质调查学［M］. 北京：地质出版社.

赵德恩，2009. 区域地质调查实习指导书［M］. 哈尔滨：哈尔滨工程大学出版社.

赵敬民，2019. 高等院校地学类专业野外实践教学基地建设新模式探讨：以河北省秦皇岛市柳江地学实习基地为例［J］. 中国地质教育，28（1）：80-84.

赵温霞，2016. 周口店地质及野外地质工作方法与高新技术应用［M］. 北京：中国地质大学出版社.

中华人民共和国地质矿产部，1995. 1∶50 000 地质图地理底图编绘规范：DZ/T 0157—1995［S］. 北京：中国标准出版社.

中华人民共和国地质矿产部，1995. 区域地质及矿区地质图清绘规程：DZ/T 0156—1995［S］. 北京：中国标准出版社.

中华人民共和国国土资源部，1993. 区域水文地质工程地质环境地质综合勘查规范（比例尺 1∶50 000）：GB/T 14158—1993 [S]. 北京：中国质检出版社.

中华人民共和国国土资源部，1998. 地质图用色标准及用色原则（1∶50 000）：DZ/T 0179—1997 [S]. 北京：地质出版社.

中华人民共和国国土资源部，2015. 固体矿产勘查原始地质编录规程：DZ/T 0078—2015 [S]. 北京：地质出版社.

中华人民共和国国土资源部，2015. 固体矿产勘查资料综合整理综合研究技术要求：DZ/T 0079—2015 [S]. 北京：地质出版社.

中华人民共和国国土资源部，2015. 区域地质调查中遥感技术规定：DZ/T 0151—2015 [S]. 北京：地质出版社.

中华人民共和国国土资源部，2015. 水文地质调查规范（1∶50 000）：DZ/T 0282—2015 [S]. 北京：地质出版社.

中华人民共和国国土资源部，2016. 区域地质图图例（1∶50 000）：GB/T 958—2015 [S]. 北京：中国标准出版社.

中华人民共和国国土资源部，2017. 地质遗迹调查规范：DZ/T 0303—2017 [S]. 北京：中国地质大学出版社.

中华人民共和国自然资源部中国地质调查局. 地质灾害调查技术要求（1∶50 000）：DD 2019—08 [S/OL]. [2019-03-06]. https://www.cgs.gov.cn/tzgg/tzgg/201903/W020190306383958810909.pdf.

中华人民共和国自然资源部中国地质调查局. 环境地质调查技术要求（1∶50 000）：DD 2019—07 [S/OL]. [2019-03-06]. https://www.cgs.gov.cn/tzgg/tzgg/201903/W020190306383958801653.pdf.

中华人民共和国自然资源部中国地质调查局. 区域地质调查技术要求（1∶50 000）：DD 2019—01 [S/OL]. [2019-03-06]. https://www.cgs.gov.cn/tzgg/tzgg/201903/W020190306383958543822.pdf.

中华人民共和国自然资源部中国地质调查局. 水文地质调查技术要求（1∶50 000）：DD 2019—03 [S/OL]. [2019-03-06]. https://www.cgs.gov.cn/tzgg/tzgg/201903/W020190306383958600946.pdf.

周江羽，丁振举，胡守志，等，2018. 周口店野外地质教学指导书 [M]. 北京：中国地质大学出版社.

周俊杰，杜振川，2016. 秦皇岛石门寨野外地质调查实习指导书 [M]. 徐州：中国矿业大学出版社.

周仁元，赵得恩，郝福江，2014. 区域地质调查工作方法 [M]. 北京：地质出版社.

Jörn H Kruhl，2020. 地质构造素描 [M]. 张荣虎，曾庆鲁，曹鹏，译. 北京：石油工业出版社.

Ulmer-Scholle D S，Scholle P A，Schieber J，et al，2019. 碎屑岩岩相学：砂岩、粉砂岩、页岩及相关岩石 [M]. 张荣虎，斯春松，苗继军，等译. 北京：石油工业出版社.

图书在版编目（CIP）数据

地貌地质教学野外实习指南 / 赵文廷，丛沛桐主编. —北京：中国农业出版社，2021.8
普通高等教育"十三五"规划教材
ISBN 978-7-109-28321-3

Ⅰ.①地… Ⅱ.①赵… ②丛… Ⅲ.①地貌－实习－中国－高等学校－教材②区域地质－实习－中国－高等学校－教材 Ⅳ.①P942②P562

中国版本图书馆 CIP 数据核字（2021）第 108287 号

中国农业出版社出版
地址：北京市朝阳区麦子店街 18 号楼
邮编：100125
责任编辑：夏之翠　文字编辑：李兴旺
版式设计：杜　然　　责任校对：周丽芳
印刷：北京通州皇家印刷厂
版次：2021 年 8 月第 1 版
印次：2021 年 8 月北京第 1 次印刷
发行：新华书店北京发行所
开本：787mm×1092mm　1/16
印张：19　　插页：1
字数：471 千字
定价：45.00 元